安全软科学
——学科、理论、策略与方法

主 编 罗 云
副主编 裴晶晶 许 铭 赵一归

应急管理出版社

·北 京·

图书在版编目（CIP）数据

安全软科学：学科、理论、策略与方法/罗云主编.
--北京：应急管理出版社，2023
ISBN 978-7-5020-9881-0

Ⅰ.①安… Ⅱ.①罗… Ⅲ.①安全科学—研究 Ⅳ.①X9

中国国家版本馆 CIP 数据核字（2023）第 046220 号

安全软科学
——学科、理论、策略与方法

主　　编	罗　云
责任编辑	唐小磊　赵　冰
责任校对	张艳蕾
封面设计	卓义云天
出版发行	应急管理出版社（北京市朝阳区芍药居 35 号　100029）
电　　话	010-84657898（总编室）　010-84657880（读者服务部）
网　　址	www.cciph.com.cn
印　　刷	北京盛通印刷股份有限公司
经　　销	全国新华书店
开　　本	710mm×1000mm$^1/_{16}$　印张 29　字数 518 千字
版　　次	2023 年 5 月第 1 版　2023 年 5 月第 1 次印刷
社内编号	20230127　　　　　　　定价 88.00 元

版权所有　违者必究

本书如有缺页、倒页、脱页等质量问题，本社负责调换，电话:010-84657880

编写人员名单

主　　编	罗　云				
副 主 编	裴晶晶	许　铭	赵一归		
参编人员	樊运晓	刘　璐	王梦瑶	张皓莹	孔繁臣
	孙朝华	吴　蔚	梁　伟	耿江博	康　毅
	李舒琦	罗斯达	武　琳	张如花	李寅章
	夏心雨	周婷婷	李　颖	李　平	王学广
	鲁华璋	盖文妹	吴　祥		

序　言

2022年初，我们团队着手编撰《安全软科学》，这是基于我们多年的研究积累。当初稿完成之际，党的二十大胜利召开。习近平总书记在党的二十大报告中针对公共安全、安全生产、防灾减灾方面指出："提高公共安全治理水平。坚持安全第一、预防为主，建立大安全大应急框架，完善公共安全体系，推动公共安全治理模式向事前预防转型。推进安全生产风险专项整治，加强重点行业、重点领域安全监管。提高防灾减灾救灾和重大突发公共事件处置保障能力，加强国家区域应急力量建设。"当下，深入学习贯彻党的二十大精神兴起热潮，本人受应急管理部所属多家研究机构和地方应急部门邀请参加学术交流和研讨，受《中国应急管理》杂志社约稿参与学习党的二十大精神笔谈，正好给我的几个论题与安全软科学密切相关。具体涉及应急管理体系、公共安全体系、大安全大应急框架、安全治理模式、安全生产风险整治等。因此，应势借机，将四个论题的看法作为本书之序言。

一、大安全与大应急格局下的机遇与挑战

党的二十大报告首次提出"大安全大应急"的创新性概念，寓意深邃、内涵丰富、意义非凡。"建立大安全大应急框架"是格局和根本，是公共安全事业发展的基本方向和发展领域与范畴的科学定位。准确认识理解"大安全大应急"的内涵和范畴，是建立"大安全大应急"框架的前提和基础。

完善"大安全大应急"框架的机遇在于：为实现公共安全治理体系和治理能力的现代化、科学化提供了思想理论基础，具体表现在基于"战略思想、系统思维"构建"专业化、层次化、系统化、一体化"的公共安全治理模式。专业化就是要按公共安全科学规律治理，层次化就是分层分级精准治理，系统化就是应用综合的对策措施全面治理，一体化就是要安全与应急、事前与事后、治标与治本一体化合理治理。

构建"大安全大应急"框架，关键是"大"，实质是"全"；"大"是相对的，"全"是绝对的。提高新时代"大安全大应急"格局下的现代治理能力和水平，其实践在于：把握好相对、合理的"大"，做好绝对、科学的"全"。

这里的"大"，我们认为：一是使命"大格局"，即公共安全承担国家安全、民生安全、社会安全、经济安全、生产安全等重大使命；二是责任"大体系"，即公共安全、应急管理应该担当政治责任、法律责任、社会责任、经济责任等；三是价值"大范畴"，即公共安全和应急管理能够实现生命安全、财产安全、环境安全、经济保障、社会稳定等目标和价值。

这里的"全"，我们理解：一是事故灾难、自然灾害、公共卫生事件、社会安全事件"全灾种"；二是事前、事发、事中、事后"全链条"；三是防灾、减灾、抗灾、救灾"全手段"；四是人因、物因、环境、管理"全要素"；五是科技、法制、监管、文化"全策略"；六是政府、社会、企业、人民"全主体"。

梳理了"大安全"和"大应急"的多维度规律，可以发现：安全与应急是同一事物的两面，在国家与政府的治理（体制与机制）和社会与企业的治理（管理与保障）实践中，可以融合安全与应急，构建"大安全""大应急"统一或融合的模式和体系。

二、应急管理体系与公共安全体系的关系

党的二十大报告提出"完善公共安全体系"的要求，这是新时代公共安全领域面对的挑战。如何认识和处理应急管理体系与公共安全体系，这是时代提出的新命题。

我们应该认识到：应急管理是手段、是工具、是过程，公共安全才是目的、才是成效。要厘清应急管理体系与公共安全体系的关系，首先要明确应急与安全的概念。安全与应急的定义有广义和狭义之分。广义的公共安全一是指"横向－大范畴"（生产安全、防灾减灾、消防安全、公共卫生、社会安全等），二是指"纵向－全过程"（事前、事发、事中、事后），三是指"立向－多目标或多对象"（事故、灾难、灾害、公共卫生事件、社会安全事件等）；狭义的安全在上述三个维度上政府部门、行政领域、法律规范、学术和行业会有不同的理解。广义的应急与广义的安全基本上在三个维度是重合、一体的。"小应急"的概念通常是从过程维度讲，一般只包含事发和事中，即响应、处置、救援（突发事件的处理和应对）环节。

国际上通行的做法是：从安全管理角度，普遍采取"小安全、专业化"的"分类各治"；从应急管理角度，则是"大应急、综合化"的"集中统治"（多灾种、全灾种）。安全管理要求全过程治理，关键或重心是事前预防，应急管理的核心和重点则是事发监测和预警、事中处置和救援。对于社会、组织和企业，应该以安全管理和事前预防为主体（主力、主责），政府则是应急管理和事中应对的主体。理论上，事故灾难、社会安全事件本质可预防，治理的关键是事前防范；自然灾害本质不可防，治理的关键是事前预备、事发监测、事中应对。

因此，基于科学的"大安全大应急"的思想，应急管理体系与公共安全体系是同一事物、同一使命、同一目的和价值的"统一体"。一面是公共安全体系，涉及安全生产、防灾减灾、公共卫生、社会治安等领域；一面是应急管理体系，涉及事故灾难、自然灾害、公共卫生事件、社会安全事件等方面，甚至核安全事件、战争状态下的军事救援等。

因此，就政府层面而言，公共安全体系在"横向－范畴"应该是相对的大，采取不同专业的"分类治理"的策略（不同风险特性，不同发生机理）；而应急管理体系在"立向－对象目标"应该"大应急"，涵盖"多灾种、全灾种"，在"纵向－过程"应该重在

"事前能力预备、事发监测预警、事中响应处置",构建相对有限的"全链条、一体化"的"小应急"治理体系。

三、科学推进公共安全治理模式向事前预防转型

公共安全治理模式是指安全监管体制、运行机制,安全管理方式、方法的统称。"预防为主"是我国公共安全和安全生产长期确立的基本方针。党的二十大报告提出"推动公共安全治理模式向事前预防转型",为新时代公共安全治理的战略和策略指明了方向,是推进公共安全治理体系和治理能力现代化的基本方略。

党的二十大报告之所以强调"公共安全治理模式"向事前转型,是针对我国现阶段公共安全和应急管理工作(方式、方法)普遍存在的问题,如"重事后轻源头、重结果轻过程、重形式轻本质、重责任轻教训、重追责轻整改、重因素轻系统、重现实轻长远、重技术轻文化、重物因轻人因"等提出的。

落实"治理模式的转型",首先,需要建立"大预防"的理念,战略上安全管理有"预防"、应急管理有"预备",战术上对事故灾害要有"预测、预报、预警、预控"的科学模式和机制。遵循习近平总书记"大国应急""特色应急"的重要论述,构建以习近平总书记"总体国家安全观"为遵循,安全文化为引领、本质安全能力为目标、突发事件情景为驱动、重大公共安全风险为核心、全面法规标准为载体、先进智能化信息化技术为支撑、政府社会人民共同参与的"事前预防型"公共安全治理新模式。

为此,我们提出公共安全治理模式向事前预防转型的具体的对策措施:一是从事后经验管理到事前科学管理;二是从事后被动管理到事前主动管理;三是从事后强化追责到事前强化履责;四是从事后问题导向(责任导向)到事前目标导向(法规导向、理论导向);五是从事故灾害应对到事前风险预控、隐患查治;六是从事故结果指标管理到事前能效目标管理;七是从事故因素管理到事前系统治理等。

四、推进安全生产风险专项整治的理论思考与举措

推进安全生产风险专项整治是一项艰难、专业的任务，我们要以习近平总书记"推进安全生产治理体系和治理能力现代化"要求为目标。不能搞"突击式""运动式"短期行为。为此，要有"战略思维"，实施综合治理的策略；要讲"系统思想"，建立科学的系统治理体系；要循"科学规律"，实施多元化治理对策措施。

第一，综合治理是安全生产的基本方针。长期以来，我国《安全生产法》确立了"安全第一、预防为主、综合治理"的基本方针；《突发事件应对法》确立的方针是"预防为主、预防与应急相结合"；《消防法》明确的消防安全方针是"预防为主、防消结合"；《防震减灾法》明确的方针是"预防为主、防御与救助相结合"。公共安全事业、安全生产工作必须坚守"安全第一"的原则，必须坚守"预防为主"的模式，必须实施"综合治理"方略。为此，具体要做到"八坚持八治理"：坚持安全第一、重点施治，坚持科技强安、科学理治，坚持文化兴安、励精图治，坚持超前预防、隐患整治，坚持风险管控、分级防治，坚持本质安全、技术根治，坚持改革创新、强化法治，坚持责任体系、多方共治。这是安全生产长期实践得出的经验性策略。

第二，科学的系统治理是治理体系现代化的必然要求。基于安全系统要素理论，需构建完善的治理体系：人的因素——建立安全文化体系（引领安全生产）、安全教育培训体系（强化人员安全素质）、安全责任体系（落实安全生产），物的因素——创建安全科技体系（技术装备现代化）、安全信息化体系（智能安全现代化），环境因素——建立安全风险监测体系（预控安全生产风险）、应急救援体系（有效应对生产安全事故），安全绩效评价体系（持续提升安全生产水平），管理因素——建立安全法规（标准）体系（规范安全生产）、安全科学监管体系（法制安全生产）等。

第三，安全生产风险的整治需要实施"多元化"治理的对策措施。这是推进安全生产治理能力现代化的技术路径。"多元化"可以从多个维度来认知。从主体维，应是政府监管、行业管理、企业落实、社会监督、员工参与等"多方参与、多方共治";从能力维,需要决策层的领导力、管理层的专业力,执行层的执行力;从保障维,须有科技、装备、技术支撑等硬实力,也需有监管、培训、教育、文化等软实力;从事故"全生命周期"维,需要"事前、事发、事中、事后"全过程治理和管控等。

在当代,从安全学的角度,安全软科学的使命就是:通过全面推进公共安全治理体系和治理能力现代化,完善公共安全风险防控体系,强化公共安全科学保障能力,为实现高水平的平安中国而努力!从应急学的角度,应急管理软科学的使命是:应国家安全发展之急,急人民民生安全之难,推进大国应急管理治理体系和治理能力现代化。

本书的价值和意义就在于推进安全软科学的发展和进步,促进安全软科学方法的广泛应用,从而增强国家与社会、企业和单位、人民和员工的安全软实力。

本书的编写是建立在我们团队30多年来在安全软科学领域的耕耘和努力基础之上(承担国家自然科学基金、国家科技专项、国家软科学基金、政府部门、学术机构、各工业行业和企业委托上百项研究项目,近60位博士、150余位硕士的学术论文成果,以及数百篇学术论文、近百种软科学著作的积累)。因此,本书也算作团队多年成果和精华。特别是我们对软科学的工程应用和实践,在附录里面总结了相关的关键技术方法和应用咨询方案,对安全软科学的应用和实践进行阶段性、时代性的总结,这对从事安全软科学研究和工作的读者一定有实用价值和参考意义。

科学的发展是永恒的,安全软科学也一样。本书论述的安全软科学理论和方法的知识体系是时代的、现实的、局限的。因此,书中错漏、谬误不可避免,希望安全科学同仁或读者批评指正。

罗 云
2023年3月

目　　次

0　绪论 ………………………………………………………………… 1
　0.1　什么是安全科学? ……………………………………………… 2
　0.2　什么是软科学? ………………………………………………… 2
　0.3　什么是安全软科学? …………………………………………… 3
　0.4　为什么要加强研究和大力推进安全软科学的发展? ………… 4

1　安全软科学概论 …………………………………………………… 5
　1.1　安全软科学的社会价值及作用 ………………………………… 5
　1.2　我国安全软科学的发展及演进 ………………………………… 8
　1.3　安全软科学的发展趋势及挑战 ………………………………… 12
　1.4　安全软科学的科学基础及研究方法 …………………………… 17
　1.5　安全法制与体制机制的发展及演进 …………………………… 19

2　安全软科学原理 …………………………………………………… 22
　2.1　安全公理 ………………………………………………………… 22
　2.2　安全定理 ………………………………………………………… 34
　2.3　安全定律 ………………………………………………………… 44

3　安全软科学理论 …………………………………………………… 68
　3.1　安全定量理论 …………………………………………………… 68
　3.2　事故致因理论 …………………………………………………… 90
　3.3　事故预防理论 …………………………………………………… 101
　3.4　安全战略理论 …………………………………………………… 105
　3.5　本质安全理论 …………………………………………………… 118

4 安全科学学 ... 142
4.1 安全科学的研究对象 ... 142
4.2 安全科学的性质与特点 ... 151
4.3 安全科学的任务与目的 ... 155
4.4 安全科学的基本范畴 ... 161
4.5 安全科学的知识体系 ... 165

5 安全哲学 ... 175
5.1 安全哲学的发展 ... 175
5.2 安全相关认识论 ... 183
5.3 安全相关方法论 ... 189

6 安全系统学 ... 197
6.1 安全系统论 ... 197
6.2 安全控制论 ... 207
6.3 安全信息论 ... 208
6.4 系统安全分析方法 ... 213
6.5 系统安全评价方法 ... 217

7 安全文化学 ... 222
7.1 安全文化学基础 ... 222
7.2 安全文化基本理论 ... 224
7.3 安全文化建设方法论 ... 227

8 安全教育学 ... 246
8.1 安全教育学基本理论 ... 246
8.2 安全教育模式及技术 ... 255
8.3 企业安全教育的对象、目标与内容 ... 257
8.4 安全工程学历教育 ... 267

9 安全行为学 ... 271
9.1 安全行为学概述 ... 271

9.2 安全行为模式 ··· 275
9.3 安全心理测评 ··· 281
9.4 事故心理预控 ··· 285
9.5 不安全行为管控 ··· 290

10 安全法学 294

10.1 安全法学基础 ··· 294
10.2 安全法制理论 ··· 302
10.3 安全法规体系 ··· 309
10.4 应急管理法律法规体系 ·· 310

11 安全经济学 314

11.1 安全经济学基本理论 ··· 314
11.2 安全价值工程分析 ·· 319
11.3 安全成本分析 ··· 321
11.4 事故经济损失分析 ·· 326
11.5 安全经济效益分析 ·· 334

12 安全管理学 338

12.1 安全管理学研究对象及内容 ······································ 338
12.2 安全管理理论 ··· 340
12.3 安全决策理论 ··· 343
12.4 安全管理模式 ··· 345
12.5 安全管理体系 ··· 350
12.6 安全管理方法论 ··· 352

13 风险管理学 355

13.1 风险管理基本原理 ·· 355
13.2 风险分析理论 ··· 361
13.3 风险评估理论 ··· 367
13.4 风险管理理论 ··· 371
13.5 风险防控方法 ··· 377

14 应急管理学 ··· 384
14.1 应急管理理论 ·· 384
14.2 应急管理体制、机制及法制 ······························ 397
14.3 应急管理方法 ·· 398

15 安全信息学 ··· 405
15.1 基本理论 ·· 405
15.2 安全大数据 ·· 407
15.3 安全信息系统应用 ·· 412

附录 安全软科学工程应用项目方案 ································ 422
参考文献 ··· 443

0 绪 论

安全是人类古老的、永恒的命题，从国土安全到国家安全，从工业安全到公共安全，从安全业务到安全科技，从安全生产到安全发展，从安全常识到安全科学，人类经历了漫长的安全文明历史。

古代的国土安全、民居安全、部族安全、劳作安全，既有"天命无常、乐知天命、时来运转、谋事在人、成事在天"的天命观、宿命论，也有智慧的命运观、安全观、平安论。例如，战国初期的墨子国家安全观："兼相爱"和"非攻"的安全观念，"重备防患"的安全理念；东汉时期的政论家、史学家荀悦在《申鉴·杂言》中的安全方法论："一曰防，二曰救，三曰戒"，先其未然谓之"防"，发而止之谓之"救"，行而责之谓之"戒"，但是"防为上，救次之，戒为下"；唐代杜荀鹤的著名诗句："泾溪石险人兢慎，终岁不闻倾覆人。却是平流无石处，时时闻说有沉沦。"这些给人们阐明了一个真理："人因是安全的根本因素，安全软实力发挥决定性的作用"。在悠久的历史长河中，古人给我们留下了诸多的智慧安全方略：居安要思危、长治能久安、有备才无患、防微且杜渐、未雨也绸缪、亡羊须补牢、曲突且徙薪等。从历史的演进可悟到，人的安全思想、安全理念、安全智慧等"软能力"发挥着重要的作用。

近代的工业安全、生产安全、劳动保护，人类的安全智慧在不断发展演进（图0-1）。起源于矿业的安全技术智慧数百年，起源于交通的安全法制智慧200年，起源于化工的安全工程智慧上百年，起源于航空航天的系统安全思想70年，起源于工业制造业的安全科学智慧50年，起源于石油能源行业的安全管理体系智慧40年，起源于核工业的安全文化智慧30年，当代社会的智能安全将为实现工业技术系统的"本质安全、绝对安全"终极目标发挥决定性作用。

综上，我们看到，人类实现系统安全的智慧认识论和科学方法论经历了从简单到复杂、从单一到综合、从被动到主动、从局部到系统、从定性到定量的转变，经历了从理论到实践、从实践到理论的不断优化、创新和嬗变。安全技术—安全工程—安全法制—安全系统—安全文化和安全科学等安全智慧的发展

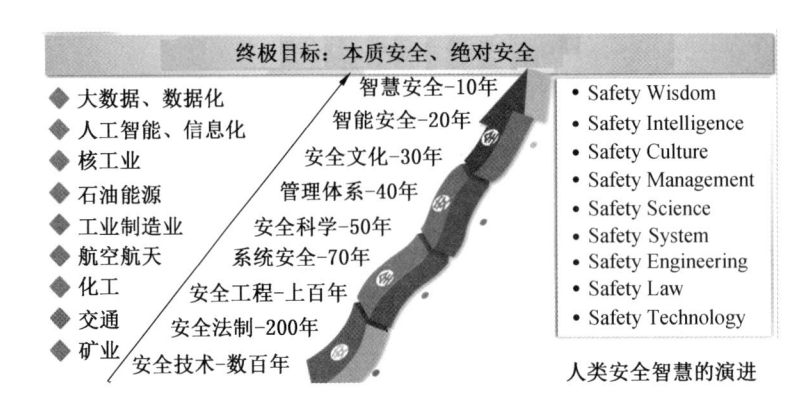

图 0-1 人类工业安全智慧的发展与演进

进步，概要地体现了人类安全智慧的发展过程。在这个过程中，安全软能力、安全软科学、安全软实力发挥了重要、不可替代的功能和作用。安全软科学一定会伴随着人类的发展和科学技术的进步而不断发展和进步。

0.1　什么是安全科学？

安全科学是一门新兴交叉学科，其涉及社会科学和自然科学的多门学科，涉及人类生产和生活的各个方面。1991年《中国安全科学学报》创刊号的发刊词中曾指出："为适应社会协调发展的需要，迅速地出现了边缘的、综合的、横断的一系列的新兴学科，形成了当今的交叉科学领域。它有着极强的生命力，并成为科学技术与国民经济发展的重要推动力量。安全科学就是该领域中的一门新兴学科。"近百年来，人类从安全规制到安全立法，从安全管理到安全科技，从安全科学到安全文化，针对自然灾害、事故灾难、公共卫生事件、社会安全事件等现代社会日益严重的安全问题，推进了安全科学技术的发展与进步。新型交叉科学的特征体现于自然科学与社会科学的交叉、工程学科与人文社科的交叉、硬科学与软科学的交叉。安全科学作为一门新兴的交叉科学，既包括安全工程和技术类学科，更有安全软科学类分支学科。

0.2　什么是软科学？

"软科学"一词由日本科学技术厅于1971年发表的《科学技术白皮书（昭和四十六年)》首次提出，其定义是用自然科学的方法来研究包括人和社会现象在内的一个广泛的学科领域。软科学作为包含自然科学、哲学社会科学的交叉科学，研究领域广泛，涉及学科众多。我国最初引入软科学是在改革开放的时代，1987年，万里副总理在首届全国科学研究工作座谈会上提到："软科学研究就是把科学引入决策过程中，利用现代科学技术手段，采用民主和科学的方法，把决策变成集思广益的、有科学依据的、有制度保证的过程，从而实现决策的民主化、科学化和制度化。"

0.3 什么是安全软科学?

我们给出的安全软科学定义是：安全软科学是研究安全生产、生活、生存过程中，"人－物－事"或"人－物－环－社"系统要素的安全规律及其相互作用关系的领导决策、系统治理、科学管理、精准防控的理论、原理、原则和方法的综合科学。安全软科学揭示安全系统的科学规律，建立安全科学的理论体系，解决安全科学的科学学问题，是人类的安全智慧，为国家安全、社会安全、公共安全、生产安全提供基本的安全原理、科学的安全认识论、系统的安全方法论、先进安全文化理念等。

安全软科学是以现代安全决策、安全治理、安全管理、事故灾害防控为中心，对自然－技术－社会复合系统，以及事故与灾害复杂现象进行研判分析、预测预警、决策管控的新兴科学，是安全科学领域中多门学科技术在安全法制、安全治理、安全监管、安全文化、风险预控、灾害预测、应急管理等方面的体现和综合应用。安全软科学是一个正在蓬勃发展的新兴学科群体，它既属于软科学中的一大类别，又是安全科学体系中同安全管理与决策相关的多种学科技术组合成的一个新的知识体系。安全软科学的研究就是安全决策的研究。鉴于安全软科学研究对象涉及安全战略研究、安全规划制定和安全管理组织等众多方面，安全软科学方法也必然随研究对象的不同而有巨大的差别，同时，安全软科学的实用性则要求对安全软科学的方法使用需要非常慎重，要强调服务于实践的能力。

按照软科学的五类分类法，安全软科学分为：①元科学类，包括安全科学学、安全系统论、安全信息论、事故突变论等学科；②管理决策类，包括安全管理科学、安全决策科学、安全政策科学、安全领导科学、安全战略科学、安全经济学等；③咨询预测学类，包括安全情报学、事故预测学、灾害预测学等；④人体类，包括安全行为科学、安全工效学、安全技术创造学等；⑤现代科学方法类，包括安全系统科学方法、安全科学技术方法、安全经济方法等。依据《学科分类与代码》(GB/T 13745—2009)，安全科学技术一级学科所包含的50多个三级学科中就有安全软科学分支学科20余个。

0.4 为什么要加强研究和大力推进安全软科学的发展？

首先，是国家治理和社会经济发展的需要。为制定适合我国国情的国家安全发展战略、方针和政策，推进安全与应急管理治理体系及治理能力现代化，必然需要应用系统科学、战略科学、决策科学、信息科学、预测科学等现代软科学技术的理论与方法，为国家安全和社会经济安全发展提供理论基础和软实力支持保障。

其次，安全科学本身综合交叉学科的特性，以及技术系统和社会系统的安全涉及人因、物因、环境、管理组合因素的客观属性和多元复杂非线性关系，决定了安全软科学与安全硬技术具有相互作用、相互融合和相互补充的关系。安全软科学研究能够针对"法－制－管"和"人－物－环－社"安全系统进行跨学科、跨领域、定性和定量相结合的研究，从而为各级政府、各类行业和企业的安全规划、组织、管理、指挥和决策服务，以实现安全法规与标准、安全法制与法治、安全监察与执法、风险管理与防控、安全管理与应急管理、安全教育与培训等软能力的强化、完善和优化，为我国公共安全、生产安全、社会安全、防灾减灾治理体系和治理能力现代化服务。

安全软科学一直伴随安全科学的发展而发展，并且在安全科学与工程学科体系建设中发挥着重要的支柱性作用。安全软科学相关学科群的兴起和发展，是安全科学进入新发展阶段的重要标志，也是现代安全科学与工程学科发展的必然趋势和要求。研究和认识安全软科学的历史、现状与未来趋势，对进一步推进安全软科学发展与进步具有现实的意义。所谓"知其所来，方能坚守方向；识其所在，更能砥砺图强；明其所往，才能奋进不止"。

在当代，安全软科学的作用：一是为政府企业各级领导提供科学理论、系统思想和优秀理念，增强安全领导能力，科学实施安全战略决策；二是为政府企业各部门管理者提供安全系统治理、依法监管的专业理论和方法体系，提升安全治理能力和管控水平；三是为政府、企业和社会各组织的安全专业人员提供安全科学的专业理论知识和风险管控方法，强化安全专业能力，做到精准施策、科学管理、有效治理。

安全软科学的目的：一是完善安全科学的理论体系和知识体系，二是推进安全治理体系与治理能力现代化，三是提高公共安全和安全生产保障的软实力。

1 安全软科学概论

1.1 安全软科学的社会价值及作用

1.1.1 安全软科学的价值及意义

随着人工智能、大数据时代的到来,安全软科学的研究也在与时俱进。通过引进前沿的科学理论与方法,来解决公共安全问题,使安全软科学的研究由"分散化""静态化""二维化"向"系统化""动态化""立体化"转变,进而实现公共安全的信息化、智能化、数字化、可视化,这就需要安全软科学的理论和方法支撑。推进安全软科学发展,其价值和意义至少体现在如下方面:

(1) 促进安全软科学的发展能够更好地服务于国家的安全战略规划和安全体制、机制设计与进步;推动国家安全治理体系建设,促进和优化安全立法,完善安全管理模式及体系构建,促进依法治安,提升国家安全治理体系和治理能力现代化水平。党中央、国务院历来高度重视安全生产工作,党的十八大以来对安全生产工作作出了一系列重大决策部署,提出"科学发展、安全发展"的战略部署。特别是2016年12月《中共中央 国务院关于推进安全生产领域改革发展的意见》,在"指导思想"中明确:"牢固树立新发展理念,坚持安全发展,坚守发展决不能以牺牲安全为代价这条不可逾越的红线";在"基本原则"中明确"坚持安全发展,贯彻以人民为中心的发展思想,始终把人的生命安全放在首位,正确处理安全与发展的关系,大力实施安全发展战略,为经济社会发展提供强有力的安全保障。"安全发展已从一个科学理念进而明确为我国经济社会发展的重大战略,这是我国对经济社会发展客观规律的高度总结。

(2) 安全软科学的发展为社会、政府、企业和各类组织提供安全策划、安全决策、安全指挥、安全管理、安全评估等方面的理论指导和方法支持,提高国家安全生产、公共安全、防灾减灾的保障能力和水平。我国改革开放的初期,由于生产力水平的低下,各行业普遍存有生产技术工艺、装备设施等科技水平较低的状况。随着经济能力的增强,以及生产技术的发展,各行业、企业的安全科技水平得到大大提升,甚至在国际范围处于领先的水平。同时随着改革开放的深入,安全生产领域在 20 世纪 90 年代引入的安全管理体系模式和方法,对我国的安全生产管理水平的提升发挥了积极作用,安全管理的国际接轨也达到了较高的水平。

(3) 安全软科学能够科学指导各级政府的安全行政执法监察、安全监管机制改革,合理实施事故灾害的调查处理和追责等科学行政、执法,提高各级政府行政执法的效能和效率。2020 年实现安全生产监管体制机制基本成熟,法律制度基本完善,全国生产安全事故总量明显减少,职业病危害防治取得积极进展,重特大生产安全事故频发势头得到有效遏制,安全生产整体水平与全面建成小康社会目标相适应;2030 年实现安全生产治理体系和治理能力现代化,全民安全文明素质全面提升,安全生产保障能力显著增强,为实现中华民族伟大复兴的中国梦奠定稳固可靠的安全生产基础。

(4) 科学指导企业和社会组织层面的安全管理体系建设、安全制度建设、事故灾害风险防控、安全投入合理化、安全管理信息化等,强化对事故灾难的事前防范、事发预警、事中应对、事后恢复的能力及水平。现阶段企业根据自身实际情况,利用信息化手段加强安全生产管理工作,开展安全生产电子台账管理、重大危险源监控、职业病危害防治、应急管理、安全风险管控和隐患自查自报、安全生产预测预警等信息系统的建设。

(5) 安全文化是一种软实力,是安全文化和安全意识形态的吸引力体现出来的力量。表面上安全文化确实很"软",但却是一种不可忽略的伟力。任何一个企业在提升安全生产保障条件硬实力的同时,提升本单位或组织的文化软实力也是非常重要的。提高企业安全文化软实力,不仅是企业安全生产保障的根基,也是企业安全生产保障体系中的重要支柱。推进公共安全文化、社区安全文化、企业安全文化、校园安全文化、应急管理文化建设,从而强化全民安全素质及能力,增强全社会安全软实力。

1.1.2 安全软科学的系统作用及其贡献率

安全软科学对提高系统(技术系统、社会系统、生产系统等)安全水平,以及组织(政府、企业、社区、学校、城市等)的安全能力(监管能力、管控能力、治理能力等)具有显著的作用。同时,安全软科学是安全硬技术(安全技术、安全工程、安全信息系统、应急技术、应急物资、应急装备等)的灵魂和中枢,为硬技术赋予新的功能和价值。安全系统保障的三角原理图如图 1-1 所示,在安全支柱的"3E"要素中,安全监督管理是重要的支柱,而安全文化是底边,是安全工程技术和安全监督管理的影响因素,是安全"三角"稳定结构的基础和根本。在公共安全、生产安全、社会安全实践中,同样的技术具有不同的安全效能和效果，就是由于安全管理与安全文化软科学、软实力所发挥作用的差异性所致。

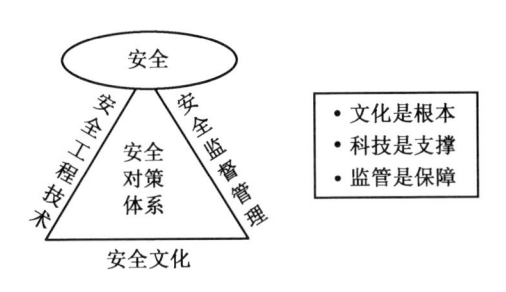

图1-1 安全系统保障的"三角"原理图

安全软科学的"软"是相对于安全工程硬技术而言的，安全软科学也具有"硬实力"。安全软科学通过安全战略和策略、安全制度和文化、安全信息和数据、安全智慧和能力等软技术、软方法的形态和形式，为人们的安全领导力、安全决策力、安全指挥力、安全行动力、安全执行力，为组织的安全管理、安全文化等软实力提供科学、有效的精神动力、智力支持、方法支撑。

更重要的是安全软科学对国家安全发展、城市安全建设、企业安全生产、社会安全保障能够发挥必不可少的软实力作用。由于有了安全软科学与安全硬技术结合与融合、交叉与互补、协调与互动，才能发挥出全面的、系统的安全科技功能和作用，从而支撑社会系统安全治理和技术系统安全保障。因此，安全软科学是安全学科技术体系中重要和不可或缺的方面。研究表明，在安全科技、安全管理和安全文化三大要素体系中，安全管理和安全文化软科学的要素贡献率，在人因为主的技术系统中（劳动密集型产业）可达到近50%，见表1-1。

表1-1 工业装备领域的系统安全要素贡献率水平　　　　%

领域时期	分析样本	安全文化	安全管理	安全技术
工业装备 特种设备 不同时期样本	样本1	15.54	29.99	54.47
	样本2	15.63	29.95	54.42
	样本3	15.36	30.47	54.17

注：贡献率是指安全要素（技术要素、管理要素、文化要素）对技术系统的安全保障发挥的贡献量比例。

1.2 我国安全软科学的发展及演进

1.2.1 安全软科学主要分支学科的发展历程

安全科学技术是研究人类生存条件下人、机、环境系统之间的相互作用，保障人类生产与生活安全的科学和技术，或者说是研究技术风险导致的事故和灾害的发生和发展规律以及为防止意外事故或灾害发生所需的科学理论和技术方法，它是一门新兴的交叉科学，具有系统的科学知识体系。

在过去的数十年里，我国安全软科学的理论研究大多呈分散状态。安全软科学的发展是社会的需要，安全科学技术专家、医学家、心理学家、管理学家、行为学家、社会学家和工程技术专业人员等从各自的研究立场出发，结合安全软科学方法进行研究，生成了许多关于安全科学新理念、安全生产新观点、安全科学学科建设及其拓展、安全科学发展观、科学安全观、安全为天与安全发展、安全哲学、安全思维学、安全心理学、安全伦理学、安全行为学、安全经济学、安全法学、现代安全管理、安全性评价理论及新方法、安全文化及企业安全文化建设等方面的理论和实践成果的论文。

根据《学科分类与代码》(GB/T 13745—2009)，一级学科安全科学技术（620）中11个二级学科涉及安全软科学的有安全社会科学（62021）、安全人体学（代码62025）、安全系统学（62027）、安全社会工程（62060），三级学科有安全哲学、安全史学、安全科学学、安全社会学、灾害学、安全学、安全法学、安全社会学、安全经济学、安全管理学、安全教育学、安全伦理学、安全文化学、安全心理学、安全人机学、安全系统学、安全运筹学、安全管理工程、安全经济工程、安全教育工程、应急决策指挥等。其中最基本、最经典的是安全哲学、安全管理学、安全文化学。

1. 安全哲学的发展与演进

表1-2归纳了人类工业安全哲学的五阶段演进规律，反映了农牧业时代、蒸汽机时代、电气化时代、信息化时代、大数据时代的人类安全认识论和安全方法论的策略特点及方法对策措施特征。

表1-2 安全哲学的发展和演进

历史阶段	时代	技术特征	认识论	方法论	策略特征	方法措施
I 低级阶段	18世纪工业革命前	农牧业及手工业	事故论	教训型	凭经验	摸索式，迫于教训

表1-2（续）

历史阶段	时代	技术特征	认识论	方法论	策略特征	方法措施
Ⅱ 初级阶段	18世纪至20世纪初	蒸汽机时代	危险论	经验型	用法制	事后整改、约束追责、制度化
Ⅲ 中级阶段	20世纪初至70年代	电气化时代	风险论	制度型	靠科技	专业化、标准化分类分级式
Ⅳ 较高级阶段	20世纪80年代至21世纪初	信息化时代	系统论	系统型	兴文化	功能安全，系统安全
Ⅴ 高级阶段	21世纪以来	大数据时代	本质论	本质型	用智慧	智能化、智慧安全、本质安全化

2. 安全管理学的发展与演进

表1-3归纳了人类四个时代安全管理学的发展演进规律，展现了不同时代安全管理理念、安全管理对象、安全管理理论、安全管理特征、安全管理模式、安全管理手段、安全管理方式、安全管理定位的发展演进过程。

表1-3 安全管理学的发展与演进

时代	19世纪至20世纪上半叶	20世纪50年代至70年代	20世纪80年代至21世纪初	21世纪新时代以来
管理理念	事故导向	问题导向	制度导向、责任导向	目标导向、规律导向
管理对象	事故与事件	技术（设备、工具）	系统（人、机、环）	组织（系统、组织、机制）
管理理论	事故学理论	技术危险学理论	系统风险学理论	本质安全学理论
管理特征	人治	规制	法治	文治、善治
管理模式	经验型管理	制度型管理	系统型管理	本质型管理
管理手段	头疼医头	就事论事	综合管控	系统管控
管理方式	事故驱动	技术驱动	责任驱动	目标能动
管理定位	事后	事前、事中	事前、事中、事后	全面、全过程

3. 安全文化的发展与演进

表1-4归纳了人类四个时代安全文化的发展演进规律，揭示了人类不同时代安全观念文化、安全行为文化，以及安全理论、安全策略、安全方法和技术的文化进步规律和特点。

表1-4 安全文化发展的历史阶段

时代	观念文化	行为文化	理论、策略与方法	核心技术
古代	宿命论-天命学	运气型神灵保护	神学理论，生理本能策略，随机、感性、承受式	求神灵
近代	经验论-事故学	经验型事后整改	事故致因理论，补救与整改策略，被动响应、亡羊补牢方式	靠经验
现代	系统论-危机学	系统型法制规范	系统风险理论，人、机、环、管综合策略，危险辨识、风险预警、综合治理、系统防控	用科学
新时代未来	本质论-安全学	本质型能动智慧	本质安全理论，系统本安策略，文化兴安、科技强安、体系保安	文化兴安、本质安全化

1.2.2 我国高等教育人才培养安全类学科的发展历程及现状

1. 高等教育工业安全学科专业的发展演进

从新中国成立以来的时间节点追溯，工业安全科学相关专业的学科发展历程如图1-2所示。从工业安全或安全生产的角度，安全科学专业人才培养经历了五个阶段：劳动保护专业—工业安全—安全工程—安全科学与工程，至2011年建成研究生教育一级学科。

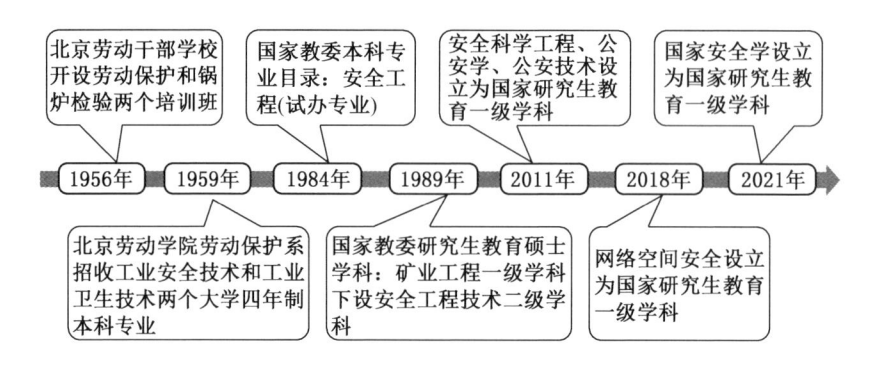

图1-2 我国工业安全科学相关专业的学科发展历程

2. 高等教育本科安全类专业学科的发展现状

我国最新《普通高等学校本科专业目录（2022年）》中，涉及安全、应急、消防类的本科专业共14个，具体是：交通安全与智能控制（520105）、民航安全技术管理（520511）、防灾减灾科学与工程（070803T）、信息安全（080904K）、网络空间安全（080911TK）、食品质量与安全（082702）、食品安全与检测（082709T）、安全工程（082901）、应急技术与管理（082902T）、安全防范工程（083104TK）、火灾勘察（083107TK）、抢险救援指挥与技术（083106TK）、网络安全与执法（083108TK）、消防工程（083102K）等。

3. 高等教育研究生专业学科的发展现状

在我国研究生专业科学序列中，安全科学与技术（0837）于1992年在矿业工程一级学科作为二级学科建立，2011年正式立为一级学科，授工学学位，2022年教育部新版目录，正式批准授管理学学位，体现了安全专业人才的软科学知识能力强化。

根据教育部《研究生教育学科专业目录（2022年）》，安全类相关学科群还有如下一级学科：2011年公安学（0306）、公安技术（0838），2018年网络空间安全（0839），2021年国家安全学（1402）。其中，国家安全学可授法学、工学、管理学、军事科学学位。

1.2.3 安全软科学学术研究及成果学科体系的发展现状

1. 学术研究序列的学科体系的发展现状

依据20世纪90年代发布的《学科分类与代码》（GB/T 13745—1992）（第一版），安全科学（620）一级学科包含5个二级学科、27个三级学科。其中，三级学科有软科学分支：灾害学、安全学、安全系统学、安全心理学、安全模拟与安全仿真学、安全人机学、安全法学、安全经济学、安全管理学、安全教育学等。依据新版国标《学科分类与代码》（GB/T 13745—2009），在安全科学技术学科体系50个三级学科中，包含安全软学科20余个。

2. 知识成果序列的学科体系

2010年发布的《中图法》（第五版）中，安全科学的三级类目层次中具有如下软科学类目：X910 安全人体学，X911 安全心理学，X912.9 安全人机学，X913 安全系统学，X913.1 安全运筹学，X913.2 安全信息论，X913.3 安全控制论，X913.4 安全系统工程，X915.1 安全计量学，X915.2 安全社会学，X915.3 安全法学，X915.4 安全经济学，X915.5 灾害学，X921 安全管理（劳动保护）方针、政策及其阐述，X922 安全组织与管理机构，X923 安全科研管理，X924 安全监察，X925 安全教育学，X928 事故调查与分析（工伤事故分析与预防)、X928.01 事故统计与报告、X928.02 事故处理、X928.03 事故预防与预测、X928.04 事故救护、X928.06 事故案例汇编等。

在我国工程领域，注册安全工程师考试的4门科目中，有安全法规、安全管理、安全案例分析（现改为安全工程师专业实务）3门软科学；在《中国大百科全书》第三版一级层次的学科体系中，列入的安全科学与工程一级学科包括安全科学、安全系统分析、安全与应急管理3个软科学科目。

1.2.4 安全软科学的研究热度与成熟度

学术地图、知识图谱是研究分析学科或知识热度和成熟度的重要工具。基于《学科分类与代码》(GB/T 13745—2009)学科分类体系，针对安全软科学学科进行知网论文数据库论文论题及关键词统计分析，可知安全管理学、安全系统学、应急决策指挥、灾害学、安全文化、安全法学等是热度及成熟度相对较高的学科，相应的，安全史学、安全经济工程、安全学、安全伦理学、安全经济学、安全哲学热度和成熟度较低；安全管理、安全管理工程、安全绩效、安全学、安全文化、安全系统、安全指标、人为因素等是安全软科学的研究热点。

我国安全软科学的前沿问题主要有三个：

（1）基于对安全软科学研究的前沿认知，以知网全网论文数据库为样本，检索安全软科学的前沿关键词，可知安全科学学科体系、事故致因理论、安全评价理论、安全管理体系、安全监管模式、安全管理体制机制、安全文化建设、安全信息化、事故隐患查治、安全法制、安全责任制、事故损失测评等是近20年安全软科学的研究热点。

（2）安全科学原理、安全系统治理、安全风险预控、安全脆弱性、安全韧性、党政同责、安全系统治理、应急管理体系、公共安全体系、安全绩效评价、安全文化管控、智慧安全策略、智慧应急管理等是近10年安全软科学研究的热点。

（3）总体国家安全观、大安全科学治理理论、大应急管理体系、本质安全系统（企业、城市、社区等）、大国应急治理、安全领导力、安全执行力、安全系统战略、安全责任绩效测评、善治安全对策、精准安全方法、安全经济策略、安全效益评价、安全效能评价、应急能力评估、应急成本管控等将是未来应以重视的领域，也是软科学未来的研究趋势。

1.3 安全软科学的发展趋势及挑战

1.3.1 大安全与大应急体制的理论创新挑战

当今随着现代科学技术的发展，以及社会经济发展需求的变化和国家治理体系的演变，提出"大安全大应急"概念，安全科学如何适应未来发展面临重大挑战。

1. Security 与 Safety 两个安全领域的关系及融合

通过安全科学学、安全科学原理、安全学科理论等软科学的研究，在遵循学科理论和科学原理的基础上，面临构建大安全学科体系的挑战。为此，需要研究 Security 与 Safety 的共同性与差异性。

1）共同性

（1）目的一致：保障生命安全、财产安全、环境安全，促进社会经济健康可持续发展，保证社会和谐稳定等。

（2）科学规律的共同性：都符合安全风险本质特性和规律，都需要事前防御、事发减缓、事中应对、事后恢复的全过程和全周期管控。

（3）对策措施共同性，都需要应用科技的、法制的、行政的、管理的、文化的对策措施。

2）差异性

（1）防控目标的区别：Security 主要防外因，Safety 主要防内因。

（2）发生机理的区别：Security 主要针对具有意谋性的确定性事件（国土安全、国家安全、社会安全、公共安全、生物安全、食品安全等），Safety 主要针对意外的随机事件（生产安全、工业安全、消防安全、交通安全、职业安全、信息安全、食品安全、生物安全等）。

（3）机理与原理的差异性：自然灾害是来自自然的风险（自然系统），事故灾难是来自技术的风险（人造系统），社会安全事件是来自人为社会的风险（社会系统），公共卫生是组合风险（自然与人为组合系统）。

（4）责任性质的区别：Security 主要是"坏人"的故意作为，Safety 主要是"好人"的无意作为。

2. 从"小安全"到"大安全"转变

从"小安全"到"大安全"转变，主要体现在以下方面：

（1）大目标：生命安全、财产安全、健康保障、环境保护、社会稳定（HSSE）等。

（2）大范畴：劳动保护、安全生产、交通安全、特种设备安全、消防安全、防灾减灾等。

（3）大系统：人、机、物、料、环、法、管（"4M"）。

（4）大环节：全过程、全生命周期、全链条（"3P"）。

（5）大策略：工程、技术、行政、制度、经济、教育、文化（"3E"）等对策措施。

(6) 大部门：党、政、工、团、妇、社广泛参与（社会多方共治）。

3. 从"小应急"到"大应急"转变

从"小应急"向"大应急"的转变主要体现在以下方面：

(1) 从单一灾种到多灾种：自然灾害、事故灾难、公共卫生、社会安全事件等范围。

(2) 从保障环节分裂到全链条管控：事前预防、事先预备、事发监测、事中响应、事后恢复等全生命周期管控。

(3) 从保障过程分散到全过程统一：防灾、抗灾、救灾三位一体化。

1.3.2 大数据、信息化环境下的智慧安全挑战

安全科学决策和安全科学管理是安全软科学的核心价值。在当今大数据、云平台、物联网、人工智能等现代信息化技术背景下，智能安全和智慧安全不仅仅停留在概念和理念层面，如今智能感知、智能监测等在安全信息技术硬件的支持下，安全软科学定义的智慧安全成为前沿的命题。基于互联网+、物联网+的应用发展，推进安全应急管理大数据开发和建设，提高政府安全治理、社会安全监督、企业安全管理、个人安全保障的智慧安全能力和水平，成为未来安全软科学的重大挑战。为此，安全软科学需要回答如下命题。

一是系统化治理。如何理解习近平总书记的总体国家安全观，以及"系统治理、党政同责、一岗双责、齐抓共管、失职追责"的"综合系统观"，全面实施安全应急管理的系统工程战略和综合体系治理策略，构建全面的安全应急管理体系，通过"系统化治理"策略有效地服务于国家安全发展战略。

二是科学化治理。如何遵循安全应急管理的科学规律，强化科技保安、强安、兴安战略，推进基于安全应急管理本质规律的科学导向认识论和科学方法体系，提高全社会安全应急管理的科学决策水平和科学治理水平。

三是精细化治理。如何针对地区差异、产业差异、风险差异的安全应急管理现状特点，不搞一刀切、简单化，根据不同行业、不同地区、不同所有制的安全风险类型、等级和可接受水平，分区、分型、分类、分级精准施策，提高精细化管理效能。

四是合理化治理。如何推进安全应急管理工作的方法、方式的改革、创新，持续改进安全应急管理与治理、监察与监督、教育与培训等方法方式，创新安全应急机制、整合安全应急队伍、提高应急装备能力、优化应急物资储备等，使安全应急管理各方面的工作更合理、科学、高效。

五是实效化治理。如何让安全应急管理法规、安全政策文件、安全制度标

准等得到落实、落地,提高其有效执行力;让安全应急检查、评价、审核、考核等一切管理活动,能够与地区、行业、企业、现场实际有效联系和结合,做到有用、管用、有实效。

六是智慧化治理。如何推进现代的大数据技术、智能感知和控制技术与安全应急行业的应用相结合,使安全应急管理的保障技术数据化、智能化;对企业生产危险源、社区生产风险源实施有效的智能监测、快速感知与人的行为能力、组织的管控能力"智能"地结合起来,实现对事故灾害的合理和有效防御。

七是本质安全治理。如何优化安全应急管理体系、强化安全应急管理基础,推行基于风险的本质安全预控模式 RBS(基于风险的监管),提高全社会安全应急管理和事故灾害防御的"三基"保障能力和水平。

1.3.3 高质量发展战略背景下的安全治理挑战

我国经济已由高速增长阶段转向高质量发展阶段,正处在转变发展方式、优化经济结构、转换增长动力的攻关期,建设现代化经济体系是跨越关口的迫切要求和我国发展的战略目标。我国安全应急管理工作也面临前瞻性的高质量发展的挑战。

安全应急管理是国家治理体系和治理能力的重要组成部分,承担防范化解重大安全风险、及时应对处置各类灾害事故的重要职责,担负保护人民群众生命财产安全和维护社会稳定的重要使命。可以预见在相当长时期,我国仍处于公共安全事件易发、频发和多发,面临社会转型和城镇化加速发展的特殊时期,防范和解决城市安全、安全生产、防灾减灾等公共安全任务异常艰巨。因此,强化公共安全管理与技术的支撑,提升城市安全综合水平,为人民创造美好幸福生活是国家的重大战略需求,也是政府部门、科研机构与企业共同的社会责任与历史担当。故需要发挥我国安全应急管理体系的特色和优势,借鉴国外应急管理有益做法,积极推进我国安全应急管理体系和能力现代化,促进安全与应急管理高质量发展。

显然,我国政府、社会、企业等组织或实体的安全应急管理工作高质量发展,需要安全软科学提供理念和精神的驱动力、理论和策略的指导力、制度和方法的支撑力、措施和工具的保障力。

基于系统工程建模理论,我们设计构建了如图1-3所示的"安全与应急高质量发展模型",其中:

(1)主体质量要素:政府—从国家到乡镇,企业—从集团到岗位,社会—从城市到家庭。

(2)功能质量要素:事前监测预警防范防御质量、事中应急应对救援处置质量、事后追责整改恢复重建质量等。

（3）对策质量要素：安全应急科技质量、安全法制机制质量、安全教育培训质量、安全社会服务质量等。

（4）资源质量要素：人员队伍质量、技术产业装备质量、物质器材质量、安全预案制度、安全信息数据质量等。

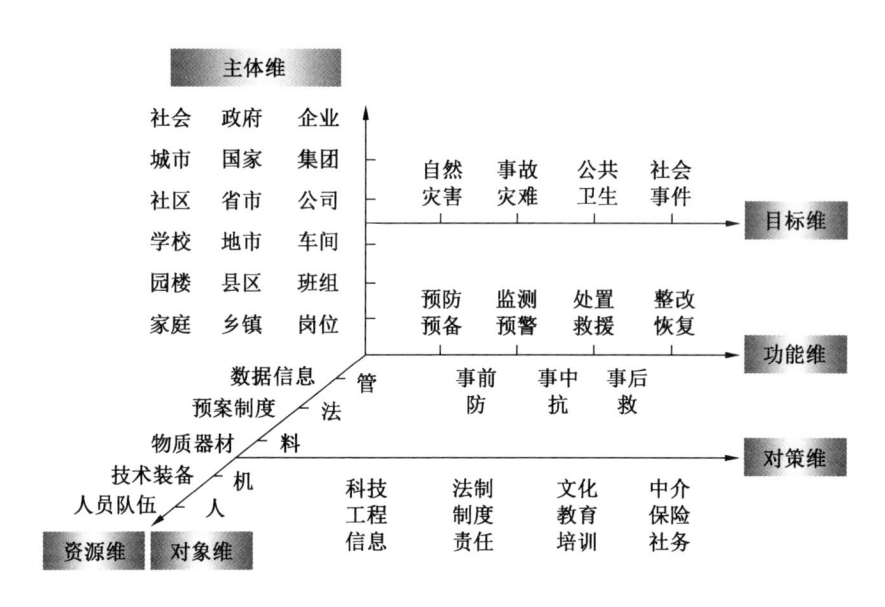

图1-3 基于系统理论的"大安全大应急"高质量发展模型

1.3.4 新时代安全软科学需要研究的重要命题

我国在新时代"大安全大应急"体制和发展势态背景下，安全软科学应以"顶天立地"为定位，在宏观、中观、微观层面开展全面、系统的深入研究，从而为提高我国安全科学与技术水平发挥作用。鉴于作者的积累和有限认识，提出如下值得研究的安全软科学命题。

一是在宏观层面：包括总体国家安全观指导下的安全与应急现代治理理论与对策，国家安全发展系统战略与策略，新时代需求的大安全学科门类体系的构建，"大安全大应急"背景下的安全科学理论体系创建，传统安全风险和非传统安全社会经济影响与协调发展理论与对策，我国安全与应急管理治理体系与治理能力现代化的体制与机制设计，满足国家政府各部门、社会各组织、行业各企业、灾害各种类所需要的人才培养模式，新兴行业与新技术系统的安全监管与治理模式，安全应急产业的发展模式与制度政策体系等。

二是在中观层面：包括安全科学原理与基础理论研究，安全学科分类体系与分层建设和管理政策研究，安全社会学与伦理学的理论体系构建与知识工程创新，安全哲学与新时代安全认识论与方法论创新，安全与应急文化学理论体系与建设模式，安全经济学与应急经济学学科建设与发展对策，安全系统学与系统工程优化，安全教育学与教育工程模式创新与机制创新，安全信息学与信息化理论与对策，现代人的安全行为学与安全心理学理论与管控、干预方法，智慧安全与善治安全模式与体系，工业行业安全与应急的体制与机制改革与创新发展，新时代大安全应急管理模式、体制与机制优化，人-机-环系统的安全机理、模式、机制研究，防范化解重大安全风险的科学理论与对策研究，安全法制与法治环境和系统方法研究等。

三是在微观层面：包括基于"四个自信"的中国安全模式与成功经验范例，安全法规与法制体系建设研究，安全管理与应急模式与体系构建方法研究，我国安全文化建设方法研究与工具开发，安全经济与安全效益分析理论与方法研究，安全信息与大数据应用研究，人工智能与智慧安全模式、体系、方法创新研究，安全风险分析预警与预控机制与方法研究，新兴安全风险特性与致灾机理研究，多灾种、多事故叠加风险预警与防控机制研究，大系统本质安全理论与方法研究，安全与应急的技术经济可行性分析方法研究，安全与应急的价值理性与工具理性协调与优化方法研究，OHSMS与HSE管理体系的优化和高质量运行模式和工具研究，安全与应急的科学规划和决策方法与工具研究，安全与应急系统化管理、目标管理、标准化管理理论与方法研究，科学精准防控安全风险的策略与方法研究，安全与应急的现场与班组建设，政府和企业"基础、基本、基层"建设工程，企业安全与应急文化管控的对策和措施，社会各阶层的安全伦理学研究，人员因素的本质安全化，基于本质安全理念的科学管理机制，安全绩效与效能测评方法研究，安全责任量化方法及激励措施对策研究等方面。

安全软科学的发展是推进安全科学技术进步的必然要求，过去对提高国家和全社会的安全保障能力和水平发挥了重要作用，未来也将会为我国安全科学技术的强盛，为国家富强、民族复兴、社会和谐、人民幸福作出应有的贡献。

1.4 安全软科学的科学基础及研究方法

1.4.1 安全软科学的基础科学

安全软科学是软科学家族中的重要成员，是建立在系列的软科学学科基础上发展起来的。因此，安全软科学需要充分运用如下学科的理论、方法和工具：

（1）逻辑学：形式逻辑、辩证逻辑等。

（2）系统科学：系统论、控制论、信息论、突变论、建模理论等。

（3）技术经济学：关系论、因素论、问题论、动因论、效果论等。

（4）管理科学：泰勒管理理论、组织理论、人际关系理论、系统组织理论、需要层次论、增熵理论。

（5）行为科学：领导理论、工业心理学、行为激励理论、动机理论等。

（6）法学：法理、法则、成文法、判例法等。

（7）文化学：文化学理论、文化体系、文化的创造、文化的继承、文体的现代化等。

（8）行政学：行政理论、行政组织、行政管理、行政效率、行政决策等。

（9）社会学：社会学原理、社会关系、社会结构、社会行为等。

1.4.2 安全软科学的研究方法

安全软科学研究是以实现安全决策科学化、专业化和安全管理现代化为宗旨，以推动国家安全、公共安全、生产安全治理体系与治理能力现代化为目标，针对安全决策和安全管理实践中提出的系统性、复杂性课题，综合运用自然科学、社会科学和工程技术的多门类多学科知识，运用定性和定量相结合的系统分析和论证手段，而进行的一种跨学科、多层次的科研活动。安全软科学研究为政府、企业、社会和组织解决公共安全、安全生产、防灾减灾，甚或总体国家安全问题提出可供选择的各种战略策略、路径方案、措施和对策。安全软科学研究的一个重要目标，是为政府各级管理决策部门、企业和社会组织提供专业咨询服务，附录中给出了我们团队数十年积累的研究方案。

安全软科学具有如下基本的研究方法：

（1）思辨研究方法：假设论证、专家循证等。

（2）文献研究方法：统计论证、比较研究等。

（3）调查研究方法：实地考证、实证研究等。

（4）归纳研究方法：逻辑推理、现象辨析等。

安全软科学研究通常采用定性与定量相结合的综合集成方法，一般有三种综合集成的方式：

（1）安全软科学专家与行业或领域专家及决策者、管理者的结合，如安全科学与技术专业人员与行业或工业技术专业人员的结合。

（2）定性分析与定量分析相结合，通过定性分析建立系统总体及各子系统的概念模型，并尽可能将它们转化为数学模型，经求解或模拟后得出精准的定量结论，再对这些结论进行定性分析，以取得认识上的飞跃，形成解决问题的建议。

（3）经验决策与计算机大数据和人工智能辅助决策相结合，在发挥安全专家群体的经验和智慧与分析统计数据及案例研究结合，进行系统研判、科学分析、合理评估、精准决策。

1.4.3 安全软科学的研究程序及工具

安全软科学的研究程序取决于研究对象的特点及所要求的研究深度，大体上可归纳为以下五个步骤：

（1）目标分析与系统框架建模。

（2）现状分析及预判。

（3）建立概念模型或体系设计。

（4）模式和方案选择。

（5）提出对策措施建议。

安全软科学的基本研究方法、工具有：系统分析方法、系统综合方法、抽样调查技术、层次分析（AHP）法、PDCA 管理模式、KPI 原理、平衡记分卡、指标信息量法、价值理性与工具理性、安全系统建模、系统工程霍尔模型、PEST 模型、SWOT 势态分析模型、结构方程式、量纲归一技术等。

1.5 安全法制与体制机制的发展及演进

1.5.1 公共安全法制的发展历程

人类的安全法制最早发源于欧洲，如英国于 1802 年通过了《工厂学徒健康与道德法》，比利时于 1888 年通过了《有害与危险企业法令》，美国于 1903 年发布了《驾车的规则》，国际标准化组织（ISO）于 1929 年发布了《生产事故预防公约》、1937 年发布了《建筑工程安全技术》、1929 年发布了《码头工人不幸事件中的赔偿》等。

新中国成立初期就颁布了安全生产"三大规程"，而现代意义的安全相关法律则发源于矿业安全，如 1993 年颁布的《中华人民共和国矿山安全法》。至今，我国已初步构建了完善的工业安全、安全生产、公共安全法律体系，如图 1-4 所示。

我国已建立起完备的安全生产法规体系，具体可参见第 10 章。

1.5.2 我国安全生产体制的发展历程

新中国成立以来，我国的安全生产管理体制从劳动保护工作开始，经历了从新中国成立初期的劳动保护工作体制—20 世纪 80 年代劳动安全监察体制—

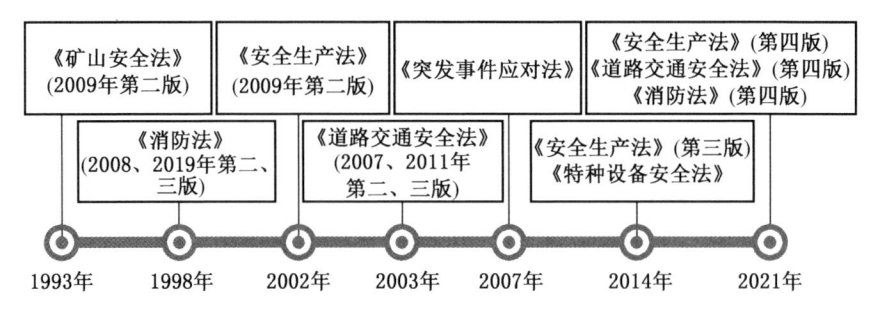

图 1-4 我国安全生产相关法律发展历程

20世纪90年代职业安全健康监察体制—跨世纪后的安全生产综合监管体制—2018年之后的应急管理体制历程，如图1-5所示。从学术上讲，经历了从劳动安全到生产安全、从局部安全到综合安全、从生命安全到总体安全、从人治到法治、从专项监管到综合监管、从因素管理到系统管理、从经验型治理到科学治理的转变。

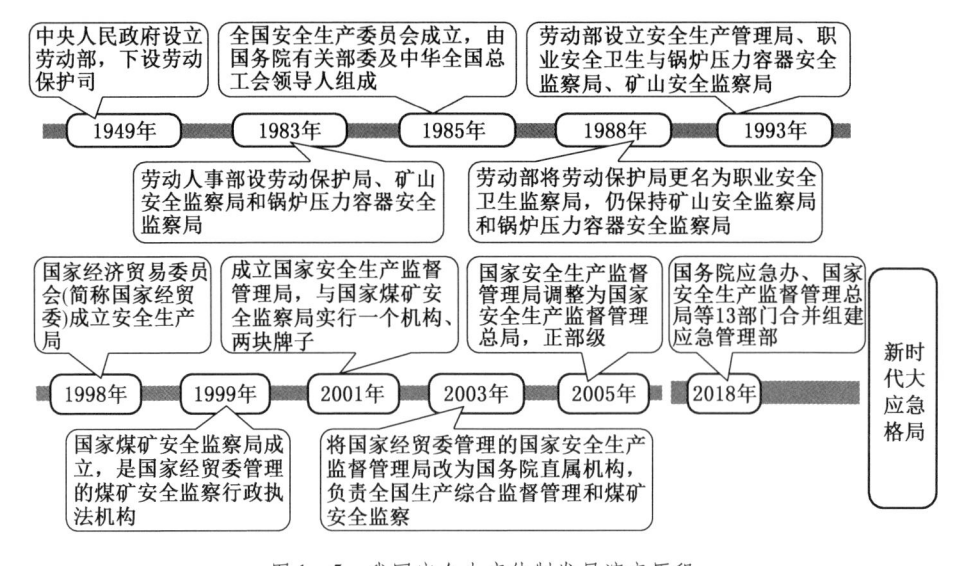

图 1-5 我国安全生产体制发展演变历程

1.5.3 应急管理法制与体制的发展历程

图1-6和图1-7所示分别表明了我国应急管理法制与体制的演变与发展历程。

1 安全软科学概论

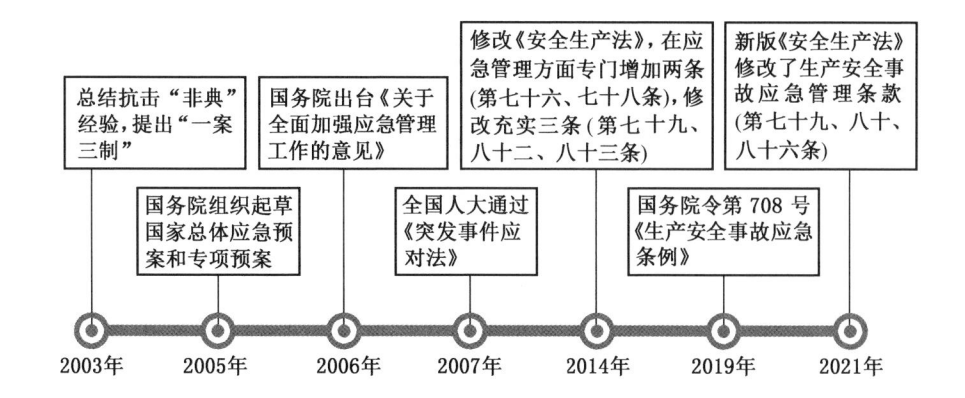

图1-6 我国应急管理法制的演变与发展历程

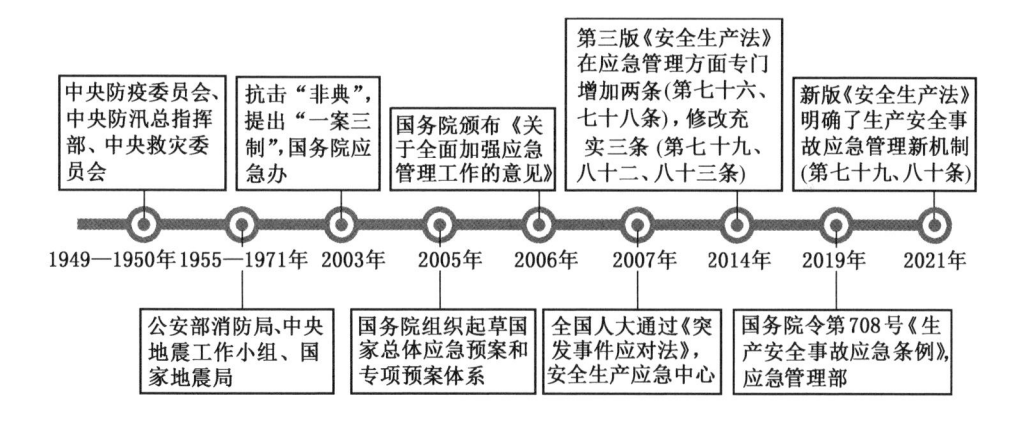

2003年：总结抗击"非典"经验，提出"一案三制"
2005年：国务院组织起草国家总体应急预案和专项预案
2006年：国务院出台《关于全面加强应急管理工作的意见》
2007年：全国人大通过《突发事件应对法》
2014年：修改《安全生产法》，在应急管理方面专门增加两条（第七十六、七十八条），修改充实三条（第七十九、八十二、八十三条）
2019年：国务院令第708号《生产安全事故应急条例》
2021年：新版《安全生产法》修改了生产安全事故应急管理条款（第七十九、八十、八十六条）

图1-7 我国应急管理体制的演变与发展历程

1949—1950年：中央防疫委员会、中央防汛总指挥部、中央救灾委员会
1955—1971年：公安部消防局、中央地震工作小组、国家地震局
2003年：抗击"非典"，提出"一案三制"，国务院应急办
2005年：国务院组织起草国家总体应急预案和专项预案体系
2006年：国务院颁布《关于全面加强应急管理工作的意见》
2007年：全国人大通过《突发事件应对法》，安全生产应急中心
2014年：第三版《安全生产法》在应急管理方面专门增加两条（第七十六、七十八条），修改充实三条（第七十九、八十二、八十三条）
2019年：国务院令第708号《生产安全事故应急条例》，应急管理部
2021年：新版《安全生产法》明确了生产安全事故应急管理新机制（第七十九、八十条）

2 安全软科学原理

2.1 安全公理

公理是事物客观存在及不需要证明的命题,安全公理可理解为"人们在安全实践活动中,客观面对的并无可争论的命题或真理"。安全公理是客观、真实的事实,不需要证明或争辩,能够被人们普遍接受,具有客观性、真理性、科学性。安全公理的认知对推导安全科学定理发挥着基础性、引证性的作用。安全公理是人们在长期的安全科学技术发展和公共安全与生产安全活动或工作实践中逐步认识和建立起来的。

2.1.1 安全第一公理:生命安全至高无上

1. 立论

概念:安全第一公理的概念是"生命安全至高无上"。安全第一公理表明了安全活动、安全工作、安全科学的重要性。

内涵:安全第一公理"生命安全至高无上"是指生命安全在一切事物和活动中,必须置于最高、至上的地位,即要求人们在一切生产、生活活动中,树立"安全为天,生命至上"的安全理念。这是世间每一个人、社会每一个组织和企业必须接受和认可的客观真理。对于个人,没有生命就没有一切;对于企业,没有员工的生命安全,就没有最基本的生产力。生命安全是个人和家庭生存的根本,也是企业和社会发展的基石。因此,我们说"生命安全至高无上",以此作为安全第一公理。

2. 要义

"生命安全至高无上"指明,无论对于个人、企业还是整个社会,人的生命安全必须高于一切,这是我们每一个人、每一个企业和整个社会所应接受和认知的客观真理。对"生命安全至高无上"这一公理的理解可以从个人、企业和社会三个角度来认识。

(1) 对于个人,生命安全为根。从个人的角度来说,生命是唯一的、无法重复的,人的一切活动和价值都是以生命的存在和延续为根基。个体生命的一生,无论追求物质上的事物还是精神上的价值,所有的一切都必须以生命安全的存在为前提。如果没有生命，一切的存在就没有意义。所以，生命安全对于个人是一切存在的根本，生命安全高于一切，生命安全至高无上。

（2）对于企业，生命安全为天。从企业的角度来说，在生产经营的一切要素中，人是决定性的要素，是第一生产力。企业的一切活动都需要人，必须把人的因素放在企业生产管理的首位，体现以人为本的基本思想。以人为本有两层含义：一是一切的管理活动都是以人为基础展开的，人既是管理的主体，又是管理的客体，每个人在管理系统中都具有各自的位置和作用，离开人就无所谓管理；二是一切的管理活动都需要人进行计划、分配、组织、运行和控制。因此，人的生命安全对于企业具有至高无上的价值，体现在"人的生命是第一位的""生命无价"这种最基本的价值观念和价值保障上，企业的一切活动必须要以人的生命为本。人的生命对于企业最为宝贵，企业发展决不能以牺牲人的生命为代价，不能损害劳动者的安全和健康权益。在生产效益和安全的选择中，企业一定要首选安全，因为只有安全才是生产效益的保证。因此，要把"生命安全至高无上"的理念深入企业决策层与管理层的内心深处和根本意识中，落实到企业生产经营的全过程上，树立生命安全为天的基本信念。

（3）对于社会，生命安全为本。从整个社会的角度来说，人是建立各种社会关系的基础，也是构成家庭、企业等社会单元的基本要素。人是社会的主体，是社会的根本，社会的存在和发展以个人的存在和发展为基础，个人的存在和发展以个人的生命安全为基础。人的生命安全，是社会存在和发展的根本，如果没有人，就不会形成社会，如果无法保障人的生命安全，社会就谈不上发展进步和幸福安康。因此，生命安全为本，是文明社会的基本标志，是科学发展观的重要内涵，是社会主义和谐社会的具体体现，更是实现中华民族伟大复兴的中国梦的基石保障。

3. 实践应用

"生命安全至高无上"这一公理告诉我们，无论是自然人还是社会人，无论是企业家还是管理者，都应该树立安全至上的道德观、珍视生命的情感观和正确的生命价值观。

（1）安全至上的道德观。道德观是人们对自身、对他人、对世界所处关系的系统认识和看法。道德观具有巨大的无形力量，能够潜移默化地影响人们的思维和行为。建立安全至上的道德观，就是要求各行各业的人们都要树立"生命安全至高无上"的道德观，即在从事安全工作时，无论是政府官员还是企业家，无论是经营者还是从业人员，都需要树立"生命安全至高无上"的道德观。各级政府官员在社会发展和经济发展的过程中，需要正确树立"以人为本、生命为本"的安全发展理念；企业管理者和经营者在处理社会价值与企业价值、社会效益与经济效益、安全与生产、安全与效率的关系时，需要牢记"生命安全至高无上"的道德观；从业人员在处理生命与金钱、安全与工作的关系时，需要遵循"生命安全至高无上"，在生产作业过程中建立"不伤害自己、不伤害别人、不被别人伤害、让他人不被别人伤害"的道德观。树立"生命安全至高无上"的安全道德观念，是社会每一位成员应有的素质；遵守安全生产法律法规和道德规范，是每个社会人珍爱生命的重要体现。只有每个社会成员都切实加强"生命安全至高无上"的安全道德修养，严格遵守和勇于维护安全道德规范，整个社会才会形成良好的安全道德风尚，真正实现"安全无事故"的目标。

(2) 珍视生命的情感观。充分认识人的生命与健康的价值，强化"生命安全至高无上"的"人之常情"之理，是社会每一个人应树立的情感观。珍视生命是我们每个人都应该具备的情感观，每一个人都应该用心珍惜自己和他人的生命。我们应该充分认识到生命的宝贵，尊重和保护自己和他人的生命。这种情感观不仅体现在日常生活中，也应该贯穿于各个方面。安全的最终目标是保护人类的生命和健康，因为"生命只有一次"，而健康是生命的基础。事故的发生会对人类的生存、福祉、幸福和美好生活造成毁灭性影响。因此，我们必须充分认识到人的生命和健康的价值，强化"善待生命，珍惜健康"的理念，将其视为建立情感观的重要基础。

(3) 正确的生命价值观。长期以来，我国在观念上甚至法律上视"物权"高于"人权"，"生命是无价的"这一最基本的价值观被忽视。在公众层面上，"惜命胜金""珍视健康"过去被认为是西方人的生命价值理念，我国近代文化将其视为"活命哲学""贪生怕死"的反面教材。在社会活动甚至企业生产过程中，当事故来临时要求为"国家财产"奋不顾身、面对危及生命的紧急关头不能"贪生怕死"，这些都是"国家财产第一原则"的表现。而这与现代社会提倡的"生命第一"原则、法律确定的"紧急避险权"概念和安全科学主张的"科学应急"理念格格不入。"生命第一""生命是无价的""生命安全高于一切"是现代社会应建立的最基础和最重要的价值观念。法律上的"紧急避险权"主张人身权大于财产权，而在人身权中生命权大于其他人身权利。科学应急理念中也倡导以人为本，即在利弊权衡中，首先要保护人的生命安全，以此作为一切安全和应急活动的出发点。因此，只有树立"生命安全至高无上"这一正确的生命价值观，才能提高我国全民的安全意识和安全素质，才能保障整个社会的稳定运转，才能使安全科学得到更好发展，充分体现安全科学的价值和意义。

2.1.2 安全第二公理：事故灾害是安全风险的产物

1. 立论

概念：安全第二公理的概念是"事故灾害是安全风险的产物"。安全第二公理揭示了安全的本质性和根源性。

内涵：安全第二公理"事故灾害是安全风险的产物"揭示了安全的本质性，揭示了"事故－安全－风险"的关系。从中解读出如下内涵：一是阐明了事故灾害是安全的客体，是安全的表象或结果；二是科学地明确了"风险才是安全的本质和内涵"；三是明示了防止事故发生、减轻灾害损害，要从安全的本质即安全风险入手，防范化解安全风险，实现风险最小化，追求风险可接受。

2. 要义

认识事故灾害发生的机理及原理。"事故灾害是安全风险的产物"揭示了事故的根源和安全的本质，阐明事故是由安全风险失控造成的事物或现象。风险描述了事物所处的一种不安全状态，这种不安全的状态可能导致某种或一系列的事故或灾害的发生，这是人们不期望看到的。导致事故发生的因素被称为风险源，包括危险因素、危害因素、危险源等。具体表现为生产、生活过程或活动中，具有能量的物理或化学因素，以及对人、机器设备、工作环境、管理等因素的控制不当或失效，致使其偏离了正常的、安全的状态。人的不安全行为、物的不安全状态、环境的不安全条件、管理上的缺陷这四种因素或状态被称为事故的"4M"要素，因此，"4M"要素是风险的基本因素或变量。"4M"要素对事故的作用和影响主要来自两个方面：一是出现的概率或频率，二是可能造成的后果或影响。这些因素出现得越频繁，事故发生的可能性就越高，可能导致的后果越严重，事故灾害造成的损失也就越大。因此，风险既描述了事故的概率，又描述了事故的后果。我们可以将风险定义为：安全系统不期望事件的出现概率与可能后果严重度的结合。

系统存在的风险是导致事故灾害的根源。按照风险的存在状态，可分为固有危险和现实风险。技术系统或自然系统中蕴含的巨大能量，是系统本身固有的危险，而系统的运行环境、工作条件、操控水平、危害对象等是系统存在的现实风险因素。因此，不难看出，风险是动态变化的，不是一成不变的。当风险的存在和变化超过了系统所能承受的限度时，事故便产生了。因此，事故或灾害是系列安全风险因素失控的产物。

3. 实践应用

安全的目标在于预防事故、控制事故，"事故灾害是安全风险的产物"这一公理表明，预防事故、控制事故的根本在于防范、化解、控制、减轻安全风险。这一公理首先让我们认识到安全的本质，第二明确了安全工作、安全活动、安全管理的目标，第三回答了如何实现对事故灾害的有效预防，其实质是防范化解安全风险。

（1）认知安全的本质。安全的本质是什么，这是一个需要追根溯源的问题。长期以来，很多专家学者普遍认为，事故是安全的本质，人类认识安全、发展安全，就是为了控制事故。的确，人类从事安全活动的首要任务是为了减少事故的发生。但是，事故又是从何而来的呢？人们发现，单纯的认识事故，无法实现希望看到的"零伤亡、零事故"目标。"事故是安全风险的产物"这一公理表明，安全的本质是风险而不是事故，安全科学要研究的是风险而不是事故。安全实际上是风险能够被人们所接受的一种状态，当风险没有超过一定的限度时，就可以认为是"安全"的，但当风险超过了必要的、能够被人们接受的限度，此时就是"危险"的、"不安全"的。该公理指导人们正确地认知安全的本质，同时也表明无论企业发展到什么程度、社会发展到什么状态，即使没有事故发生，只要风险仍然存在，安全科学就有其存在和发展的必要性。

（2）明确安全活动的目标。"事故灾害是安全风险的产物"这一公理表明，安全活动（科技活动、工程活动、监管活动、宣教活动等）的目标就是要防范、化解、控制、减轻安全风险，实现安全风险最小化，使其处于能够被人们接受的程度。过去人们常讲要注意"危险"，强调规避危险和事故可能带来的后果和损失。这是一种以结果为导向的管理方式，不利于真正实现安全。关注后果和危险固然重要，但更重要的是关注事故发生的渠道，注重对于"风险"的预控和控制。变结果管理为过程管理，变事后管理为事前管理，才能做到"防患于未然"。有时，虽然发生事故的危险仍然存在，但是通过预防和控制风险，人们可以实现"高危低风险"，从而减少甚至杜绝事故的发生。"高危低风险"是指"存在客观的危险，但不一定要冒很高的风险"。例如，人类要利用核能，就面临核泄漏产生的辐射造成伤害的危险。这种危险是始终存在的，但是在核发电的实践中，人类利用各种技术手段、采取各种防范措施，能够使人受辐射的风险最小化，将风险控制在可以接受的程度内，甚至绝对与其隔离。这样尽管核辐射的危险仍然存在，但通过人类的控制，这种危险没有造成伤害、产生事故的渠道，人们就没有受到辐射影响的风险。因此，人们关心系统的危险是必要的，但归根结底应该注重的是"风险"。通过预防控制安全风险，我们可以做到尽管面临的客观危险性很大，但实际承受的风险却很小，从而实现"高危低风险"。

（3）有效防范事故灾害。因为事故灾害是安全风险的产物，所以从理论上说，有效防范和化解了安全风险，就可以有效消除和防范事故灾害。安全第二公理揭示了预防事故、控制事故本质规律，为本质安全和防范事故、防御灾害提供了理论的基础。我们可以从全面认识安全风险出发，利用安全科学技术的方法，科学、系统地做好风险预防预控，消除风险因素，或降低系统的风险水平，从而从根源上、本质上消除事故发生的可能性，或者在不能绝对消除风险因素的条件下，降低、减轻风险发生的可能性或后果的严重性，使风险水平降低到一个可接受的范围或程度，从而减少事故的发生频率，减轻事故导致的后果，实现保障安全的目标。

2.1.3 安全第三公理：安全具有相对性

1. 立论

概念：安全第三公理的概念是"安全具有相对性"。安全第三公理表明了安全是相对的，安全具有相对性特征。

内涵：安全第三公理"安全具有相对性"是指人类创造和实现的安全状态和条件是相对于时代背景、技术水平、社会需求、行业需要、法规要求而存在的，是动态变化的，现实中做不到"绝对安全"。安全只有相对，没有绝对；安全只有更好，没有最好；安全只有起点，没有终点。

2. 要义

安全具有系统性与复杂性、主观性与客观性、稳定性与动态性，但相对性是根本属性。

安全的相对性表明安全是依托于人类社会存在的，脱离了人类社会的时代大背景，就谈不上"安全"，因为安全的状态和水平受社会因素、科技能力、经济基础、文化认知等因素的约束。由于人类研究安全科学的能力是发展的、控制系统安全的技术能力是逐步提高的、保障安全的经济是有限的，在特定的时间和空间条件下，人类能够达到的安全水平是有限的，因此，安全是相对的、变化的、动态的、螺旋式上升的。绝对安全是一种理想化的状态，而相对安全是客观现实的，安全的相对性是客观真理。

1）绝对安全是一种理想化的安全

理想的安全、绝对的安全、100%的安全性，是一种纯粹完美、永远对人类的身心无损无害，保障人能绝对安全、舒适、高效地从事一切活动的境界。绝对安全是安全性的最大值，是安全的终极目标，即"无危则安，无损则全"。理论上讲，当风险等于"零"、安全等于"1"时，就达到了绝对安全或"本质安全"的程度。绝对安全、风险等于"零"是安全的理想值。事实上，实现绝对安全是十分困难的，甚至是不可能的。无论从理论上还是实践上，人类都无法创造出绝对安全的状况，这既有技术水平方面的限制，也有经济成本方面限制。人类对自然的认识能力是有限的，对万事万物危害的机理规律仍在不断研究和探索中，因此，人类自身对外界危害的抵御能力、对人机系统的控制能力也是有限的，很难使人与物之间实现绝对和谐并存的状态，这势必会产生矛盾和冲突，引发事故和灾难，造成人的伤害和物的损失。尽管人类的安全科学和技术不能实现绝对的安全境界，不能将风险彻底变为"零"，但这并不意味着事故无法避免。绝对安全应该是社会和人类努力追求的最终目标，在实现这一目标的过程中，人类通过安全科学技术的发展和进步，在有限的科技和经济条件下，实现了"高危—低风险""低风险—无事故"的安全状态，甚至做到了"变高危行业为安全行业"。

2）相对安全是客观的、现实的安全，也是变化的、发展的安全

安全是风险能够被人们所接受的一种状态，在不同的时间、空间、技术条件下，人们能够接受的风险程度不同，因此能达到的"安全"程度也是不同的、相对的。

（1）相对于时间和空间，安全是相对的。在不同的时间，安全的内容是不同的。随着时间的推移，任务、人员、机器、环境、管理都在发生变化，旧的不安全因素可能消失，新的不安全因素可能出现，人类对于安全的认知和要求也在不断进步、升级。在不同的空间，由于国家、地区、行业、企业的不同，安全问题的展现程度和解决安全问题的技术条件是不同的。例如，从煤矿的事故率来看，矿难在一些发达国家已经得到了有效控制，在美国、加拿大和澳大利亚，煤矿百万吨煤死亡率已经降至 0.02，而在一些发展中国家，煤矿矿难发生率仍居高不下，尚未从根本上解决安全问题。因此，从时间和空间的角度看，安全是相对的。

（2）相对于法规和标准，安全是相对的。不同法律法规、安全标准所指的"安全"，都不是绝对的安全，而是相对的安全。安全是人们在一定的社会环境下可以接受的风险的程度，因此，安全标准也是相对于人类的认识水平和社会经济的承受能力而言的。不同的时期、不同的生产领域，可接受的损失程度不同，衡量系统是否安全的标准也就不同。法律法规、安全标准追求的安全是"最适安全"，即在一定的时间和空间内，在有限的经济能力和科技水平中，在符合人体生理条件和心理素质的情况下，通过控制事故灾难发生的条件

来减少其发生的概率和规模，将事故灾难的损失控制在尽可能低的限度内，从而满足人们目前对安全的需求。从长远来看，随着人类认识的提升、科技的进步、社会的发展，人类对安全的要求逐步提高，法律法规和安全标准也会随之逐步提高，以实现更高水平的安全。因此，从法规和标准的角度看，安全也是相对的。

3. 实践应用

安全是相对的，表明安全不是一瞬间的结果，而是对事物某一时期、某一阶段的过程和状态的描述。相对安全是安全实践中的常态和普遍存在，也是人们目前和较长一段时期内应首先实现的目标，因此应具有实现相对安全的策略和智慧。实现相对安全有如下策略：

（1）树立安全发展观念。安全相对于时间是变化和发展的，相对于生产作业、活动场所、工作岗位是变化和发展的，相对于企业行业、地区、国家也是变化和发展的。在不同的时间和空间内，安全的要求和人们可接受的风险水平是不同的、变化的。随着人类经济水平和生活水平的不断提高，人们对安全的认识在不断深化，也在对安全提出更高的标准和要求。因此，在管理和从事安全活动的过程中，应树立安全发展观，动态地看待安全，做到安全认知与时俱进、安全技术水平不断提高、安全管理不断加强，逐步降低事故的发生率，追求零事故的目标。

（2）树立过程安全思想。安全是动态的、相对的，生产作业过程中任何一个要素、环节存在风险和不安全因素，都可能引发事故。因此，必须在生产和管理的全过程中警惕风险、保障安全。对于劳动者，事故的发生主要来源于本人的安全防范意识不够，对岗位和作业中存在的危险性缺乏认识。因此，预防事故的根源在于劳动者本人安全防范意识的增强和自我保护能力的提高，在于其能够积极、主动、自觉地消除生产作业中的危险因素，克服不安全行为，具备良好的安全素质。要做到这一点，单调的、不结合实际的教育是无济于事的，关键是要让人们在生产过程中，结合自己所在的岗位和从事的作业，经常地、反复地进行预防事故的自我训练，熟知各种危险，掌握预防对策。开展危险预知活动是达到这一目的的最有效的途径。

（3）具有"居安思危"的认知。安全是相对的，不同时期不同条件下，安全状态是不同的。因此，安全工作就需要"天天从零开始"的居安思危的认知，需要具有"安全只有起点，没有终点"的忧患意识。这样就会产生高度的责任感，高标准、严要求地去落实，做到"未雨绸缪"，把事故消灭在萌芽状态。

2.1.4 安全第四公理：危险是客观的，安全是永恒的

1. 立论

概念：安全第四公理的概念是"危险是客观的，安全是永恒的"。安全第四公理反映了危险的客观存在是安全的基本生态，安全具有客观性。

内涵：安全第四公理"危险是客观的，安全是永恒的"是指在生产活动过程中，以及社会生活、公共生活过程中，来自技术（事故）和自然系统（灾害）的危险因素（危险源/风险源）是客观存在的，不以人的意志为转移的。因此，安全是人类永恒的命题，人们在任何空间和时间中，安全意识、安全能力和素质是永恒的要求。

危险与安全是相伴存在的矛盾，危险是客观的、有规律的，安全也是客观的、有规律的。辨识危险、防控风险是人类安全活动（工作）的使命，是安全与应急管理的核心任务，是发展安全科学技术的目的和价值所在。

研究来自技术系统的危险源和自然系统的风险源，是人类发展安全科学技术的前提和基础，辨识、认知、分析、控制危险因素、危险源是安全科学技术的最基本任务和目标。同时，危险的客观性也表明认识危险是一个循序渐进的过程，决定了安全科学技术的必然性、持久性和长远性。

2. 要义

危险（危险因素、危险源）是发生事故的根源，是导致事故的潜在条件，任何人、物、事从诞生之初就存在被伤害、破坏、损害的危险。危险的客观性可以从自然界和技术系统两个方面来理解：首先，自然界中广泛存在破坏正常生产和生活的危险，地震、洪水、台风、滑坡、泥石流等自然灾害存在巨大的能量，能够对生产系统造成严重的甚至不可逆的破坏；其次，技术系统所使用的能量、物理和化学作用等的客观性决定了产生危险的客观性。在生产和生活过程中，技术系统无处不在，其蕴含的巨大能量一旦失控，或者物理、化学作用产生不正常反应，就会导致事故的发生。任何技术系统都存在或多或少的危险，无论人类的认识多么深刻、技术多么先进、设施多么完善，技术系统中"人-机-环-管"功能始终存在残缺，危险始终不会消失。因此，危险是客观的，危险无时不在、无处不在，危险存在于一切系统的任何时间和空间中。

在现实生活和工业生产中，危险是客观存在的，为了降低和控制危险，必须不断以本质安全为目标，致力于系统的改进。

3. 实践应用

"危险是客观的，安全是永恒的"这一公理告诉我们：为了安全、实现安全，首先应充分认识危险（危险因素、危险源），只有在充分认识危险的基础

上，才能分析危险，进而控制危险。

(1) 认识危险与事故灾害的关系。危险不等于事故，只有在一定的条件或刺激下，危险才会转变为事故。因此，危险和事故具有逻辑上的因果关系。对某个具体的事故来说，虽然事故的发生是偶然的，无法在事故发生前准确预测时间、地点和程度，但事故在空间、时间和结果上与危险具有必然的、客观的联系。通过分析掌握危险的存在状态和规律，对危险进行预防和控制，就能够有效地预防事故。反之，对事故案例和发生规律的探索和研究，有助于加深对危险规律性的认识。人们通过大量观察事故案例，已经发现了一些明显的规律性，如人的不安全行为与物的不安全状态的"轨迹交叉"规律、事故是多重关口或环节失效的"漏洞"规律、事故是背景因素—基础因素—不安全状态—事故—伤害的"骨牌"规律或模型等。这些规律能够帮助我们对事故进行分析，进而采取有效的措施控制危险，预防事故的发生。

(2) 认识了解危险才能驾驭危险。"危险是客观的"这一公理还告诉我们，危险虽然是客观的、不以人的意志为转移的，但是由于它具有可辨识性和规律性，因此危险是可以防控的。既然危险具有可辨识性，我们就应采用安全科学技术方法对危险进行辨识。从安全管理的角度来讲，这是为了将生产过程中存在的安全隐患进行充分识别，并对这些隐患采取相应的措施，以达到消除和减少事故的目的。从安全评价的角度来讲，这是安全评价所必须要做的一项工作内容。做这项工作的意义在于，它能够为安全生产提供隐患的检查手段，能够充分认识到生产过程中所存在的危险有害因素，能够为减少事故灾害、降低事故灾害后果打下基础。

(3) 危险辨识的方法通常有两大类，一类是直接经验法，另一类是系统安全分析法。危险辨识的过程中两种方法经常结合使用。目前系统安全分析法包括几十种，常用的主要有危险性预先分析、故障模式及影响分析、危险与可操作性分析、事故树、事件树、原因后果分析法、安全检查表和故障假设分析等。

2.1.5 安全第五公理：人人需要安全，安全是人民的第一需求

1. 立论

概念：安全第五公理的概念是"人人需要安全，安全是人民的第一需求"。安全第五公理反映了安全的必要性、普遍性和普适性，人的安全需求"天经地义"，"人人需要安全"是客观真理。

内涵：安全第五公理"人人需要安全"是指世间每一个自然人、社会人，无论地位高低、财富多少，无论是经营者还是从业者，无论是管理者还是被管

理者，都需要和期望自身的生命安全与健康，都需要工作中安全生产、生存中平安生活。安全是生命存在和社会发展的前提和条件，是人类社会普遍性和基础性的目标，人类从事任何活动都需要安全作为保障、作为前提。无论是自然人还是社会人，生命安全"人人需要"；无论是经营者还是管理者、雇主还是雇员，管理者还是员工，安全生产"人人需要"。安全保护生命，安全保障生产，没有安全就没有一切。

安全第五公理"安全是人民的第一需求"表明，民生需要衣食住行，人民需要精神文明、物质文明，但是，安全是首要的、最基本的、最重要的。在社会经济发展过程中，要求实现"安全发展"；在企业生产经营过程中，要求做到"安全生产"。

"人人需要安全"是客观事实，"安全是人民的第一需求"是客观真理，国家需要安全、社会需要安全、人民需要安全、企业需要安全。

人的安全需求天经地义。政府、社会、企业应该高度重视安全，在治理社会过程中真正理解"安全第一"的思想，在生产经营过程中严格遵循"安全第一"的方针，在组织各种社会活动过程中真正坚守"安全第一"的原则。

2. 要义

安全是人类生存和发展的需要，是企业生产经营、社会运行和治理的必要条件，是人们每天生存与生活的必需品。亚伯拉罕·马斯洛提出的"需要层次论"认为，人类的需要是以层次的形式出现的，即由人类初始、低层次的需要开始，向上逐级发展到高层次的需要。他将人的需要分为生理的需要、安全的需要、归属的需要、尊重的需要以及自我实现的需要，安全需要就排在最基础的生理需要之后，是人类满足生理需要之后首先追求的目标，由此可见安全的重要性。个人、企业和社会的生存和发展都需要安全作为基石、前提和保障。

马斯洛20世纪50年代提出的"需要层次论"从人的生物属性或民生角度，将生理需要定位于第一需要（从人的社会属性讲"归属与爱"是第一需要），安全是第二需要。时代在发展、在变化，当人们进入小康时代，或人的温饱问题得以解决之后，安全成为第一需求。因此，在现代发展起来的安全科学，需要人们广泛、充分地认识到在当代安全是人民的第一需求。

（1）个人需要安全。从个人角度讲，没有安全就没有个人的生存和发展，没有安全就没有我们的幸福生活。对于个人，安全是1，而家庭、事业、财富、权力、地位都只是1后面的0，失去了安全这个1，就失去了生命和健康，后面再多的0都没有意义。生命对于每个人来说只有一次，安全就意味着幸福、康乐、效益、效率和财富。安全是人与生俱来的追求，是人民群众安居乐业的前提。人类在生存、繁衍和发展中，必须创建和保证一切活动的安全条件和卫生条件，没有安全，人类的任何活动都无法进行。人类是安全的需求者，安全也是珍爱生命的一种方式。这体现在：首先，安全条件下的生产活动和安全和谐的时空环境能够保障人的生命不受伤害和危害；其次，安全标准和安全保障制度能够促进人身体健康和心情愉悦地生产、生活；最后，安全具有人类亲情主义和团结的功能。每一个正常的社会人都期望生命安全健康，在安全的条件下，人们才能身心愉悦地幸福生活，其乐融融。

（2）企业需要安全。对于企业，没有安全，生产就不能持续；没有安全，就没有企业的发展，更谈不上企业的效益。安全不能决定一切，但是安全可以否定一切。从企业的经济效益看，安全是生产平稳和持续的前提，安全促进生产，生产必须安全。企业只有重视安全，才能保障员工的生命健康和企业的物资财产不受损害，才能保障生产持续平稳运行，减轻事故损失，促进企业长远和可持续发展。忽视安全、事故频发的企业既不可能做到持续生产，也不可能取得良好的经济效益。从企业的社会效益看，安全生产事关广大人民群众的切身利益，事关国家改革开放、经济发展和社会稳定的大局。对于现代企业来说，安全是一种责任，安全生产更是企业生存和发展之本，是企业的头等大事。生产事故不仅造成严重的人员伤亡，还会造成巨大的经济损失和环境破坏。企业必须重视安全，才能保障人民群众的生命健康不受伤害，保障物质财产和周边环境不受破坏，保障社会的稳定运转。

（3）社会需要安全。从整个社会角度讲，安全是人类生存、生活和发展最根本的基础，也是整个社会存在和发展的前提和条件。人类社会的发展离不开安全，社会发展的基础是物质财富的积累，物质财富的积累依靠生产活动，而一切生产活动都伴随着安全问题。从社会成员的角度来看，社会安全与个人安全、企业安全是相互促进、相辅相成的。个人的生存和发展、企业的生产和运行离不开社会，社会的安全为个人和企业的生存发展提供了稳定的、健康的环境。与此同时，个人和企业是构成社会的基本单元，个人安全和企业安全是社会安全的重要组成部分。只有保障社会上每个人的生命健康，保障每个企业的安全生产，这个社会才是安全的、稳定的。因此，安全是社会文明和进步的标志，是社会稳定和经济发展的基石，是最基本的生产力，社会需要安全。

3. 实践应用

（1）尊重人的生命价值，保障人的生命安全。民生需要衣食住行，人民需要物质文明、政治文明、精神文明、生态文明、社会文明，但首先需要生命安全、健康保障，安全是人民的第一需要，人民的生命安全高于一切。因此，国家高度重视安全生产和公共安全，明确指出：发展决不能以牺牲人的生命为代价。为此，全社会应强化"安全发展"意识，崇尚"生命至上"理念，推崇"安全为天"观念。企业应高度重视安全生产工作，尊重员工的生命安全权利，正确处理好安全与发展、安全与经营、安全与经济、安全与成本、安全与效益、安全与利润的关系，坚持"安全第一"的原则，落实"预防为主"的措施，实施"系统治理"对策。

（2）同心同德，共担安全，共享安全。由"人人需要安全"这一公理可知，无论从事什么行业、实施什么活动，安全必不可少、不可或缺。在企业，负责人需要安全、管理者需要安全、员工需要安全。因此，企业每一个员工需要"统一防御意志、共筑安全防线""统一应急指挥、共同应对灾害"，最终实现"共保安全、共享安全"。因此，在一切的生活和生产活动中，必须重视安全，必须做到"人人参与、人人有责"；必须坚持"一岗双责任""谁主管、谁负责""谁主张、谁负责"；政府必须坚持"三管理三必须"（管行业必须管安全、管业务必须管安全、管生产经营必须管安全），企业必须坚持"八管八必须"（管业务必须管安全、管生产必须管安全、管技术必须管安全、管项目必须管安全、管经营必须管安全、管计划必须管安全、管财务必须管安全、管人事必须管安全）。

2.2 安全定理

定理是指事物发展的必然要求或必须遵循的规则和原则，定理可基于公理推导得出。安全科学定理是基于安全科学公理推理证明的规则和准则。安全科学定理给人们的生产和生活明确了行为恪守的安全准则、思想秉持的安全信念、决策遵循的安全规律、组织坚守的安全策略、管理首要的安全制度。安全科学定理对安全生产、公共安全及其安全科学管理的实践具有方向性、原则性、引导性、策略性作用，是现代社会治理和企业生产经营管理必须认知和掌握的道理。

2.2.1 安全定理一：恪守安全第一的准则

1. 立论

概念：安全定理一的概念是"恪守安全第一的准则"。安全定理一是经济社会活动（企业生产经营）和公共生活（家庭生活）活动必须遵循的基本原则。

内涵：安全定理一"恪守安全第一的准则"是指人类在一切生产经营和

公共生活活动过程中，必须时时、处处、人人、事事"优先安全""强化安全""保障安全"。对于企业，安全生产是企业生产经营的前提和保障，没有安全就无法生产，生产安全事故的发生不仅伤害员工的生命，还会造成设备设施损害、财产的损失、生产效益和效率的下降等不良后果。

因此，生产经营单位必须把安全放在首要的、重要的位置，当安全与生产、安全与效益、安全与效率、安全与产量发生矛盾和冲突时，必须坚持"安全第一""安全优先"。

2. 要义

由安全第一公理"生命安全至高无上"推理可得，人们的一切活动要"恪守安全第一的准则"。遵守这一准则，就要求我们在一切生产和生活活动过程中，必须将安全放在第一位，即坚持、坚守"安全第一"的原则。"安全第一"这一口号起源于1901年美国的钢铁工业。尽管当时受到经济萧条的影响，美国钢铁公司仍然提出"安全第一"的经营方针，致力于安全生产的目标，不但减少了事故，而且产量、质量和效益都有所提高。经过百年的发展，"安全第一"已从口号变为安全生产基本方针，成为人类生产活动甚至一切活动的基本原则。"安全第一"是人类社会一切活动的基本原则，也是最高准则。"安全第一"是我国安全生产基本方针的首要内涵，最早由周恩来总理针对民航安全提出，至今演变为各行业的安全生产基本方针。"安全第一"不仅是企业生产活动的基本方针，而且是企业生产活动的最高道德。"安全第一"是在社会经济发展水平可接受程度下的"安全第一"，不是不顾一切地盲目追求"绝对安全"，而是在技术、经济、环境等条件允许的情况下尽力做到的"安全第一"。因此，"安全第一"是一个相对的、辩证的概念，它是指在人类活动的方式上，相对于其他方式或手段而言，并在与其发生矛盾时必须首先遵循"安全第一、安全优先"的原则。

3. 实践应用

"恪守安全第一的准则"这一定理要求人们：首先要树立"安全第一"的哲学辩证观，第二要处理好安全与生产、安全与效益、安全与发展这"三大关系"，第三要做到全面的"安全第一"。

（1）树立"安全第一"的哲学观。"安全第一"是指在人类活动的方式上（或生产技术的层次上）相对于其他方式或手段而言，并在与之发生矛盾时，必须遵循安全第一位的原则。"安全第一"是一个辩证的概念，并不代表为了安全可以忽视成本和效益，而是指在企业领导、中层管理者、安监人员、员工等各个管理层级上，在企业计划、生产、储存、运输、经营等各个运行环节上，在企业作业岗位、生产线、作业面等各个生产流程中，都必须坚持"安全是第一位"的指导原则和行事准则。

（2）正确处理三大关系。实现"安全第一"要正确处理好安全与生产、安全与效益、安全与发展的关系。我们从思想上和实践中都能清醒地认识到，安全是生产的基础和前提，是效益的保障，安全要优先发展、超前发展。安全是生产的基础，所以当生产和其他工作与安全发生矛盾时，要以安全为主，生产和其他工作要服从于安全。生产以安全为基础，才能持续、稳定发展。当生产与安全发生矛盾、继续生产危及员工生命或国家财产时，生产活动应主动停下来开展整治，等到确保安全以后，生产形势会变得更好。企业追求的是效益，但是我们应该清楚地认识到，安全是效益的保证，安全不会降低效益，相反会增加效益。安全技术措施的实施，能够改善劳动条件和工作环境，调动员工的积极性和劳动热情，带来正向的经济效益，足以使原来的投入得到补偿。从这个意义上说，安全与效益在前进方向上是完全一致的，安全促进了企业效益的增长。没有安全的保障，任何企业和团体都不能实现效益的最大化。我们应该认识到，在整体系统的发展中，安全应该具有超前性，安全应该优先发展。当需要设备调整、技术创新或机构改革时，安全工作应该先于一切因素开展，提前考虑、提前布局，安全投资也必须得到充分的保障。只有超前发展安全，才能"防患于未然"，才能真正做到"安全第一"。

2.2.2 安全定理二：秉持一切事故灾害可预防、应预防的信念

1. 立论

概念：安全定理二的概念是"秉持一切事故灾害可预防、应预防的信念"。这是基于安全第二公理"事故灾害是安全风险的产物"的推理，建立在对事故灾害本质特性的认知基础上得出的道理。

内涵：安全定理二"秉持一切事故灾害可预防、应预防的信念"是指从理论上和实践上，任何事故的发生都是可预防的、任何灾害都是可防御的，事故灾害的后果都是可控制和可减轻的。这是各级政府领导者（决策者）和管理者、各行企业负责人和全体员工、社会大众每一个人都应有的基本信念和认知。

（1）"一切事故灾害可预防"是基于对事故灾害本质性、因果性、规律性的认知得出的，由于事故是安全风险的产物，通过对事故灾害风险规律的认知和掌控，我们坚信"事故灾害是可防、可控的"。

（2）"一切事故灾害应预防"是基于对事故灾害的危害性、损害性、严重性的认知。事故灾害对人的生命健康的危害不可挽回，"生命只有一次，健康

伤害不可逆"；事故灾害对财产的损害无法补救。因此，安全生产、公共安全、防灾减灾工作预防是上策、预防是要策，防范胜于救灾。

（3）来自技术风险（工业安全风险）的事故，是人为风险源（人造安全风险）导致的，通过本质安全、源头治理即可实现"可控、可防"；来自自然风险源（自然灾害风险）的灾害，是自然风险源（自然与人为组合风险），通过监测预警、防御应对可以实现伤亡、损失最小化。

2. 要义

安全定理二是基于安全第二公理"事故灾害是安全风险的产物"推理得到的。安全第二公理揭示了事故灾害的本质，为预防控制事故灾害指明了方向、路径和策略。由"事故灾害是安全风险的产物"这一公理可知，风险是导致事故发生的根源和源头。安全风险源得到有效的预控，事故灾害就可得以必然的预防。

（1）安全风险（事故灾害风险）是否可以做到预控，答案是肯定的。在人们的各种生产、生活活动过程中，如果预先对事故灾害风险源进行了全面、系统的辨识研判，并进行科学、合理的防控，就可以防止和避免事故灾害的发生，制止或减轻可能导致的后果。

（2）在工业安全领域，通过对事故风险本性的认识，人们知道技术的危险（危险因素、危险源）是客观存在的，危险决定了事故风险的存在，有效管控危险，就可以防控事故风险，从而预防事故发生。

（3）决定事故风险的因素是导致事故发生的原因，在理论上称作"4M"要素：人（Men）的不安全行为、机（Machine）的不安全状态、环境（Medium）的不安全条件、管理（Management）上的缺陷。事故风险产生于人类创造的技术系统中，由于技术系统是受人控制的，因此，技术系统中产生的事故风险因素是可以控制的。技术系统在设计、制造、运行、检验、维修、保养、改造等各个环节都存在触发事故的风险，因此只有对技术系统的适用条件、运行状态和生产过程进行有效的控制，切断事故发生的条件，改变可能导致事故的环境，对技术系统所有环节中存在的风险都加以控制和预防，才能够实现对事故的全面预防。"4M"要素是导致事故发生的主要因素，只有对各个环节中存在的"4M"要素进行彻底的排查和检测，降低其发生的可能性，减轻可能造成的后果，才能有效地防范事故的发生。

3. 实践应用

安全定理二向人们昭示了"事故灾害可防论"，其来源于安全第二公理。安全第二公理"事故灾害是安全风险的产物"给我们指明了事故灾害理论策略和方向。人们可以采取科学的、系统的手段和措施有效预防事故的发生和减轻灾害可能造成的损害，至少或不限于如下两项策略：一是基于风险最小化理论的防控策略，二是基于事故致因（概率）"4M"要素管控的综合防控策略。

（1）基于风险最小化理论的预防策略。任何特定系统的安全风险是由事故灾害发生的可能性（p）和可能的后果严重性（l）决定的，基于安全的这一本质特征（风险特征），预防事故灾害的发生可以从控制发生的可能性和控制后果的严重性两个策略进行。即利用安全系统工程对策，在事故发生之前采取措施防控事故灾害的发生可能性和事故的后果严重性，从而实现事故灾害的可预防性。具体可参考安全科学的"本质安全定律"。

（2）基于事故致因"4M"要素的防控策略。人的不安全行为、物（机）的不安全状态、环境的不良和管理的欠缺是构成事故系统的基本因素，也是决定事故发生的可能性的基本变量，或称事故现实风险因素。控制这四个因素就能够降低事故发生概率，从而有效预防事故的发生。在一个特定系统或环境中存在的这四个因素是可控的，人们可以在安全科学的基本理论和技术的指导下，利用一定的手段和方法来消除人的不安全行为、机的不安全状态、环境的不良和管理的欠缺，从而实现预防事故的目的，因此我们说事故的发生是可预防的，事故具有可防性。比如说，大家都知道 220 V 或 360 V 因含有超过人体限值的能量而有触电的可能性，如果一个系统中采用 360 V 供电那就具有触电的危险性，但是我们可以通过对人员进行安全教育和培训、对电源进行隔离或机器进行漏电保护、控制空气湿度和加强管理等手段，预防触电事故的发生。

2.2.3 安全定理三：遵循安全发展无止境的规律

1. 立论

概念：安全定理三的概念是"遵循安全发展无止境的规律"。这是基于安全第三公理"安全具有相对性"推理得出的科学结论，是人类安全活动、安全事业、安全工作必须遵循的规律。

内涵：安全定理三"遵循安全发展无止境的规律"包括三个层面的含义：一是指人对安全的认知和对安全的需求是不断增长和提高的，因而，人的安全目标和安全标准会不断提升和发展；二是人类社会随着安全认知与需求的变化和发展，以及科技与经济的发展和进步会促进安全科技水平与安全保障能力不断提高、不断发展完善；三是安全发展是社会经济发展的前提和基础，只有安全发展，社会经济才能持续发展，才会有不断发展的社会文明、社会和谐和人民幸福。

人类社会的安全发展（安全目标、安全标准、安全能力和安全水平）与国家和社会的政治、科技、经济、文化的发展密切相关，安全发展具有螺旋式上升的特点。因此，我们的社会、企业或组织，其安全目标和标准、安全保障能力和水平不应是波浪式起伏的变化。

2. 要义

由"安全发展无止境"这一定理可知，安全没有最好，只有更好；安全没有终点，只有起点。在人类社会的发展过程中，安全认知（意识）、安全目标（需求）和科学技术（能力）水平是不断进步和永续发展的。社会的发展无止境，经济的发展无止境，科技的发展无止境，因此，安全的发展无止境。

（1）安全认知会不断进步发展。人类的安全认知随社会的发展进步而发展。安全认知是人们对事故灾害和安全活动的认识过程，人类对事故灾害规律的认知能力和水平是随安全科技与安全文化逐步提高、不断进步和发展的。在一定的生产力水平下，由于人们受安全科学认知的局限和科技水平的制约，人们对安全理论的研究、安全规律的把握、安全风险的防控能力是有限的。随着生产力和科技水平的提高，以及人们对安全防灾要求和标准的提高，人们加速发展安全科学技术，探索并采取新的技术手段、管理措施来获得新的安全能力，进一步提高事故灾害的防范能力和水平。人类总是在所认识的范围内，按照生产力水平不断改善自身的安全状况，从而推进安全发展。

（2）安全目标是持续提升发展的。人类的安全目标和需求随社会经济的发展而不断提升和发展。安全的相对性特性决定了人们的安全目标、安全标准和安全法规的相对性。由于人类的认知能力不断提高、各类事物和环境条件在不断地变化，科技不断进步、经济不断发展、人们生活质量和水平不断提高，加上社会文明氛围的形成，人们安全价值理性的进化与进步，使得人们对安全的需求和目标，安全法规和标准不断变化、发展和提升。当人们的安全价值理性提升、安全需求提高，安全能力和水平达到一定的高度，旧的安全法规标准过时，不能适应新的需求，或者新技术的发展产生了新的安全问题和挑战，就会提出新的安全目标，就需要对现有的安全法规和标准修订和完善，使其符合时代生产力和社会经济发展的要求，从而促进安全目标、标准的提升和发展。

3. 实践应用

安全定理三告诉我们，安全（安全需求、安全目标、安全科技、安全能力等）是永续发展的过程，我们要以发展的眼光去看待安全事业，看待安全的各个环节和各项事务。为此，需要全社会在生产活动、公共活动中，甚或在各种生活过程中，坚持或尽力做到如下两点：一是要树立"以人为本、生命至上"的新时代安全理念，二是要提升和发展新时代的安全目标和安全标准。

（1）树立"以人为本、生命至上"的新时代安全理念。安全是社会公众最基本的需求。安全发展依靠人，安全发展为了人。如果舍弃了安全而谈舒适、快捷和发展，就是舍本逐末。如果以人为本得不到保障，其他一切都毫无意义。"皮之不存，毛将焉附"说的就是这个道理。人的生命是最宝贵的。在人民群众最关心、最直接、最现实的利益中，最重要的莫过于对生命安全的保障。牢固树立"以人为本、生命至上"的理念，体现了对人民群众最大的爱心、责任心，体现了全心全意为人民服务的根本宗旨，体现了实行人本管理促发展的先进文化。保护人的生命安全是以人为本的基本要求，也是持续安全理念的根本出发点和落脚点；而要抓好持续安全工作，靠的是人们扎扎实实的工作和在发展过程中持续的安全追求。这就需要重视做好人的工作，在提高人的安全文化、技术素质和调动人的积极性上狠下功夫。

（2）发展提升新时代安全目标和安全标准。安全在不同的历史时期有不同的目标和要求，安全目标是动态变化和不断发展提升的。随着经济的发展和安全科学技术的进步，不断进步的安全科学技术为人们提供了更加先进精确的测试手段、科学的洞察力和判断能力，使人们更加深刻了解世界万物的变化和运动规律，也使人学会利用安全科技成果。随着人们生活水平的提高，人们的安全意识也越来越强。这就要求我们在制定安全目标时要树立发展的思想，放眼长远，不能短视，也不能拘泥于一时一事。

2.2.4 安全定理四：坚守可持续安全的对策措施

1. 立论

概念：安全定理四的概念是"坚守可持续安全的对策措施"。这是基于安全第四公理"危险是客观的"这一客观事实（安全的基本生态）推理得出的科学理论。

内涵：安全定理四"坚守可持续安全的对策措施"可以从三个层面理解：

一是表明：安全存在于危险（危险源、风险源、危险因素、危害因素等）的客观世界中，任何时代人类的生存、生产、生活都面临来自自然、技术、社会的各种安全风险（事故灾害风险），危险源、危险态永远伴随着人类的生存与发展，与危险共存是人类安全的基本生态。

二是指出：由于危险的客观性、常态性、永恒性，要求人们的安全活动（事前预防、事中应对、事后补救、防灾、减灾、救灾、科技、法制、法治、监管、责任、检查、教育、培训等措施）要讲求科学性、有效性、系统性、精准性、可及性，这样才能保证安全的可持续性。现代社会，我们应该树立持续安全的理念，发展持续安全的理论，把握持续安全的对策，实施持续安全的措施。

三是要求：在新时代国家治理和社会经济发展过程中，各级政府、社会组织、企业单位都要做到"科学安全、系统安全、精准安全，本质安全、有效安全、可及安全"，而不是"形式安全、应付安全、突击安全、虚假安全、运动式安全"，这样方能可持续安全。

2. 要义

由"危险是客观的"这一公理推理可知，在任何时期、任何条件下，危险都是客观存在的事实，因此，安全是人类社会发展永恒的命题。要解决好这一永恒的命题，就必须把握持续安全的认识论和方法论。

（1）危险的客观性决定安全的永恒性。危险是客观的，风险是永远存在的，因此，安全（法制规范、管理制度、技术措施、工具方法等）必然需要"恒坚守、可持续"。曾经过去的安全并不能代表未来的安全，不能用过去的状态来肯定当前的状态，更不能确定未来的状态。安全是不断发展的，在不同的时期和不同的环境、经济水平条件下，安全的内容是不同的，因此，安全应该是持续的过程，只有持续安全才能在发展中不断应对安全风险挑战，使安全水平达到人们在不同时期不同条件下可接受的程度。安全形势好，企业一定进步，行业一定发展。随着经济的发展、科技的发展，人们就有条件、有能力在安全基础建设、安全设施改善、安全技术改进、人员安全培训、安全科学管控等方面持续重视和投入，从而提高社会的安全保障水平，实现持续安全。

（2）危险的复杂性决定安全的艰难性。一个社会组织、技术系统或生产系统，涉及的危险因素常常是复杂、多样的，因此，相应的安全保障系统必须基于"等同原则"，达到优于、高于、先行的状态。对安全系统的这种要求和标准，常常使得安全系统功能的实现是艰难和复杂的。安全系统由许多子系统组成，而子系统又由许多细节、过程构成，安全工作必须重视任何一个细节、任何一个过程，认认真真从每一个细节、每一个过程做起，确保细节安全、过程安全，最后才能确保系统安全。而危险因素是客观存在的，如果某一个环节发生疏漏，其危险因素就可能不断扩散、放大。如果关键环节的危险没有及时得到消除和控制，酿成事故灾害是必然的。

3. 实践应用

由该定理可知，安全是持续的、长期的过程，人类的安全活动要适应社会经济发展、技术进步的标准和要求，树立持续安全的理念，持续改进、不断优化，施善治安全策略，至本质安全目标。

（1）做到"科学安全、系统安全、精准安全、本质安全、可及安全"。在社会现实中，形式安全、应付安全、突击安全、虚假安全、运动式安全普遍存在，要想实现持续安全，就需要摒弃这些不良的意识和现象，纠正无效或低效的措施和行为。树立正确的安全意识和观念，推崇科学合理的安全认识论和方法论，落实安全法规制度和责任，实施科学、合理、系统、精准、有效的安全对策和措施。在生产经营单位，要想保持安全生产的长期平稳运行，就必须以科学的、有效的思想和方法论应对，要不断地进行安全系统的优化、改善和调整，实现安全生产与应急管理治理体系和治理能力现代化。

（2）坚持有效的安全对策措施。基于安全战略思维，研究安全风险规律，实施源头治理，安全标准与水平同社会经济和科技能力相适应，构建长效的安全管理体制与机制。企业在从事生产活动时，需要具备系统思维，针对"人、机、环、管"系统要素，采用科学、合理的安全技术措施和管理方法。对于人因，不断提高员工的安全意识，在生产作业过程中坚持安全规章制度，规范不安全行为，杜绝违章作业；对于物因，使用具有本质安全性的机器设备，对产生缺陷、失效或故障的设备及时进行维修或更换；对于环境因素，保持生产工作环境整洁有序，在危险设备、环境和场所设置警示标志和安全防护装置，防止人员误碰误触；对于管理因素，建立健全企业安全生产责任制，规范化、标准化、制度化，实施风险分类分级精准防控，严格排查整治事故隐患，制定全面的生产事故应急预案，提高事故灾害应对能力等。

（3）不断改进优化安全策略，坚守可持续安全的技术和管理措施。危险的客观性，决定了有效安全措施必须可持续性。只有把握持续安全的方法，才能有效地控制系统危险，防范化解各种事故灾害风险，才能实现国家、社会和企业的持续安全。企业的决策者要切实树立持续安全观念、系统安全观念、统筹安全观念，长期、系统、全面、有计划地抓安全，始终把安全放在企业管理工作的首要和突出位置；企业管理者要牢记安全职责，严格落实安全生产责任制，充分发挥安全管理和监督的功能；企业员工在工作中要时时刻刻想安全、注意安全，不仅要注意自身的安全，而且要提醒别人注意安全。随着社会的进步和科技的发展，安全措施也需要不断更新和完善，安全工程技术措施、安全管理措施、安全文化措施需要随着新时期、新技术、新环境、新需求的变化而不断进步。在安全工程技术方面，对于新出现的危险源、安全隐患和风险需要采取更加有效的措施进行控制、消除和预防；在安全管理措施方面，需要从传统的经验管理、制度管理逐渐过渡和提升为科学管理、系统管理、本质安全管理；在安全文化措施方面，要通过企业安全文化建设不断提高员工的安全素质和安全意识，实现从"要我安全"到"我要安全"的本质安全型员工的转变。

2.2.5 安全定理五：安全人人皆有责、安全人人必履责

1. 立论

概念：安全科学定理五的概念是"安全人人皆有责、安全人人必履责"。因为"人人需安全"，所以"人人皆有责、人人必履责"，这是基于安全第五公理"人人需要安全"推理得出的必然要求。安全责任制是任何组织、团体、企事业单位安全管理制度的第一制。

内涵：安全科学定理五"安全人人皆有责、安全人人必履责"具有如下含义。

首先，因为"人人需要安全、人人共享安全"，所以需要"人人参与安全、人人共担安全"，这是天经地义，这是必然要求。

其次，只有"人人参与、人人担责"，建立起全员（全民）安全责任制度体系，国家安全、公共安全、生产安全才有基本的制度保障。

最后，落实各类组织（政府、企业、团体等）安全管理第一制，需要国家立责于规，组织明责于制，领导（负责人、管理者等）铭责于心，员工（个人、全员）履责于行，社会（组织、企业、单位、家庭等）才能实责于果（实现价值、利益、效益等）。

2. 要义

"人人需要安全"这一公理表现在安全对我们每个人的重要性。既然人人需要安全，那么就应该人人参与安全，领导者担责于身、管理者尽责于心、执行者履责于行。这里的"责"不仅指"责任心"，而且包括"岗位安全职责"，还包括"安全思想认识和安全管理是否到位"等。无论是个人、企业还是社会，都应该对安全尽责，形成"人人讲安全，事事有安全，时时保安全，处处强安全"的安全氛围。

（1）安全—个人有责。个人包括领导者－决策层、管理者－管理层、员工－执行层，只有当每一个人将安全意识融入血液中，自觉主动地负起自己的安全责任，在工作中按章办事，严守规程，使自己成为一道安全屏障，才能够避免事故的发生。

（2）安全—企业有责。从企业角度讲，安全不是离开生产而独立存在的，而是贯穿于生产整个过程之中体现出来的。企业作为安全生产的责任主体，只有从上到下建立起严格的安全生产责任制，责任分明、各司其职、各负其责，将法律法规赋予生产经营单位的安全生产责任由大家共同承担，安全工作才能形成一个整体，从而避免或减少事故的发生。

（3）安全—社会有责。从社会角度讲，应帮助企业建立起"以人为中心"

的核心价值观和理念,倡导以"尊重人、理解人、关心人、爱护人"为主体思想的企业安全文化。因为人的安全意识、安全态度、安全行为、安全素质决定了企业安全水平和发展方向,只有提高人的安全素质,让每一个人做到由"要我安全"到"我要安全",直到"我会安全"的转变,推动安全生产与经济社会的同步协调发展,使人民群众的生命财产得到有效的保护,企业才能在以人为本的安全理念中走上全面协调的可持续发展之路。

3. 实践应用

国家通过立法,明确安全参与方的法律责任,确立"党政同责、一岗双责、齐抓共管、失职追责"的基本原则。在企业,《安全生产法》等法律规定了企业的生产主体责任,政府部门的安全监管职责;明确了"管行业必须管安全、管业务必须管安全、管生产经营必须管安全"的"三管三必须"原则;明确了企业安全生产第一责任人的法律责任等。

(1)组织明责于制。各类组织、各行(企)业、各单位和团体等,应构建全员安全责任体系,建立全员担当的安全责任制度和建立"横向到边、纵向到顶到底"的安全责任体系;明示决策层、管理层、执行层的责任清单,实施安全责任闭环管理、绩效测评、奖罚分明。

(2)领导铭责于心。政府、企业、社会组织的各级各部门领导、决策者、管理者,要有"安全责任重于泰山"的意识,敬畏责任,铭责于心;各级各部门主要负责人是安全第一责任人;地方各级党委和政府要始终把安全生产摆在重要位置,加强组织领导。

(3)员工履责于行。员工(人人)具有"我的安全我负责、他的安全我有责、社会(企业)安全我尽责",做到"人人参与安全、人人必须安全、人人共享安全"。企业要建立全员安全责任体系,明确企业主要负责人是安全生产第一责任人,做到"八管八必须"。

(4)社会实责于果。安全责任制度要落地、要落实、有实效,不能搞形式主义、做表面文章。政府落实监管责任、企业落实保障责任、社会落实监督责任、员工落实现岗位责任,这样,定能为社会创造安全价值、为人民保障安全利益、为企业产生安全效益。

2.3 安全定律

科学定律(The Laws of science)是对自然界客观规律的认识,反映事物、现象之间内在的、必然的、本质的联系,是科学理论的核心。例如,力学有牛顿三大定律、电学有欧姆定律、经济学有价值定律等。

安全定律也称安全科学定律或安全法则，是基于安全的科学定义或公理、原理推理和事故灾害现象分析归纳出的安全科学规律。安全定律可分为理论定律和经验定律两大类。

安全科学定律揭示了安全事物（系统安全、安全活动、事故灾害等）在特定条件下的一般性和基础性的规律，是安全科学三大基本理论体系（公理、定理和定律）重要方面，是安全科学量化分析研究、安全风险科学分级防控、本质安全体系构建、事故灾害有效防范、安全管理科学决策等安全活动的理论基础。

至今，安全理论界（公共安全、社会安全、生产安全领域）认识到的最基本、最经典、最著名的安全定律或法则有：

（1）四大理论定律：

定律1：安全度量定律，揭示系统的安全量化规律。

定律2：安全风险最小化定律，揭示安全风险分级防控规律。

定律3：本质安全定律，揭示本质安全规律。

定律4：安全价值最大化定律。

（2）四大经验定律：

定律5：海因里希定律（事故金字塔法则），揭示事故统计"灯塔"规律。

定律6：墨菲定律（墨菲法则），揭示事故灾害的不确定性（小概率）规律。

定律7：安全"成本-效益"定律，揭示了安全成本-效益规律。

定律8：安全效率定律，揭示了安全策略效率规律。

2.3.1 安全第一定律：安全度量定律

1. 立论

概念：安全度量定律也称安全函数定律，是对系统安全性或安全程度的定量规律数学表达。安全度量定律揭示了系统安全的量化原理。

内涵：安全度量定律的内涵是指安全可以通过安全度或安全性函数来衡量，安全性函数是度量系统安全程度或水平的尺度，其数学表达式是

$$安全度\ S = F(R) = 1 - R(P, L) \quad (0 \leqslant S \leqslant 1) \quad (2-1)$$

式中　R——系统风险度；

P——事故灾害发生的可能性（概率）；

L——事故灾害的严重性。

注：安全度 S 可以度量自然系统（风暴、雷电、区域、山体等）、技术系

统（危险源、风险源、建筑体、设备设施、装置等）、社会系统（地区、城市、社区、居家等）、组织系统（行业、企业、公司、班组等）的安全程度或水平。

2. 要义

安全第一定律安全度量定律是基于安全的科学定义和安全第二公理的推理和数学建模得出的。

安全第一定律有四层含义：

（1）以量化的方式进一步阐明"安全的实质是风险、安全的内涵是风险"。人们可以通过度量风险来度量安全，安全度概念为"衡量系统风险控制能力的尺度"。安全的实质是指事故风险被控制在人们可接受的程度或水平，即当风险高于某一程度时，人们就认为是不安全的；当风险低于某一程度时，人们就认为是安全的。

（2）给出了安全量化的数学表达式。安全取决于风险，安全是风险的函数，风险是安全的变量，安全程度取决于风险程度或水平。因此，管控安全实质是管控风险，控制系统的安全水平实质上是控制系统的风险水平。

（3）表明了安全与风险的关系。安全度与风险度相互成反比，安全与风险既对立又统一，二者具有互补的关系，此消彼长。安全程度水平高，风险度就低，事故发生的概率和可能损失就小；反之，风险度水平高，安全度水平就低，事故发生的概率和可能损失就大。因此，要想提高系统的安全度，必须从降低风险程度入手。

（4）指出了实现安全最大化的技术路径。风险最小化，才能成就安全最大化；同理，实现安全最大化需要做到风险最小化；风险度为"0"，则安全度为100%（绝对安全）。

3. 实践应用

安全度量定律推理出安全科学应用的四个基本定量函数，可以应用于不同对象、不同层面的安全定量分析。

1）安全风险函数

风险函数也称风险定量函数，既可应用于数学表达，也可应用于逻辑表达。

第一表达式： $$R = F(P,L) = P \times L$$

或

第二表达式： $$R = F(P,L,S) = P \times L \times S \quad (2-2)$$

式中 P——事故概率函数；

L——事故后果严重度函数;

S——事故损害敏感度函数。

经典的风险函数常用第一表达式,现代的风险函数用第二表达式。其区别在于,第一表达式将风险本体的发生概率与风险受体(对象)的损害概率综合考虑,而第二表达式强调了风险受体(可能伤害)的条件概率,即将风险加害对象的情境敏感性独立进行分析。因此,第二表达式在风险定量分析时,由于分析因素的全面、具体,使得分析结果更为科学、合理。

2)事故(灾害)概率函数

事故(灾害)概率函数也就是事故发生的可能性函数,表述事故发生的可能性水平,与风险成正比。

$$P = F(4M) = F(人因,物因,环境,管理) \quad (2-3)$$

上式表明,事故发生的可能性 P 与人因(Men)——人的不安全行为、物因(Machine)——机的不安全状态、环境因素(Medium)——生产环境的不良、管理因素(Management)——管理的欠缺有关。

3)事故(灾害)后果函数

事故(灾害)后果函数也就是事故严重度函数,是事故发生可能造成损害(人员伤害、财产损失、环境危害、社会影响等全面损害)的程度,与风险成正比。

$$L = F(人员伤害,财产损失,环境影响,社会影响,$$
$$危险性因素,环境条件,应急能力\cdots\cdots) \quad (2-4)$$

上式表明,事故可能的后果严重性 L 与可能危及的人员、财产、环境、社会,以及能量、规模、客观的危险性和环境因素、应急能力等有关。

4)事故(灾害)情境函数

事故(灾害)情境函数也就是事故危害的敏感性函数,表述事故发生后受体损害的敏感性水平,与风险成正比。

$$S = F(时间因素,空间因素,对象因素,系统条件因素) \quad (2-5)$$

上式表明,事故的损害敏感性 S 与事故发生的时机、发生的空间(区域)、所处的技术系统部位,以及危害的对象的脆弱性(人、物、环境等)有关。

实例:

(1)同样的事故危险源或灾害风险源,尽管本体固有危险性同一,由于处于不同的区域或空间,或其事故灾害发生的时机不同,会有不同的现实风险水平或程度。例如:高楼火灾发生在白天或晚上、起源是在高层或是低层,危险品毒气泄漏是在上游还是下游,同样震级的地震发生在不同地区、不同时间等,其风险水平是不一样的。

(2)同样的技术系统(电器、电梯等)或用品(玩具、刀具等),对于不同的对象(老人、小孩等),其形成的安全风险水平不同。

2.3.2 安全第二定律:安全风险最小化定律

1. 立论

概念:风险最小化定律也称为风险可接受定律,是指一切安全措施(安全工程技术、安全监督管理等)都是以防范化解安全风险为目标,以实现安全风险最小化为目的。安全风险最小化是衡量安全工作优劣、成败的基本准则。

内涵:风险最小化定律依据风险函数理论(R 取决于事故灾害发生概率 P 与后果严重度 L 的风险定量模型)理论,遵循最合理可行准则(ALARP),通过预先的风险防范—控制事故灾害的不确定性(发生概率),以及突发事件应对(应急管理)—减轻或避免损害后果,实现事故灾害"防、减、救"全过程、全生命周期管控,追求风险水平最小化,从而实现安全程度最大化。

2. 要义

1)安全风险的含义及特征

安全风险是指特定不期望事件(事故或灾害)发生的概率与后果严重程度的结合。安全风险具有四个方面的特征:

(1)风险的客观性与主观性。无论是自然系统还是技术系统,都存在有客观的能量和危险源或风险源,这就决定了安全风险具有客观性,不以人的意志为转移;风险的主观性则是基于安全法规标准,风险的可接受水平是主观的,是受社会经济发展水平、安全科技能力和安全法规发展进步而不断变化的。

(2)风险的可测性与可预测性。风险具有定性概念,更有定量概念。安全风险的不确定性可以用概率来定量,风险的严重度可以用事故灾害后果指标来定量。因此,风险可以通过事故发生统计频率和事故统计指标(绝对指标或相对指标)进行趋势分析,进行预测预警,进行评估分级。

(3)风险的相对性与变化性。风险不仅与风险主体—危险源本体有关(危险性),更与风险客体—时机和危害对象有关。也就是说风险程度不仅与事故灾害本身特性(危险性、能量级、强度、频度等)有关,还与发生的时空外部因素和客体因素(时间、空间、环境、区域、危害对象等)有关。因此,安全标准或风险可接受水平会随社会的发展而变化。

(4) 风险的可防范性与可化解性。安全风险是在特定条件下事故灾害的不确定性与严重性的结合。人们可通过预先研判辨识、分级防控进行防范（不发生），还可以通过监测预警、应急救援化解和减轻损害（事发应对）。

2) 安全风险最小化对策措施

根据风险概念的经典数学模型，可以得到风险最小化的三种对策（图 2-1）：一是事故灾害发生可能性最小化（降低发生概率）策略，二是事故灾害后果严重度最小化（减轻或弱化）策略，三是事故灾害的可能性与严重度双重综合策略。

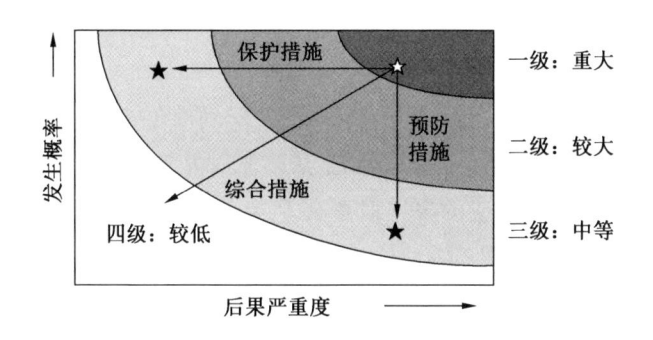

图 2-1 风险最小化策略

3. 实践应用

1) 遵循 ALARP 准则（风险防范最合理可行准则）

风险最小化定律的应用模式之一，就是遵循 ALARP（As Low As Reasonably Practicable）准则，即风险防范化解要按照最合理可行原则进行，国际上常用 ALARP 准则作为风险分级管理的基本理论和原则。

ALARP 准则是英国 HSE（英国健康、安全和环境部门）提出的风险管理和决策基本原则。ALARP 准则包括两条风险分界线（容许上限和容许下限），分别称为可接受风险上限、可接受风险下限，两条线将系统风险划分为三个区域（层级）：

(1) "风险不可接受区"：如果风险值超过允许上限，除特殊情况外，该风险无论如何不能被接受。对于处于设计阶段的装置，该设计方案不能通过；对于现有装置，必须立即停产。

(2) "风险可忽略区"：如果风险值低于允许下限，该风险可以接受。无须采取安全改进措施。

（3）"风险可控区"：风险值在允许上限和允许下限之间。应采取切实可行的措施，使风险水平"尽可能低"，实现风险水平最小化。

2）基于风险分级的精准防控策略

推行 RBS/M（Risk Based Supervision/Management）基于风险监管的模式和措施，按照科学的风险分级实施精准、合理的风险防控。

3）风险最小化的具体策略与方法

基于风险理论规律，可将风险最小化战略归纳为三种策略：一是降低发生概率 P 的策略；二是控制后果严重度 L 的策略；三是双重控制的策略，即对事故可能性和后果严重性的双重措施。

（1）降低事故发生概率的方法。

定量应用：增加冗余事件，降低事件概率。

设 系统综合风险 $R = P \cdot L$

则 三重冗余事件风险 $R_D = R_1 \cdot R_2 \cdot R_3$

相对应的事件概率有 $P_1 = P_2 = P_3 = P$

由于 $P_D = P_1 \cdot P_2 \cdot P_3 = P^3$

所以 $R_D = L \cdot P_D = L \cdot P^3 < R$

定性应用：影响事故发生概率的因素有很多，如系统的可靠性、系统的抗灾能力、人为失误和违章等。在生产作业过程中，既存在自然的危险因素，也存在人为的生产技术方面的危险因素。这些因素是否转化为事故，不仅取决于组成系统各要素的可靠性，而且还要受到企业管理水平和物质条件的限制。因此，降低系统事故发生的概率，最根本的措施就是设法使系统实现本质安全化，使系统中的人、物、环境和管理安全化。一旦系统或设备发生故障时，能自动排除切换或者安全地停止运行；当人为操作失误时，设备、系统能自动保证人机安全。要做到系统本质安全化，应该采取以下措施：提高设备的可靠性；选用可靠的工艺技术，降低危险因素转化为事故的可能性；提高系统抗灾能力；减少人为失误等。

（2）减少事故后果严重度的方法。

定量应用：分散系统规模（或能量），降低后果严重度。

设 系统事件后果总体严重度 $L = L_1 + L_2 + L_3$

相应子系统事件后果 $L_1 = L_2 = L_3 = L/3$

所以 $R_i = P \cdot L_i = P \cdot (L/3) < R$

定性应用：事故严重度是因事故造成的财产损失和人员伤亡的严重程度。事故的发生是由于系统中的能量失控造成的，事故的严重程度与系统中危险因素转化为事故时释放的能量有关,能量越高,事故的严重度越大;也与系统本身的抗灾能力有关,抗灾能力越强,事故的严重度越小。

因此,降低事故严重度具有十分重要的作用。目前,一般采取的措施有以下几种:

① 限制能量或分散风险。为了减少事故损失,必须对危险因素的能量进行限制。如各种油库、火药库的贮存量的限制,各种限流、限压、限速设备等就是对危险因素的能量进行的限制。分散风险的办法就是把大的事故损失化为小的事故损失。如在煤矿把"一条龙"通风方式做成并联通风,每一矿井、采区和工作面均实行独立通风,可达到分散风险的效果。

② 防止能量逸散。防止能量逸散就是设法把有毒有害、有危险的能量源贮存在有限允许范围内,而不影响其他区域的安全,如防爆设备的外壳、密闭墙、密闭火区、放射性物质的密封装置等。

③ 加装缓冲能量的装置。在生产中,设法使危险源能量释放的速度减慢,可大大降低事故的严重程度,而使能量释放速度减慢的装置称为缓冲能量装置,如汽车、轮船上安装的缓冲设备,缓冲阻车器以及各种安全带、安全阀等。

④ 避免人身伤亡。避免人身伤亡的措施包括两个方面的内容:一是防止发生人身伤害;二是一旦发生人身伤害时,采取相应的急救措施。采取遥控操作、提高机械化程度、使整体或局部的人身个体防护都是避免人身伤害的措施。

4) 风险双重策略最小化模式

根据风险的定量模型,可组合成如下五种风险最小化模式:

模式一:$p\downarrow$,$l\rightarrow$,$\Rightarrow R\downarrow$;

模式二:$p\rightarrow$,$l\downarrow$,$\Rightarrow R\downarrow$;

模式三:$p\downarrow$,$l\downarrow$,$\Rightarrow R\downarrow\downarrow$;

模式四:$p\downarrow\downarrow$,$l\uparrow$,$\Rightarrow R\downarrow$;

模式五:$p\uparrow$,$l\downarrow\downarrow$,$\Rightarrow R\downarrow$。

从上述五种模型可看出,第三种模式在既能降低概率的同时,又能降低减少后果严重度,可实现风险的大大降低,这是最理想和最优的模式。

2.3.3 安全第三定律:本质安全定律

1. 立论

概念:本质安全(Intrinsic safety)定律是指系统要素能够从根本上防范化解安全风险,实现系统本质安全的基本定律或规则。本质安全具有根本性、根源性、实质性、主体性、主动性、超前性的特征。

注：系统可以包含技术系统，涉及人、机、环境、工艺要素；组织系统（企业、学校、单位等），涉及人、技术、环境、管理要素；社会系统（国家、城市、社区、家庭等），涉及人、物理、制度、信息等。

本节主要探讨企业本质安全。

内涵：企业本质安全定律的内涵是针对企业安全生产中"人员（领导者、管理者、执行者）-技术（设备设施、工艺等）-环境（自然环境、人工环境、物化环境等）-管理（法规、制度、工艺、流程等）"系统因素，从根本上（本质特性）、根源上（事故根本原因）、实质上（有效性）提高相关要素（全要素）的本质安全性，追求要素的和谐统一、高质安全，使系统相关危险、危害因素（危险源、风险源等）始终处于安全管控状态，从而实现企业生产经营过程风险最小化（风险度$\rightarrow 0$）、安全最大化（安全度 $S \rightarrow 1$，即100%）的本质安全状态或本质安全目标。

2. 要义

1）起源与发展

工业安全领域的本质安全概念最初起源于20世纪50年代的宇航技术领域，指通过本质安全设计使设备或技术本身具备固有的安全性，即使发生人员误操作或设备故障，也不会造成事故或伤害。本质安全的技术设计主要有两大功能：一是失误-安全功能（Fool-Proof），即使员工误操作，机器也会通过自动阻止误操作防止事故的发生；二是故障-安全功能（Fail-Safe），当机器设备、生产工艺发生故障时，机器还能暂时正常工作，或者自动转变为安全状态，不会导致进一步的事故或灾难。这是早期技术本质安全的思想。

1974年英国帝国化学公司（ICI）、1993年美国化工安全中心（CCPS）、1996年密歇根科技大学等化工领域，相继提出本质安全设计、本质安全化生产、本质安全工艺、本质安全技术等概念。

进入21世纪，我国安全界提出了本质安全系统、本质安全矿山、本质安全企业、本质安全城市等大系统工程概念，并在一些行业进行了探索和实践。

2）策略与方法

本质安全是公共安全、安全生产追求的终极目标，也是安全系统思想的精髓，是安全系统工程的核心技术。

基于事故致因理论和安全科学原理，大系统本质安全（全面本质安全）的理念和理论得以提出和发展。大系统本质安全思想在我国核工业、矿业、电力、铁路等行业的应用越来越广泛，内涵越来越丰富。其特点是本质安全要素突破了国外早期的设备设施等物或技术因素思维的方式，而充分认识到人因、环境因素、管理因素的重要性。特别是基于事故致因"4M"要素理论，将"人-机（物）-环境-管理"大系统、全要素纳入其中，以求整体上、系统上实现全面本质安全目标。因此，发展了本质安全系统、本质安全企业、本质安全组织、本质安全城市等概念。近十余年，在安全生产实践上，我国矿业的本质安全矿山（神华），电力的本质安全企业（国网）、本质安全管理体系（华能、国铁），社会的本质安全城市（长治）等，进行了探索研究和开发。其普遍都是基于事故致因"4M"要素理论，引用广义（大系统）本质安全概念，从四个要素入手实践本质安全策略：一是人的本质安全化，二是物（技术）的本质安全化，三是环境的本质安全化，四是管理的本质安全化。

3. 实践应用

基于现代安全科学的理论，结合企业安全生产工程技术的实践，对本质安全定律的应用存在有三种层面的应用方式：一是早期的"设备本质安全"应用，二是基于系统思想的"系统本质安全"应用，三是面向组织或企业全面安全管控的"企业本质安全"应用。显然，本质安全的范畴、视野、格局不断扩展，这是安全规律及安全理论发展，以及安全工程实践进步的必然。

从国家战略、策略角度，我国大系统本质安全还没有成为国家高层级策略（如安全生产标准化、安全双重预防机制、安全文化建设等），而在2020年国务院安委会《全国安全生产专项整治三年行动计划》中，其主要任务明确提出"全面提升本质安全水平"要求（突破性、标志性），表明大系统本质安全思想将逐步得到深入和普及。

在安全生产领域，本质安全定律的应用可以从如下方面入手。

1) 设备或技术系统的本质安全应用

早期，由于事故致因理论和安全科学原理发展得有限，对本质安全的认知是局限的，其概念仅仅是指从技术根源上消除或减少危险。即通过对技术或设备的本质安全设计，消除和减轻技术系统本身的固有危险性，从而提高设备、工艺的安全可靠性，在技术因素层面保障安全，减少由于技术因素导致事故的可能性。显然，早期的本质安全思想推进了人类安全科学和工程实践的进步，对提高安全科学技术水平发挥了重要的作用。但随着对事故致因规律研究的不断深入，人们发现导致事故发生的因素不仅仅是技术因素，甚至现实和宏观层面主要还不是技术因素，人的因素、环境因素（技术的外在条件）甚或管理因素成为各行业、各类事故的主因。因而，系统安全的思想和安全系统理论应运而生。随之，本质安全的理论与实践得到了丰富和发展，本质安全的含义得到了深化和扩展。

2) 生产系统或企业本质安全的工程应用

从企业"大安全系统"出发,本质安全就是通过追求组织生产过程中人、物、系统、制度(管理)等诸多要素的安全可靠、和谐统一,使各种事故风险因素始终处于受控制状态,进而逐步趋近本质型、预防型、恒久型安全目标的系统或体系。企业进行本质安全体系的构建,其基本目标就是不断提升企业预防型的安全保障水平,使其从根源和本质上具备预防事故发生的能力,实现本质化安全生产(设备设施、工艺过程、作业岗位、人员操作、组织管理等)。本质安全型企业的创建,追求生产系统过程的本质安全,实现全面的安全最大化、事故风险最小化;本质安全型企业要求从"大系统、全要素"的角度构建安全生产保障体系。"大系统"就是指企业安全生产保障体系的"技术、管理、文化"大策略和大机制;"全要素"就是指安全系统的"人因、物因、环境因素、管理因素"全面的安全要素本质安全化,即人员的本质安全化、设备的本质安全化、环境的本质安全化、管理的本质安全化。通过本质安全型企业的创建,实现企业生产过程的人员无"三违"、无差错,设备无隐患、无故障,环境无危害、无缺陷,管理无缺项、无宽容。

本质安全型企业的创建就是运用先进的系统思想和科学的治理模式,使企业生产系统涉及的人员、技术、环境和管理达到根本性安全,从而使各类事故发生概率降到最低程度,最终实现企业零事故目标。本质安全型企业创建的系统工程中,"人本"靠文化,"物本""环本"靠科技,"管本"靠体系。创建本质安全型企业需要从如下维度入手:

(1) 人员的本质安全化。人的本质安全化主要是通过安全文化建设,强化决策层的安全领导力,提高管理层的安全管制力,提升执行层的安全执行力,培塑企业全员本质安全型人。本质安全型人的标准是想安全、要安全、学安全、会安全、能安全、成安全,即具有自主能动的安全理念,具备充分有效的安全能力,具有自觉、自主、能动、团队特质的生产企业领导者、管理者和作业人员。人的本质安全相对于物、系统、制度等三方面的本质安全而言,具有先决性、引导性、基础性地位。人的本质安全是一个可以不断趋近的目标,人的本质安全既是过程中的目标,也是诸多目标构成的过程。

(2) 技术的本质安全化。技术的本质安全化就是通过设计、制造、检验、施工、安装、监测等科技手段和工程措施,使技术系统的全生命周期的功能安全、固有安全性能最大化,使生产系统在任何时候、任何场所、任何过程、任何环节,其"物态"始终处在安全运行的状态,即:设备达标、无危险、无故障；原料保质、无失效、无危害；工具良好、无缺陷、无风险。相对非本质安全，技术的本质安全化优势及特点在于：变被动技术为主动技术、变数据技术为信息技术、变冗余技术为容错技术、变危险报警为风险预警、变故障检测为健康监测、变事故预警为事故预控、变能级控制为失效监控、变人工测控为自动测控、变单元模式为系统模式。技术的本质安全为人-机-环系统的安全协调提供"物本"的基础和条件。

(3) 环境的本质安全化。环境的本质安全包括空间与时间、自然与人工、物理与化学等环境因素的本质安全。环境的本质安全化就是通过附加的安全监测、安全防护、安全警示等环境和技术外在条件，建立安全防护设施齐全、安全监测监控有效，人-境系统和谐，并具自愈能力的安全生产环境条件。空间环境的本质安全要求企业生产区域、平面布置、安全距离、道路设施等环境条件符合安全规范及标准；时间本质安全要求基于人体工程学的作业时间设计科学合理、设备的运行时态达标符合；物理化学环境因素的本质安全就要以科学的标准为据，实现采光、通风、温湿、噪声、粉尘及有害物质控制达标，实现劳动者的生命安全、健康保障、身心舒适、作业高效。

(4) 管理的本质安全化。通过安全标准体系、制度体系的全面、科学建立，实施合理、系统、超前、动态、闭环的本质预防型安全管控模式，并能够长期有效运行，持续改进提升，有效控制事故的发生。能够改变传统的非本质安全管理方式，即强调科学管理、过程管理、事前管控、动态管理、价值管理、效益管理、系统管理、管理的动力、激励管理、法制管理。本质安全管理做到管控的超前预防、系统全面、科学合理、能动有效，使自律、自责、自我规管理成为普遍和自然，最终实现安全管理的零缺项、零宽容、零追责。通过以风险预控为核心的、持续的、全面的、全过程的、全员参加的、闭环式的安全管理活动，在生产过程中做到人员无失误、设备无故障、系统无缺陷、管理无漏洞，进而实现人员、机器设备、环境、管理的本质安全。

2.3.4 安全第四定律：安全价值最大化定律

1. 立论

概念：安全价值最大化定律是指基于时代的安全价值理性，抉择现代的安全工具理性，竭力实现安全目标（生命安全、财产安全、环境保护、社会稳定、人民幸福等）价值最大化的规律和法则。

内涵：安全价值最大化定律要求人们对于安全实践活动的价值意义具有时代理性认知（生命至上、安全为天；安全为了发展，发展必须安全等），正确处理好安全与发展、安全与经济、安全与生产、安全与经营的关系，并且能够尽力优选和应用现代科学、合理、高质、高效的安全策略措施（安全技术、安全制度、安全治理、安全培训等），力求实现安全的生命价值（人性）、健康价值（身心）、伦理价值（幸福）、环保价值（生态）、社会价值（稳定）、经济价值（效益）等综合价值的最大化。

2. 要义

（1）安全价值理性及分析。安全价值理性是人们对于自身安全实践活动价值与意义的理性认知与自觉把握。安全价值理性是相对的，是随时代的进步不断发展变化的。价值理性决定工具理性，如何树立和把握新时代先进的安全价值理性，是时代面临的重大挑战。

（2）安全工具理性及分析。安全工具理性是人们基于安全价值理性，为安全功利（如安全生产领域获得许可、通过验收、应对审核、规避责任、防范事故等）目的所驱使而创造工具（科学、技术、模式、对策、体制、机制、体系、制度、标准、措施等）、选择工具以及使用工具的经验和能力。安全工具理性决定安全活动的效能和效果，如果决策、应用不当，轻者造成安全低质、低效、低水平，重者影响安全事业发展或造成国家民族的灾难。

（3）处理好安全价值理性与安全工具理性的关系。安全价值理性是安全工具理性的理论基础和精神动力，安全工具理性是安全价值理性的现实支撑和具体体现，两者的协调和优化对促进安全事业的进步与发展具有现实的意义。安全价值理性与工具理性具有相互依存之关系。安全价值理性是前提、是基础，安全工具理性是载体、是手段。基于安全价值理性和安全工具理性辩证关系的安全科学管理核心思想，可以为优化我国安全生产管理模式和体系提供一条科学的技术路径。

3. 实践应用

1）全面综合认知安全价值

安全价值既有客观属性，也有主观属性。安全价值的客观属性可以进行定量分析认知，而安全价值的主观属性更多的是进行定性分析认知。全面综合认知安全价值，既需要定量的认知，也需要定性的认知。

从安全价值的客观属性上讲，安全价值一般有如下类型：生命安全价值、财产（经济）安全价值、健康价值、环境保护价值等。可以用降低事故灾害发生率、减少事故灾害经济损失、提高安全经济效益、降低安全成本、增大安全度水平等进行定量分析。

从安全价值主观属性角度，安全的价值类型较为复杂多样，可以从如下方面进行分析认知：

（1）安全的社会价值。安全是政治稳定的重要因素，是社会进步、国家文明的标志；国家安全关乎民族复兴，安全决定社会经济发展优劣、成败；安全生产是宪法及国家性质的本质要求，是"科学发展"的重要内涵，是以人为本的具体体现，是中国梦的基本要义，是社会生产力发展的基础和条件等。

（2）安全的人民价值。安全是人民安居乐业的保证和生活质量提升的基础，是人民的基本权利人权的体现，是人的第一财富，是幸福之源，是基本福利。特别是生命安全至高无上：生命是智慧、力量和情感的唯一载体，生命是成长、成才、实现理想的根本和基石，生命是创造幸福和价值的源泉和资本。

（3）安全的企业价值。安全事关企业生存与发展，关系企业核心价值的实现；安全生产是国家法律强制的责任，是政府行政监管的要求，是每个劳动者家庭和员工的基本诉求，是生产经营准入的条件，是企业商誉的重要组成，是市场竞争的核心要素，是生产持续发展的根本，是企业利润的组成部分等。

2）新时代的安全价值理性和安全工具理性

新时代应有的安全价值理性：以人为本、生命至上、安全发展、安全为天、责任如山等。新时代应有的安全工具理性：智慧安全、善治安全、系统安全、本质安全、超前预防、标本兼治、精准施治、依法治理、文化引领、创新驱动等。

3）应用价值工程理论方法实现安全价值最大化

现代管理科学的价值工程理论和方法可以推理出安全价值最大化定律的应用数学模型和方法模式。

安全价值工程数学模型如下：

$$安全价值\ V = 安全功能\ F / 安全成本\ C(预防 + 事故)$$

安全价值最大化五大工程模式如下：

模式一：$F \rightarrow / C \downarrow = V \uparrow$，即功能不变，成本降低；

模式二：$F \uparrow / C \rightarrow = V \uparrow$，即功能提升，成本不变；

模式三：$F \uparrow / \downarrow C = V \uparrow \uparrow$，即功能提升，成本降低；

模式四：$F \uparrow \uparrow / C \uparrow = V \uparrow$，即功能大大提升，成本适当提升；

模式五：$F \downarrow / C \downarrow \downarrow = V \uparrow$，即功能减少，成本大大降低。

显然，模式三是最优模式。

2.3.5 安全第五定律：海因里希定律

1. 立论

海因里希定律又称海因里希法则，其基本内涵是：不同程度的事故具有从重到轻、从小到大的金字塔规律。要防范严重的事故，需要从一般性事故入手,小的事故不发生了,就不会伴随大的或严重事故发生。因此,预防控制好一般事故,严重的事故就可以得到有效预防。

2. 要义

海因里希定律从统计上揭示了事故发生的规律。1931年,美国工程师海因里希(Herbert William Heinrich)统计了55万件机械事故,其中,死亡和重伤事故1666件,轻伤48334件,其余为无伤害事故,从而得出一个重要结论:在机械事故中,死亡和重伤、轻伤、无伤害事故的比例为1:29:300,从重到轻不同程度的事故发生次数呈现出从小到大的规律,形成类似金字塔的形状,这就是著名的海因里希法则(图2-2a)。博德(F. E. Bird)于1969年调查了北美保险公司承保的21个行业拥有175万职工的297家企业的1753498起事故,得到类似的结论(图2-2b);壳牌石油公司统计了石油行业的事故,也得到类似结论(图2-2c)。这个统计规律说明,在进行同一项生产活动中,重大伤亡事故的背后,必然有无数次的轻伤、无伤害事故。为了防止重大事故的发生,必须减少和消除无伤害事故,必须重视事故的苗头和未遂事故、险肇事件,否则终会酿成大事故、大灾害。

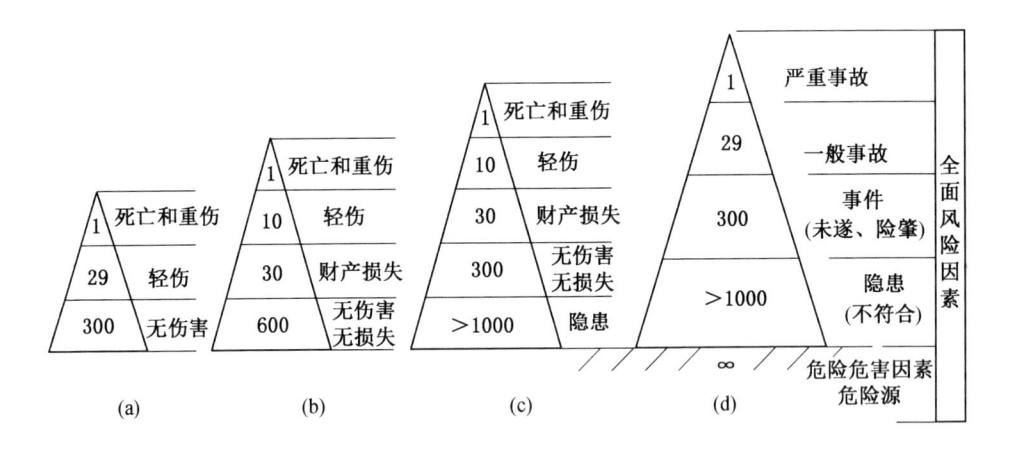

图2-2 从经典的海因里希法则到现代的金字塔法则

随着人们对安全管理的重视和对事故金字塔的研究,很多学者对海因里希法则进行了拓展,发现了隐藏在无伤害事故背后的隐患和危险因素,指出每一起严重事故的背后,必然有29次一般事故、300起未遂先兆、1000起事故隐患、无穷多个危险因素或危险源(图2-2d),从而丰富和完善了事故金字塔。

隐患是指能直接或间接导致人员伤害、财产损失、环境破坏的不安全因素和不安全状态，危险源是指长期或临时生产、加工、搬运、使用或储存超过临界量的危险物质的生产装置、设施或场所。

拓展的现代事故金字塔强调了两点：第一，严重事故的发生是一般事故量逐渐积累的结果，而一般事故的发生是无数事故隐患和危险因素逐渐积累的结果；第二，防范事故的发生需要从基础事件及其隐患、危险因素入手。在安全生产中，应当重视小事故、无伤害事故和未遂事故，深入分析和全面排查这些事故背后的隐患和危险因素。要消除一起严重事故，必须提前防控所有的事故隐患和危险因素。哪怕提前防控和治理了999起事故隐患和大量的危险因素，但只要有一个隐患或危险因素被忽略，就有可能诱发严重事故。此外，当一起严重事故发生后，在分析处理事故本身的同时，还要及时对同类问题的"事故征兆"和"事故苗头"进行排查处理，以防止类似问题的重复发生，及时解决再次发生重大事故的隐患，把问题解决在萌芽状态。

"祸之作，不作于作之日，亦必有所由兆。"在生产一线，不可避免地隐藏着大大小小的安全隐患和危险因素，稍有松懈，员工的生命安全和健康就会受到威胁，就极有可能造成不可挽回的损失。事实反复告诉人们，将安全工作重点从事后处理转移到事前预防和事中监督上来，变事后管理为事前管理，是堵塞安全生产的"致命漏洞"、防患于未然、遏制安全事故的根本之策。

3. 实践应用

海因里希定律多被用于企业的生产管理，特别是安全管理中。但是，许多企业在对安全事故的认识和态度上普遍存在一个误区：只重视对事故本身进行总结，甚至会按照总结得出的结论"有针对性"地开展安全大检查，却往往忽视了对事故征兆和事故苗头进行排查；而那些未被发现的征兆与苗头，就成为下一次安全事故的隐患。长此以往，安全事故的发生呈现出连锁反应，一些企业经常发生安全事故，甚至重特大安全事故接连发生，问题就出在对事故征兆和事故苗头的忽视上。海因里希定律对企业来说是一种警示，它说明任何事故都是有原因的，也是有征兆的；同时说明安全生产是可以控制的，安全事故是可以避免的；它还指出了企业管理者生产安全管理的一种方法，即发现并控制征兆。

假如人们在安全事故发生之前，预先防范事故征兆、事故苗头，预先采取积极有效的防范措施，那么，事故苗头、事故征兆、事故本身就会被减少到最低限度，安全工作水平也就提高了。由此推断，要制服事故，重在防范，要保证安全，必须以预防为主。在企业的安全管理工作中，必须坚持"六要六不要"的原则：

（1）要充分准备，不要仓促上阵。充分准备就是不仅熟知工作内容，而且熟悉工作过程的每一细节，特别是对工作中可能发生的异常情况，所有这些都必须在事前搞得清清楚楚。

（2）要有应变措施，不要进退失据。应变措施就是针对事故苗头、事故征兆甚至安全事故可能发生所预定的对策与办法。

（3）要见微知著，不要掉以轻心。有些微小异常现象是事故苗头、事故征兆的反映，必须及时抓住，正确加以判断和处理，千万不能视若无睹、置之不理、遗下隐患。

（4）要鉴以前车，不要孤行己见。要吸取别人、别单位安全问题上的经验教训，作为本人、本单位安全工作的借鉴。传达安全事故通报、进行安全整顿时，要把重点放在查找事故苗头、事故征兆及其原因上，并且提出切实可行的防范措施。

（5）要举一反三，不要故步自封。对于本人、本单位安全生产上的事例，不论是正面的还是反面的事例，只要具有典型性，就可以举一反三，推此及彼，进行深刻分析和生动教育，以求安全工作的提高和进步，绝不可以安于现状、不求上进。

（6）要亡羊补牢，不要一错再错。发生了安全事故，正确的态度和做法就是要吸取教训，以免重蹈覆辙，绝不能对存在的安全隐患听之任之，以免错上加错。

具体来说，利用海因里希定律进行安全管理的步骤如下：

（1）任何生产过程都要进行程序化，使整个生产过程都可以进行考量，这是发现事故征兆的前提。

（2）对每一个程序都要划分相应的责任，方便找到相应的负责人，要让负责人认识到安全生产的重要性，以及安全事故带来的巨大危害性。

（3）根据生产程序发生事故的可能性，列出每一个程序和步骤可能发生的事故，以及发生事故的先兆，培养员工对事故先兆的敏感性。

（4）在每一个程序上都要制定定期的检查制度，及早发现事故的征兆。

（5）在任何程序上一旦发现生产安全事故隐患，要及时报告，及时排除。

（6）在生产过程中，即使有一些经常发生、看似无法避免的小事故发生，也应引起足够的重视，并进行及时排除。当事人如果不能排除，就应向安全负责人报告，以便找出这些小事故的隐患，对隐患进行排除，避免安全事故的发生。

2.3.6 安全第六定律：墨菲定律

1. 立论

概念：墨菲定律又称莫非定律、摩菲定理，是指事故或不期望事件如果有发生或造成伤害损失的可能，不管这种可能性有多小，它总会发生。也可以表述为，"任何可能出错的事情总会出错"。

内涵：墨菲定律的内涵主要有三点。

（1）事故是随机事件，具有不确定性和小概率的特性。事故发生的概率$P_n = 1 - (1-p)N$，即事故发生的可能性与犯错的频度或次数 N 有关。

（2）防范不确定性的事故是一件艰难的事，要付出"大样本的"成本，以控制和消除事故发生的可能因素为目标，"就事（事故）论事（事故）"是不会成功的。

（3）安全生产的管理要以事故发生的可能性或事故概率为控制目标，即"认知可能、消除可能、控制可能，才有预防成功的可能"，如果"放任可能、容忍可能，必有发生事故的可能"。

2. 要义

墨菲定律是美国工程师爱德华·墨菲（Edward Murphy）提出的著名论断，也是西方世界常用的俚语之一。1948年，墨菲在爱德华兹空军基地参与一项有关火箭的测试项目时，他的助手错误安装了每一个传感器，导致实验结束后所有传感器的读数均为零。这时墨菲提出，"如果在多种工作方法中有一种会导致灾难，那么总会有人去这样做。"这次实验失败后，有人嘲笑墨菲是推脱责任的表现，但更多的人认为，要想避免墨菲定律，必须进行充分的规划和冗余的设置。

（1）墨菲定律告诉我们，只要存在可能性，事情往往就会向你想到的不好的方向发展。比如你衣袋里有两把钥匙，一把是房间的，一把是汽车的，如果你现在想拿出车钥匙，会发生什么？是的，你往往拿出了房间钥匙。墨菲定律的适用范围非常广泛，它揭示了一种独特的社会及自然现象。它的极端表述是：如果坏事有可能发生，不管这种可能性有多小，它总会发生，并造成最大可能的破坏。

（2）墨菲定律揭示和强调了小概率事件可能对结果造成的巨大影响，由于小概率事件在一次实验或活动中发生的可能性很小，因此容易使人产生错觉，认为"这次肯定不会出现"。但正是由于这种错觉，麻痹了人的安全意识，使人放松了警惕，增加了事故发生的可能性，结果是事故频繁发生。例如，中国运载火箭每个零件的可靠度均在 0.9999 以上，即发生故障的可能性均在万分之一以下，可是在 1996 年、1997 年两年中却频繁地出现发射失败，虽然原因十分复杂，但同时也说明小概率事件常常发生的客观事实。纵观无数大小事故的原因，可以得出结论："认为小概率事件不会发生"是导致侥幸心理和麻痹大意思想的根本原因。墨菲定律正是从强调小概率事件重要性的角度明确指出，虽然危险事件发生的概率很小，但在每一次实验或活动中都有可能发生，必须引起高度重视。

3. 实践应用

在安全管理中，必须正确认识和看待墨菲定律，注意和重视小概率危险事件，并且要发挥预警的功能，采取积极的预防方法、技术和手段，时刻警惕事故风险，做到警钟长鸣。

（1）正确认识墨菲定律。对待这个定律，安全管理者存在着两种截然不同的态度：一种是消极的态度，认为既然差错是不可避免的，事故迟早会发生，那么管理者就难有作为；另一种是积极的态度，认为虽然差错不可避免，事故迟早要发生，但安全管理者就更不能有丝毫放松的思想，要时刻提高警觉，防止事故发生、保障安全。后者才是正确的思维方式。安全管理的目标是要杜绝事故的发生，事故是人们不期望发生也不常有的意外事件，但正因为这些意外事件发生的概率一般比较小，在大多数情况下不会发生，所以往往被人们忽视，产生侥幸心理和麻痹大意思想，工作马虎不认真，容易作出不安全的行为，而这又恰恰是事故发生的主观原因。墨菲定律告诫人们，安全意识时刻不能放松。要想保证安全，必须警钟长鸣，从现在做起、从我做起，采取积极的预防方法、手段和措施减少和消除意外情况的发生。

（2）充分发挥预警的功能。安全预警功能是指在人们从事各项活动之前，将危及安全的危险因素和发生事故的可能性找出来，告诫有关人员注意以引起重视，从而确保其活动处于安全状态的一种安全策略。安全预警是一种高级的安全管理方式，对于提高安全管理水平具有重要的现实意义。在安全管理中，预警功能具有如下作用：预警是安全管理中预防控制功能得以发挥的先决条件。任何管理都具有控制的职能，由于生产活动中存在的不安全状态发生比较突然，因此安全管理不得不在人们开展活动之前就采取一定的控制措施、方法和手段，防止不安全状态的出现。这说明，安全管理控制职能的实质内核是预防，坚持预防为主是安全管理的一条重要原则。墨菲定律指出，只要客观上存在危险的可能，那么危险迟早会变成不安全的现实状态。所以，预防和控制的前提是要预知人们活动领域内存在的固有或潜在危险，告诫人们需要预防什么，应该如何去控制，这就是预警的作用。

（3）推行预控管理模式。变事后管理为事前管理。传统的安全管理是被动的事后管理，是在人们活动中采取安全措施或事故发生后，通过总结经验教训，进行亡羊补牢式的管理。如今，随着科学技术的发展，工业系统逐渐复杂化，生产环境、技术环境和社会环境的不断变化，使得发生事故的诱因增加，新形势、新情况、新问题层出不穷，依靠被动的事后补救难以适应当前的情况。为此，要求人们不仅要重视已有的危险，还要主动地识别新的危险，变事后管理为事前管理，变被动管理为主动管理，牢牢掌握安全管理的主动权。

（4）建立预防体系，倡导全员参与，增加员工安全管理的自觉性。安全状态如何，是各级各类人员活动行为的综合反映，个体的不安全行为往往祸及全体，即"100 - 1 = 0"。因此，安全管理不仅仅是领导者的事，更与全体人员的参与密切相关。根据心理学原理，调动全体人员参加安全管理积极性的途径通常有两条：①激励，即调动积极性的正诱因，如奖励、改善工作环境等正面刺激；②形成压力，即调动积极性的负诱因，如惩罚、警告等负面刺激。对于安全问题，负面刺激比正面刺激更重要，这是因为安全是人类生存的基本需要。如果安全，则被认为是正常的；如果不安全，一旦发生事故会更加引起人们的高度重视。因此，不安全比安全更能引起人们的注意。墨菲定律正是从此意义上揭示了在安全问题上要时刻提高警惕，人人都必须关注安全问题的道理。这对于提高全员参加安全管理的自觉性将产生积极的影响。

2.3.7 安全第七定律：安全"成本－效益"定律

1. 立论

概念：安全"成本－效益"定律是指安全成本投入与宏观安全效益关系的一般规律，具有 $1:5:\infty$ 的比例规律，即 1 分的安全投入，能够产出 5 倍的经济效益，获得无穷大的社会效益。安全效益指经济效益和社会效益，经济效益包括增值效益（正效益）和减损效益（负效益，减负为正）；社会效益是从生命价值、健康价值、环保价值、社会稳定价值等非经济价值方面论证。这一定律是基于我国国家软科学研究项目获得的成果，具有原创性。

内涵：安全"成本－效益"定律也称为安全"成本－效益"法则，也有说成"罗氏法则"。其源于中国地质大学（北京）罗云教授团队，自20世纪90年代以来，在国家自然科学基金、国家科学基金，以及国家安全生产主管部门专项科研项目资助下，应用安全经济学理论和实证分析相结合的研究方法，获得的安全经济研究成果之一。安全"成本－效益"定律属于经验定律范畴。安全效益包括安全经济效益和安全社会效益两部分。

（1）安全经济效益通过两种形式体现：第一，直接减轻或免除事故或危害事件给人、社会和自然造成的损伤，实现保护人类财富，减少无益损耗和损失，简称为减损效益；第二，是保护人力、设备安全等生产力要素，以及劳动生产条件和维护生产经济增值过程所创造的正经济效果，简称为增值效益。

（2）安全社会效益也称为安全非经济效益，是指安全保障（生产安全保障、公共安全保障、国家安全保障等）的实现，对国家安全发展、社会和谐稳定、企业生产经营正常、家庭或个人的幸福等的非经济价值及意义作用。

（3）安全效益具有间接性、后效性（滞后性）、长效性、多效性、潜在性、复杂性等特征。安全社会效益测算和评价是安全经济学面临的挑战。安全"成本-效益"定律以定量的方式给出了安全成本与效益的定性规律，表明科学、合理的安全投入具有显著的综合效益，既有经济的效益，更有社会效益，特别是安全社会效益，全社会特别是决策者应有高度的认知和重视。

2. 要义

安全"成本-效益"定律表明，安全投入的产出是显著的。安全具有减损和增值的经济功能，能够创造明显的经济效益。安全的减损功能是指安全能直接减轻或免除事故和危害事件，减少对人、社会、企业和自然造成的损害，实现保护人类财富、减少无益消耗和损失的功能，这种功能可称为"拾遗补缺"。安全的增值功能是指安全能保障劳动条件和维护经济增值过程，实现其间接为社会增值的功能，这种功能可称为"本质增益"。"拾遗补缺"通过减少损失、控制事故成本，减少了"负效益"；"本质增益"通过保障劳动、维持生产，增加了"正效益"。"拾遗补缺"和"本质增益"的综合叠加结果表明，安全创造价值，安全创造整体效益，安全减少总成本。

安全投入不仅能够获得经济效益，更重要的是创造社会效益。安全经济效益可分为直接经济效益和间接经济效益。安全的直接经济效益是指人的生命安全和身体健康的保障与财产损失的减少，这是安全减轻生命损失与财产损失的功能；安全的间接经济效益是指维护和保障系统功能（企业的生产功能、组织的社会功能、生态的环境功能等），对于企业还包括提升企业市场商誉，这些都是安全效益的增值能力。安全的社会效益主要指避免、减少事故灾害的发生，从而保障人的生命安全（不死—生命价值）、保护人的身体健康（不伤—身心健康价值），保护环境（避免污染—生态价值），社会和谐（避免社会影响—稳定价值）等。因为人的生命无价、生命安全至高无上，因此，社会效益最为重要。

3. 实践应用

安全"成本-效益"定律启示我们，安全"成本-效益"具有多样性和复杂性，如何科学、合理、有效地进行安全投入，考验人们的安全与应急管理智慧。

1）科学预防的"成本-效益"

安全预防类成本包括预防性安全工程技术投入、隐患整改投入、安全监管投入、安全教育培训投入、安全防护（个体防护）投入等。

预防类投入或成本的功能目标是防范事故灾害的发生，即不发生（降低发生率）、无死亡、无伤害、无损失，显然，其效益是综合的、全面的，有"减负为正"效益（降低事故灾害率），更有"安全正效益"（生产力效益、增值效益、社会效益等）。因此，从战略策略上讲，预防性成本和投入应该是安全应急管理工作的优先性投入项。所以，在安全生产、防灾减灾、消防安全等领域，具有"预防为主"的基本方针或原则。

2）合理应急的"成本-效益"

应急类（小应急）成本包括应急技术（信息平台）投入、应急物资储备、应急器材投入、应急演练投入、应急培训投入等。

应急类投入或成本的功能目标是应对和救援（救助），即降低伤亡率、减少损失、避免或减轻损害等，主要效益是"减负为正""负负得正"。

3）安全与应急的投入策略

对于不同事故灾种，智慧的安全与应急投入应有不同的战略策略：生产安全事故或技术风险造成的事故灾难，一般应该重在预防性投入；而自然灾害类投入一般重在应急类投入；化工爆炸、瓦斯爆炸、工程塌方、矿井塌方、触电、坠落、机械伤害等事故应该重在预防；火灾、泄漏、洪水、滑坡、泥石流等事故灾害可以预防与应急相宜；地震、台风、生物灾害（如疫情）等灾害重在应急处置。

4）安全生产投入的优化

在安全生产方面，对于企业社会经济组织，科学、合理的安全投入不仅仅是带来"减损效益"，还能带来经济的"增值效益"，从而对社会、企业和个人带来正向的价值。因此，要重视安全生产成本投入的优化策略。要充分认识到安全生产"成本-效益"具有的特殊性规律：

（1）相对于生产性投入的产出，安全投入的产出具有滞后性。安全投入所产生的安全产出，不是在安全投入实施时就能立刻体现出来，而是在其后的防护及保护时间之内，甚至是发生事故之时才会发挥作用。因此，在资金投入上，安全投入要重于、先于其他工作投入，要具有超前预防的意识，注重防患于未然，才能有效防范安全风险，获得安全保障。事实上，寄希望于临时抱佛脚式的安全生产投入,或者在事故发生之后才迫不得已地进行安全投入,往往就会付出更大代价,甚至于事无补、无所效益。

(2) 要重视安全成本投入的优化,使其发挥最大效益。从成本投入的时间段上,安全"成本-效益"定律表明在不同阶段投入成本所获得的效益不同。因此,在生产设计阶段就应花大力气进行安全投入,力求实现设计阶段的本质安全。同时,不能因为重视生产阶段的成本投入而忽视建造阶段与运行阶段的投入。从成本投入的类型上,安全投入的成本可以是时间成本、经济成本,也可以是人力成本、物力成本。需要结合行业实际与工作经验,在各种成本类型的投入上保持平衡,实现各种成本的优化组合,使其能够产出良好的效益。

2.3.8 安全第八定律:安全效率定律

1. 立论

安全效率定律的内涵是指在安全生产的不同阶段进行安全投入所获得的效率不同,在系统设计阶段安全投入所获得的效率等于在建设制造阶段投入所获得的10倍,等于在运行生产阶段投入所获得的1000倍,即系统设计1分安全性=10倍制造安全性=1000倍应用安全性,如图2-3所示。

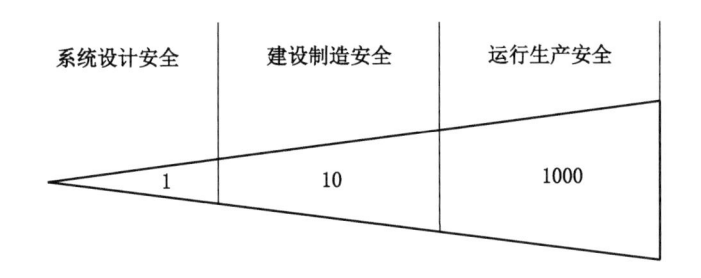

图2-3 安全效率金字塔模型

2. 要义

安全效率定律告诉我们,在安全生产中,在系统设计阶段投入1分安全,相当于10倍的制造安全和1000倍的应用安全,安全成本投入在系统设计阶段获得的效率最高,其次是建设制造阶段,运行生产阶段效率最低。换句话说,在获得相同安全产出的前提下,设计阶段花费的安全投入成本最低,是建造制造阶段的1/10,仅为运行生产阶段的1/1000。因此,需要十分重视系统设计阶段的安全设计,加大期间的安全投入,在设计阶段就力图减少事故隐患,实现本质安全，可以起到事半功倍的效果。

3. 实践应用

安全效率定律揭示了安全投入产出在不同阶段具有不同效率的规律。前面我们提到，生产安全不是追求"绝对安全"，而是在可接受成本下的"最适安全"。安全效率定律告诉我们如何通过相对较少的安全投入获得相对较多的效率产出，帮助我们克服安全工作中的"误区"，实现安全投入效率的最大化。

在日常安全管理中，我们往往把工作重心放在运行生产阶段，在运行生产阶段投入大量人力和物力进行隐患排查和安全防护。导致这种安全管理模式的原因是系统设计阶段和建设制造阶段的安全设计不够、安全投入不足、安全考虑不充分，存在大量安全隐患，在运行生产阶段就容易发生各类事故。所以在系统设计和建设制造时就应投入人力和物力进行安全设计和安全保护，否则将为伤亡事故付出惨重的代价。这从企业的成本角度考虑也是十分科学合理的，若在系统设计阶段没有 1 分安全投入和安全设计，在建设制造阶段就要投入 10 倍安全成本、在运行生产阶段就要投入 1000 倍安全成本才能保证运行生产安全，这不仅造成了人力和物力的浪费，而且容易发生事故，造成人员的伤亡和财产的损失。所以在安全管理中，要加大系统设计阶段安全投入和安全设计，在设计阶段减少事故隐患，以防运行生产中事故的发生。

在系统设计阶段投入安全资金，进行安全设计，可以实现系统本质安全。这里的本质安全主要指设备本质安全和环境本质安全。在设备设计和制造环节上要考虑到应具有较完善的防护功能，以保证设备和系统都能够在规定的运转周期内安全、稳定、正常地运行，这是防止事故的主要手段。环境本质安全包括空间环境、时间环境、物理化学环境、自然环境。实现空间环境的本质安全，应保证企业的生产空间、平面布置和各种安全卫生设施、道路等都符合国家有关法规和标准；实现时间环境的本质安全，必须要做好安全设备使用说明和设备定期实验报告，以此决定设备的修理和更新；实现物理化学环境的本质安全，就要以国家标准作为管理依据，对采光、通风、温湿度、噪声、粉尘及有害物质采取有效措施，加以控制，以保护劳动者的健康和安全；实现自然环境的本质安全，就是要提高装置的抗灾防灾能力，做好事故应急预防对策的组织落实。

3 安全软科学理论

3.1 安全定量理论

科学的发展高度是以定量的程度为标志的。随着安全科学中所面临问题的复杂化与多样化，许多定性的分析和判断已经无法满足揭示因素本质、梳理复杂关系、获得定量结果的需求，因此定量对于安全科学的发展起着举足轻重的作用。

安全科学的定量按照层次划分，可以分为微观定量、中观定量和宏观定量三个类型；从定量程度上讲，可划分为精确定量、半定量和分级定量。鉴于实用的考量，按层次体系进行描述。各层次的定量方法可以解决安全科学命题研究对象中诸因素的数量特征、数量关系与数量变化。

3.1.1 安全科学微观定量

系统论是安全科学的重要方法论之一，其既明确了安全科学所要研究的对象是各类安全系统、子系统及其各组成部分，包括人子系统、机器子系统、环境子系统和管理子系统等，同时也对各系统划分出了层次，包括宏观系统、中观系统和微观系统。

微观系统主要包括各类系统中最基础的组成和安全性能，如人子系统中人的各项生理条件、心理活动和行为等因素，机器子系统中各机器设备的结构、材料、功能等因素。

安全科学微观定量是对安全系统中的微观层次组成及其安全性能的数量特征、数量关系与数量变化的定量分析方法。其目的在于量化因素，确定安全标准程度，用定量方法指导安全设计和安全系统的安全控制。安全科学微观定量的对象主要分为安全系统的物理定量和安全系统的化学定量。安全科学的物理科学和化学科学的微观定量主要是硬科学定量，在微观层面的软科学定量主要是安全事件概率定量。

安全事件的概率定量是指事故、故障等安全相关事件的概率定量分析方法，包括各行业、各种活动、各类系统、各种行为过程发生的事故、事件、故障、失效、缺陷、失误、差错等安全事件的概率定量。在安全科学定量理论方法中，常用的有故障树分析法（FTA）、事件树分析法（ETA）、致命度分析、因果图分析等。下面简要介绍两种最经典的事件概率定量分析方法。

1. 故障树分析法（FTA）

故障树分析法（Fault Tree Analysis）又称事故树分析，是一种演绎的系统安全分析方法。它是从需要分析的特定事故或故障开始，层层分析其发生原因，一直分析到不能再分解为止；将特定的分析对象即事故和各层原因之间用逻辑门符号连接起来，得到形象、简洁的表达其逻辑关系的逻辑树图形，即故障树。通过对故障树简化、计算达到分析、评价的目的。

故障树分析包括定性分析和定量分析。定性分析主要求最小割集、最小径集和基本事件结构重要度分析。定量分析是在求出各基本事件发生概率的情况下，计算顶上事件的发生概率。具体做法是：①收集树中各基本事件的发生概率；②由最下面基本事件开始计算每一个逻辑输出事件的发生概率；③将计算过的逻辑门输出事件的概率，代入它上面的逻辑门，计算其输出概率，依此上推，直达顶部事件，最终求出的即为该事故的发生概率。

故障树定量分析的任务是：在求出各基本事件发生概率的情况下，计算或估算系统顶上事件发生的概率以及系统的有关可靠性特性，并以此为依据，综合考虑事故（顶上事件）的损失严重程度，与预定的目标进行比较。如果得到的结果超过了允许目标，则必须采取相应的改进措施，使其降至允许值以下。

2. 事件树分析法（ETA）

事件树分析法（Event Tree Analysis）是一种从原因推论结果的（归纳的）系统安全分析方法。它在给定一个初因事件的前提下，分析此事件可能导致的后续事件的结果。整个事件序列呈树状。事件树分析法着眼于事故的起因，即初因事件。当初因事件进入系统时，与其相关联的系统各部分和各运行阶段机能的不良状态，会对后续的一系列机能维护的成败造成影响，并确定维护机能所采取的动作，根据这一动作把系统分成在安全机能方面的成功与失败，并逐渐展开成树枝状，在失败的各分支上假定发生的故障、事故的种类，分别确定它们的发生概率，并由此求出最终的事故种类和发生概率。其分析步骤大致如下：确定初始事件，判定安全功能，发展事件树和简化事件树，分析事件树，事件树的定量分析。

事件树分析适用于多环节事件或多重保护系统的风险分析和评价，既可用于定性分析，也可用于定量分析。事件树的定量分析可以计算出结果事件的概率。

3.1.2 安全科学中观定量

安全科学中观定量是指对各类安全系统中中观层次的安全状态或性能的安

全定量，主要以概率、指标、指数等形式进行定量分析，得出相关的数学模型、数字特征以及数量的关系和变化趋势。安全科学中观定量的对象可分为安全指标定量、安全指数定量和风险分析定量三个方面。

1. 安全指标定量

1）安全指标体系

安全指标是描述安全状况的客观量的综合定量参数体系。安全指标可从两个层面来划分：

一是用于设计的、反映系统安全性的指标，根据系统性能确定，如机电系统的可靠性指标、安全仪表和仪器的性能指标、安全装置或系统的安全性指标等。

二是用于管理的指标体系，称为安全生产指标体系，一般分为事故发生状况指标以及事故预防指标或安全发展指标体系。事故发生状况指标为记录安全事故情况的各种绝对量和相对量，如死亡人数、事故起数、10万人死亡率、百万工时伤害频率等；事故预防指标指反映预防事故措施方面的水平指标，如安全生产达标率、安全投资比例、安全生产专业人员配备率等。

安全生产指标体系依据正向考核和负向考核，可以划分为事故预防指标和事故发生指标，或称安全生产发展指标体系和事故指标体系，如图3-1所示。

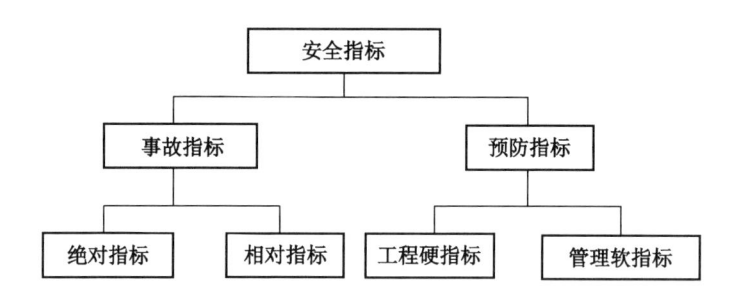

图3-1 安全指标体系

传统的经济管理主要考虑事故统计指标，现代安全管理要求设计和应用测评事故预防能力、安全保障能力或效能的指标。为了对安全能力和事故的预防水平进行定量、科学的管理，需要建立反映系统或社会安全保障能力或安全发展的预防性指标体系。

依据安全保障的"3E"对策理论，可将安全预防性指标分为三个方面：安全工程技术指标、安全法制监管指标、安全文化建设指标，如图3-2所示。

3 安全软科学理论 ·71·

```
┌─────────────────┐  ┌─────────────────┐  ┌─────────────────┐
│ 安全工程技术指标 │  │ 安全法制监管指标 │  │ 安全文化建设指标 │
└────────┬────────┘  └────────┬────────┘  └────────┬────────┘
         ⇓                    ⇓                    ⇓
┌─────────────────┐  ┌─────────────────┐  ┌─────────────────┐
│•安全技术达标率  │  │•安全法规执行率  │  │•"三类人员"持证率│
│•安全预评价通过率│  │•OHSMS认证数     │  │•员工安全持证上岗率│
│•"三同时"审核率 │  │•重大危险源监控率│  │•特种作业人员复训率│
│•重大隐患整改率  │  │•重大事故结案率  │  │•政府安监人员配备率│
│•安全新技术推广率│  │•安监机构合格率  │  │•企业安全人员配备率│
│•安全检测合格率  │  │•事故结案率      │  │•注册安全工程师比例│
│...              │  │•行政执法投诉率  │  │•全员安全素质达标率│
│                 │  │...              │  │...              │
└─────────────────┘  └─────────────────┘  └─────────────────┘
```

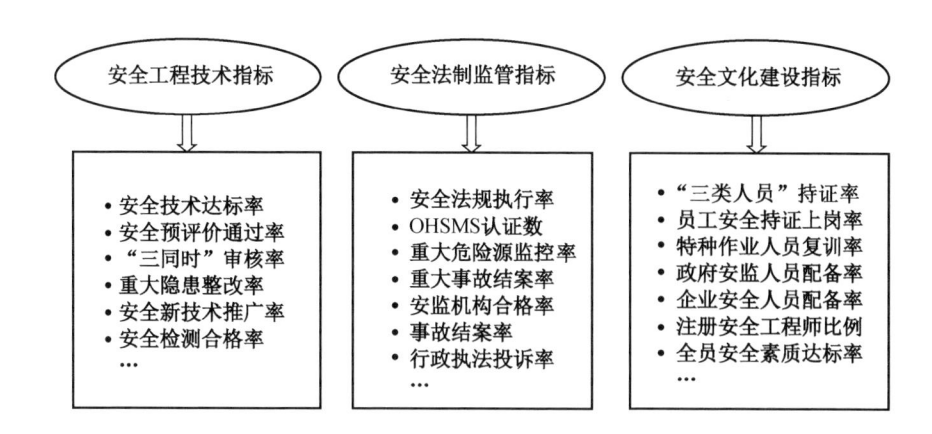

图 3-2 安全生产预防性指标体系

2）事故指标体系

基于统计学的原理，事故指标体系包括绝对指标体系和相对指标体系，如图 3-3 所示。

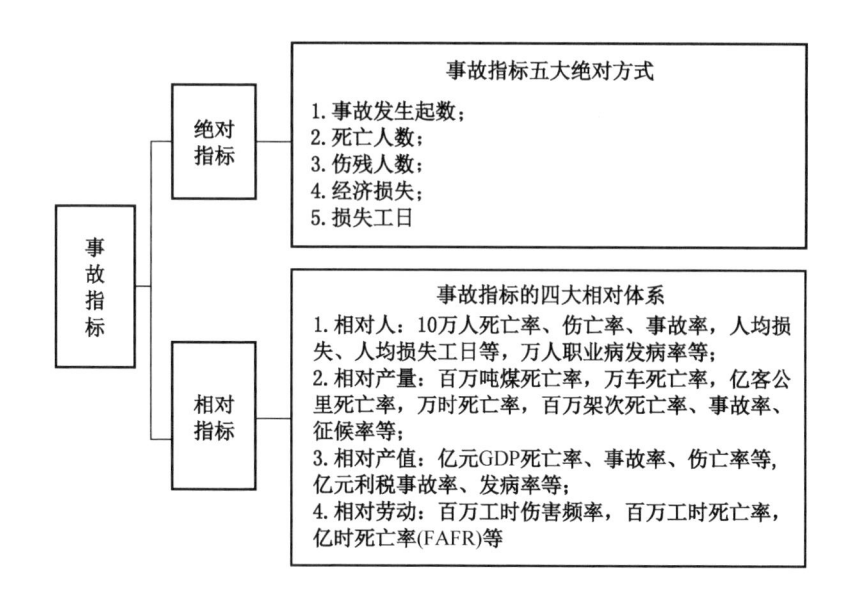

```
                    ┌─────────────────────────────────┐
                    │      事故指标五大绝对方式        │
         ┌─绝对─────│ 1. 事故发生起数；               │
         │ 指标     │ 2. 死亡人数；                   │
         │          │ 3. 伤残人数；                   │
         │          │ 4. 经济损失；                   │
事故─────┤          │ 5. 损失工日                     │
指标     │          └─────────────────────────────────┘
         │          ┌─────────────────────────────────┐
         │          │      事故指标的四大相对体系      │
         │          │ 1. 相对人：10万人死亡率、伤亡率、│
         │          │ 事故率，人均损失、人均损失工日等，│
         │          │ 万人职业病发病率等；            │
         └─相对─────│ 2. 相对产量：百万吨煤死亡率，万车│
           指标     │ 死亡率，亿客公里死亡率，万时死亡 │
                    │ 率，百万架次死亡率、事故率、征候│
                    │ 率等；                          │
                    │ 3. 相对产值：亿元GDP死亡率、事故│
                    │ 率、伤亡率等，亿元利税事故率、发│
                    │ 病率等；                        │
                    │ 4. 相对劳动：百万工时伤害频率，百│
                    │ 万工时死亡率，亿时死亡率(FAFR)等│
                    └─────────────────────────────────┘
```

图 3-3 事故指标体系

(1) 事故绝对指标（事故基本元素）。事故绝对指标反映了事故的直接后果特性，包括：事故发生起数；死亡人数；重轻伤人数；损失工日，指被伤者失能的工作时间；经济损失（量），指发生事故所引起的一切经济损失，包括直接经济损失和间接经济损失。

(2) 事故相对指标。事故相对指标是事故绝对指标相对某一参考背景的特性定量。在理论上，根据事故绝对与相对的不同组合方式，事故相对指标具有如下相对模式：

① 人/人模式。伤亡人数相对人员（职工）数，如 10 万人死亡（重伤、轻伤）率等。

② 人/产值模式。伤亡人数相对生产产值（GDP），如亿元 GDP（产值）死亡（重伤、轻伤）率等。

③ 人/产量模式。伤亡人数相对生产产量，如矿业百万吨（煤、矿石）、道路交通万车、航运万艘（船）死亡（重伤、轻伤）率等。

④ 损失日/人模式。事故损失工日相对人员、劳动投入量（工日），如百万工日（时）伤害频率、人均损失工日等。

⑤ 经济损失/人模式。事故经济损失相对人员（职工）数，如万人损失率、人损失等。

⑥ 经济损失/产值模式。事故经济损失相对生产产值（GDP），如亿元 GDP（产值）损失率等。

⑦ 经济损失/产量模式。事故经济损失相对生产产量，如矿业百万吨（煤、矿石）、道路交通万车（万时）损失率等。

(3) 事故频率指标。生产过程中发生事故的频率或次数是参加生产的人数、经历的时间和作业条件的函数，即

$$A = f(a、N、T) \qquad (3-1)$$

式中　A——发生事故的次数；

　　　N——工作人数；

　　　T——经历的时间间隔；

　　　a——生产作业条件。

当人数和时间一定时，则事故发生次数仅取决于生产作业条件。一般有下式成立：

$$a = \frac{A}{N \times T} \qquad (3-2)$$

通常用上式作为表征生产作业安全状况的指标，称为事故频率。在《企

业职工伤亡事故分类》(GB/T 6441—1986)和国家安全生产监督管理局对地方的事故控制指标管理中,定义了10万人死亡率、10万人负伤率、伤害频率三种计算事故频率的指标。

① 10万人死亡率:某期间内平均每万名职工因工伤事故而死亡的人数。

$$10万人死亡率 = \frac{死亡人数}{平均职工人数} \times 10^5 \qquad (3-3)$$

② 10万人负伤率:某期间内平均每万名职工因工伤事故而受伤的人数。

$$10万人负伤率 = \frac{伤害人数}{平均职工人数} \times 10^5 \qquad (3-4)$$

③ 伤害频率:某期间内平均每百万工时的事故伤害人数。

$$伤害频率 = \frac{伤害人数}{实际总工时} \times 10^6 \qquad (3-5)$$

为了反映事故与经济发展的关系,事故频率指标还有:

亿元 GDP 死亡率:表示某时期(年、季、月)内,平均创造 1 亿元 GDP 因工伤事故造成的死亡人数。

亿元 GDP 伤害频率:表示某时期(年、季、月)内,平均创造 1 亿元 GDP 因工伤事故造成的伤害(轻伤、重伤)人数。

千人经济损失率:一定时期内平均每千名职工的伤亡事故的经济损失。

百万元产值经济损失率:一定时期内平均创造百万元产值伴随的伤亡事故经济损失。

(4) 事故严重率指标。

① 伤害严重率:某一期间内平均每百万工时因事故伤害造成的损失工作日数。

$$伤害严重率 = \frac{总损失工作日}{实际总工时} \times 10^6 \qquad (3-6)$$

② 伤害平均严重度:某一期间内发生事故平均每人次造成的损失工作日数。

$$伤害平均严重度 = \frac{总损失工作日}{伤害人数} \qquad (3-7)$$

③ 百万吨死亡率:平均每百万吨产量死亡的人数。

$$百万吨死亡率 = \frac{死亡人数}{实际产量} \times 10^6 \qquad (3-8)$$

④ 损失平均严重度:某一期间内发生事故平均每人次造成的经济损失量。

$$事故损失平均严重度 = \frac{事故总经济损失}{伤害人数} \qquad (3-9)$$

由于生产行业的不同，事故严重度的评价常用产品产量事故率、死亡率等。即采用在一定数量的实物生产中发生的死亡事故人数计算出平均死亡率，一般计算数学模型是年事故死亡人数/年生产的实物量，如煤炭行业的百万吨煤死亡率，冶金行业的百万吨钢死亡率，道路交通领域的万（辆）车死亡率，民航交通的百万次起落事故率、万时事故率（征候率）等，铁路交通领域的百万车次事故率、万时事故率等。

（5）国外重要的事故统计指标。千人负伤率是许多国家常用的事故频率统计指标，如苏联、加拿大、英国、法国、印度等许多国家都采用这一指标。德国、意大利、瑞士、荷兰等国按300个工作日为一个工人数计算。

除了用"人/人模式"作为事故的最基本统计指标外，一些国家还常用如下指标：

① 百万工时伤害频率（失时工伤率，Lost Time Injury Frequency rate）：表示某时期（年、季、月）内，平均每百万工时内，因工伤事故造成的伤害导致的损失工时数，百万工时伤害频率 = 工伤损失工日（时）数/实际总工日（时）$\times 10^6$，实际总工时 = 统计时期内平均职工人数 $\times$ 该时期内实际工作天数 $\times 8$。

② 亿时死亡率（FAFR，Fatality Accident Frequency Rate）：指每年10亿工时（1亿工时）发生的事故死亡人数。它相当于每人每年工作300天，每天工作8小时，每年4000人中的死亡人数。

③ 亿客公里死亡率：反映各类交通工具（道路、铁路、航运、民航）单位人员交通效率的事故死亡代价，亿客公里死亡率 = 死亡人数/客公里数 $\times 10^8$。

2. 安全指数定量

1）基本概念与理论

安全生产指数是在一般指数理论指导下，根据揭示安全生产（事故）特性综合性规律的需要，设计出的反映企业、行业或地方安全生产（事故）状况的一种综合性定量指标。它具有无量纲性、相对性、动态性和综合性的特点，可以对企业、行业或地方政府（一段时期）的安全生产状况进行科学的分析、合理的评价，从而指导安全生产的科学决策。

安全生产指数（体系）包括四个概念：一是同比指数，反映指标的纵向比较特性；二是对比指数，反映指标的横向比较特性；三是综合指数，反映 N 个指标的综合特性；四是事故当量指数，反映事故或事件伤亡、损失、职业病的综合危害特性。

指数是一种无量纲的比较指标，由于具有直观易懂、科学准确、内涵丰富等特点,能够揭示和反映事物的本质和规律。将指数分析法应用于经济社会管理活动,已成为当今信息化时代的一个趋势。研究课题"小康社会安全生产指数研究"提出并完善了一套安全生产指数的理论和方法。

安全生产指数是应用量纲归一化理论,依据信息量理论和统计学的方法和原则,对安全生产指标体系的创造性发展。安全生产指数能够反映地区综合性或行业的事故特征,通过安全生产指数可以对安全生产活动的状况和水平利用安全生产(事故)指数进行表达,能够综合评价企业、行业、国家或地区的安全生产状况和事故水平,这是安全生产科学管理的重要基础。同时,由于安全生产指数是一综合的无量纲指数,用这一理论可动态地反映安全生产持续改善水平,对地区、行业进行综合的横向比较分析,有利于管理部门进行科学评价(排行榜)、有利于管理部门制定合理政策和科学激励。

2) 安全生产指数的数学模型

安全生产指数以事故指标(预防指标、发生指标或事故当量)作为分析对象或指数基元,根据分析评价的需要进行指数测算,从而对安全生产的规律进行科学的评估和分析。

(1) Y - 指数(同比指数)。Y - 指数是纵向比较指数,能反映本企业、本地区自身安全生产(事故)状况的(持续)改善水平。其数学模型为

$$K_y = \frac{R_1}{R_0} \times 100 \qquad (3-10)$$

式中　R——行业安全生产特性指标或综合指标;

　　　R_1——当年指标;

　　　R_0——参考(比较)指标[前一年指标、近年指标或者近 n 年平均(滑动)指标]。

(2) X - 指数(对比指数)。X - 指数是横向比较指数,通过计算特定时期(年度)同企业与企业、地区与地区、国家与国家、行业与行业等之间的指标横向比较,反映事故指标的相对状态及水平。其数学模型为

$$K_x = \frac{R_1}{R_0} \times \frac{W_0}{W_i} \times 100 = \frac{R_0 \times W_0}{\dfrac{\sum W_i R_i}{n}} \times 100 \qquad (3-11)$$

式中　R_1——被比较企业、地区或国家的安全生产(事故)指标;

　　　R_0——比较企业、地区或国家的安全生产(事故)指标;

　　　W——比较对象的权衡因子;

　　　W_0——被比较对象相应指标的权衡因子(或平均水平),如比较指标是

企业员工 10 万人死亡率，权衡因子要考虑从事高危行业的员工比例，W_0 就是被比较企业的权重系数；

W_i——比较对象的权重系数，等于全国高危行业人员比例/本地区高危险行业人数比例，$i = 1, 2, \cdots, n$。

（3）综合指数。综合指数是对 N 个指标进行量纲归一处理，得到 N 个考核或评定指标的综合测评水平。其数学模型为

$$K_x = F(X_i) \tag{3-12}$$

或

$$= \sum \frac{X_i}{X_{i综合}} \times \frac{100}{n} \tag{3-13}$$

或

$$= \sum D_i \frac{X_i}{X_{i综合}} \times \frac{100}{n} \tag{3-14}$$

式中 D_i——指标修正系数，可根据经济水平（人均 GDP）、行业结构（从业人员结构比例或产业经济比例）、劳动生产率或完成生产经营计划率等确定；

X_i——考核或评价依据的第 i 项事故指标；

$X_{i综合}$——考核或评价依据的第 i 项区域或行业平均（背景）事故指标；

n——参与测量事故指标数。

D_i 指标修正系数的确定：由于地区间生产发展水平、行业结构和安全文化基础的差异性，导致地区间的安全生产客观基础和条件的不同，因此，在评价地区安全生产状况或对地区提出安全生产要求和事故指标时，应考虑这种差异性。由此，在测算事故当量综合指标时应对其指标进行必要的修正，即设计 D_i 指标修正系数。D_i 的设计应该根据指标的客观影响因素来进行。

（4）事故当量指数。事故当量是指事故后果即死亡、伤残、职业病和经济损失四种危害特征的综合测度，用于综合衡量单起事故或一个企业、一个地区特定时期内发生事故的综合危害程度。

事故当量指标：一是绝对当量指标，如一起事故或一个企业一段时期的死亡、受伤、经济损失的综合危害当量；二是相对当量指标，即相对人员、产量、GDP 等社会经济和生产规模背景因素度量事故当量的指标，如 10 万人事故当量、亿元 GDP 事故当量等。

事故绝对当量指标数学模型为

$$F_x = F(f, b, r, l) = \sum \frac{R_i}{N_i} = R_{死} N_{死} + R_{伤} N_{伤} + R_{损} N_{损} + R_{病} N_{病}$$

$$\tag{3-15}$$

$$= \frac{f_a}{r_{标}} + \frac{b_a}{r_{标}} + \frac{r_a}{r_{标}} + \frac{L}{l_{标}} \qquad (3-16)$$

或

$$= f \times 20 + \frac{b_a}{r_{标}} + \frac{r_a}{r_{标}} + \frac{L}{l_{标}} \qquad (3-17)$$

式中　f_a——死亡人员损失工日；

f——死亡人员总人数；

$r_{标}$——事故人年损害标准当量，人日；

b_a——受伤人员损失工日；

r_a——职业病人员损失工日；

L——事故经济损失，万元；

$l_{标}$——事故经济损失标准当量，万元；

R_i——事故标准当量；

N_i——相应事故危险类型。

事故相对当量指标：相对于人员数、GDP总量等的构建事故综合危险当量指标。

事故标准当量的确定如下：

事故标准当量 R：定义为事故导致的人年损害，包括人年时间损失和价值损失［人年时间损失按周5天工作制计算，为250人日（或人年300天）；人年价值损失包括工资、净劳动生产率和医疗费用三个项目之和］。

由上述定义可得到如下标准当量：

死亡人员当量 $R_{死}$：一人相当于20个事故当量（即20人年或5000工日损失）。

伤残人员当量 $R_{伤}$：按伤残等级的总损失工日数（根据国际常用规范，不同伤残等级的损失工日数按表3-1标准计算），以250工日为一标准当量。

表3-1　不同伤残等级损失工作日数计算值

级别	一级	二级	三级	四级	五级	六级	七级	八级	九级	十级
损失工日数	4500	3600	3000	2500	2000	1500	1000	500	300	100

职业病标准当量 $R_{病}$：与伤残人员的当量换算相仿，根据职业病等级的标准损失工日数换算，因治疗康复不能确定职业病等级的按其实际损失工日数

计算。

经济损失标准当量 $R_{损}$：按人年价值损失计算，包括工资、净劳动生产率和工伤或职业病医疗费用支出三个项目核算。

事故当量指数还可扩展为事故当量同比指数、事故综合当量指数，用于企业、地区事故发生状况的纵向或横向分析评价。

3. 风险分析定量

1）风险数学模型

根据风险的基本概念，可将风险表达为事件发生概率及其后果的函数，即

$$风险\ R = f(P, L) \qquad (3-18)$$

式中　P——事件发生概率；

L——事件发生后果，对于事故风险来说，L 就是事故的损失（生命损失及财产损失）后果。

风险分为个体风险和整体风险，个体风险是一组观察人群中每一个体（个人）所承担的风险，总体风险是所观察的全体承担的风险。

在 Δt 时间内，涉及 N 个个体组成的一群人，其中每一个体所承担的风险可由下式确定：

$$R_{个体} = \frac{E(L)}{N \Delta t} \qquad (3-19)$$

式中，$E(L) = \int L dF(L)$；L 为危害程度或损失量；$F(L)$ 为 L 的分布函数（累积概率函数）。

其中，对于损失量 L 以死亡人次、受伤人次或经济价值等来表示。

$$\int L dF(L) = \sum L_k n PL_i \qquad (3-20)$$

式中　n——损失事件总数；

PL_i——一组被观察的人中一段时间内发生第 i 次事故的概率；

L_k——每次事件所产生同一种损失类型的损失量。

式（3-19）可写为

$$R_{个体} = L_k \frac{\sum i PL_i}{N \Delta t} = L_k H_s \qquad (3-21)$$

式中　H_s——单位时间内损失或伤亡事件的平均频率。

所以，个体风险的定义是

$$个体风险 = 损失量 \times 损失或伤亡事件的平均频率 \qquad (3-22)$$

如果在给定时间内，每个人只会发生一次损失事件，或者这样的事件发生

频率很低，使得几种损失连续发生的可能性可忽略不计，则单位时间内每个人遭受损失或伤亡的平均频率等于事故发生概率 P_k。这样，个体风险公式为

$$R_{个体} = L_k P_k \qquad (3-23)$$

上式表明：个体风险 = 损失量 × 事故发生率。还应说明的是，$R_{个体}$ 指所观察人群的平均个体风险；而时间 Δt 指所研究的风险在人生活中的某一特定时间，比如工作时实际暴露于危险区域的时间。

对于总体风险有

$$R_{总体} = \frac{E(L)}{\Delta t} \qquad (3-24)$$

或

$$R_{总体} = N R_{个体} \qquad (3-25)$$

即　　　　　总体风险 = 个体风险 × 观察范围内的总人数

2）风险定量计算

认识风险的数学理论内涵，可针对个体风险的分析应用来认识。表 3-2 和表 3-3 的数据给出了发生一次事故（即 $n=1$）条件下的一人次事故经济损失统计值，应用个体风险的数学模型，其均值是

$$\sum L_i n P_i = \sum L_i P_i$$
$$= 0.5 \times 0.91 + 0.3 \times 0.052 + 2.0 \times 0.022 + 8.0 \times 0.011 + 20 \times 0.0037$$
$$= 0.2671 （万元）$$

表 3-2　$n=1$ 时的一人次事故经济损失均值统计分析表

伤害类型	轻伤	局部失能伤害	严重失能伤害	全部失能	死亡
经济损失 L_i/万元	0.05	0.3	2.0	8.0	20.0
频率（概率）P_i	0.91	0.052	0.022	0.011	0.0037
发生人次	245	14	6	3	1
$L_i P_i$	0.0455	0.0156	0.044	0.088	0.074

表 3-3　$n=1$ 时的一人次事故伤害损失工日均值统计分析表

伤害类型	轻伤	局部失能伤害	严重失能伤害	全部失能	死亡
损失工日 L_i/日	2	250	500	2000	7500
频率（概率）P_i	0.91	0.052	0.022	0.011	0.0037

表 3 - 3（续）

伤害类型	轻伤	局部失能伤害	严重失能伤害	全部失能	死亡
发生人次	245	14	6	3	1
$L_i P_i$	3.64	13	11	22	27.75

发生事故一人次的伤害损失工日均值是

$$\sum L_i n P_i = \sum L_i P_i$$
$$= 2 \times 0.91 + 250 \times 0.052 + 500 \times 0.022 + 2000 \times 0.011 + 7500 \times 0.0037$$
$$= 77.39 (日)$$

3）个体风险定量计算

风险的定量分析表示方法中以发生事故造成人员死亡人数为风险的衡量标准，可分为个人风险和社会风险。

个人风险 IR（Individual Risk）定义为：一个未采取保护措施的人，永久地处于某一个地点，在一个危害活动导致的偶然事故中死亡的概率，以年死亡概率度量，如下式所示：

$$IR = P_f \times P_{d|f} \qquad (3-26)$$

式中　　IR——个人风险；

P_f——事故发生频率；

$P_{d|f}$——假定事故发生情况下个人发生死亡的条件概率。

个人风险具有很强的主观性，主要取决于个人偏好；同时，个人风险具有自愿性，即根据人们从事的活动特性，可以将风险分自愿的或非自愿的。为了进一步表述个人风险，还有其他四种定义方式：①寿命期望损失；②年死亡概率；③单位时间内工作伤亡率；④单位工作伤亡率。目前，个人风险确定的方法主要有风险矩阵、年死亡风险 AFR（Annual Fatality Risk）、平均个人风险 AIR（average individual risk）和聚合指数 AI（Aggregated Indicator）等。

（1）风险矩阵。由于量化风险往往受资料收集不完善或技术上无法精确估算的限制，其量化的数据存在着极大的不确定性，而且实施上需花费较多的时间与精力。因此，以相对的风险来表示是一种可行的方法，风险矩阵即是其中一个较为实用的方法。风险矩阵以决定风险的两大变量事故可能性与后果为两个维度，采用相对的方法，分别大致地分成数个不同的等级，经过相互的匹配，确定最终风险的高低。表 3 - 4 是一个典型的风险矩阵，表中横排为事故后果严重程度，纵列为事故可能性。

表 3-4 典型的风险矩阵

R	后果分级				
	I	II	III	IV	V
可能性分级 A	中	中	中	高	高
B	中	中	中	高	高
C	低	中	中	中	高
D	低	低	低	中	中
E	低	低	低	低	低

(2) 年死亡风险 AFR。是指一个人在一年时间内的死亡概率，它是一种常用的衡量个人风险的指标。国际健康、安全与环境委员会（HSE）建议，普通工业的员工最大可接受的风险为 $AFR = 10^{-3}$；大型化工工厂的员工和周边一定范围内的群众最大可接受的风险为 $AFR = 10^{-4}$；从事特别危险活动的人员以及该活动可能影响到的群众的最大可接受的风险为 $AFR = 10^{-6}$。

(3) 平均个人风险 AIR。其定义为

$$AIR = \frac{PLL}{POB_{av} \times \frac{8760}{H}} \quad (3-27)$$

式中　　PLL——潜在生命丧失；

　　　　H——一个人在一年内从事海洋活动的时间；

　　　　POB_{av}——某一设备上全部工作人员的年平均数目。

(4) 聚合指数 AI。指单位国民生产总值的平均死亡率。其定义为

$$AI = \frac{N}{GNP} \quad (3-28)$$

式中　　N——死亡人数；

　　　　GNP——国民生产总值。

4) 社会风险定量计算

英国化学工程师协会（IchemE，Institution of Chemical Engineers）将社会风险 SR（Social Risk）定义为：某特定群体遭受特定水平灾害的人数和频率的

关系。社会风险用于描述整个地区的整体风险情况,而非具体的某个点,其风险的大小与该范围内的人口密度成正比关系,这点是与个人风险不同的。目前,社会风险接受准则的确定方法有风险矩阵法、$F-N$ 曲线、潜在生命丧失 PLL(Potential Loss of Life)、致命事故率 FAR(Fatal Accident Rate)、设备安全成本 ICAF(Implied Cost of Averting a Facility)、社会效益优化法等。

(1)$F-N$ 曲线。所谓 $F-N$ 曲线,早在 1967 年,Frarmer 首先采用概率论的方法,建立了一条各种风险事故所容许发生概率的限制曲线。$F-N$ 曲线起初主要用于核电站的社会风险可接受水平的研究,后来被广泛运用到各行业社会风险、可接受准则等风险分析方法当中,其理论表达式为

$$P_f(x) = 1 - F_N(x) = P(N>x) = \int_x^\infty f_N(x)\mathrm{d}x \qquad (3-29)$$

式中　$P_f(x)$——年死亡人数大于 N 的概率;

　　　$F_N(x)$——年死亡人数 N 的概率分布函数;

　　　$f_N(x)$——年死亡人数 N 的概率密度函数。

$F-N$ 曲线在表达上具有直观、简便,可操作性与可分析性强的特点。然而在实际中,事故发生的概率是难以得到的,分析时往往以单位时间内事故发生的频率来代替,其横坐标一般定义为事故造成的死亡人数 N,纵坐标为造成 N 或 N 人以上死亡的事故发生频率 F。

$$F = \sum f(N) \qquad (3-30)$$

式中　　F——年内死亡事故的累积频率;

　　　$f(N)$——年死亡人数为 N 的事故发生频率。

目前国内外的许多国家,常用以下公式确定 $F-N$ 曲线社会风险可接受准则:

$$1 - F_N(x) < \frac{C}{x^n} \qquad (3-31)$$

式中　C——风险极限曲线位置确定常数;

　　　n——风险极限曲线的斜率。

式(3-31)中,n 值说明了社会对于风险的关注程度。绝大多数情况下,决策者和公众对损失后果大的风险事故的关注度上要明显大于损失后果小的风险事故。例如,他们会更加关心死亡人数为 10 人的一次大事故而相对会忽略每次死亡 1 人的 10 次小事故,这种倾向被称为风险厌恶,即在 $F-N$ 曲线中 $n=2$;而 $n=1$ 则称为风险中立。

(2)潜在生命丧失 PLL。指某种范围内的全部人员在特定周期内可能蒙受

某种风险的频率,其定义为

$$PLL = P_f \times POB_{av} \quad (3-32)$$

式中　P_f——事故年发生概率;

POB_{av}——某一设备上全部工作人员的年平均数目。

(3) 致命事故率 FAR。表示单位时间某一范围内全部人员中可能死亡人员的数目。通常是用一项活动在 10^8 小时(大约 1000 个人在 40 年职业生涯中的全部工作时间)内发生的事故来计算 FAR 值,其计算公式为

$$FAR = \frac{PLL \times 10^8}{POB_{av} \times 8760} \quad (3-33)$$

在比较不同的职业风险时,FAR 值是一种非常有用的指标,但是 FAR 值也常常容易令人误解,这是因为在许多情况下,人们只花了一小部分时间从事某项活动。比如,当一个人步行穿过街道时具有很高的 FAR 值,但是,当他花很少的时间穿过街道时,穿过街道这项活动的风险只占总体风险很小的一部分,此时如何衡量 FAR 值有待进一步研究。

(4) 设备安全成本 ICAF。可用避免一个人死亡所需成本来表示。ICAF 越低,表明风险减小措施越符合低成本高效益的原则,即所花费的单位货币可以挽救更多人的生命。通过计算比较减小风险的各种措施的 ICAF 值,决策人员能够在既定费用基础上选择一个最能减少人员伤亡的风险控制方法,其定义为

$$ICAF = \frac{g \times e \times (1-w)}{4w} \quad (3-34)$$

式中　g——国内生产总值;

e——人的寿命;

w——人工作所花费的生命时间。

(5) 社会效益优化法。从社会效应的角度确定风险接受准则的优化是目前最高水准的方法。从事这方面研究的代表人物有加拿大的 Lind 等人。Lind 从社会影响的角度,选择一个合适的社会指数,它能比较准确地反映社会或一部分人生活质量的某些方面,他推荐了生命质量指数 LQI(Life Quality Index)。这种方法本质上是认为一项活动对社会的有利影响应当尽可能大,其计算比较复杂。

5) 危险点(源)风险强度定量计算

危险点是指在作业中有可能发生危险的地点、部位、场所、工器具或动作等。危险点包括三个方面:一是有可能造成危害的作业环境,直接或间接地危害作业人员的身体健康,诱发职业病;二是有可能造成危害的机器设备等物

质,如转机对轮无安全罩,与人体接触造成伤害;三是作业人员在作业中违反有关安全技术或工艺规定,随心所欲地作业,如有的作业人在高处作业不系安全带,即使系了安全带也不按规定挂牢等。

(1) 绝对风险强度。绝对风险强度是基于事故概率和事故后果严重度计算的,反映整类设备危险点(源)宏观综合固有风险水平的指标。其理论基础是基于风险模型 $R = F(P, L)$,然后引入概率指标和事故危害当量指标对基本理论进行拓展。

若某一事故情景频繁发生或事故数据较多,则最好使用历史数据来估算该事件的概率,概率最常见的度量是频率。事故发生的可能性(P)则可以用事故频率指标进行表示,如万台设备事故率、万台设备死亡率、万车事故率、千人伤亡率、百万工时伤害频率、亿元 GDP 事故率等。不同的行业采用不同的事故指标,例如,特种设备、核设施、石油化工装置、交通工具等可以用万台设备事故率和万台设备死亡率等,工业企业则可以用百万工时伤害频率和亿元 GDP 事故率等。事故后果严重度采用事故危害当量指数,则危险点(源)绝对风险强度模型为

$$R_a = W_j \cdot \sum_{i=1}^{n} L_i \qquad (3-35)$$

式中 R_a——整类设备危险点(源)绝对风险强度;
W_j——危险点(源)j 的事故发生频率指标;
i——事故发生后引起的某种后果,如人员死亡、人员受伤、职业病、经济损失、环境破坏、社会影响等;
n——事故后果类型总数;
L_i——事故引起后果 i 的危害当量。

当缺乏历史数据时,可使用积木法,将事故情景所有单元的估算概率加以组合,以联合概率预测该情景的总体概率,结合事故危害当量模型,危险点(源)绝对风险强度模型为

$$R_a = P_a \cdot \prod_{i=1}^{n} P_{ci} \cdot \sum_{i=1}^{n} L_i \qquad (3-36)$$

式中 R_a——危险点(源)绝对风险强度;
i——事故发生后引起的某种后果,如人员死亡、人员受伤、职业病、经济损失、环境破坏、社会影响等;
n——事故后果总数;
P_a——事故发生的概率;

P_{ci}——事故发生后引起后果 i 的概率;

L_i——事故引起后果 i 的危害当量。

（2）相对风险强度。相对风险强度又称风险强度系数，是绝对风险强度进行归一化后的无量纲系数。相对风险强度的计算主要以量纲归一理论和数值归一理论为基础。特种设备作为重大危险点（源），其相对风险强度主要是以某类设备绝对风险强度为基准进行归一化处理，能直观反映各类设备的相对风险水平和风险强度关系。

在相对风险强度计算中，利用绝对风险强度，以某指定设备绝对风险强度为基准，对其进行归一化处理，建立相对风险强度模型，计算各类设备相对风险强度。相对风险强度模型如下式：

$$R_r = \frac{R_a}{R_0} \quad (3-37)$$

式中 R_r——设备相对风险强度;

R_a——设备绝对风险强度;

R_0——某指定设备绝对风险强度。

3.1.3　安全科学宏观定量

安全科学的宏观定量是指对各类安全系统或组织的综合安全水平或程度的定量、半定量分析，从宏观层面上把握系统的整体、综合的安全状况。安全科学的宏观定量包括如下三个方面：技术系统的风险分级，针对技术系统或子系统进行风险定量分析及分级评价，如对生产系统、作业岗位、作业过程进行评价分级；事故事件的程度分级，对不同类型的事故进行程度定量分级；单位组织的安全绩效测评分级，对单位或组织进行现状安全绩效测评，如对各级政府、企业公司、车间班组等组织或单位进行安全绩效、安全生产标准化等评价分级。

1. 系统安全性分级

分级的概念在安全领域应用得非常广泛，由于安全性与风险度的互补特性，安全性分级也等同于风险分级。风险分级应用风险评价方法。

风险评价是指评价风险程度并确定风险是否可容许的全过程。风险评价是以实现系统安全为目的，运用安全系统工程原理和方法，对系统中存在的风险因素进行辨识与分析，判断系统发生事故和职业危害的可能性及其严重程度，从而为制定防范措施和管理决策提供科学依据。

1）风险分级评价的基本理论模型

风险分级通常是以实现系统安全为目的，风险评价的基本定律为

$$R = P \times L \tag{3-38}$$

式中　R——系统风险；

　　　P——风险发生概率；

　　　L——风险后果严重程度。

2）风险评价的类型

根据系统的复杂程度，将风险评价分为三类：定性评价、半定量评价和定量评价。

（1）定性评价方法。这种方法主要是根据经验和判断对生产系统的工艺、设备、环境、人员、管理等方面的状况进行定性的评价，如安全检查表法、危险与可操作性研究法。

（2）半定量评价方法。这种方法大都建立在实际经验的基础上，合理打分，根据最后的分值或概率风险与严重度的乘积进行分级。由于其可操作性强且还能依据分值有一个明确的级别，应用比较广泛，如作业条件危险性评价法、评点法。

（3）定量评价方法。这种方法是根据一定的算法和规则，对生产过程中的各个因素及相互作用的关系进行赋值，从而算出一个确定值的方法，如事故树分析法、危险概率评价法、道化学评价法等。此方法的精度较高且不同类型评价对象间有一定的可比性。

3）风险分级评价的基本方法

（1）评点法，主要用于对设备技术系统单元的分级评价。其数学模型为

$$C_S = \prod C_i \tag{3-39}$$

式中　C_S——总评点数，$0 < C_S < 10$；

　　　C_i——评点因素，$0 < C_i < 10$。

（2）LEC法，适用于评价生产作业岗位风险分级评价，其数学模型为

$$\text{危险性分值 } D = \text{发生概率 } L \times \text{暴露频率 } E \times \text{严重度 } C \tag{3-40}$$

（3）JHA法，主要用于JHA或一般常规性风险对象的评价，适用于评价作业过程的风险，以及其他无法量化的风险，其数学模型为

$$\text{风险等级 } R = \text{风险严重度 } L \times \text{风险概率 } P \tag{3-41}$$

2. 安全生产标准化达标分级

安全生产标准化是全面贯彻我国安全生产法律法规、落实企业主体责任的基本手段，是加强企业安全基础管理、提升企业安全管理水平的有效方法，是建立安全生产长效机制、提高安全监管水平的有力抓手，是落实科学发展观、加快转变经济发展方式的重要途径。

安全生产标准化建设是一项综合性的安全管理工作，安全生产标准化建设的方法和步骤大致分为六个阶段：宣传动员阶段、制定计划阶段、编写文件阶段、选择试点阶段、全面实施阶段、检查验收阶段。

企业的安全生产标准化建设最关键的一步就是分级评价。企业安全生产标准化系统见表3-5。

表3-5 企业安全生产标准化系统

企业安全生产标准化系统	煤矿	采煤、掘进、机电、运输、通风、地测防治水
	危险化学品	通用规范、氯碱、合成氨
	金属非金属矿山	地下矿山、露天矿山、尾矿库、小型露天采石场
	烟花爆竹	生产企业、经营企业
	机械制造	基础管理、设备设施安全、作业环境与职业健康
	冶金企业	炼钢、炼铁、正在起草烧结、焦化、轧钢等单元
	建筑施工	建筑施工安全检查、施工企业安全生产评价
	工贸行业	冶金、有色、建材、机械、轻工、纺织、烟草、商贸等

一般工贸企业的安全生产标准评审依据相应的评定标准采用评分的方式进行，满分为100分，评审标准如下：

一级：评审得分大于或等于90分（大型集团公司的成员企业90%以上大于或等于90分）；

二级：评审得分大于或等于75分（集团公司的成员企业80%以上大于或等于75分）；

三级：评审得分大于或等于60分。

评定标准满分不到100分的，按100分制折算。不同行业有不同评价。

3. 安全绩效测评

安全绩效管理是一种现代安全管理的方法，它注重过程和效能评价，摒弃了传统的仅针对结果的评价方法，能够有效提升和促进安全管理能力，促进组织战略目标的实现。对于生产企业或政府安全监管部门来说，推行安全绩效管理是安全工作科学化、信息化的必然要求。安全绩效管理的核心环节是绩效测评，因此，构建科学合理、行之有效的安全绩效测评体系是安全管理科学化的一种有效方法和手段。

安全生产绩效测评是对组织和个人与安全有关的优缺点进行系统描述，是企业推动执行各项安全管理措施的一项必要工作，是对危险设备和操作进行有效安全管理的关键。在进行安全绩效评估时，首要任务是制订绩效评估指标，并要选择适宜的评估方法。

安全绩效所包含内容可以归并为两类指标体系：一是反映过程和能力的指标，如安全工程、安全管理和安全文化（或培训教育）的过程和成效指标；二是安全的效果指标，一般常用事故发生的状况指标。显然，前者更为重要和具有意义。

1）政府安全监管绩效测评方法技术

政府安全监管绩效测评方法技术研究为政府安全监察绩效测评提供科学的理论依据和方法，为安全生产监督管理提供合理、有效的管理工具和手段，将政府安全监察工作推向更高的层次。

（1）政府安全监管绩效测评指标体系设计原则。为了更科学、准确地建立测评指标体系，在指标的选择上遵循以下原则：

① 基础性原则。基础性原则是指所选取的指标要是基础指标，是各级、各地区普遍采用的能够反映政府监察绩效的基本评价指标。

② 全面性原则。全面性原则是指业绩测评指标体系应能够全面反映评价对象的各有关要素和有关环节，揭示出评价对象的全貌。但全面性并不等于面面俱到，应抓住关键性问题和具有关联性强的综合指标对政府安全监察绩效进行评价，对那些与政府安全监管关系不是十分密切的方面，予以简化或省略。

③ 稳定性原则。稳定性原则是指所选取的指标要具有一定的稳定性，即在一段时期内不会发生变化。

④ 规性原则。常规性原则是指指标的选取要符合常规，合情合理，是人们普遍熟知的、能够获得相关数据的指标。

⑤ 定位性原则。定位性原则是指所选取的评价指标是能够反映被测机构内部业绩情况的指标。

⑥ 客观、公正性原则。客观、公正是业绩的基本准则和要求，否则就失去评价的意义。客观是指能够真实地反映参评机构业绩的好坏。公正是指对被评价的政府安监部门采取统一标准，按照统一的方法进行评价。

⑦ 可操作性原则。可操作性是指政府安监部门业绩测评在实践上应是可行的，主要包括指标体系建立的可行性和测评工具设计的可行性。

(2) 政府安全监管绩效测评指标体系设计思路。根据安全监察体系的结构、职能和功能，以及客观的现实性和发展的科学性要求，设计构建省级（兼顾国家级）和地市级（兼顾县级）的两个层级的测评体系。其设计的思路是：

① 省（市）级：强调宏观、综合监察职能，突出基础建设和内部管理，重视监察效能和效果。

② 地（市）县：强调微观、现场监察职能，突出执行能力和管理成本，重视监察效率和效果。

以特种设备安全监察领域为例，可设计出两个层级的安全监管绩效测评指标体系，即省（市）自治区政府安全监察绩效测评指标体系（图3-4）和地（市）县政府安全监察绩效测评指标体系（图3-5）。

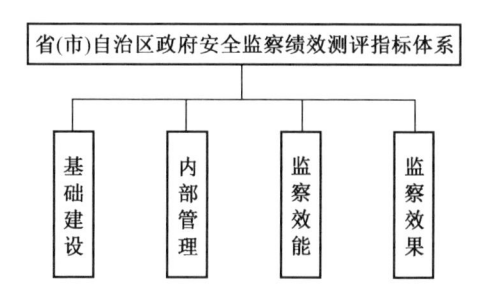

图3-4 省（市）自治区政府安全监察绩效测评指标体系框图

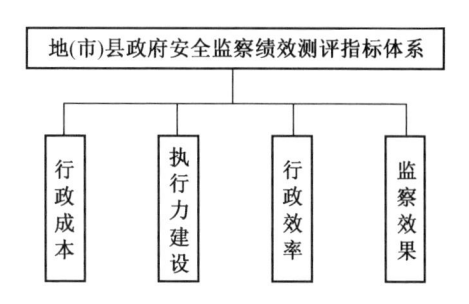

图3-5 地（市）县政府安全监察绩效测评指标体系框图

指标属性从测试方法和准确性的角度，将所有指标分为两类属性类型：查证型（查阅证实型），通过查阅相关文件、记录而确定指标得分情况的指标；抽查型（抽样调查型），需要抽查一定数量的记录来确定得分的指标。

2）企业安全生产综合绩效测评方法技术

企业安全生产综合绩效测评是对企业特定时期安全生产风险综合管理状况的综合测评，为提高企业人员安全素质、改善企业安全管理、创新安全文化、发展生产环境和条件提供了定量与定性的测评技术和方法。此方法基于综合评价技术，实现对企业安全生产风险综合管理状况的评价和考核，对企业安全生产综合状况进行科学、系统、全面分析评价，以及安全生产动态综合管理的测评，从而为企业的安全生产管理提供科学、合理的决策依据。此方法对企业安全生产风险进行综合评估，是安全生产的目标管理、定量化管理的重要体现，因此，此方法对提高企业安全生产科学管理具有积极的意义。

3.2 事故致因理论

几个世纪以来，人类主要是在发生事故后凭主观推断事故的原因，即根据事故发生后残留的关于事故的信息来分析、推论事故发生的原因及其过程。由于事故发生的随机性质，以及人们知识、经验的局限性，使得对事故发生机理的认识变得十分困难。

随着社会的发展、科学技术的进步，特别是工业革命以后工业事故频繁发生，人们在与各种工业事故斗争的实践中不断总结经验，探索事故发生的规律，相继提出了阐明事故为什么会发生，事故是怎样发生的，以及如何防止事故发生的理论。由于这些理论着重解释事故发生的原因，以及针对事故致因因素如何采取措施防止事故，所以被称作事故致因理论。事故致因理论是指导事故预防工作的基本理论。

事故致因理论是生产力发展到一定水平的产物。在生产力发展的不同阶段，生产过程中出现的安全问题有所不同，特别是随着生产方式的变化，人在生产过程中所处的地位的变化，引起人们安全观念的变化，产生了反映安全观念变化的不同的事故致因理论。

3.2.1 事故致因"4M"要素理论

基于事故致因的分析，事故系统涉及四个基本要素，通常称"4M"要素。

（1）人的不安全行为（Men）：是事故最直接的因素，各类事故约有80%及以上与人因有关，有的行业事故甚至比例更高。人的不安全行为来自生理或心理的影响，包括故意、无意的不安全行为。例如，故意的有"三违"，无意的包括由于生理的疲劳、判断导致的差错等行为。

（2）设备的不安状态（Machinery）：指设备设施的不安全状态，也是事故最直接因素，包括设计环节的缺陷，以及使用过程导致的功能失效等。物的因素有30%～40%与事故有关。

（3）环境的不良影响（Medium）：指生产环境条件的不良或不安全状态，也是事故的直接因素，一般有10%～20%的事故与环境因素有关，对处于与自然环境因素或野外生产作业条件密切的行业，比例会更高，如交通、建筑、矿山等行业。环境因素包括自然的环境因素，如气象因素、地理因素等，以及人工环境因素，如照明、噪声、室温等物理因素和气体化学因素等。

（4）管理的欠缺（Management）：指管理制度的欠缺或管理制度的不执行。管理的缺陷包括政府监管层面的法规、制度欠缺，以及监管不到位；企业生产经营过程的责任制度不落实，以及规章制度执行不力和过程管理的缺乏或偏差。管理因素是导致事故发生的间接因素，但也是最重要的因素。因为管理对人、机、环因素都会产生作用和影响，因此，事故100%与管理致因有关。

事故致因"4M"要素的逻辑关系如图3-6所示。图中表明，人因、物因、环境因素与事故是"逻辑或"的关系，即只要存在人因或者物因，或者环境因素，就足以引发事故；管理因素与事故具有"逻辑与"的关系，即管理是条件因素，管理与人因、物因、环境因素叠加最终引发事故，或者反过来表述：人因、物因、环境因素可能通过管理来规避或控制。

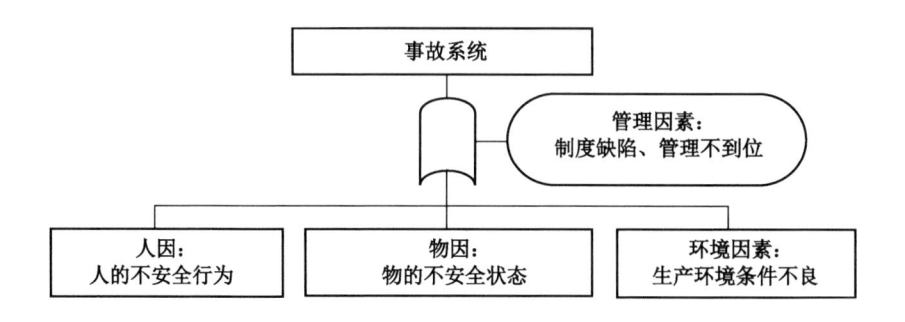

图3-6 事故致因"4M"要素的逻辑关系

根据事故致因"4M"要素理论，可以从人因、物因、环境、管理因素方面为预防事故指明路径和对策措施。

3.2.2 事故因果论

事故因果论是指一切事故的发生都是由若干事件及因素在因果逻辑作用下

造成的，其代表性理论包括海因里希因果连锁理论、博德事故因果连锁理论、亚当斯因果连锁理论与北川彻三事故因果连锁理论等。

亚当斯因果连锁理论在该理论中事故和损失因素与博德理论相似，把人的不安全行为和物的不安全状态称为现场失误，其目的在于提醒人们注意不安全行为和不安全状态的性质。

亚当斯提出了一种与博德事故因果连锁理论类似的因果连锁理论模型，该模型以表格的形式给出，见表3-6。

表3-6 亚当斯因果连锁理论模型

管理体制	管　理　失　误		现场失误	事故	伤害或损坏
目标组织机能	领导者在下述方面决策错误或没作决策： ● 政策 ● 目标 ● 权威 ● 责任 ● 职责 ● 注意范围 ● 权限授予	安全技术人员在下述方面管理失误或疏忽： ● 行为 ● 责任 ● 权威 ● 规则 ● 指导主动性 ● 积极性 ● 业务活动	不安全行为 不安全状态	伤亡事故 损坏事故 无伤害事故	对人 对物

3.2.3 事故综合致因理论

事故综合致因理论认为事故是由社会因素、管理因素和生产中危险因素被偶然事件触发所造成的结果。事故的发生绝不是偶然的，而是有其深刻原因的，包括直接原因、间接原因和基础原因。事故乃是社会因素、管理因素和生产中的危险因素被偶然事件触发所造成的结果。事故的致因规律可用下列公式表达：

$$生产过程中的危险因素 + 触发因素 = 事故 \qquad (3-42)$$

意外（偶然）事件之所以触发，是由于生产中环境存在着危险因素即不安全状态，后者和人的不安全行为共同构成事故的直接原因。管理上的失误、缺陷、管理责任等是造成事故的间接原因。形成间接原因的因素，包括社会经济、文化、教育、社会历史、法律等基础原因，统称为社会因素。事故综合致因理论作用机理如图3-7所示。

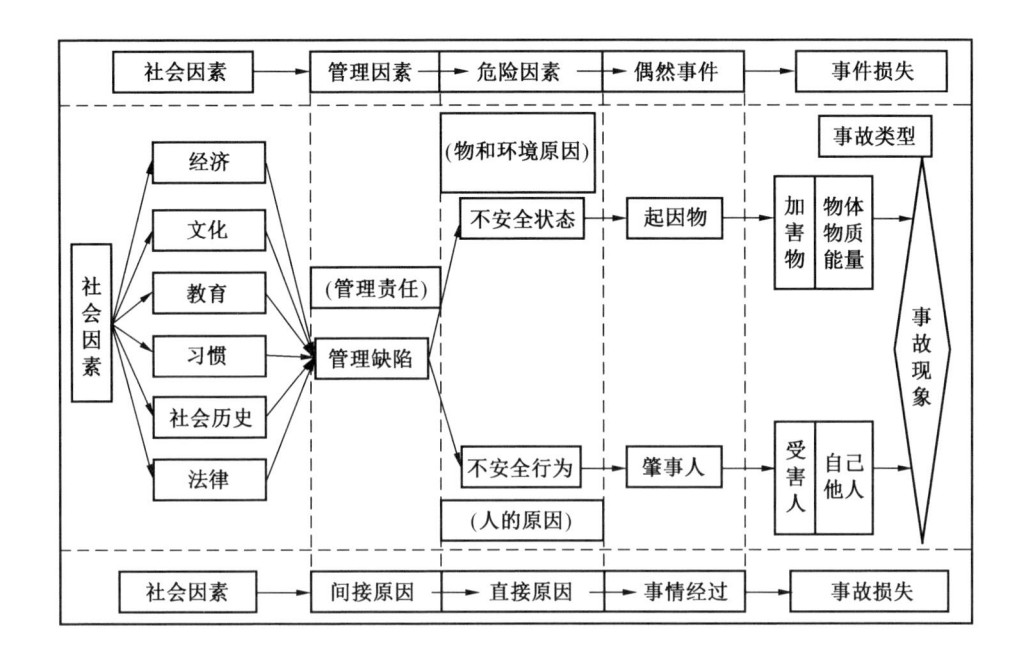

图 3-7 事故综合致因理论作用机理

3.2.4 事故奶酪（薄板漏洞）理论

重大事故都是多个环节或关口失效、缺陷或漏洞的结果。其代表性理论是瑞士奶酪模型、薄板漏洞理论等。

瑞士奶酪模型也叫"Reason 模型"，意思是放在一起的若干片奶酪，光线很难穿透，但每一片奶酪上都有若干个洞，代表每一个作业环节所可能产生的失误或技术上存在的短板，当失误发生或技术短板暴露时，光线即可穿过该片奶酪，如果这道光线与第二片奶酪洞孔的位置正好吻合，光线就叠穿过第二片奶酪，当许多片的奶酪的洞刚好形成串联关系时，光线就会完全穿过，也就是代表着发生了安全事故或质量事故。

瑞士奶酪模型由英国曼彻斯特大学精神医学教授詹姆斯·瑞森等人于 1990 年在"Human Error"提出，该理论也称为"人因失误屏障模型"。该模型认为，在一个组织中事故的发生有四个层面的因素（四片奶酪），即组织影响、不安全的监督、不安全行为的前兆、不安全的操作行为，如图 3-8 所示。

一个完全没有错误的世界，就像没有孔洞的奶酪一样。在真实的世界里，把奶酪切成若干薄片，每层薄片都有许多孔洞，这些孔洞就像发生错误的管

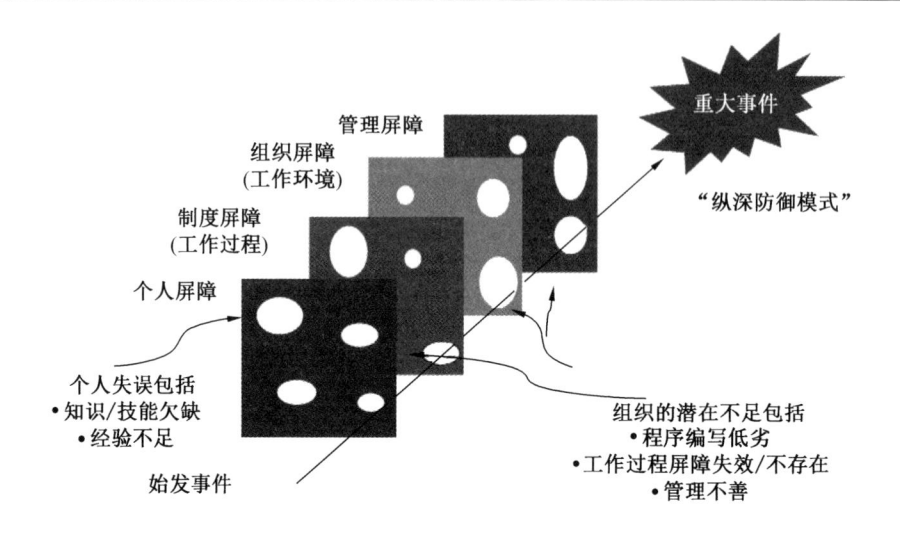

图 3-8 事故奶酪模型

道。如果所犯的错误只是穿透一层，就不容易被注意到或是造成什么影响。如果这个错误造成的孔洞穿透多层防御机制，就会造成大灾难。这个模型适用于所有会因为失误造成致命后果的领域。

3.2.5 事故轨迹交叉理论

设备故障（或缺陷）与人失误，两事件链的轨迹交叉就会构成事故。伤害事故是许多相互联系的事件顺序发展的结果。这些事件概括起来不外乎人和物（包括环境）两大发展系列。当人的不安全行为和物的不安全状态在各自发展过程中（轨迹），在一定时间、空间发生了接触（交叉），能量转移于人体时，伤害事故就会发生。而人的不安全行为和物的不安全状态之所以产生和发展，又是受多种因素作用的结果。

事故轨迹交叉模型如图 3-9 所示。图中，起因物与致害物可能是不同的物体，也可能是同一个物体；同样，肇事者和受害者可能是不同的人，也可能是同一个人。

轨迹交叉理论反映了绝大多数事故的情况。在实际生产过程中，只有少量的事故仅仅由人的不安全行为或物的不安全状态引起，绝大多数的事故是与二者同时相关的。例如，日本劳动省通过对 50 万起工伤事故调查发现，只有约 4% 的事故与人的不安全行为无关，而只有约 9% 的事故与物的不安全状态无关。

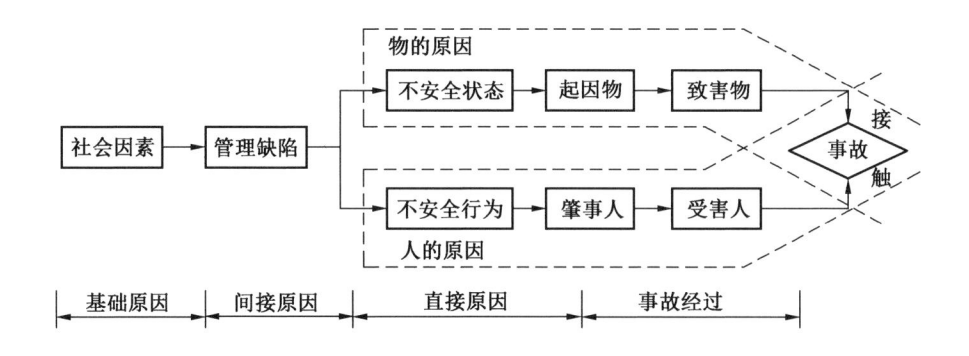

图 3-9 事故轨迹交叉模型

在人和物两大系列的运动中,二者往往是相互关联、互为因果、相互转化的。有时人的不安全行为促进了物的不安全状态的发展,或导致新的不安全状态的出现;而物的不安全状态可以诱发人的不安全行为。因此,事故的发生可能并不是简单地按照人、物两条轨迹独立地运行,而是呈现较为复杂的因果关系。人的不安全行为和物的不安全状态是造成事故的表面的直接原因,如果对它们进行更进一步的考虑,则可以挖掘出二者背后深层次的原因。

3.2.6 事故能量转移理论

事故能量转移理论是美国安全专家哈登（Haddon）于1996年提出的一种事故控制理论。其理论的立论依据是对事故的本质概念,即哈登把事故的本质概念为:事故是能量的不正常转移。能量转移理论从事故发生的物理本质出发,揭示阐述了事故的连锁过程:由于管理失误引发的人的不安全行为和物的不安全状态及其相互作用,使不正常的或不希望的危险物质和能量释放,并转移于人体、设施,造成人员伤亡和（或）财产损失,事故可以通过减少能量和加强屏蔽来预防。事故能量转移理论连锁示意图如图3-10所示。人类在生产、生活中的技术系统不可缺少的各种能量如因某种原因失去控制,就会发生能量违背人的意愿而意外释放或逸出,使进行中的活动中止而发生事故,导致人员伤害或财产损失。

研究事故的控制理论则从事故的能量作用类型出发,即研究机械能（动能、势能）、电能、化学能、热能、声能、辐射能的转移规律;研究能量转移作用的规律,即从能级的控制技术,研究能转移的时间和空间规律;预防事故的本质是能量控制,可通过对系统能量的消除、限值、疏导、屏蔽、隔离、转

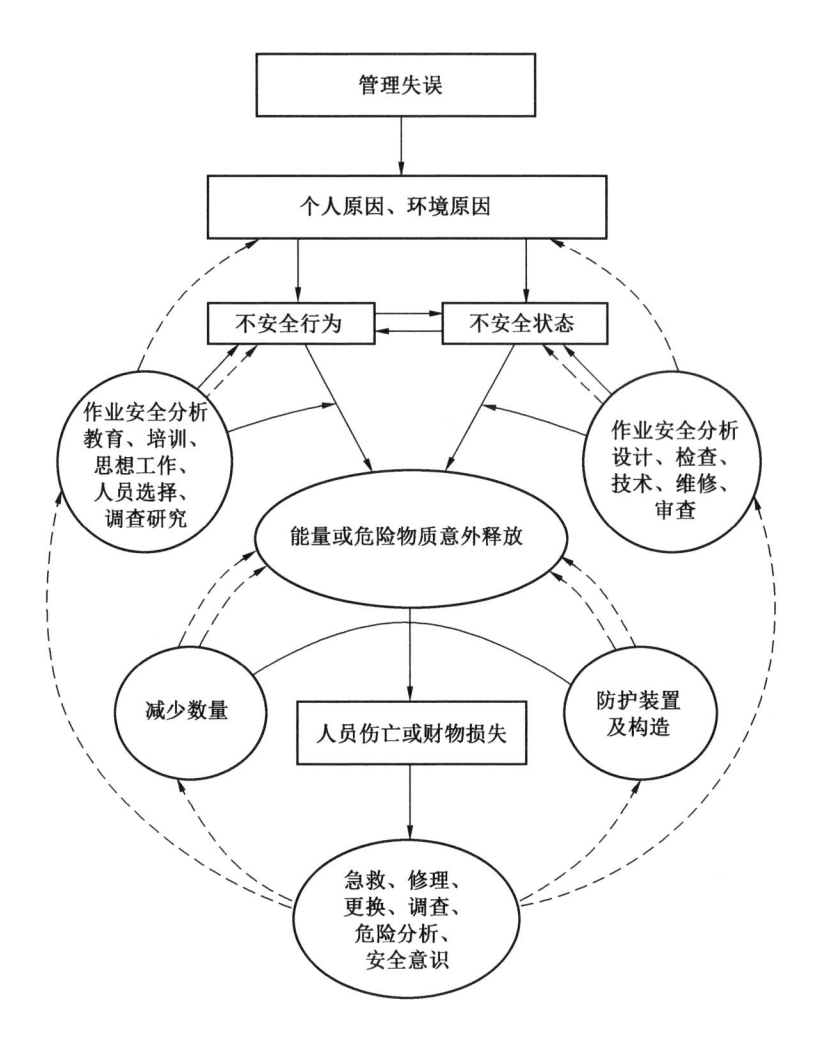

图 3-10 事故能量转移理论连锁示意图

移、距离控制、时间控制、局部弱化、局部强化、系统闭锁等技术措施来控制能量的不正常转移。

3.2.7 人因失误模型

人因失误是指人的行为的结果偏离了规定的目标，超出了可接受的界限，并产生不良的影响。这类事故模型都有一个基本的观点，即人失误会导致事故，而人失误的发生是由于人对外界刺激（信息）的反应失误造成的。人因失误模型具有代表性的模型主要有威格里斯沃思模型、瑟利模型、劳伦斯模型等。

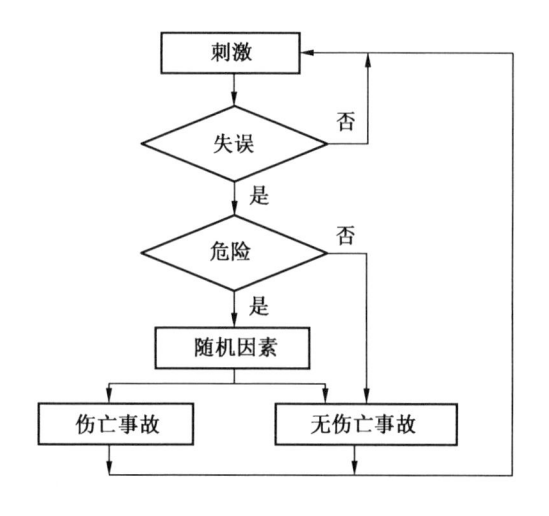

1. 威格里斯沃思模型

威格里斯沃思在1973年提出,"人失误构成了所有类型事故的基础"。他将人失误概念为:"(人)错误地或不适当地响应一个外界刺激"。

在生产操作过程中,各种各样的信息不断地作用于操作者的感官,给操作者以"刺激"。若操作者能对刺激作出正确的响应,事故就不会发生;反之,如果错误或不恰当地响应了一个刺激(人失误),就有可能出现危险。危险是否会带来伤害事故,则取决于一些随机因素。

威格里斯沃思模型可以用图3-11中的流程关系来表示。该模型绘出了人失误导致事故的一般模型。

图3-11 威格里斯沃思模型

2. 瑟利模型

瑟利模型将事故的发生过程分为危险出现和危险释放两个阶段,这两个阶段各自包括一组类似人的信息处理过程,即知觉、认识和行为响应过程。瑟利模型适用于描述危险局面出现得较慢,如不及时改正则有可能发生事故的情况。对于描述发展迅速的事故,也有一定的参考价值。

在危险出现阶段,如果人的信息处理的每个环节都正确,危险就能被消除或得到控制;反之,只要任何一个环节出现问题,就会使操作者直接面临危险。在危险释放阶段,如果人的信息处理过程的各个环节都是正确的,则虽然面临着已经显现出来的危险,但仍然可以避免危险释放出来,不会带来伤害或损害;反之,只要任何一个环节出错,危险就会转化成伤害或损害。瑟利模型如图 3-12 所示。

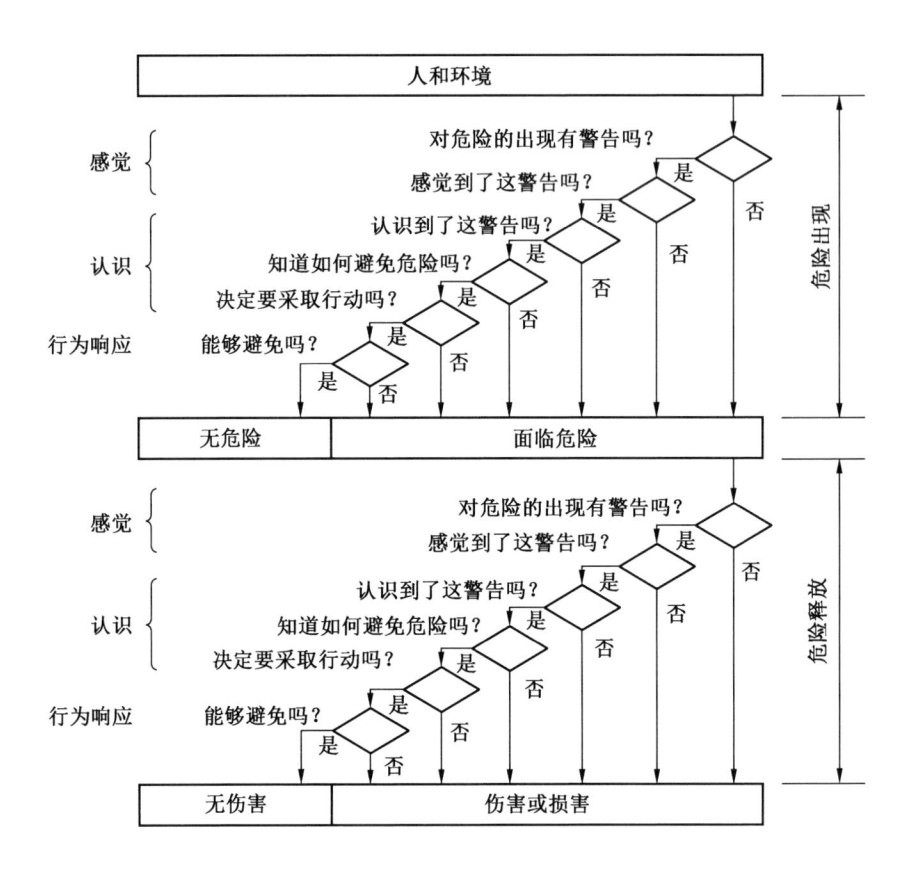

图 3-12 瑟利模型

由图 3-12 可以看出,两个阶段具有相类似的信息处理过程,每个过程均可被分解成六个方面的问题。

3.2.8 不安全行为事故致因机理

不安全行为事故致因机理揭示和阐明不安全行为与事故的关系、过程和规律,能够对避免和控制不安全行为以及预防人为因素的事故提供理论的指导。人的不安全行为是指可能导致事故或引发事故灾害事件的行为。不安全行为是造成事故的直接原因，也是导致事故发生的主因。

工业发达国家和我国安全生产实践的研究均已证明，人的不安全行为是最主要的事故原因，如日本北川彻三的事故因果连锁理论。引发事故的原因体系见表3-7。

表3-7 引发事故的原因体系

基本原因	间接原因	直接原因		
学校教育的原因 社会的原因 历史的原因	技术原因 教育原因 身体原因 精神原因 管理原因	不安全行为 不安全状态	事故	伤害

导致人的不安全行为的原因或影响因素是多方面的，见表3-8。根据美国麻省理工史隆管理学院彼得·圣吉的心智模式理论，得出，企业员工的不安全行为是在不良心智模式的支配下产生的，长期的不良心智模式作用发展成为潜意识的不安全行为模式，就产生了习惯性违章等现象。依照圣吉的心智模式修炼方法，克服员工习惯性违章等必须首先从人的观念上入手，形成对企业各种安全事项正确认识的集合体，即安全观念体系，来指导员工进行各种安全活动，任何外部的作用都替代不了。

表3-8 导致人的不安全行为的因素

一级因素	二级因素	三 级 因 素
不安全行为 影响因素	个体因素	1. 气质； 2. 人格特质； 3. 不安全心理
	企业因素	1. 企业对待安全的态度； 2. 企业安全生产的氛围； 3. 企业对员工安全行为的引导
	社会因素	1. 人际关系因素； 2. 家庭关系因素； 3. 社会价值观因素

3.2.9 不安全行为控制原理

不安全行为控制原理是基于对人的不安全行为演变机理或规律，提出避免、减弱或管控人的不安全行为（动作），从而避免人为因素事故的基本理论或原理。

人的不安全行为表现包括两方面：①作为事故直接原因质疑的事故引发者引发事故瞬间的具体动作，称为一次性行为；②作为事故间接原因，即产生事故的直接原因的习惯性行为，可以是安全知识、安全意识和安全习惯三项中的一项或几项。

控制人的不安全行为首先是自我控制，即事故引发人的自觉控制；其次是外界（其他人）对事故引发人行为的控制，如企业或组织通过安全监管、安全检查等方式对员工的行为管控。控制方法大概分为：监管、提示、知识控制、意识训练、习惯养成等。

要正确、精准对人的不安全进行有效的控制，需要了解和掌握人的不安全行为引发事故的基本机理。如图 3-13 所示，人的不安全行为演变机理主要经历四个重要阶段或基本环节：危险感知→危险识别→避险决策→避险能力。每个环节的失误都可能导致不安全行为。因此，避免人为失误需要针对导致失误或差错的四个环节有针对地进行。

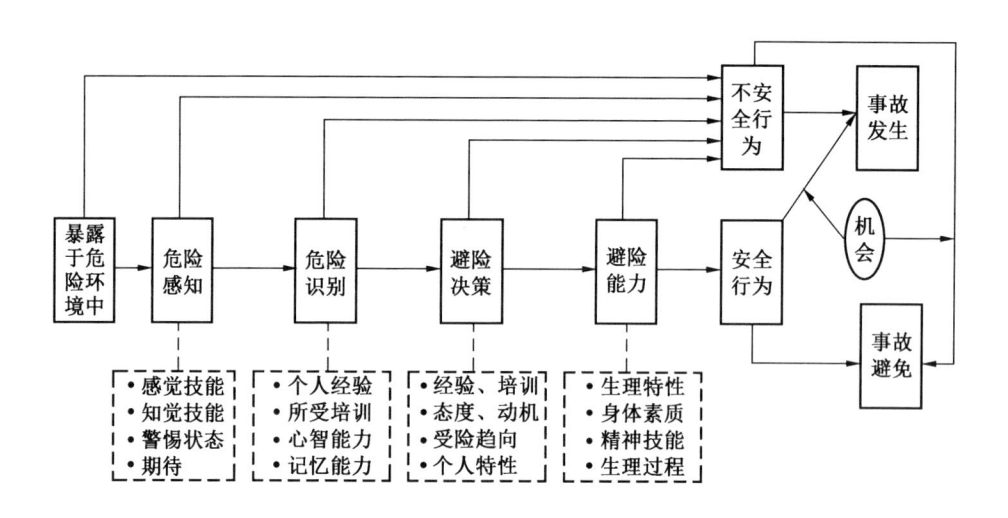

图 3-13 不安全行为演变机理

危险感知要解决的问题是：感觉技能、知觉技能、警惕状态、期待。

危险识别要解决的问题是：个人经验、所受培训、心智能力、记忆能力。

避险决策要解决的问题是：经验、培训、态度、动机、受险趋向、个人特性。

避险能力要解决的问题是：生理特性、身体素质、精神技能、生理过程。

3.3 事故预防理论

3.3.1 事故预防"3E"对策理论

事故预防"3E"对策理论是基于形式逻辑，将事故预防或安全保障的对策措施综合、宏观地提炼归纳的一套事故预防方法论。事故预防"3E"对策理论是安全生产的横向保障体系，也称为安全生产的三大保障支柱。

通过人类长期的安全活动实践，在国际范围内，安全界确立了三大事故预防或安全保障战略对策理论。所谓"3E"：一是安全工程技术对策（Engineering），是指通过工程技术措施和方法来预防事故，属于技术本质安全化的手段，是"技防"的措施；二是安全管理对策（Enforcement），是指通过法制、规章和制度，应用监督管理的措施和方法来保障系统的安全，属于"管理"的措施；三是安全教育对策（Education），是指通过教育培训、文化建设强化人的安全素质，实现"人防"的作用。"技防"是硬技术，"管防"和"人防"是软技术。

1. 安全工程技术对策——科技强安

安全工程技术对策是指通过工程项目和技术措施，实现生产系统的本质安全化，或改善劳动条件提高生产的固有安全性。例如：对于火灾的防范，可以采用防火工程、消防技术等技术对策；对于尘毒危害，可以采用通风工程、防毒技术、个体防护等技术对策；对于电气事故，可以采取能量限制、绝缘、释放等技术方法；对于爆炸事故，可以采取改良爆炸器材、改进炸药等技术对策等。

2. 安全管理对策——管理固安

安全生产管理是指国家应用立法、监督、监察等手段，企业通过规范化、标准化、科学化、系统化的监督管理制度和生产过程的规章制度及操作程序，对生产作业活动过程中涉及的危险危害因素进行辨识、评价和控制，对生产安全事故进行预测、预警、监测、预防、应急、调查、处理，从而使生产过程中的事故风险最小化，实现生产系统或活动中人的生命安全、设备财产安全、环境安全等目标。

安全生产管理对策具体由安全管理的模式、组织管理的原则、安全管理的体系、安全信息流技术等方面来实现。安全生产管理的手段包括立法、监察、监督等法制手段，治理、审查、许可、追责、查处等行政手段，专业检查、技术评审、安全评估、体系认证、风险管控、隐患查治等科学手段，保险、赔偿、罚款、奖励等经济手段。

3. 安全文化对策——文化兴安

安全文化对策就是对企业各级领导、管理人员以及操作员工进行安全观念、意识、思想认识、安全生产专业知识理论和安全技术知识的宣教、培训，提高全员安全素质，防范人为事故。安全文化意识培训的内容包括国家有关安全生产、劳动保护的方针政策、安全生产法规法纪、安全生产管理知识、事故预防和应急的策略技术等。通过教育提高各级领导和广大职工的安全意识、政策水平和法制观念，树立并牢固"安全第一"的思想，自觉贯彻执行各项安全生产法规政策，增强保护人、保护生产力的安全责任意识。

现代的安全文化对策扩展到观念文化、行为文化、制度文化、环境文化建设，通过理念体系、行为习惯、自我承诺、意识强化、心理认同等文化引领手段，提高人的本质安全化水平，从而提升防范人为因素事故的能力和水平。

其中，安全生产"3E"中的各个要素不是单一、独立的作用，它们之间具有非线性的关系，具有相互的作用和影响，对此，可用安全保障对策"三角"关系和原理来表示（图1-1）。

在三个对策要素中，安全文化对策具有基础性的作用，安全文化对安全工程技术对策和安全管理对策具有放大或减少的作用，对安全工程技术功能的发挥和安全管理制度的作用具有根本的影响。因此，可以说安全文化是安全工程技术和安全管理的"因变量"。

3.3.2 事故预防"3P"策略理论

事故预防"3P"策略理论是基于时间逻辑或层次逻辑，将事故预防或安全保障的对策措施规律、全面地提炼归纳的一套事故预防方法论。"3P"是事故的全过程防范体系，也是纵向的安全保障体系，一般简称为"事前""事中"和"事后"，"事前"是上策，"事中"是中策，"事后"是下策。

在安全生产保障体系中，首要的是实施超前预防的策略，即所谓的"预防为主""事前对策"。但是，由于安全的相对性特性，以及事故的随机性特点，绝对不发生事故在客观现实中是不可能的。因此，安全保障的措施体系中，必须要有针对事故发生的应急对策，即所谓"事中对策"，以实现控制、减少事故造成的生命财产损失和生产的影响。同时，事故发生后的处置、保障、处理等"事后对策"也是必要和重要的措施。因此，从事故预防的全过程、全生命周期的角度，安全生产基于时间或层次的逻辑，需要实施"3P"事故防范及应对的策略，即先其未然—事前预防策略，发而止之—事中应急策略，行而责之—事后惩戒策略。

1. 事前预防

在安全保障体系中预防有两层含义：一是事故的预防工作，即通过安全管理和安全技术等手段，尽可能地防止事故的发生，实现本质安全；二是在假定事故必然发生的前提下，通过预先采取的预防措施，来达到降低或减缓事故的影响或后果严重程度，如加大建筑物的安全距离、进行工厂选址的安全规划、减少危险物品的存量、设置防护墙，以及开展公众教育等。从长远观点看，低成本、高效率的预防措施，是减少事故损失的关键。

2. 事中应急

事中应急策略包括三方面的内容，即应急准备、应急响应和应急恢复，是应急管理过程中一个极其关键的过程。

应急准备是针对可能发生的事故，为迅速有效地开展应急行动而预先所做的各种准备。

应急响应是在事故发生后立即采取的应急与救援行动。应急响应可划分为两个阶段，即初级响应和扩大应急。初级响应是在事故初期，企业应用自己的救援力量，使事故得到有效控制。但如果事故的规模和性质超出本单位的应急能力，则应请求增援和扩大应急救援活动的强度，以便最终控制事故。

应急恢复工作应该在事故发生后立即进行，它首先使事故影响区域恢复到相对安全的基本状态，然后逐步恢复到正常状态。其中，恢复分为短期恢复和长期恢复。

3. 事后惩戒

事后惩戒是基于事故教训的安全策略，即所谓"亡羊补牢""事后改进"的战略。通过分析事故致因，制定改进措施，实施整改，坚持"四不放过"的原则，做到同类事故不再发生。

3.3.3 事故超前防控原理

事故超前防控原理也称事故预防控制链原理，是揭示事故要素演变规律，建立事故预防控制体系的基本原理。

事故深化的形式逻辑遵循源头→过程→后果三个阶段，源头是事故的上游，涉及危险因素、危险源等因素；过程是事故的中游，涉及隐患、危机、事件等因素；后果是事故的下游，涉及应急、损害等因素。掌握事故预防控制链规律，对于预防事故，应对事故，最终实现安全保障最大化，事故损失最小化具有理论和实践的意义。

事故演化机理如图 3-14 所示。通过事故的演化机理，明确了事故预防控制的规律，给出了安全生产保障的对策方向。企业要做好事故的超前防控可从五个环节入手：一是辨识和管控住危险因素或危险源；二是消除和查治掉事故隐患；三是监控和管理好危机（机会因素）；四是应对好初始事件；五是在上述四个预防对策的基础上，做好事故发生后的应急措施，达到"预防与应急"的双重保障，最终实现事故的全面防范和应对，保障安全生产。

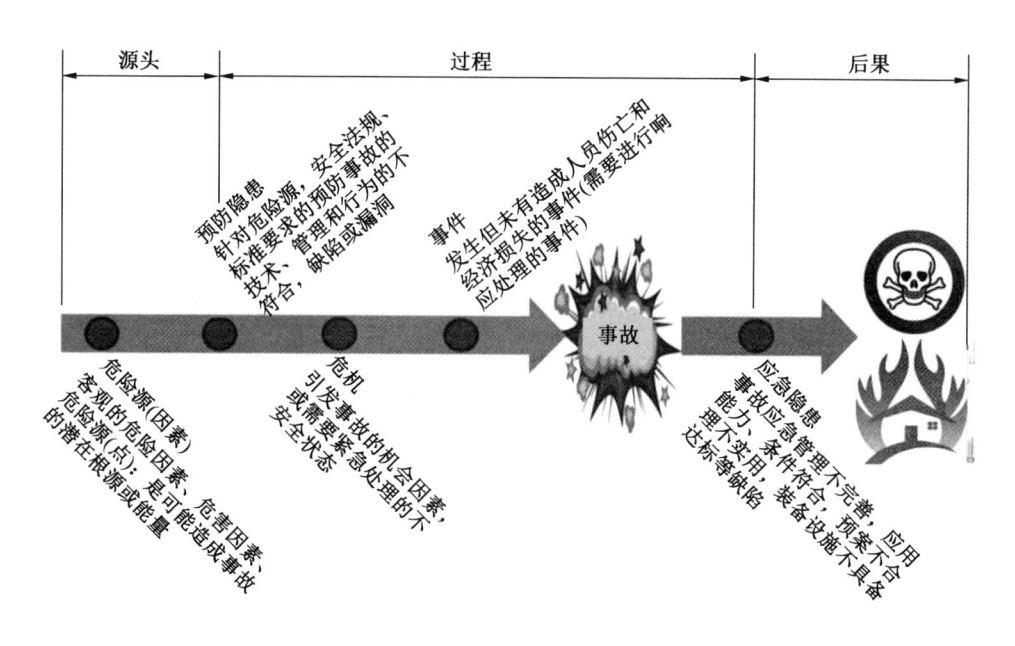

图 3-14 事故演化机理

3.3.4 事故隐患查治系统工程模式

事故隐患查治系统工程模式是一套科学实施企业事故隐患排查与治理的系统机制和方法体系。

事故隐患查治系统工程模式的内涵是：通过一个科学理念、二种基本定性、三个评价函数、四种分级方法、五套查治工具的系统方法体系，实施企业生产过程中的事故隐患有效排查与治理，简称"12345"的事故隐患排查治理系统工程模式，如图 3-15 所示。

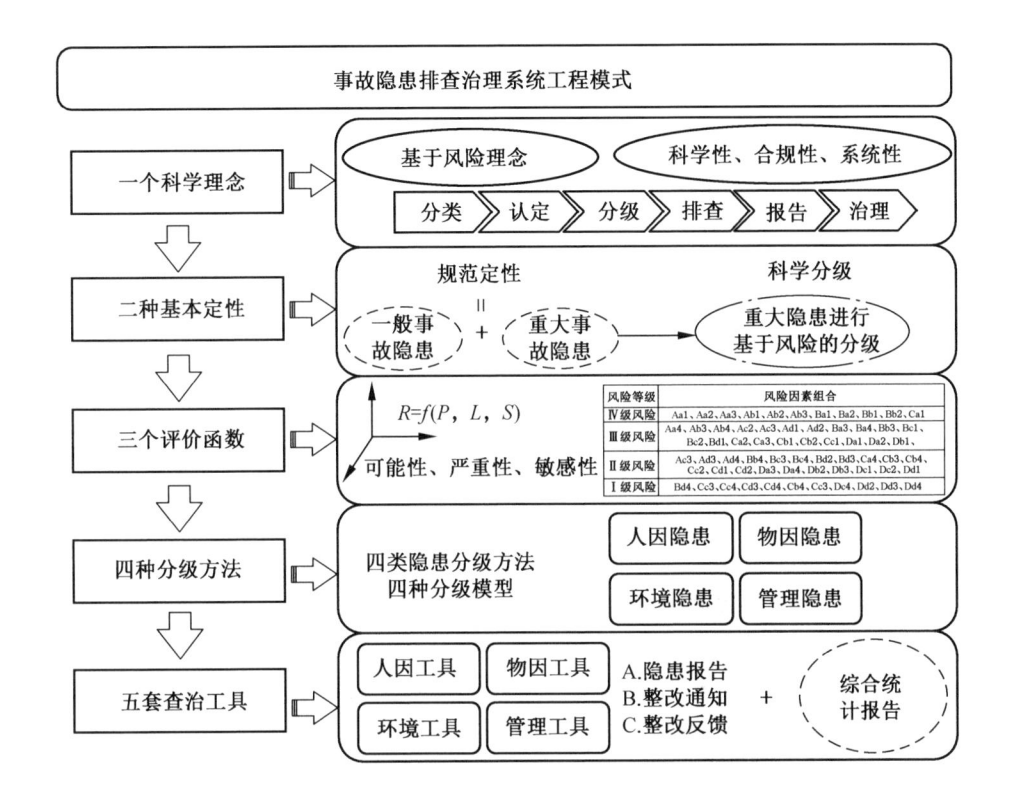

图 3-15 "12345"的事故隐患排查治理系统工程模式

3.4 安全战略理论

安全战略理论是指导政府安全生产宏观决策、企业安全生产长远规划的重要、科学、实用、有效的方法论。安全战略理论对明确安全使命、规划安全发展、确立安全方向、制定安全目标、选择安全战术、实施安全计划、激励安全成员、评估安全绩效、反馈安全信息都具应用的价值和意义。

3.4.1 安全生产方法论

1. 立论

概念：安全生产方法论是指基于安全生产认识论指导下的安全生产工作模式或方法的基本规律和理论。

内涵：安全生产工作的基本方法论有三种，分别为：问题导向、目标导向、理论导向或规律导向的工作模式或方式。问题导向称作经验型方法论，是基于经历或事故教训的工作方式，是应该而必然的，但是是传统而有代价的；目标导向也称作政策型或标准型方法论，是基于规范、政策、标准的工作方式，是基本而必需的，但是是不够的；理论导向称作理论型或规律型方法论，是基于安全原理和事故规律的科学、合理、有效的工作方式，是先进而可持续的方法论。

2. 要义

安全生产工作的三种方法论及其特征如下：

（1）问题导向方法论。这是一种基于经验和教训的工作方式。这种方式是必然的发展现实，但是显然也具有明显的被动性和滞后性，从而导致了代价高、效果差的工作结果。在"人命关天"的安全生产领域，这是一种下策。

（2）目标导向方法论。这是一种基于规范和政策的工作方式。这种方式是普遍性的引导与约束作用，是安全生产工作的必要基本保证，但也是不够充分甚或"事倍功半"的，是一种中策。

（3）理论导向或规律导向方法论。这是一种基于安全的理论和规律的安全生产工作方式，其特点在于科学性和有效性。这种方式对于安全生产工作，无论是顶层设计相关的战略、理念、思路、原则、目标等，还是具体实践相关的任务、方法、技术、措施等，都具有科学的指导与依据作用，是安全生产工作的最高境界，是一种上策。追求本质安全和科学规律的而不仅仅是合规的、形式的安全工作方式，实现超前预防是最高明的方法论。只有基于科学规律和超前预防的对策和策略，才是落实国家安全发展战略中指出的"科学预防"的根本出路。

安全生产工作方法论模型如图 3-16 所示。

3. 实践应用

1）从就事论事到系统方略

我国的安全生产工作确立了"安全第一、预防为主、综合治理"的安全生产"十二字方针"，明确了安全生产工作的基本原则、主体策略和系统途径："安全第一"是基本原则，"预防为主"是主体策略，"综合治理"是系统方略。

2）从基于经验到应用规律

国家的安全生产法律法规对生产经营单位的安全生产保障提出了全面、系统的规范和要求，具体内容包括落实责任制度、推行"三同时"、加强安全防护措施、推行安全评价制度、安全设备全过程监管、强化危险化学品和重大危

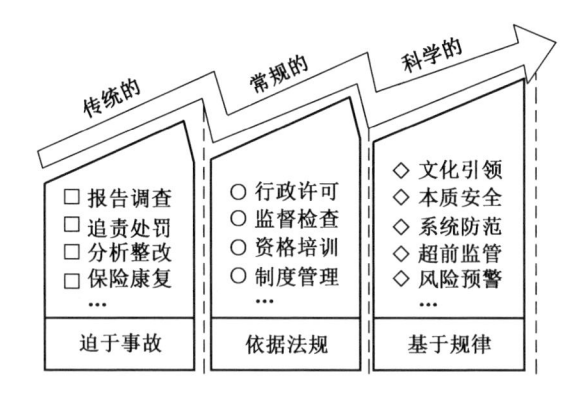

图 3-16 安全生产工作方法论模型

险源监控、交叉作业和高危作业管理等内容。其中，安全投入保障、配备注册安全工程师专管人员、明确安全专管机构及人员职责、强化全员安全培训等是新增加的内容。这些内容充分体现了人防、技防、管防（"3E"）的科学防范体系，体现了时代对基于规律、应用科学的安全方法论，即实现如下安全生产管理方式的转变：变经验管理为科学管理、变事故管理为风险管理、变静态管理为动态管理、变管理对象为管理动力、变事中查治为源头治理、变事后追责到违法惩戒、变事故指标为安全绩效、变被动责任到安全承诺。

具体的安全生产工作模式和方法实现如下创新：

（1）从基于能量（规模）的形式安全到基于风险的本质安全。
（2）从固有危险因素的静态管控到现实风险的动态实时预控。
（3）从"从上而下"到"从下而上"与之相结合的主动式过程管理。
（4）从单一的风险因素管控到系统的潜在风险和组合风险管控。
（5）从危险危害因素管理到全面风险因素的管理。
（6）从定性（或单一标准定量）监管到系统风险的定量管控。
（7）从事故结果的分析管理到全过程及全生命周期的风险分级管理。

3）从形式安全到本质安全

基于"人本""物本""环本""管本"和谐统一基础上的本质安全理论和认识论，是现代安全管理的前沿和潮流。追寻本质安全生产系统或本质安全型企业的方法论，是生产企业有效提升安全生产保障水平，促进企业安全发展战略目标顺利实现的必然选择和必由之路。本质安全方法论的价值和意义在于以下方面：

（1）创建本质安全型企业是一项可持续的治本之策。国际工业安全和国内安全生产的发展潮流指出，实现系统安全必须坚持"标本兼治、重在治本"的方针和策略。依赖于审核、验收的形式安全，只管一时；根据检查、评价的表面安全，只管一事；通过查处、追责的结果安全，只管一阵。通过科学、系统、源头、根本、长远的本质安全建设才能使企业安全生产可持续。

（2）打造本质安全型企业是企业安全生产工作的最高境界。企业的成败在安全，发展的基础在安全，没有安全，生产、效益、利润一切无从谈起。企业要实现生产过程中的零事故、零伤亡、零损失、零污染结果性指标，必须通过零隐患、零"三违"、零故障、零缺陷、零风险等本质安全性目标来实现。实现企业生产"全要素""全过程"的本质安全，是全面预防各类生产安全事故、根本保障安全生产的科学性、有效性措施，因此，任何企业如果能够做到真正的本质安全，是企业安全生产工作的最高境界。

（3）追求企业本质安全是实现企业长治久安的必然选择。安全生产的基本公理告诫我们：危险是客观、永恒的，安全是相对的、可及的，事故是可防的、可控的。因此，仅仅立足企业外部的评级、认证，以及发生事故后的发文件、突击式、运动式、临时性的被动作为，显然是不够的，至少是暂时的、短效的。企业只有朝着本质安全的目标和方向去谋划、去努力，通过长期不懈、持续追求科学的本质安全体系建设，安全生产的根本好转形势和长治久安的局面才有可能实现，也一定能够实现。

（4）通过企业本质安全途径是实现安全发展和以人为本的理想法宝。社会、企业的安全发展需要本质安全的强力支撑；以人为本既是本质安全目标，也是本质安全的手段。本质安全重视内涵发展，追求安全的科学性、事故防范对策的系统性、安全方法的有效性，因而，与科学发展一脉相承；本质安全突出安全本质要素，除了技术因素、环境因素，更重视人的因素，因此，与以人为本（为了人、依靠人）殊途同归。

4）从技术制胜到文化强基

（1）安全科学原理揭示出：安全生产的保障需要三个支柱：一是安全科技，二是安全监管，三是安全文化，安全原理称为"3E"对策理论。从技术制胜到文化强基，已经成为当代安全科技界的共识。安全文化是安全生产的根本与灵魂，是引领安全发展的根基与动力。

（2）对我国各行业发生的事故致因统计分析表明，80%以上的事故与人为因素有关，100%的事故与管理因素有关。基于上述的理论和依据，可以推理出，安全文化对于安全生产能够起到"软实力、硬道理"的作用。

3.4.2 安全发展战略模型

1. 立论

概念：安全发展战略模型是基于一般管理战略理论，研究、建立安全生产发展战略方向和综合治理要素关系及其规律的方法论，是分析探讨安全生产重大理论问题的一种智慧和思路，是安全发展战略的理论和实践问题的解决之道。

内涵：安全发展战略管理具有追求安全使命、规划安全发展、确立安全方向、制订安全目标、选择安全策略、实施安全计划、激励安全成员、评估安全绩效、反馈安全信息等管理的特征和作用。安全发展战略管理就是指通过一定的程序和技术，制定、实施和评价指导安全生产全局性和规划性的工作，并决定安全发展的方针、原则、方式和工具，追求获得最优的安全效率和效果的过程。实行安全发展战略管理是国家或行业组织实现安全使命的必要条件。任何一个有理想、理智的企业或组织，都应该有正确选择和清晰表述的安全使命。安全生产对于企业能够创造社会效益和经济价值，对于政府能够创造公共利益和社会价值。为了提升国家、行业、企业的安全生产工作质量，实现国家对安全生产和公共安全的中长期或长远的规划和目标，各类组织都有必要构建基于战略管理思维的安全发展管理模式，使其应用在安全生产与公共安全的管理实践中。

2. 要义

安全生产是复杂、艰巨的重大社会问题，安全科学是新兴的交叉科学，安全发展、科学发展是我国安全生产的基本方略。要实现我国安全发展和长治久安的战略目标，不仅需要法制化、规范化、标准化的对策，还需要系统化、科学化、精细化、智能化的策略举措；不仅需要问题导向（事后型、经验型方法论）和目标导向（制度型、指挥型方法论），还需要科学导向、规律导向，在安全生产领域实现本质型、系统型的方法论。因此，基于后者的认知，应用"战略 - 系统"的思维方式和理论方法，可以构建出安全发展战略模型，如图3 - 17所示。

图中指明安全发展战略需要研究的七个维度的理论研究方向和基本的理论命题：安全生产核心要义、安全生产策略、安全生产保障体系、安全生产制度、安全生产基础、安全生产保障能力和安全生产人才队伍。

3. 实践应用

基于上述安全发展战略模型，对于国家安全生产发展与战略布局的顶层设计问题，可以从以下七个维度进行系统深化的研究与探索：

研究维度（方向）1：核心的理论研究命题是"基于国家意识的安全发展

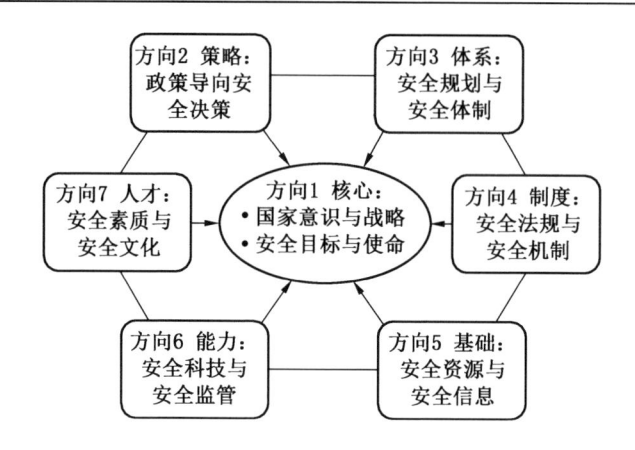

图 3-17 安全发展战略模型

战略理论研究"和"安全生产的目标使命理论研究"。安全生产的发展战略研究主要是从政治、经济、文化、科技等角度研究社会发展与安全发展的社会基础性战略问题，安全目标使命理论研究主要是研究安全价值理性、安全工具理性、安全领导力、安全目标体系等安全发展的根本性理论问题。

研究维度（方向）2：是针对安全生产策略的研究，主要解决不同经济体制、产业结构、发展增速等条件下的安全政策命题，以及安全发展战略目标下的安全决策理论命题。

研究维度（方向）3：是针对安全生产保障体系构建的理论研究，解决安全规划与安全体制的顶层设计问题。

研究维度（方向）4：是针对安全生产制度创新的理论研究，解决安全法规建设与安全法制机制的创新、优化、发展、提升的问题。

研究维度（方向）5：是针对安全生产基础保障的理论研究，解决安全投入与安全资源保障和信息化问题。

研究维度（方向）6：是针对安全生产保障能力提升的理论研究，解决安全科技与安全监管的支撑能力问题。

研究维度（方向）7：是针对安全生产人才队伍建设的理论研究，解决安全人员素质与安全文化建设问题等。

3.4.3 安全系统治理模型

1. 立论

概念：安全系统治理模型是应用系统科学建模理论，展现安全生产保障的策略、措施和方法体系。

内涵：安全系统治理模型是建立在系统工程霍尔模型与安全科学原理相结合基础之上，构建安全生产的系统工程保障体系。安全系统治理模型是安全生产规律和机制的全面体现，即揭示了安全生产的治理要素体系（事故致因）、安全生产的层次策略体系和安全生产的对策方法体系。

2. 要义

安全系统治理模型包含三个维度，即知识维、逻辑维、时间维。其中，知识维引用了事故致因理论的"4M"要素理论，即人因（Men）、物因（Machine）、管理（Management）、环境（Medium）；逻辑维引用了安全原理的"3E"对策理论，即基于形式逻辑的工程技术（Engineering，技防）、监督管理（Enforcement，管防）、文化教育（Education，人防）对策；时间维引用了安全原理的"3P"策略理论：即基于时间逻辑的事前预防（Prevention）策略、事中应急（Pacification）策略，事后惩戒（Precetion）策略，如图 3-18 所示。

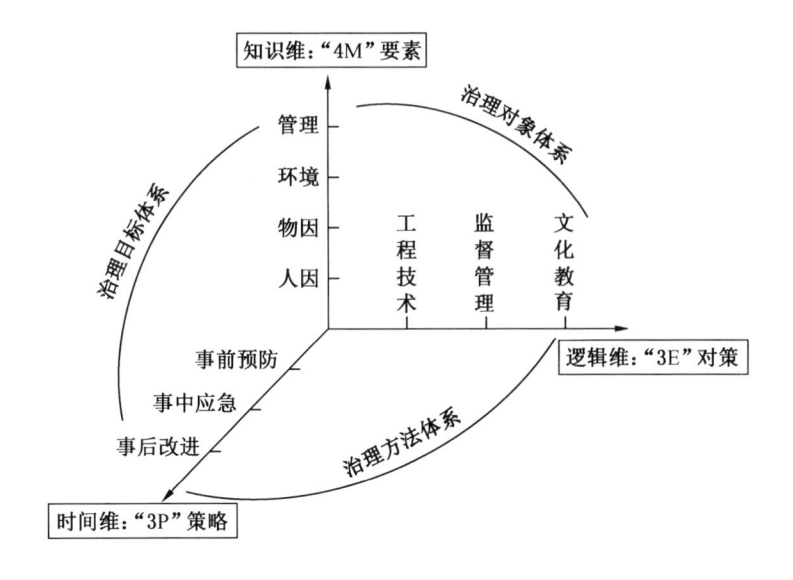

图 3-18 安全系统治理模型

安全系统治理模型能够指导安全生产治理工作的系统性与完整性，根据不同维度及其内涵，以单一与耦合的方式进行整合，便能获得具有不同对象、目标与方法的治理举措，主要包括基于安全生产要素的单维度专项治理体系和基于安全原理与规律的多维度综合治理体系。

1）针对安全生产要素的单维度专项治理体系

一是以事故致因为出发点的治理体系研究，如人因、物因、环境因素、管理因素的专项治理体系建设；二是以安全对策体系为出发点的对策体系研究，如科技强安、监管固安、文化兴安的对策体系建设；三是以安全策略为出发点的安全举措体系研究，如事前预防举措（本质安全）、事中应急举措（应急响应）、事后补救举措（追责整改）的治理体系建设。

2）基于"4M"要素 – "3P"策略的安全生产治理的目标体系

一是基于人因"3P"的目标，如生命安全、健康保障、工伤保险、责任保险、康复保障等目标；二是基于物因"3P"的目标，如财产安全、损失控制、灾害恢复、财损保险等目标；三是基于环境"3P"的目标，如环境安全、污染控制、环境补救等目标；四是基于监管的"3P"的目标，如促进经济、商誉维护、危机控制、社会稳定、社会和谐等目标。

3）基于"4M"要素 – "3E"对策的安全生产治理的对象体系

"4M"要素与"3E"对策的结合形成了安全生产治理的对象体系，包括人因与"3E"组合可设计出人的安全防护装备体系、人的安全行为管控，安全生产法制建设、安全文化建设等治理体系；物因与"3E"组合可设计出安全科技发展创新、生产装备本质安全优化、应急装备及能力建设、安全信息化等；管理因素与"3E"的组合可设计出安全管理体制机制创新、安全法制建设、安全管理体系优化、应急体系建设等。

4）基于"3E"对策 – "3P"策略的安全生产治理的方法体系

针对事前、事中、事后三个阶段，采取"3E"对策，构成安全生产治理的方法体系；"3E"对策与"3P"策略的结合形成了安全治理的方法举措体系，如事前预防的工程技术、科学管理、文化建设措施方法，事中应急救援的装备开发、应急管理、应急培训措施方法，事后的事故勘查技术和仿真反演技术、事故追责体系、事故反思培训等举措方法。

3. 实践应用

安全生产综合治理体系建议遵循"十坚持、十治理"的原则，这十个"坚持"和十个"治理"是安全生产发展的基本战略思路。

1）安全生产综合治理必须"坚持"的十个方向

（1）坚持安全红线，理念为治。"坚持发展决不能以牺牲安全为代价这条红线"是习近平总书记提出的要求，这一理念应该作为我国社会、经济发展的核心理念。基于这一理念，我们要树立"以人为本、生命至上"的安全观，正确处理好安全与发展、安全与经济、安全与效益的关系，遵守安全法则、坚守安全红线、落实安全责任，使安全成为民族复兴、国家发展、社会进步的"保障线"。

（2）坚持安全第一，标本兼治。"安全第一、预防为主、综合治理"是安全生产工作的根本方针，标本兼治是安全生产工作的基本方略。依据这一原则，在安全生产工作中，既要"问题导向"，更要"理论导向"；既会事中应急、事后追责，更要事前预防；既重视安全技术，也要重视安全管理；既要有人的投入，更要有资金的投入。

（3）坚持系统安全，综合施治。国家推行的"党政同责、一岗双责、齐抓共管、失责追责"的全员安全责任机制，就是安全生产系统观和安全系统施治的具体体现。做好安全生产工程需要系统工程的对策措施，全面实施安全生产综合施治策略。长期坚持安全生产的系统工程对策举措是实现安全生产根本好转和稳定提升的必由之路。

（4）坚持本质安全，科学根治。依靠科学技术的进步提高企业本质安全水平，是提升企业安全生产保障能力，提高事故预防水平的重要对策。各行业和企业要遵循安全生产的科学规律，强化科技强安，提高安全生产工作和措施的针对性、科学性和有效性，推进基于安全生产本质规律的科学导向和科学方法体系，提高安全生产的技术支撑、管理支持、监督保障的科学化能力和水平。

（5）坚持超前预防，隐患查治。超前预防就要做到源头防治、隐患查治。事故隐患就是事故的根源和致因，超前预防的着力点就是要源头治理、隐患整治。只有从根源上把预防的各项措施落到实处，做到防患于未然，才能牢牢把握安全生产工作的主动权。

（6）坚持风险管控，分级防治。基于风险的管控，是安全生产现代管理的模式和方法体系。通过安全风险的分级管控，能够提高安全生产工作的科学性、合理性和有效性。加强安全风险管控，就是要做到高危项目审批必须把安全生产作为前置条件，城乡规划布局、设计、建设、管理等各项工作必须以安全为前提，实行重大安全风险"一票否决"。对于政府，风险管控就是要做到依据风险分级实施分类监管、分级负责；对于企业，风险管控就是要做到全面动态现实的事故风险预报、科学合理的安全风险预警、及时有效的事故风险预控。

（7）坚持责任体系，全员共治。无论是政府还是企业，安全责任制度是安全生产工作的第一制,也是安全生产工作成功的最基本保障。责任体系的构建具体体现于"全员共治","全员共治"就是要落实"党政同责、一岗双责""人人参与、人人有责""谁主管、谁负责",最终实现"人人共担安全发展责任、人人共享安全发展成果"。

(8) 坚持改革创新,强化法治。"立善法于天下,则天下治;立善法于一国,则一国治"。同理,立善法于安全生产,则安全生产治。"强化法治"就是要注重运用法治思维和法治方式,着力完善安全生产法律法规和标准,着力强化严格执法和规范执法,着力提高企业全员遵守安全法制的意识、履行安全法定责任的观念,提高安全生产法规的执行力。政府层面实行"安全监察(裁判员)与安全管理(运动员)相结合"的体制,企业推行"安全监管(自上而下)与安全监督(自下而上)"的机制。

(9) 坚持文化兴安,励精图治。安全文化是安全生产的根本和灵魂,这是由于人的原因是生产安全事故的主因,人的因素是安全生产保障系统中最基本的要素。通过安全文化的建设,强化人人安全意识,提升全民安全素质,增强全员安全责任心,培塑本质安全型人,实现文化兴安战略,这是实现安全生产长治久安的制胜法宝。

(10) 坚持基础建设,固本而治。强化安全生产基础是党的十八大报告提出的基本要求。无论是政府监管还是企业落实主体责任,都需要重视和强化安全生产的基础、基本、基层的"三基"建设工作,全面提升安全生产"三基"保障能力。安全生产的"三基"建设工作包括安全生产的机构、人员、资金的保障,安全科技、安全管理、安全培训工作的强化,安全生产的设备、工艺、岗位、现场、班组管理的加强,安全生产规范化、标准化、信息化水平的提升等。持续不断地强基固本,才能使安全生产工作持续改进、不断进步、稳定提升。

2)安全生产综合治理的十项"治理"策略

(1) 系统化治理。按照习近平总书记的"党政同责、一岗双责、齐抓共管、失职追责"的"系统观",全面实施安全生产的系统工程战略和综合体系治理策略,构建全面的安全生产责任体系,促进国家安全制度改革、社会安全机制创新、政府多策施政、部门多方联动的系统工程,通过"系统化"措施有效地服务于安全发展这一战略目标。

(2) 科学化治理。遵循安全生产的科学规律,强化科技强安,提高安全生产工作方式和措施的针对性、科学性和有效性,推进基于安全生产本质规律的科学导向认识论和科学方法体系,提高安全生产的技术支撑、管理支持、监督保障的科学化能力和水平。

（3）精细化治理。针对地区分异、产业分异、风险差异的安全生产现状特点，不搞一刀切、简单化，根据不同行业、不同地区、不同所有制的安全风险类型、等级和可接受水平，确定安全综合治理的任务和目标，分类分型管控、分级分项施策。

（4）信息化治理。加快"安全生产+互联网""安全生产+物联网"的应用发展，推进安全生产大数据开发和建设，创建和完善全国统一、覆盖全面的实时在线安全风险监测监控系统，提高安全生产的信息化水平，实现政府、行业、地区安全监管和应急资源等数据整合集成、动态更新，建立信息公开和共享平台，带动治理方式和信息公开水平提升。

（5）合理化治理。使安全生产工作的方法、方式的改革、创新成为一种常态和普遍，如持续改进安全生产的管理、监察、监督、教育、培训等方法方式，不断更新生产的设备、工艺或技术，让"安全没有最好，只有更好""安全没有终点，只有起点"成为共识，使安全生产各方面的工作更合理、科学、有效。

（6）实用化治理。让安全规划、安全设计、安全预案、安全责任、安全制度、应急预案等一切文件化的东西，得到落实、落地；让安全检查、安全评价、安全审核、安全考核等一切安全活动，能够与行业、企业、现场生产实际结合，做到有用、管用、有实效。

（7）普及化治理。让安全理论与知识、安全的科学与技术、安全法规与标准、安全的环境和条件，能够为全社会得到了解、熟悉与掌握，实施科技强安、管理固安、文化兴安的策略，让先进的安全技术、政策、文化得到普及化，让安全发展的成果普惠于全民族、各行业、全社会。

（8）法治化治理。法治是利器，法治化就是要强化安全生产的科学立法、严格执法、公正司法、全民守法的观念，做到政府依法监督管理、企业合法生产经营。让全面、科学、合理、有效的法规、制度和政策更加定型和权威，使安全法治改革创新的成果固化，构建良好的安全监管秩序、促进规范的安全监察行为，使守法成为普遍和常态。

（9）标准化治理。针对安全生产涉及的人、机、环、管等要素，制定、发布和实施相应的安全标准（规范、规程和制度等），使企业生产的条件、行为、环节和过程处于安全、健康、合理、有序的状态。安全生产的标准化要实现安全决策程序化、安全组织系统化、安全目标计划化、安全措施具体化、安全控制过程化、安全行为规范化、安全责任明晰化、安全考核定量化、安全检查流程化、安全奖惩有据化。

（10）智能化治理。推进将现代的数据技术和智能控制技术与安全行业的应用相结合，使安全生产的保障技术数据化、智能化。将生产系统和生产过程的危险监测、风险感知与人员的行为能力、组织的管理措施"智能"地结合起来，实现对生产安全事故的合理控制和有效防范，从而提高安全生产的高技术保障能力和水平。

3.4.4 城市安全发展战略模型

1. 立论

概念：城市安全发展战略模型是在城市安全发展理念引导下，通过"打造一个城市安全文化品牌、创新一组城市安全发展科学理论、构建一套城市安全发展支撑体系、落实一系列城市安全保障措施"的城市安全发展战略模式或科学对策系统。

内涵：城市安全发展战略模型能够诠释城市安全发展的战略思想、战略原则、战略目标、战略措施等要素的规律及关系。

战略思想：确立城市安全发展的理论指导依据。

战略原则：明确城市安全发展的基本准则。

战略目标：制定城市安全发展的战略目标及路径。

战略措施：设计城市安全发展的战略举措和方法体系。

2. 要义

城市安全发展战略模型可根据系统科学的建模理论和分析方法，从三个维度进行设计。

逻辑维：安全发展的战略规律，即理论支撑、文化引领、体系保障、方法落实。

知识维：安全发展的战略要素，即安全文化、安全法制、安全监管、安全科技、安全责任、安全信息等方面。

对象维：安全发展的实施主体，即政府、行业、企业、社会、公众五个主体。

城市安全发展战略模型举例如图 3 - 19 所示。

3. 实践应用

1）确立城市安全发展的战略思想

以"科学发展、安全发展"观为指导，树立"以人为本、生命至上"的理念，坚持"安全第一、预防为主、综合治理"的方针，为实现城市或地区的经济发展、社会和谐、人民幸福提供有力的安全发展保障和支撑。

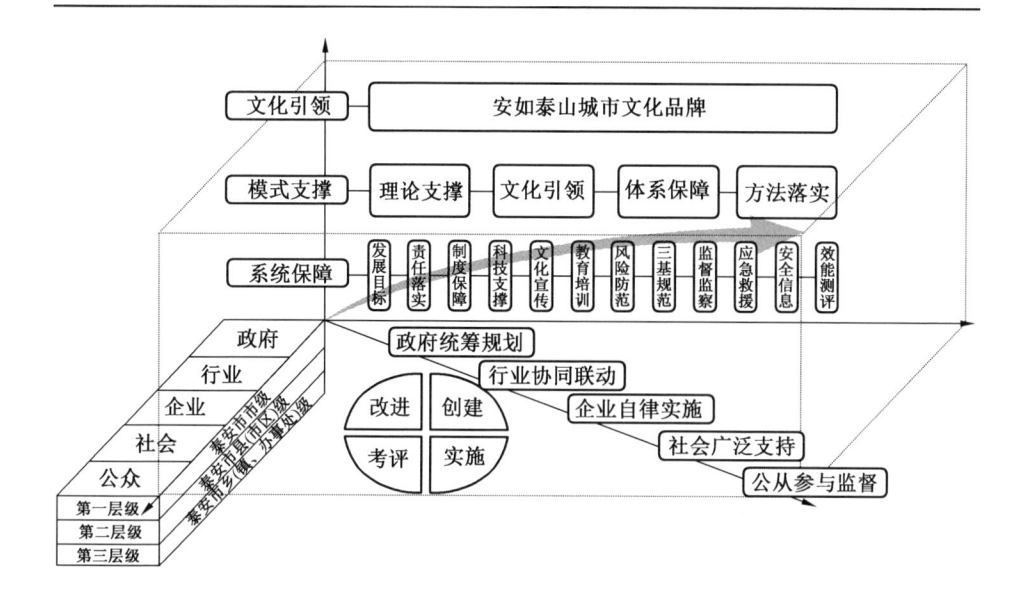

图 3-19 城市安全发展战略模型举例

2）明确城市安全发展的战略原则

城市安全发展的战略原则是：坚持安全发展—文化兴安，坚持安全法制—依法治安，坚持科学监管—管理固安，坚持本质安全—科技强安，坚持全员参与—责任保安，坚持改革创新—信息优安的原则。

3）制定城市安全发展的战略目标

明确城市安全发展指导思想，掌握城市安全发展理论规律，打造城市安全文化品牌，建立城市安全发展保障体系，落实城市安全发展方法措施。

4）动员城市安全发展战略实施主体

从安全发展战略的对象维度，构建五大主体要素，即城市的市级、县（市区）级、乡（镇、办事处）级等三级行政区域等级在内的政府、行业、企业、社会与公众五大战略主体。

5）设计城市安全发展的战略机制

在实施城市安全发展战略过程中，需要设计五项安全发展的战略机制，即政府统筹规划机制、行业协同联动机制、企业自律实施机制、社会广泛支持机制、公众参与监督机制。

6）构建城市安全发展战略体系

运用安全科学的理论及规律设计城市安全发展战略体系：安全发展目标体

系、安全责任落实体系、安全制度保障体系、安全科技支撑体系、安全文化宣传体系、安全教育培训体系、安全风险防范体系、安全基础建设体系、安全监督检查体系、事故应急救援体系、安全信息支撑体系和安全效能测评体系12个体系。

（1）引领性体系：确立城市安全发展的战略方向。以城市文化理念为核心、安全发展战略为依托，建立城市安全发展目标体系和文化宣传体系。

（2）支撑性体系：强化城市安全发展的科技支撑。以实现城市安全生产的"科学预防"为目标，以科技支撑建设为着眼点，从提升科技支撑水平、信息化水平、事故预防预警预控能力、应急能力、安全效能建设五大方面，构建城市安全生产科技体系、安全生产信息体系、安全风险预控体系、事故应急救援体系、安全效能测评体系。

（3）基础性体系：夯实城市安全发展的基础保障。以夯实城市安全生产基础，从教育培训、法规制度、安全责任、监督监察、"三基"建设五大方面，构建城市安全教育培训体系、安全生产制度体系、安全生产责任体系、安全生产监管体系、安全生产"三基"体系。

3.5 本质安全理论

3.5.1 本质安全基本理论

1. 本质安全定量理论

1) 概念定义

概念：本质安全定量理论是指本质安全的定量数学表达或定量理论表述。

内涵：对于技术系统的本质安全定量，是指系统安全的基本数学函数表述，即

$$S(R) = 1 - R(p,l,s) = 1 - P \times L \times S \qquad (3-43)$$

式中　S——系统安全度或安全水平，$0 \leqslant S \leqslant 1$；

　　　R——安全风险函数，$1 \geqslant R \geqslant 0$；

　　　P——事故概率函数，表述事故可能性；

　　　L——事故后果函数，表述事故伤害或损失严重性；

　　　S——事故情境函数，表述事故伤害或损失敏感性。

其中：

$$R(p,l,s) = P \times L \times S \qquad (3-44)$$

2) 数学函数

基于本质安全的基本数学函数，可演变出最基本的三个函数：概率函数、

后果函数、情景函数，即

概率函数：$P = f$（人因，物因，环境因素，管理因素） (3-45)

事故发生的可能性 P 涉及的变量有事故致因"4M"要素：人因（Men）—人的不安全行为，物因（Machine）—机的不安全状态，环境因素（Medium）—环境的不良状态，管理因素（Management）—管理的欠缺。

后果函数：$L = f$（能量级，可能人员伤害，可能经济损失，
可能环境危害，可能社会影响，应急能力） (3-46)

事故后果的严重性 L 涉及的变量有系统条件下客观危险性程度（能量程度）、损害对象的规模程度、系统应急能力等因素。

情景函数：$S = f$（时间，空间，系统，危害对象） (3-47)

事故损害的敏感性 S 涉及的变量有时机-时间与空间，以及系统区位关键性、危害对象特性等因素。

3）理论分析应用

根据理论函数，本质安全定量可具体表述为

$$\lim_{r \to 0} IS(r) = +\infty \tag{3-48}$$

式中　IS——本质安全定量函数；

　　　r——风险变量。

根据式（3-48），可对本质安全的定量规律作出如下理论分析：

（1）本质安全的目标就是：$R \to 0$，风险趋于零；$S \to 1$，安全趋于1（100%或绝对安全）。

（2）本质安全化的过程：就是追求风险最小化、安全最大化的过程。

（3）本质安全的程度：根据本质安全数学表达式可知，安全水平取决于风险程度，风险程度又取决于事故的概率（函数）、可能的后果（函数）和发生的情景（函数）。因此，本质安全的影响因素或称本质安全的变量，涉及安全系统的人因、物因、环境、管理、时态、能量、规模、环境、应急能力等，其中人、机、环境、管理是决定本质安全关键因素，人因、技术或称物因、环境因素和管理因素既与可能性有关也与后果严重性有关。

基于上述分析，在理论层面，实现本质安全可以从如下三个维度进行：一是事故发生的可能性维度，二是事故损害后果的严重性维度，三是事故危及或伤害对象的敏感性维度。

2. 本质安全型企业系统模型

1）概念定义

概念：本质安全型企业系统模型建设是以安全对策理论为指导，安全系统

工程为手段，通过实施"大系统、全要素"的安全保障体系建设，打造具有超前性、预防型，治本式、可持续的本质安全型企业。

内涵：以"文化兴安、管理固安、科技强安"的"3E"对策理论为基础，构建一个基本思想（本质安全战略思想）、三大本安对策（人本对策、物本对策、管本对策）、十项体系举措（安全文化、教育培训、安全科技、应急保障、安全"三基"、风险管控、隐患查治、责任落实、安全监管、绩效测评）的建设系统模型。

2）本质安全型企业系统工程模型建设

本质安全型企业系统工程模型建模思想：一是推行"人本战略—文化兴安"，实施安全文化培塑工程、安全责任强化工程、安全教培优化工程；二是运行"管本战略—管理固安"，实施安全风险管控（深化）工程、事故隐患查治建设工程、安全制度落地工程；三是推进"物本战略—科技强安"，实施安全"三基"创建工程、安全信息化开发工程。最后建立以安全生产绩效测评为"闭环管理"机制的安全生产持续发展模式，如图3-20所示。

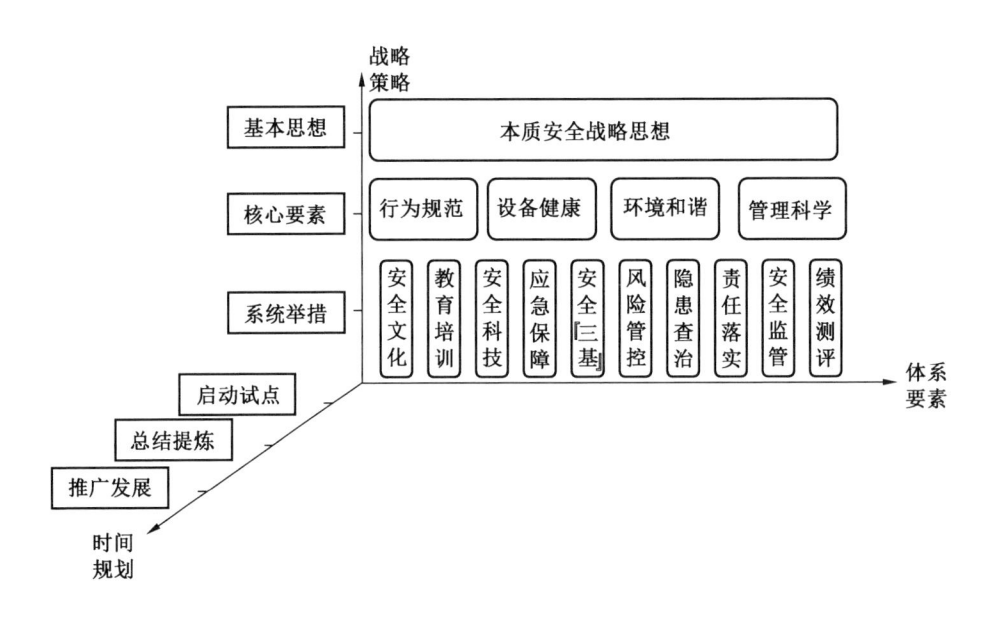

图3-20 本质安全型企业系统工程模型

该模型归纳提炼为一个基本思想：本质安全战略思想；四大本安战略：人本战略、物本战略、环本战略、管本战略；十项体系举措：安全文化、教育培训、安全科技、应急保障、安全"三基"、风险管控、隐患查治、责任落实、安全监管、绩效测评。

3）实践应用

本质安全型企业系统工程模型的应用落地，最关键的是规划实施本质安全的体系建设，即安全文化、安全责任、安全教培、风险管控、隐患查治、安全制度、安全"三基"、安全信息、安全绩效等九项体系的提升和优化工程，称为九强化、九提升，其推进与实施工程如图3-21所示。其核心内容是"2359系统工程"，主要任务及内容如下：

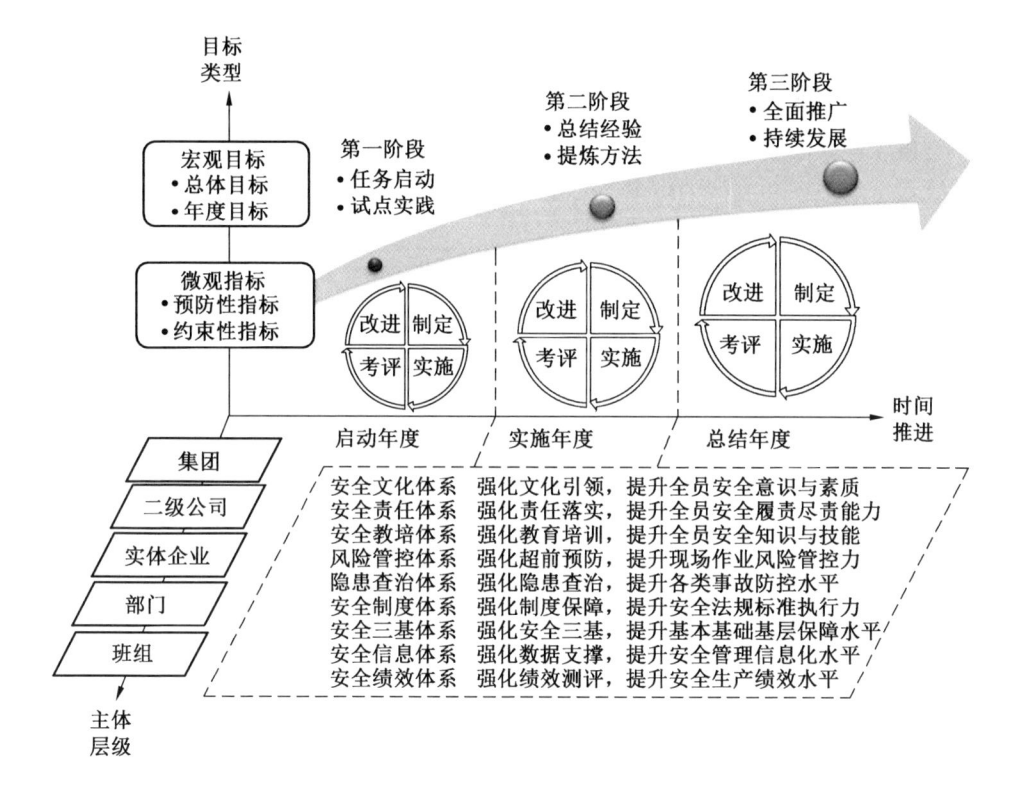

图3-21 本质安全型企业系统工程模型的推进与实施

（1）两类工程目标：宏观定性战略目标（包括总体目标与年度目标）和微观定量战术指标（预防性管理指标与约束性控制指标）。

（2）时间进程三个阶段：第一阶段，启动试点；第二阶段，总结提炼；第三阶段，推广发展。

（3）目标覆盖五个层次：集团层、分公司层、企业层、部门层、班组层（可以根据企业的组织体制调整设计）。

（4）九项工程体系：实施"人本安全战略"，推进安全文化体系培塑工程，落实安全责任体系强化工程，施行安全教培体系优化工程；实施"管本安全战略"，创新安全风险管控体系深化工程，完善事故隐患查治体系建设工程，促进安全制度体系完备工程；实施"技本安全战略"，夯实安全"三基"体系基础工程，建立安全信息化体系网络工程。最后以建立"安全发展、持续提升"的闭环管理模式为目标，推行安全生产绩效测评体系的科学评价工程，完善安全生产长效机制，夯实稳定发展基础。

3.5.2 人本安全理论

1. 人因安全素质概念

概念：人因安全素质理论是揭示和阐明人的安全素质的范畴、要素及其与事故发生的关系和规律的理论，对指导安全教育、安全培训、安全管理以及企业安全文化建设具有现实的意义。

内涵：由于人为因素导致的事故在工业生产发生事故中占有较大的比例，有的行业甚至高达90%以上，因此，在战略层面，人的因素在安全系统要素中处于重要的地位。从人因的角度控制和预防事故，对安全的保障发挥重要的作用。

从教育学和管理学的角度，人的安全素质划分为基础性、根本性、关键性的三类素质。

基础性的：安全知识、安全技能、安全经验等；

根本性的：安全意识、安全态度、安全观念（价值观、情感观、生命观等）、安全责任心等；

关键性的：安全心理认知、心理应变能力、心理承受适应性能力、道德行为约束能力等。

上述三个方面的素质缺一不可，相互依赖，相互制约，构成人的全面的安全素质。

从行为科学、领导科学的角度，人个体的安全素质可以分为能力和意愿两个方面，可用人的行为准备度来测量，即人的行为准备度函数是

员工的安全行为素质测量 = 人的安全行为准备度 = F(安全能力，安全意愿)

如图3-22所示，人的安全行为准备度影响因素包括两大方面：

能力因素：知识、经验、技能；

意愿因素：信心、承诺、动机。

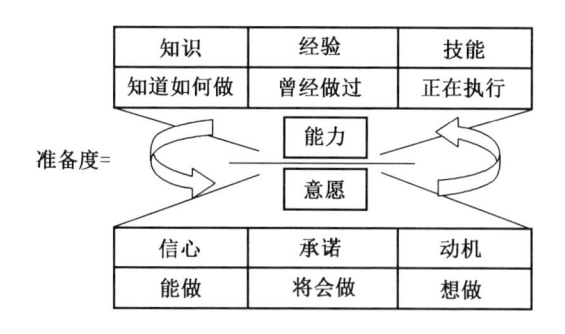

图 3-22 人的安全素质测量函数形象图

根据影响人的安全行为准备度的两个变量（因素）的不同水平组合，可将人的安全素质水平划分为四种类型、三个层级，如图 3-23 所示。

高素质：R4 类型；

中等素质：R3、R2 类型；

低素质：R1 类型。

2. 人本安全原理

人本安全原理是以"人因"为本的安全原理或事故预防理论，人本原理即以人的根本素质为出发点的事故预防的理论和方法论。

人的安全素质可划分为基本素质和根本素质。基本素质包括人的安全知识、安全技能，根本素质则涉及人的安全意识、安全观念、安全态度、情感、认知、伦理、道德、良心、意志等。基本素质可应用传统的安全教育、安全培训等方法来实现，而人的根本性安全素质采用传统的教培方法收效甚微，甚至无能为力了，只有应用文化、教化的方式才能奏效。

基于安全文化学理论，人们提出了人本安全原理，其基本理论规律如图 3-24 所示。依据人本安全原理，提出了企业安全文化建设的策略，即安全文化建设的范畴体系：安全观念文化建设、安全行为文化建设、安全制度文化建设、安全物态文化建设。

人本安全原理表明，任何企业或生产系统仅仅靠技术实现全面的本质安全是不可能的，俗话说，"没有最安全的技术，只有最安全的行为"。科学的本质安全概念，是全面的安全、系统的安全、综合的安全。任何系统既需要物的本质安全，更需要人本安全，"人本"与"物本"的结合，才能构建全面本质安全的系统。

"人本"就是以人为本，其基本指导思想就是依靠人、为了人。

这个人现在所表现的技能是在一个可接受的水平吗?

可　　　　　　　　　　　否

能力

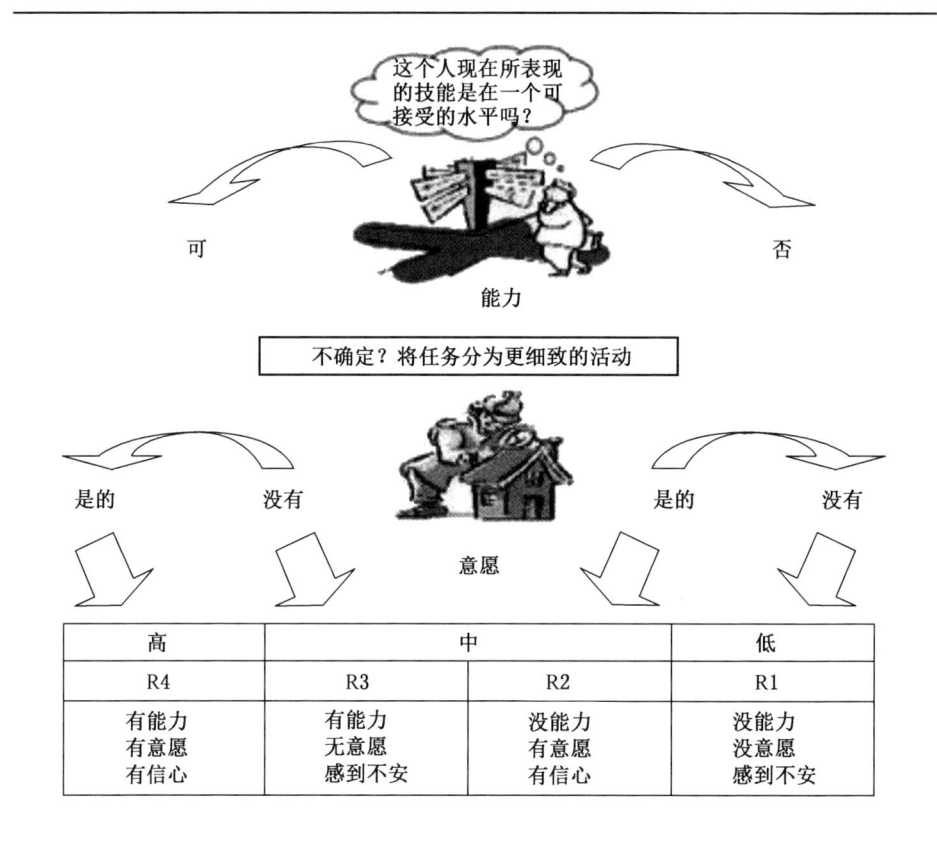

不确定?将任务分为更细致的活动

是的　　没有　　　　　　　　　是的　　没有

意愿

高	中		低
R4	R3	R2	R1
有能力 有意愿 有信心	有能力 无意愿 感到不安	没能力 有意愿 有信心	没能力 没意愿 感到不安

图 3-23　人的安全素质水平和分级分类

"一切依靠人":表明的是安全目标的实现需要依靠人去完成、去实现。在安全系统中,人的因素是第一位的,同时,工程技术、管理制度也都需要人去实施、运作和推动。因此,归根结底安全保障一切措施都是依靠人来实现。

"一切为了人":说明的是安全是人的需求,安全的目的首先是人不死、不伤,同时还有人的健康保障即不得职业病,安全的一切目标都是为了人的生存与发展。

从安全管理的角度,"人本原理"间接地说明了人既是安全管理的主体(管理者),又是安全管理的客体(被管理者),人在安全管理过程中既是管理者,又是被管理者。在生产过程中,员工既是事故的受害人,也可能是事故的引发者,因此,人既是安全的付出者,同时,也是安全受惠者。

企业应用人本安全原理指导安全生产工作的具体措施是:实施本质安全型员工培塑工程,提高和强化人的本质安全素质,从观念到意识,从意识到知

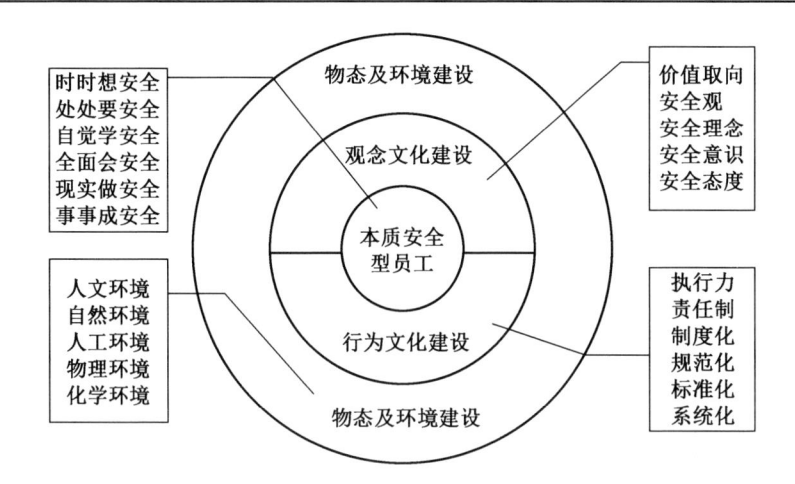

图3-24 安全文化建设人本安全原理

识,从知识到能力。本质安全型员工的标准是:时时想安全—安全意识,处处要安全—安全态度,自觉学安全—安全认知,全面会安全—安全能力,现实做安全—安全行动,事事成安全—安全目的。塑造和培养本质安全型人,需要从安全观念文化和安全行为文化入手,需要创造良好的安全物态环境。提高人的安全素质的工具与方法如图3-25所示。

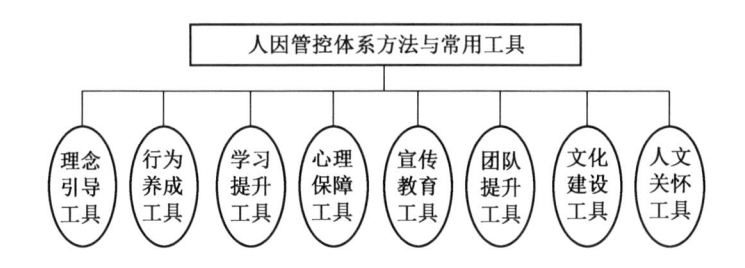

图3-25 提高人的安全素质的工具与方法

3.5.3 物本安全理论

1. 本质安全设计

1) 立论

概念:本质安全设计是指通过技术措施来消除机器的危险或者使人不能接触或接近危险。

内涵：设计是把一种设想通过合理的规划、周密的计划，通过各种感觉形式传达出来的过程。通过对机械或者工具进行本质安全的设计，来进一步提高安全水平，完善本质安全体系。

2）要义

设备本质安全设计是一种基于本质安全理念的设备和工具的安全管控模式，重视设备或"物源"的"固有安全功能"的保持和提升，着眼于提升生产技术系统自身事故预防性能，强调对事故的"根源控制"和"主动防范"。

设备是构成生产技术系统的物质条件，由于物质系统存在各种危险与有害因素，为事故的发生提供了基础条件。要预防事故发生，就必须消除物的危险与有害因素，控制物的不安全状态。经过本质安全设计的设备具有高度的可靠性和安全性，可以杜绝或减少伤亡事故，减少设备故障，从而提高设备利用率，实现安全生产。

3）实践应用

实施本质安全化设计的方法有如下几项：

（1）采用本质安全设计技术，在预定的条件下执行机械的预定功能满足机械自身的安全要求，如避免锐边、尖角和凸出部分。

（2）限制机械力，并保证足够的安全系数。

（3）用以制造机械的材料、燃料和加工材料在使用期间不得危及人员的安全和健康。

（4）履行安全人机工程学的原则，提高机械设备的操作性和可靠性，使操作者的体力消耗和心理压力降到最低，从而减小操作差错。

（5）设计控制系统的安全如重新启动原则、零部件的可靠性、定向失效模式、关键件的加培、自动监控等。

做好设备本质安全设计的重要性在于：事故的直接原因是物的不安全状态和人的不安全行为，因此消除设备和环境的不安全状态是确保生产系统安全的物质基础。设备是安全生产的基础，企业的本质安全主要起始于设备的安全基础牢固程度，即利用设备本身构造的安全性和运行的适应性，防止事故的发生。设备从投入运行之日起，就必须具备其本身应该具备的安全指数。本质安全必须从设备的设计抓起，要通过不断改进，杜绝因设备本身故障可能导致的事故，以保护人员不受侵害。

2. 本质安全设计理论

1）立论

概念：本质安全设计是指通过技术措施来消除机器的危险或者通过冗余设

计，系统安全可靠性趋于最大化、系统故障或事故可能性最小化设计思想和方法体系。

内涵：本质安全设计是通过合理的、周密的技术方案、规划和措施，实现系统的固有本质安全功能。例如，通过对机电系统或者生产工具进行本质安全的设计，来进一步提高系统安全水平，完善系统本质安全的性能。其中，安全冗余设计是指为增加系统的安全可靠性，而采取两套或两套以上相同、相对独立配置的设计。

通过重复配置安全防护或安全装置关键设备或部件，当系统出现故障时，冗余的设备或部件介入工作，承担已损设备或部件的功能，为系统提供安全保障，减少事件或事故的发生。

2）要义

本质安全设计有三种设计思路：一是固有安全设计，也称为功能安全设计，实现技术的固有安全；二是安全防护设计，即使用保护性装置；三是系统（综合）本质安全设计，或称冗余设计，采取多重安全保障措施。

（1）功能安全设计：通过运用本质安全装置或与安全防护装置联用的保护性装置，消除或减小系统固有危险，使事故风险最小化。

（2）安全防护设计：指通过设置物体障碍方式将人与危险隔离的专门用于安全防护的装置。

（3）冗余设计：为了安全保险起见，采取两套同样独立配置的硬件、软件或设计等，在其中一套防护系统出现故障时，另一套系统能立即启动，代替工作，这就好比演员的替身。一套单独的系统也许运行的故障率很高，但采取冗余措施后，在不改变内部设计的情况下，这套系统的可靠性立即可以大幅度提高。假如单独系统的故障率为50%，而采取冗余系统后马上可以将故障率降低到25%。

冗余系统的优点在于：以现有的系统为依托，不需要任何时间或科研投入，可以立即实现；配置、安装、使用简单，无须额外的培训、设计等；使用冗余系统，理论上来讲，系统的故障率可以接近为零。

冗余系统因为前期投入巨大，后期的维护成本高，所以只有在高风险（包括金融风险、行政风险、管理风险以及危及生命安全的风险）行业应用比较广泛，如金融领域、核安全领域、航空领域、煤矿等领域。

3）实践应用

一种安全冗余系统的应用是"技术系统本质安全的双重防护模式"，如图3-26所示。

$$\boxed{安全防护措施} = \boxed{安全防护装置} + \boxed{功能安全装置}$$

图 3-26　安全冗余双重防护措施

安全防护措施是指采用特定的技术手段,防止人们遭受不能由设计适当避免或充分限制的各种危险的安全措施。安全防护措施的类别主要有安全防护装置及功能安全装置。

(1) 安全防护装置：安全防护装置即是采用壳、罩、屏、门、盖、栅栏、封闭式装置等作为物体障碍,将人与危险隔离。它是设备本质安全最直接的体现形式之一。

(2) 功能安全装置：指用于消除或减小系统固有危险,使伤害风险最小化的本质安全装置或与安全防护装置联用的保护性装置。

对于机械性的固有危险,一般的危险最小化技术有：①挤压危险,减少运动件的最大距离；②剪切危险,消除运动件的间隙；③切割危险,消除运动件的尖角、锐边、减少粗糙度等；④缠绕危险,降低运动速度,凸出物被覆盖等；⑤冲击危险,限制往复运动的速度、加速度、距离等；⑥摩擦磨损危险,尽量使用光滑的表面等。

对于非机械性固有危险,一般的危险最小化技术有：①电的危险,减少电击、短路、过载、静电；②热危险,降低相对速度、冷却、防止高温流体喷射；③噪声危险,提高配合精度、减少振动；④振动危险,加强平衡、减振；⑤辐射危险,尽量少用、严格密封等；⑥材料或物质产生的危险,少用易燃、有害等物质、密封、隔离。

对于不同技术系统,应根据自身设备的具体状况和条件来进行冗余设计。例如,机电设备应该加装双接地保护装置,飞机的多驱动和副油箱、压力容器的两个安全阀、矿山排水的水泵系统采用三套配置(运转、维修、备用)等。

3. 技术本质安全模型

1) 概念及内涵

技术本质安全是指技术系统在发生故障或者操作者误操作、误判断时,能够自动地保证安全的属性。

技术本质安全模型有两类：一是"失误—安全"(Fool-Proof)：指操作者

即使操作失误,也不会发生事故或伤害,或者说设备,设施或技术本身具有自动防止人的不安全行为的功能。二是"故障—安全"(Fail - Safe):指设备设施或技术工艺发生故障或损坏时,还能暂时维持正常工作或自动转变为安全状态。

技术本质安全化是指通过设计、制造等手段使生产设备或生产技术系统本身具有功能安全性,即使在人的误操作或技术发生故障的情况下也不会造成事故的性能,即"失误—安全"(误操作不会导致事故发生或自动阻止误操作)、"故障—安全"(设备、工艺发生故障时还能暂时正常工作或自动转变安全状态)的功能。

在技术本质安全系统中,首要是指设备的本质安全,设备的本质安全是指人的操作失误或设备出现故障时能自动发现并自动消除,能确保人身和生产系统的安全。为使设备达到本质安全而进行的研究、设计、改造和采取各种措施的最佳组合,称为设备的本质安全化。

技术本质安全化是建立在以物为中心的事故预防的理念上,它强调先进技术手段和物质条件在保障安全生产中的重要作用。

2)方法及应用

技术本质安全表现出如下特点:"自稳性"是指本质安全的设备具有保障本身安全和稳定运行的性能,"他稳性"是指本质安全的设备具有保障本身不对外部输出风险的性能,"抗扰性"是指本质安全的设备具有有效抵御和防范系统外部输入风险影响的性能。比如,本质安全型仪表又叫安全火花型仪表,它的特点是仪表在正常状态下和故障状态下,电路、系统产生的火花和达到的温度都不会引燃爆炸性混合物。它的防爆主要由以下措施来实现:

(1)采用新型集成电路元件等组成仪表电路,在较低的工作电压和较小的工作电流下工作。

(2)用安全栅把危险场所和非危险场所的电路分隔开,限制由非危险场所传递到危险场所去的能量。

(3)仪表的连接导线不得形成过大的分布电感和分布电容,以减少电路中的储能。本制安全型仪表的防爆性能,不是采用通风、充气、充油、隔爆等外部措施实现的,而是由电路本身实现的,因而是本质安全的。它能适用于一切危险场所和一切爆炸性气体、蒸气混合物,并可以在通电的情况下进行维修和调整。但是,它不能单独使用,必须和本安关联设备(安全栅)、外部配线一起组成本安电路,才能发挥防爆功能。

4. 设备安全生命周期理论

1) 概念及内涵

设备安全生命周期理论是指对设备生命周期内不同时间阶段的可靠性进行分析，确保每个阶段设备都在一个安全的状态。

设备生命周期指设备从开始投入使用时起，一直到因设备功能完全丧失而最终退出使用的总的时间长度。衡量设备最终退出使用的一个重要指标是可靠性。设备的寿命通常是设备进行更新和改造的重要决策依据。

2) 规律及分析

长期的统计表明，任何设备从出厂之日起，其故障发生率并不是一成不变的。由多种零部件构成的设备系统，其故障率曲线明显呈现三个不同的区段，如图 3-27 所示。设备的浴盆曲线又称为故障率曲线，包含初始故障期、偶发故障期（也称随机故障期）和耗损故障期三部分。因为其形状似浴盆，故称浴盆曲线。浴盆曲线有点像人的一生。初始故障期就像人的童年和幼年时期，偶发故障期像是人的青壮年时期，而耗损故障期像是人的老年期。

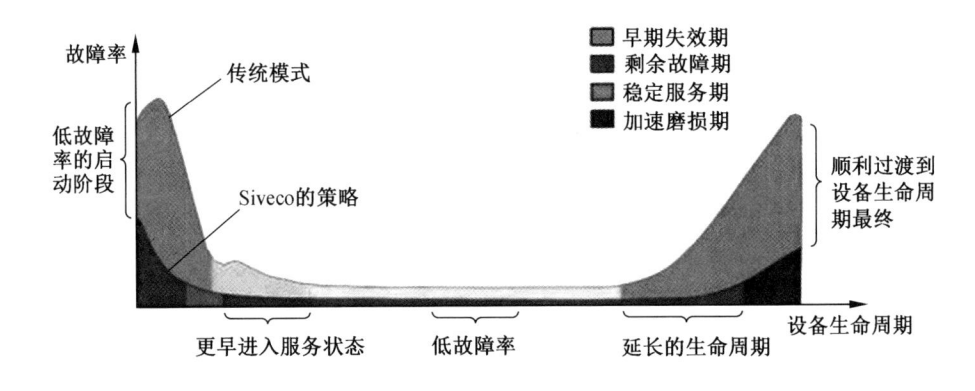

图 3-27 设备故障率曲线

（1）初期故障期。在设备开始使用的阶段，一般故障率较高，但随着设备使用时间的延续，故障率将明显降低，此阶段称初期故障期，又称磨合期。这个时间的长短随设备系统的设计与制造质量而异。

（2）偶发故障期。设备使用进入下一阶段，故障率大致趋于稳定状态，趋于一个较低的定值，表明设备进入稳定的使用阶段。在此期间，故障发生一般是随机突发的，并无一定规律，故称此阶段为偶发故障期。

（3）损耗故障期。设备使用进入后期阶段，经过长期使用，故障率再一次上升，且故障带有普遍性和规模性，使用寿命接近终了，此阶段称损耗故障期。在此期间，设备零部件经长时间的频繁使用，逐渐出现老化、磨损以及疲劳现象，设备寿命逐渐衰竭，因而处于故障频发状态。

3）方法及应用

(1) 技术本质安全化。从人机工程理论来说，伤害事故的根本原因是没有做到"人-机-环境"系统的本质安全化。据此本质安全化要求对"人-机-环境"系统作出完善的安全设计，使系统中物的安全性能和能量达到本质安全程度。从设备的设计、使用过程分析，要实现设备的本质安全，可以从三方面入手：

① 设计阶段采用技术措施来消除危险，使人不可能接触或接近危险区，如在设计中对齿轮系采用远距离润滑或自动润滑，即可避免因加润滑油而接近危险区。又将危险区完全封闭，采用安全装置，实现机械化和自动化等，都是设计阶段应该解决的安全措施。

② 操作阶段建立有计划的维护保养和预防性维修制度，采用故障诊断技术，对运行中的设备运行状态监督避免或及早发现设备故障，对安全装置进行定期检查，保证安全装置始终处于可靠和待用状态，提供必要的个人防护用品等。

③ 管理措施指导设备的安全使用，向用户及操作人员提供有关设备危险性的资料、安全操作规程、维修安全手册等技术文件，加强对操作人员的教育和培训，提高工人发现危险和处理紧急情况的能力。

(2) 设备全生命周期管理。设备全生命周期管理（Life Cycle Equipment Management，LCEM），是从设备的选型采购、运行维护到技改报废的全生命周期，进行设备不同阶段的全过程管理；对设备全生命周期内的整体费用、运行管理、安全能效等方面进行全面控制，以企业总体效益为出发点运用先进的管理方法与技术手段，来实现设备全面、系统和科学的管理。

设备全生命周期管理主要适用于生产制造领域中设备使用年限长、运行维护费用高、能源消耗费用大的中大型设备。根据设备采购、使用和管理的不同侧重点可分为前期投入、运行维护、技改报废三个阶段，包括设计、选型、采购、安装、运行、维护、维修、改造、报废等九个环节。

5. 本质安全技术层次论

1）概念及内涵

本质安全技术层次论是指实现系统本质安全所采用的技术或方法的层次规律。不同层次的技术方法具有不同的、特定的本质安全作用。系统本质安全对事故风险控制或事故防范的技术措施有很多，从技术角度划分主要分为消除、取代、工程控制、标识、警告和管理控制、个体防护等。其中消除、取代、工程控制是实现设备本质安全的主要方法。这些方法可以分为三个层面：消除风险的方法、降低风险的方法和个人防护的方法。设备本质安全的技术方法层次体系如图 3-28 所示。

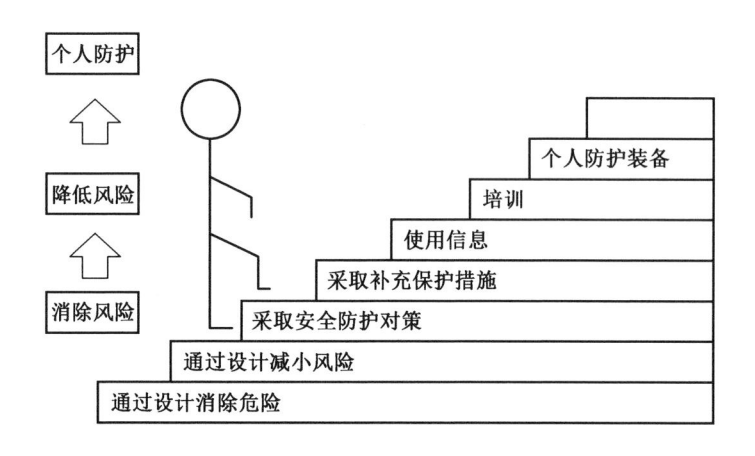

图 3-28 设备本质安全的技术方法层次体系

系统本质安全具有如下层次的技术方法：

（1）消除潜在危险。通过利用新技术成果来消除人体操作对象和作业环境的危险因素，从而最大可能地达到安全的目的，这是一种积极、进步的措施。例如，在较高设备周边增加安全平台和护栏，方便职工操作和维修，消除高处作业带来的危险源。

（2）实施替代。通过以不可燃材料代替可燃材料或改良设备等方式，将设备潜在的危险消除。如果不能消除这种潜在的危险，那么也可以通过改用机器、器械手、自动控制器、机器人等替代人的某些操作，以达到摆脱对人体有害危险的目的。例如，进行设备改良，将危险性较大的核子秤更换为电子皮带秤，消除放射源。

（3）利用互锁闭锁。通过利用机械连锁或电气互锁，实现自动防止故障、保证安全的目的。例如，在切片机检修门上加装门限位开关，使检修门的开关与切片机生产连动起来，确保检修门在开启状态下设备处于停机状态，以保证职工人身安全。

（4）设置防护屏障。在有害或危险因素作用的范围内，可以设置屏障，以达到人体防护的目的。这种方法将人与危险的环境或设备相隔离,从而切断了危险源到人体的途径,实现了保护人身安全的目的。在一些危险场所或设备旁,可以看到这些防护的屏障。例如,在薄片生产区域,用隔音房将粉碎机封闭起来,大大降低了噪声危害,保护职工职业健康安全。

(5) 增加防护距离。当有害或危险因素的伤害作用随着距离而减弱时,可以采取人体远离有害或危险因素的方法,以提高安全程度。例如,要求职工作业时保持与微波设备的安全距离。

(6) 利用警告或警示信息。可以利用声、光、色、标识等手段,在设备中设置技术信息目标,以达到人体和设备安全的目的。例如,红色表示禁止、停止,可用于机器、车辆的紧急停止手柄或按钮,以及禁止人们接触的部位;蓝色表示指令必须遵守的规定,如必须佩戴个人防护用具以及道路上指引车辆和行人方向的指令用蓝色;黄色作为警戒的标识,如厂内危险机器、齿轮箱上都有黄色的标识。

(7) 时间防护。通过缩短人体处于有害或危险因素之中的时间来实现,如果能将这种时间缩短到安全限度内,那么就可以大大减少危险因素对人体的伤害。

(8) 个人防护。根据不同的作业性质和使用条件,工作人员配备相应的劳动防护用品。这些防护用品包括脚部和头部的保护、眼睛和面部的保护、听力以及呼吸的保护等。

2) 方法及应用

(1) 本质安全技术方法优先性选择。实现系统本质安全是一个系统化的整体过程,需要采用不同层次的技术方法来实现。安全科学与工程的一个突出贡献就是"安全控制措施的优先顺序":

① 通过基本设计来使事故发生可能性和后果潜在严重程度最小化。

② 给基本设计增加报警和保护设施。

③ 在训练、操作和维护程序中写入危险控制措施。

从消除风险到降低风险,再到个人防护,逐渐减少危险的发生,必须明确的一点是通过设计消除危险是最经济、最合理、最优的方式。

(2) 安全风险纵深防御策略。从风险管理战略上考虑,应尽可能地应用消除或避免危险的技术方法;在不能消除或避免危险的情况下,再考虑用防止、控制、减缓等原理减少危害后果、减少事故发生的可能性。根据安全风险纵深防御的观点,安全防护方法的优先顺序是本质安全、无源安全、有源安全、程序安全、个体防护、多层安全、功能安全措施。安全风险纵深防御的优先顺序可用图 3-29 表示。设备使用过程风险控制运行如图 3-30 所示。

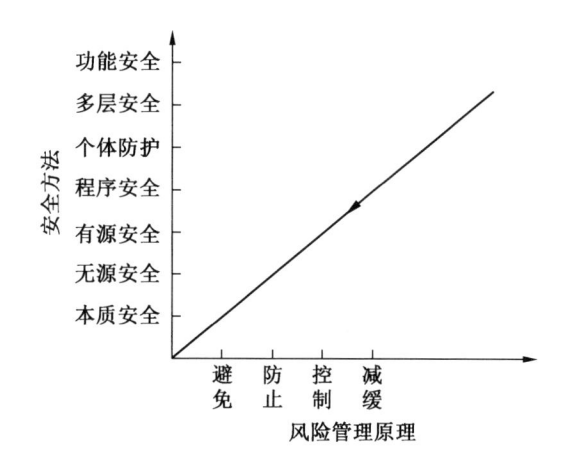

图 3-29 安全风险纵深防御的优先顺序

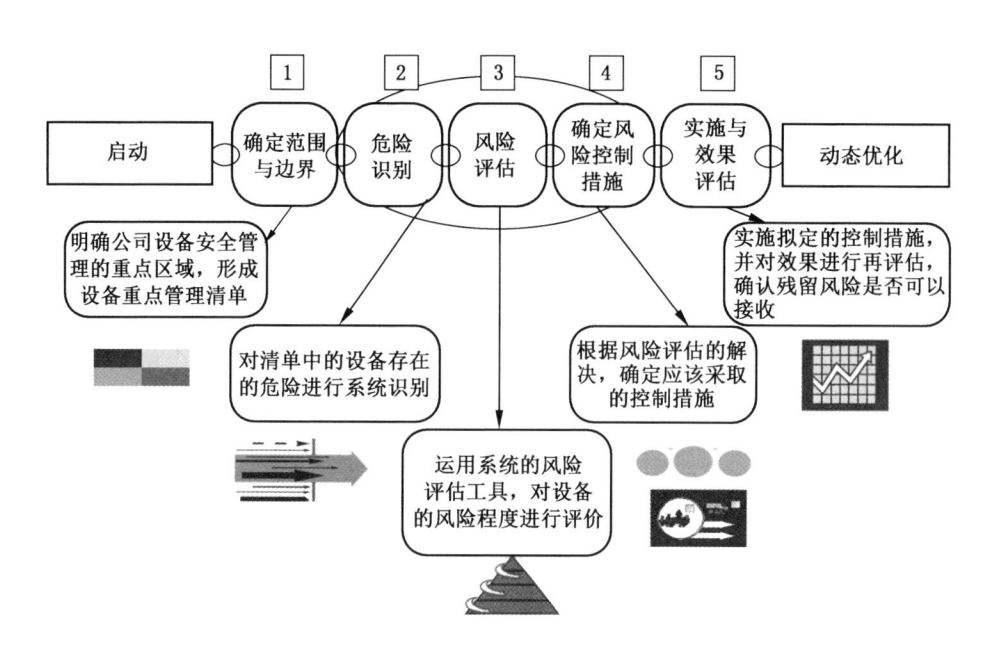

图 3-30 设备使用过程风险控制运行

3.5.4 管本安全理论

1. 安全生产监管建模理论

1）概念及内涵

安全生产监管建模是指应用科学的建模理论，构建安全生产监管多维度规律的基本方法论。安全生产监管模型可以反映安全生产监管的系统要素及其关系规律。安全生产监管模型能够简洁、明确地反映安全生产监管对象、过程以及监管体系的运行结构和规律，是指导设计、完善监管体系，优化、提升安全监管效能的重要工具。通过安全生产监管模式的构建，对于完善安全监管体制，优化安全监管机制，实现科学监管、超前监管、本质监管、动态监管、高效监管，提高安全生产监管效能具有现实意义和价值。

2）建模方法

安全生产监管模式的建立可以引用系统科学建模理论的霍尔模型。霍尔模型是美国系统工程专家霍尔（A·D·Hall）于1969年提出的一种系统工程方法论。霍尔模型的出现，为解决大型复杂系统的规划、组织、管理问题提供了一种统一的思想方法，因而在世界各国得到了广泛应用。

霍尔模型将系统工程整个活动过程分为前后紧密衔接的七个阶段和七个步骤，如图3-31所示，同时还考虑了为完成这些阶段和步骤所需要的各种专业知识和技能。这样，就形成了由时间维、逻辑维和知识维所组成的三维空间结构。其中，时间维表示系统工程活动从开始到结束按时间顺序排列的全过程，分为规划、拟订方案、研制、生产、安装、运行、更新七个时间阶段。逻辑维是指时间维的每一个阶段内所要进行的工作内容和应该遵循的思维程序，包括明确问题、选择目标、系统综合、系统分析、方案优化、作出决策、付诸实施七个逻辑步骤。知识维列举需要运用包括工程、医学、建筑、商业、法律、管理、社会科学、艺术、等各种知识和技能。三维结构体系形象地描述了系统工程研究的框架，对其中任一阶段和每一个步骤又可进一步展开，形成分层次的树状体系。

将霍尔模型应用于构建安全生产监管模式是一种科学的方式和方法。

3）实践应用

（1）政府安全生产监管体系的构建。应用霍尔模型的原理可以优化国家层面的安全监管体系，构建立体式、多维度的监管体系。图3-32表述了不同监管领域对于政府监管层级和监管环节两个纵深监管系统的监管模式；图3-33表述了多方监管体制下，应用不同监管机制和监管方式的组合模式。依据多维度模型可以设计系统、全面、实用的监管体系，从而提高安全监管的科学、有效性。

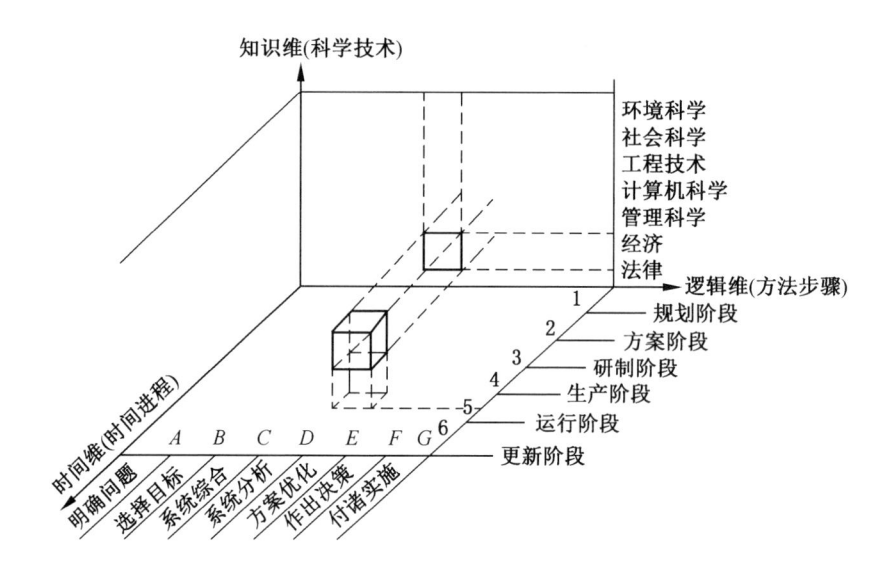

·136· 安全软科学——学科、理论、策略与方法

图3-31 霍尔模型

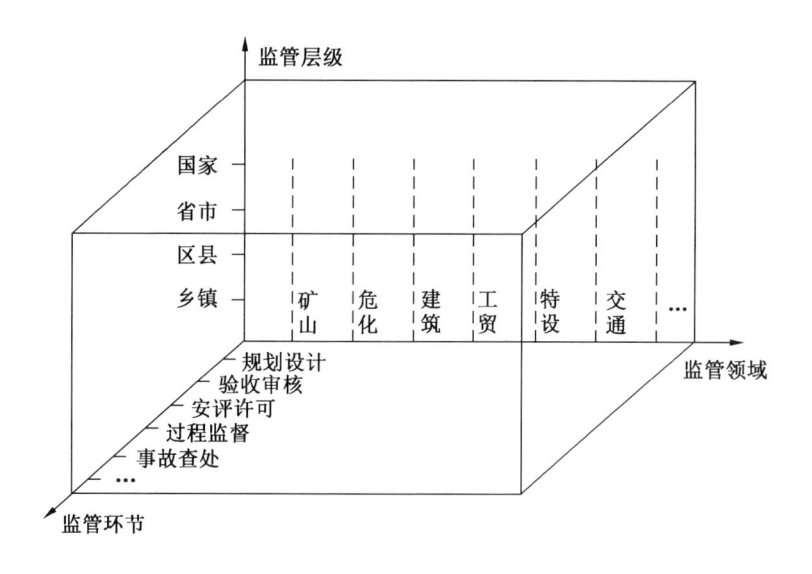

图3-32 安全监管领域、监管层级、监管环节关系

3 安全软科学理论

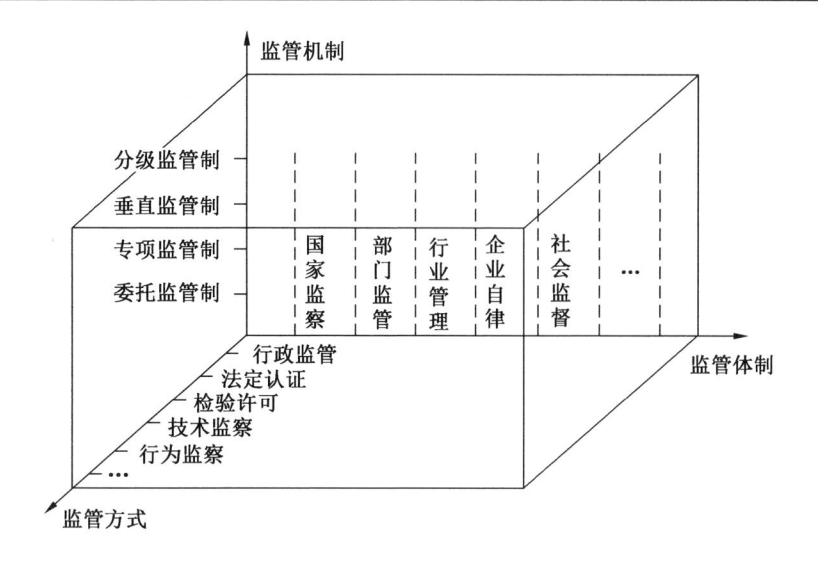

图 3-33 安全监管体制、监管机制、监管方式关系

（2）企业安全生产制度建设体系的构建。为了构建全面的企业安全生产制度保障体系，应用系统工程学的霍尔模型，从三个维度构建企业安全生产制度体系，即从建设主体、建设环节与建设内容三个维度设计，如图 3-34 所示。

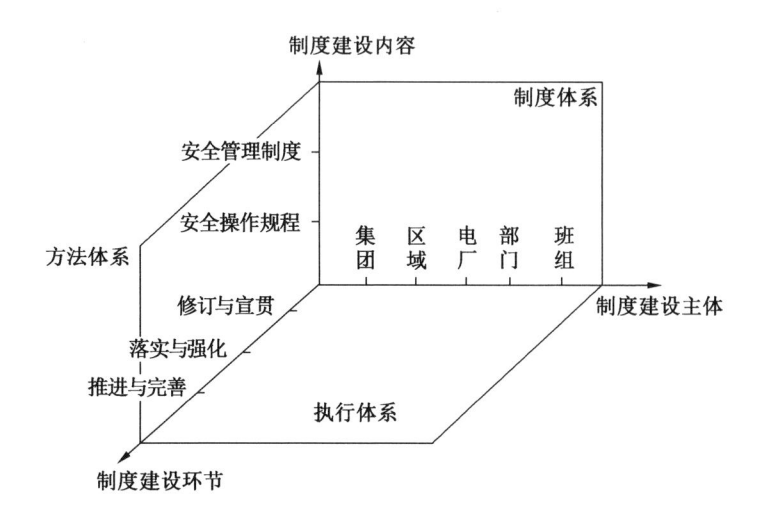

图 3-34 企业安全生产制度保障体系建设及优化工程结构

建设内容主要包括：

五个层次的制度建设主体：集团层、产业公司层、企业层、部门层、班组层。

两项制度建设内容：结合企业实际，将制度保障建设内容划分为安全管理制度、安全操作规程两大板块。

三大制度建设过程：以 PDCA 原理为指导，将体系建设划分为修订与宣贯、落实与强化、推进与完善三大建设过程。

2. 企业安全责任落地工程模型

1）概念及内涵

企业安全责任落地工程模型理论是指通过对三个层次、三大责任主体的安全生产责任体系建设，提高企业的全员安全责任意识，规范全员安全行为，提高全员安全生产保障能力，落实全员"我的安全我负责、他人安全我有责、企业安全我尽责"的安全理念和承诺。企业安全生产主体责任体系构成包括：

决策层的安全责任：包括生产经营单位负责人等领导或决策者，担负本单位的安全生产领导及决策责任。

管理层的安全责任：包括企业各管理部门及其管理人员，担负本单位安全生产的业务管理和过程管理责任。

执行层的安全责任：包括企业基层生产作业人员，担负落实和执行生产过程安全规章制度的责任。

2）责任体系内容

企业安全生产责任体系决定了三个责任主体，各主体的责任、任务及内容见表 3-9。

表 3-9 企业安全责任体系建设任务及内容

责任子系统	建设任务及内容（不限于）
企业决策层	1. 落实安全生产基本方针； 2. 制定安全生产工作规划； 3. 提出安全生产发展目标； 4. 保障安全生产投入； 5. 组织安全生产绩效测评； …
企业管理层	1. 安全管理部门职责； 2. 技术部门安全责任； 3. 行政部门安全责任； 4. 生产部门安全责任； …

表 3-9（续）

责任子系统	建设任务及内容（不限于）
企业执行层	1. 全员安全责任； 2. 班组安全生产责任； 3. 岗位（工种）安全责任； 4. 作业过程安全责任； 5. 专项安全责任； …

企业安全生产责任体系的落地工程流程可依照以下四步骤逐步推进，其中，每个阶段的主要任务是：

（1）明晰责任阶段：应明确四类责任主体，划分各主体责任。明晰企业各层级具体责任以及各类人员具体责任。

（2）过程建设阶段：通过理论框架，结合企业实际情况，针对各责任主体，建立相关子体系，明确子体系建设内容，主要任务。

（3）考核评审阶段：对建设内容及任务的考核，应设立相应实施方案，对建设内容进行完善，同时设立重点工程，有针对性地进行体系的制定实施。

（4）奖惩改进阶段：应建立保障制度，确保企业安全生产责任体系的实施，对于完成情况良好的部门、车间、班组予以奖励，未达到要求的，进行相应惩处，推动持续改进。

企业安全生产责任体系建设流程如图 3-35 所示。

3. 本质安全管理模式

1）概念及内涵

本质安全管理模式是指企业通过具有超前预防、源头管控、标本兼治特点的管理模式、管理体系、管理方法措施的运行和实施，使企业的生产过程做到人员无失误、设备无故障、系统无缺陷、管理无漏洞，进而实现企业生产经营过程的高标准、高水平的安全生产状态。

本质安全管理模式的目的是实现安全管理的本质安全化，即通过建立起全面、系统、科学的安全法规体系、制度体系和标准体系，实施合理、系统、超前、动态、闭环的本质预防型安全管控模式，并能够长期有效运行、持续改进提升，做到企业全员、全面、全过程的安全生产。安全管理的本质安全能够改进传统的非本质安全管理方式，即从事后经验管理到事前科学管理，从事后被动管理到事前主动管理，从事后强化追责为事前强化履责，从事后问题导向（责任导向）到事前目标导向（法规导向、理论导向），从事故灾害应对到事

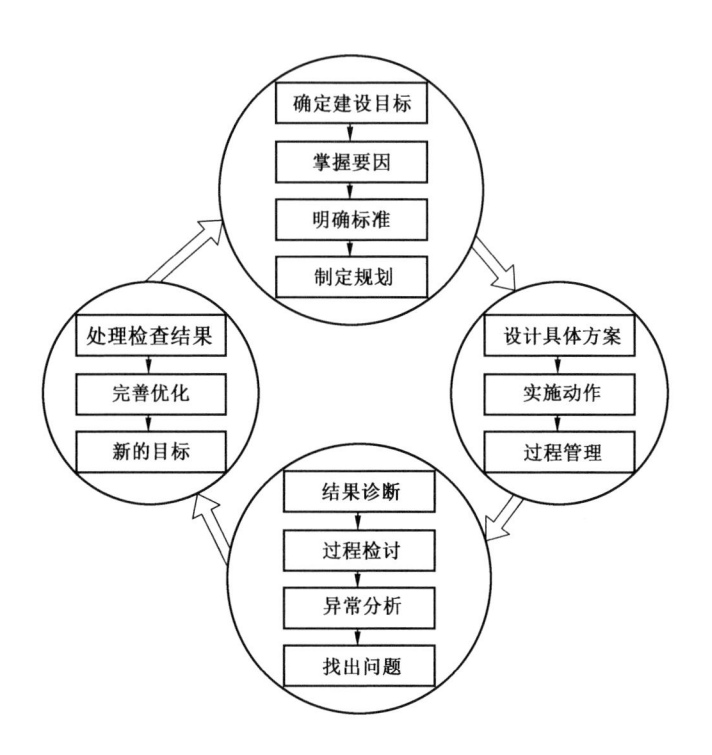

图 3-35 企业安全生产责任体系建设流程图

前风险预控、隐患查治,从事故结果指标管理到事前能效目标管理,从事故因素管理到事前系统治理,从经验管理到科学管理,从是非管理为分级管理,从静态管理到动态管理,从开环管理到闭环管理,从随机管理到精准管理,变管理对象为管理动力,从约束管理为激励管理,从人治管理为法治管理,从纵向单因素管理为横向综合管理,变成本管理为价值管理,变效率管理为效益管理。本质安全管理做到管控的超前预防、系统全面、科学合理、能动有效,使自律、自责、自我规管成为普遍和自然,最终实现安全管理的零缺项、零盲区、零宽容、零失职、零追责。

2) 模型创建

进入信息化时代,本质安全学理论得以发展。随着人类现代工业信息化的发展和未来高技术的不断涌现,需要发展基于安全原理的,以本质安全为目标的,推进"强科技"的物本安全与"兴文化"的人本安全相结合的管控体系,从而提高安全管理的科学性、合理性和有效性。本质型安全管理模式是先进、高级的科学管理模式,其发展目标层次如图3-36所示。

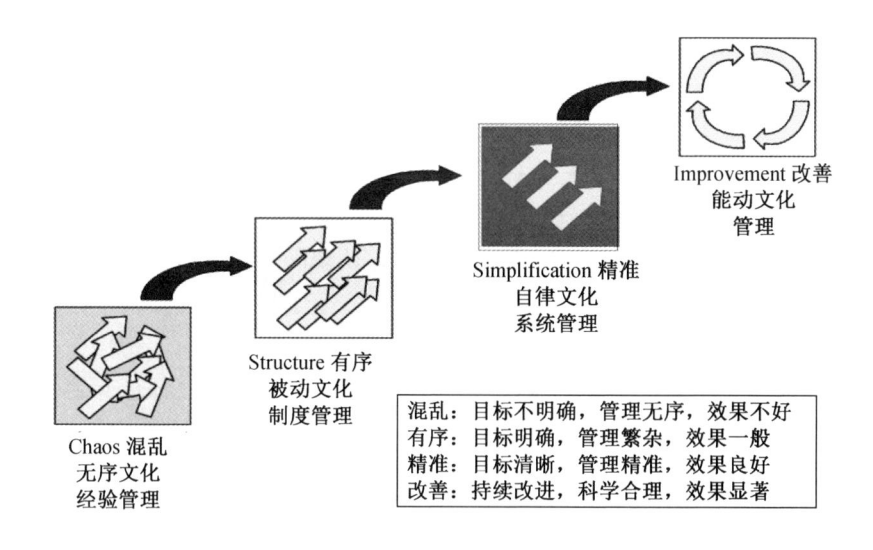

图3-36 本质型安全管理模式的发展目标层次

"人本"靠文化,"物本""环本"靠科技,"管本"靠体系。管理的本质安全化具有系统化管理、定量化管理、合理化管理和持续化管理四个特征。

4 安全科学学

科学学是研究科学的学科，科学学以科学为研究对象，去认识科学的性质特点、结构关系、运动规律和社会功能，并在认识的基础上研究促进科学发展的一般原理、原则和方法。安全科学学是研究安全学科的科学，安全科学学以安全学科为研究对象，研究目的在于认识安全学科的性质特点、结构关系、运动规律和社会功能等，创立新的安全学科分支和体系，并研究促进安全科学发展的一般原理、原则和方法。

4.1 安全科学的研究对象

对于安全科学的研究对象，目前有四种认知：

一是"事故说"，这是针对安全的目的的学说。显然，安全的目的是防范事故灾难，因此，"事故说"认为安全科学的研究对象是事故。

二是"要素说"，这是针对安全系统要素的学说。安全系统要素是由人－机－环境三个要素构成。因此，"要素说"认为安全科学的研究对象是人、机、环。

三是"本质说"，这是针对安全的本质的学说。根据安全是指可接受的风险的定义，以及安全性＝1－风险度的定量表述，可以推知安全的实质是风险，或称安全风险。因此，"本质说"认为安全科学的研究对象是风险。

四是"本原说"，这是针对安全风险的本原或根源的学说。人类面对的安全风险，根据其本原，可分为来自自然的、技术的、社会的，以及自然－技术－社会组合的四种本原。因此，"本原说"认为安全科学的研究对象是自然的、技术的、社会的安全风险，它们都有自身不同的机理、特征和规律。

"事故说"是人类早期的安全认知，由于事故是安全的表象或形式，不是安全的内涵和本质，相反，后三种学说从不同侧面揭示、探究了安全的本质和内涵，同时也能包含和反映"事故说"本意。下面主要从安全的实质、安全的要素和安全的本原三个角度来分析探讨安全科学的研究对象。

4.1.1 安全的实质

安全的实质是一个复杂的、深奥的课题，目前学术界还处于探索中的过程中。客观地讲,从不同的角度,对安全实质具有不同的诠释。

从政治的角度,安全以社会、他人、公共的安全为原则,表现出"需要就是安全,为了社会或他人的安全可以牺牲自己的安全"。对于国家安全、公共安全的捍卫者和保卫者,常常需要从政治的角度讲安全、理解安全、认识安全。

从文化的角度,安全取决于信仰、观念、意识和认知,因此,对于不同意识水平或具有认知偏差的人,常常对安全的感受或接受的水平有较大的差别。

从经济的角度,经济基础决定安全投入,也就决定了安全的条件或标准,经济水平决定安全水平,温饱型与小康型社会或人群对安全要求具有不同的敏感性,自然就会提出不同的安全标准或水平;不同经济发展基础的国家,社会、公众提出的安全要求和客观可实现的安全标准或能力是不同的。

从技术的角度,理想的状态要求"无危则安,无损则全",从哲理上讲,技术系统的最低的安全标准是"人为的技术环境或条件造成的风险低于自然环境的风险就是安全"。

除上述理解外,安全工程专业人员更重要的是应该从科学的角度来认识安全的本质。

1. 定性地认识安全的实质

安全涉及生产力和生产关系两个方面,其基本属性具有自然属性和社会属性的双重特性,如图 4-1 所示。

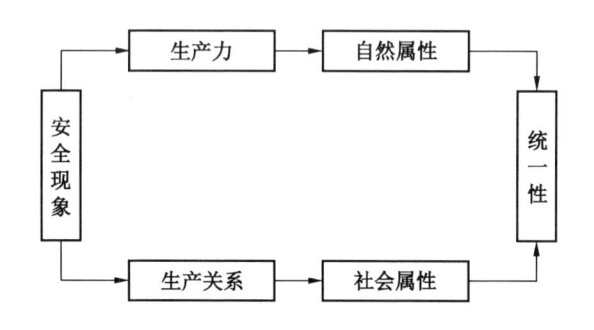

图 4-1 安全的性质

基于安全的社会属性,安全具有相对性特征,遵循比较优势原理,安全没有绝对真理,安全就是可接受的风险,安全是发展的、动态的、变化的,安全取决于认知能力和态度观念,素质决定安全。对于安全管理、安全制度执行、安全检查、安全责任、安全成本、安全文化，以及安全的重视程度、安全责任心、系统的安全性、技术的危险性、风险指数等，都是安全社会属性的特征和规律。

基于安全的自然属性，安全具有绝对真理，但是，仅仅限于物理、化学、力学、电学等自然科学范畴。显然，材料的安全强度、电学的安全电压、毒物的安全限度、有毒有害气体的安全标准等都具有绝对标准。

2. 定量地认识安全的实质

从定量的角度定义安全，具有基本数学模型：

$$安全性 = 1 - 风险度 = 1 - R = 1 - f(p, l) \quad (4-1)$$

式中 p——事故发生的可能性或概率；

l——事故后果的严重程度或严重度。

而

$$事故概率函数\ p = F(人因，物因，环境，管理) \quad (4-2)$$
$$事故后果严重度函数\ l = F(时机，危险，环境，应急) \quad (4-3)$$

其中，时机—事故发生的时间点及时间持续过程；危险性—系统中危险的大小，由系统中含有的能量、规模决定；环境—事故发生时所处的环境状态或位置；应急—发生事故后应急的条件及能力。

由上述风险函数及其概率和严重度函数可知，风险的影响因素，或称风险的变量，同时也是安全的基本影响因素，涉及人因、物因、环境、管理、时态、能量、规模、环境、应急能力等，其中人、机、环境、管理是决定安全风险概率的要素。

安全是可接受的风险，从定量的角度，安全科学的实质就是要确定风险可接受水平。

1）风险可接受水平

风险可接受水平泛指社会、组织、企业或公众对行业风险或对特定事件风险水平可接受的程度。风险可接受水平是连接风险评价与风险管理的重要技术环节。风险可接受标准在安全管理方面的要求通常比较普遍，对于风险可接受的定性概念通常包括以下方面：

（1）工业活动不应该强加任何可以合理避免的风险。

（2）风险避免的成本应该和收益成比例。

（3）灾难性事故的风险应该占总风险的一小部分。

当前国外风险可接受的准则普遍采用的是 ALARP 原则，如图 4-2 所示。ALARP 是 As Low As Reasonably Practicable 的缩写，即"风险合理可行原则"。

理论上可以采取无限的措施来降低风险至无限低的水平,但无限的措施意味着无限多的花费。因此,判断风险是否合理可接受,也就是公众认为"不值得花费更多"从而进一步降低风险。在 ALARP 区域采取措施将风险降低到尽可能低。

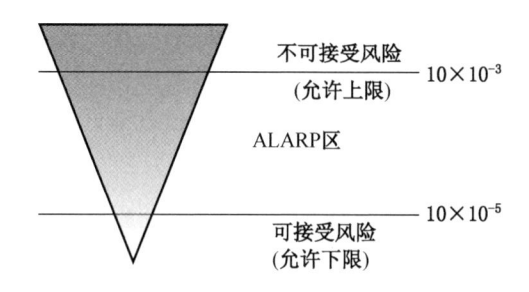

图 4-2 ALARP 原则及框架图

ALARP 原则将风险划分为三个等级:①不可接受风险;②可接受风险;③ALARP 区风险。

2)个人风险可接受水平

对各类活动的死亡风险的统计,可以作为确定个体可接受风险的基础和依据。荷兰水防治技术咨询委员会(TAW)根据个体对参与各种活动的意愿程度,通过对事故伤亡人数和原因的统计数据得出的可接受个人风险的确定方法见下式(Jonkman S N,2003):

$$IR \leq \beta_i \times 10^{-4} \quad (4-4)$$

式中 β_i——针对某一行业、部门或者场景的意愿因子;
i——所针对的相关行业、部门或者场景;
10^{4}——人员死于一次偶然事故的正常风险值;
IR——可接受的个人风险值。

意愿因子 β_i 随着自愿度的不同而改变,其取值从 100(完全自愿的选择)到 0.01(强加的同时没有任何利益的风险)。

4.1.2 安全的要素

基于安全系统是人-机-环境-管理的有机整体的概念,安全的基本因素包括人的因素、物的因素、环境因素和管理因素。其中,人、机、环境是构成安全系统的最重要的因素,即要素都具有三重特性,即安全保护的对象、事故的致因、实现安全的因素,主要从其事故特性和安全特性两个角度来进行分析。

1. 人的因素分析

人因在规划、设计阶段,就有可能存在缺陷,从而产生潜在的事故隐患,而在制造、安装和使用阶段,人的误操作可以直接导致事故。研究人的因素,要涉及人的能力、个性、人际关系等心理学方面的问题,也要涉及体质、健康状况等生理问题,涉及规章制度、规程标准、管理手段、方法等是否适合人的特性,涉及机器对人的适应性以及环境对人的适应性。人的安全行为学作为一门科学,从社会学、人类学、心理学、行为学来研究人的安全性。不仅将人这一子系统作为系统固定不变的组成部分,更看到人是自尊自爱,有感情、有思想、有主观能动性的人。

从安全的角度,人的特性的研究主要包括人的生理特性安全适应性、人的安全知识和技能、人的安全观念及素质、人的安全心理及行为,甚至人机关系等方面。

2. 机器因素分析

机器因素包括机械、设备、工具、能量、材料等。从安全的角度,机器因素的安全主要从机器的本质安全、功能安全、失效与可靠性、报警预警功能、异常自检功能等实现,同时考虑从人的心理学、生理学对设备的设计提出要求。人和机器通过人机接口发生联系,人通过自己的运动器官来操作机器的控制机构,通过感觉器官来获取机器显示装置的各种信息,因此,必须考虑人和机器的双向作用。一方面,要考虑不同技术系统的特点对人提出来的要求;另一方面,在机器的设计中要考虑人的心理和生理因素,保证操作的简便性、信息反馈的及时性、误操作报警的可靠性等。

其应用主要包括静态人－机关系研究、动态人－机关系研究和多媒体技术在人－机关系中的应用等三个方面。静态人－机关系研究主要有作业域的布局与设计,动态人－机关系研究主要有人、机功能分配研究(人、机功能比较研究,人、机功能分配方法研究,人工智能研究)和人－机界面研究(显示和控制技术研究,人－机界面设计及评价技术研究)。

3. 环境因素分析

环境是指生产、生活实践活动中占有的空间及其范围内的一切物质状态。首先,环境分为固定环境和流动环境,固定环境是指生产实践活动所占有的固定空间及其范围内的一切物质状态,流动环境是指流动性的生产活动所占有的变动空间及其范围内的一切物质状态。其次,环境分为自然环境和人工环境,自然环境包括气象、自然光、气温、气压、风流等因素,人工环境包括工作现场、岗位、设备、物流等。再次,环境还可划分为物理环境和化学环境,物理环境包括气温、气压、湿度、光环境、声环境、辐射、卡他度、负离子等，化学环境包括氧气、粉尘、有害气体等因素。

环境是事故发生的重要影响因素，特别是流动性及野外性的活动，如交通、建筑、矿山、地质勘探等行业。环境因素以如下模式与事故发生关系：自然环境不良→人的心理受不良刺激→扰乱人的行动→产生不安全行为→引发事故；人工环境不良，即物的设置不当→影响人的操作→扰乱人的行动→产生不安全行为→引发事故。

同时，物理环境因素还影响机器子系统的寿命、精度，甚至损坏机器，也影响人的心理、生理状态，诱发误操作。

人－环关系的研究主要包括环境因素对人的影响，人对环境的安全识别性，个体防护措施等方面。

4. 管理因素分析

管理就是人们为了实现预定目标，按照一定的原则，通过科学地决策、计划、组织、指挥、协调和控制群体的活动，以达到个人单独活动所不能达到的效果而开展的各项活动。安全管理就是组织或企业管理者为实现安全目标，按照安全管理原则，科学地决策、计划、组织、指挥和协调全体成员的保障安全的活动。

安全生产管理是指国家应用立法、监督、监察等手段，企业通过规范化、专业化、科学化、系统化的管理制度和操作程序，对生产作业过程的危险危害因素进行辨识、评价和控制，对生产安全事故进行预测、预警、监测、预防、应急、调查、处理，从而实现安全生产保障的一系列管理活动。

企业安全生产管理活动是运用有效的人力和物质资源，发挥全体员工的智慧，通过共同的努力，实现生产过程中人与机器设备、工艺、环境条件的和谐，达到安全生产的目标。安全生产管理的目标是控制危险危害因素，降低或减少生产安全事故，避免生产过程中由于事故所造成的人身伤害、财产损失、环境污染以及经济损失。安全生产管理的对象是企业生产过程中的所有员工、设备设施、物料、环境、财务、信息等各方面。安全生产管理的基本原则是"管生产必须管安全""谁主管，谁负责"。

实现现代企业的安全科学管理，需要学习和掌握安全管理科学和方法，研究企业安全生产管理的理论、原理、原则、模式、方法、手段、技术等。

4.1.3 安全的本原

基于安全的本质是风险的概念，安全的本原可从风险的本原来分析。在安全生产和公共安全领域，风险包括来自自然的、技术的、社会的等多个领域。

1. 来自自然的风险

来自自然的风险引发的是自然灾害，我国每年由于自然灾害有 1.5 亿~3.5 亿人受灾；年均因灾死亡 12000 多人，倒塌房屋 350 万间，造成的直接经济损失占 GDP 的 2%~4%。

所谓自然风险，是指因自然力的不规则变化产生的现象所导致的危害经济活动，物质生产或生命安全的风险。如地震、水灾、风灾、雹灾、冻灾、旱灾、虫灾以及各种瘟疫等自然现象，在现实生活当中是大量发生的。自然风险的特征是：自然风险形成的不可控性；自然风险形成的周期性；自然风险事故引起后果的共沾性，即自然风险事故一旦发生，其涉及的对象往往很广。

自然风险作为安全科学的研究对象，不仅只包括地震、台风、洪水、旱灾，还应该包括全球气候变暖、沙漠化、水资源短缺。同时，像人口快速增长、"非典"、禽流感、艾滋病等可能也是来自自然风险。

自然风险的发生有其自身的原因和规律。它们是大自然的不断变化结果，天灾虽然多种多样，它们的内在联系和共同规律是什么，这正是安全科学对象的特殊性。虽然人们已掌握大自然的某些规律，但是可能在今后若干年内，人们对大自然主要的还是讲适应，讲"天人合一"，这就是安全科学有关自然风险的研究。下面主要介绍的是气象灾害和地质灾害。

1）气象灾害

大气对人类的生命财产和国民经济建设及国防建设等造成直接或间接的损害，被称为气象灾害。它是自然灾害中的原生灾害之一。气象灾害是自然灾害中最为频繁而又严重的灾害。中国是世界上自然灾害发生十分频繁、灾害种类甚多，造成损失十分严重的少数国家之一。

气象灾害一般包括天气、气候灾害和气象次生、衍生灾害。气象、气候灾害是指因台风（热带风暴、强热带风暴）、暴雨（雪）、暴雷、冰雹、大风、沙尘、龙卷风、大（浓）雾、高温、低温、连阴雨、冻雨、霜冻、结（积）冰、寒潮、干旱、干热风、热浪、洪涝、积涝等因素直接造成的灾害。气象次生、衍生灾害是指因气象因素引起的山体滑坡、泥石流、风暴潮、森林火灾、酸雨、空气污染等灾害。

2）地质灾害

地质灾害是指在自然或者人为因素的作用下形成的，对人类生命财产、环境造成破坏和损失的地质作用（现象），如崩塌、滑坡、泥石流、地裂缝、地面沉降、地面塌陷、岩爆、坑道突水、突泥、突瓦斯、煤层自燃、黄土湿陷、岩土膨胀、砂土液化、土地冻融、水土流失、土地沙漠化及沼泽化、土壤盐碱化以及地震、火山、地热害等。

地质灾害都是在一定的动力诱发（破坏）下发生的。诱发动力有的是天然的，有的是人为的。据此，地质灾害也可按动力成因分为自然地质灾害和人为地质灾害两大类。自然地质灾害发生的地点、规模和频度，受自然地质条件控制，不以人类历史的发展为转移；人为地质灾害受人类工程开发活动制约，常随社会经济发展而日益增多。

诱发地质灾害的因素主要有：

（1）采掘矿产资源不规范，预留矿柱少，造成采空区坍塌，山体开裂，继而发生滑坡。

（2）开挖边坡，指修建公路、依山建房等建设中，形成人工高陡边坡，造成滑坡。

（3）山区水库与渠道渗漏，增加了浸润和软化作用导致滑坡泥石流发生。

（4）其他破坏土质环境的活动，如采石爆破、堆填加载、乱砍滥伐等。

（5）工业领域的矿山与地下工程灾害，如煤层自燃、洞井塌方、冒顶、偏帮、底鼓、岩爆、高温、突水、瓦斯爆炸等。

（6）城市地质灾害，如建筑地基与基坑变形、垃圾堆积等。

（7）河、湖、水库灾害，如塌岸、淤积、渗漏、浸没、溃决等。

（8）海岸带灾害，如海平面升降、海水入侵、海崖侵蚀、海港淤积、风暴潮等；海洋地质灾害，如水下滑坡、潮流沙坝、浅层气害等。

（9）特殊岩土灾害，如黄土湿陷、膨胀土胀缩、冻土冻融、沙土液化、淤泥触变化、淤泥触变等。

（10）土地退化灾害，如水土流失、土地沙漠化、盐碱化、潜育化、沼泽化等。

（11）水土污染与地球化学异常灾害，如地下水质污染、农田土地污染、地方病等。

（12）水源枯竭灾害，如河水漏失、泉水干涸、地下含水层疏干（地下水位超常下降）等。

2. 来自技术的风险

技术风险导致的事故灾难包括工矿企业安全事故、交通事故、火灾、空难等。我国每年发生的由于技术风险导致的各类事故上百万起；每年因各类事故导致死亡人数10余万人，每天350多人，事故经济损失2500多亿元，占GDP的1% ~ 2%。

技术风险泛指由于科学技术进步所带来的风险。技术风险包括各种人造物特别是大型工业系统进入人类生活带来的巨大风险,如化工厂、核电站、水坝、采油平台、飞机轮船、汽车火车、建筑物等;直接用于杀伤人的战争武器带来的风险,如原子弹、生化武器、火箭导弹、大炮坦克、战舰航母等;新技术对人类生存方式、伦理道德观念带来的风险,如在1997年引起轩然大波的"克隆"技术,Internet网络对人类的冲击等。其中工业系统风险是技术风险的主要内容。

3. 来自社会的风险

社会风险属于社会治安领域,主要导致社会安全事件,包括群体突发事件、刑事案件、经济案件等,如杀人放火、拦路抢劫、入室盗窃、吸毒贩毒、流氓黑恶势力、赌博、制黄贩黄、卖淫嫖娼、制假贩假、强买强卖、欺行霸市、未成年人犯罪、外来人员犯罪等。在我国,社会治安领域,违法犯罪总量仍高居不下,危害日趋严重,每年刑事案件死亡6万人,经济损失300亿元,经济犯罪涉案金额平均每年800亿元以上,吸毒造成的直接经济损失高达400亿元以上,计算机犯罪、恐怖谋杀、绑架人质、黑社会等问题的社会危害和影响非常严重。

社会风险是一种导致社会冲突,危及社会稳定和社会秩序的可能性,更直接地说,社会风险意味着爆发社会危机的可能性。一旦这种可能性变成了现实性,社会风险就转变成了社会危机,对社会稳定和社会秩序都会造成灾难性的影响。当前中国社会风险的累积对社会稳定和社会秩序构成了潜在的、相当大的威胁,从而也对全面建成小康社会和构建和谐社会形成了严峻的挑战。

社会风险状态既不是纯粹传统的,又不是传统现代的,而是一种混合状态。除了前工业社会的传统风险,如自然灾害、传染病等依然对人们的生产、生活和社会安全构成威胁外,现代化进程中不断涌现和加剧的失业问题、诚信危机、安全事故等工业社会早期的风险正处于高发势头,同时,现代风险的影响已超越国家疆界,如国际金融风险、环境风险、技术风险、生物入侵等随时可能对我们的安全造成威胁。

社会风险可分为人为风险、经济风险、资源风险、种族风险、国土风险等。从历史演变的角度,社会风险可划分传统社会安全和非传统社会安全两个角度来认识。

4. 组合风险

组合风险也称复合风险、叠加风险、耦合风险等,是指自然风险、技术风险、社会风险或人为破坏风险相互组合形成的综合安全风险。如Natech事件(Natural and technological Disasters),指自然风险因素与技术因素叠加的复合风险，雷电、飓风对危工装置和核电站的破坏、地质灾害对电网的破坏、森林火灾、公共卫生、食品安全等。我国平均每年发生森林火灾上万次，造成直接经济损失达70亿~100亿元；公共场所火灾年平均损失近200亿元，因火灾而死伤的人数数千人；外来生物入侵、疫病疫情、有毒有害物质及化学危险品严重影响了人们的生命安全及经济技术贸易。侵入量加速增长；公共卫生事件频发威胁人民生命和健康，影响社会安定和经济发展，近年发生的新型冠状病毒感染、禽流感、甲型流感造成重大人员伤亡和经济损失，以及社会动荡；食品安全隐患大增，食物中毒报告多达千万起，每年中毒病例2万多人，每年死亡数百人。

4.2 安全科学的性质与特点

4.2.1 安全科学的定义和性质

人类的安全技术可以追溯数百年的发展史，产业领域的安全工程也有近百年历史，但是，安全科学概念的提出与诞生还不到30年，因此，安全科学的定义和概念还在形成和完善过程中，目前还未有普遍统一的定义。

1985年，德国学者库尔曼撰写了人类有史以来的第一本安全科学专著《安全科学导论》（Introduction to Safety Science），他对安全科学作出了这样的阐述："安全科学的主要目的是保持所使用的技术危害作用限制在允许的范围内。为实现这个目标，安全科学的特定功能是获取及总结有关知识，并将有关发现和获得的知识引入安全工程中来。这些知识包括应用技术系统的安全状况和安全设计，以及预防技术系统内固有危险的各种可能性。"

比利时J.格森教授对安全科学作了这样的定义："安全科学研究人、技术和环境之间的关系，以建立这三者的平衡共生态（equilibrated sysbiosis）为目的。"

《中国安全科学学报》把安全科学定义为："安全科学是专门研究人们在生产及其活动中的身心安全（含健康、舒适、愉快乃至享受），以达到保护劳动者及其活动能力、保障其活动效率的跨门类、综合性的横断科学"。

还有的学者认为："研究生产中人-机-环境系统，实现本质安全化及进行随机安全控制的技术和管理方法的工程学称为安全科学。"

我们将安全科学定义如下：安全科学是研究安全与风险矛盾变化规律的科学，研究人类生产与生活活动安全本质规律；揭示安全系统涉及的人-机-环境-管理相互作用对事故风险的影响特性；研究预测、预警、消除或控制安全与风险影响因素的转化方法和条件；建立科学的安全思维和知识体系，以实现系统风险的可接受和安全系统的最优状态。

从以上不同的定义可以看出，对安全科学的理解和定义是一个不断发展的过程，随着人们对安全需求的提高和对安全本质认识的清晰，以及安全理论的不断完善和充实，人们将会对安全科学的内涵和外延逐步形成一致的公认。

基于目前的认知水平，可以将安全科学基本性质归纳如下：

（1）安全科学要揭示和实现本质安全，即安全科学追求从本质上达到事物或系统的安全最适化。现代的安全科学要区别于传统的安全学问，其特点在于：变局部分散为整体、综合；变事后归纳整理为事前演绎预测；变被动静态受制为主动动态控制。总之，安全科学必须适应人类技术发展和生产、生活方式的发展要求，提高人类安全生存的能力和水平。

（2）安全科学要体现理论性、科学性和系统性。安全科学不是简单的经验总结或建立在事故教训基础上的科学，它要具有科学的理性，强调本质安全，突出预防特点。因此，基于安全科学原理提出的理论和方法技术，具有科学性、系统性。

（3）安全科学研究的对象具有复杂性与全面性。安全科学研究的主要对象是来自自然、技术和社会的风险，而风险的影响因素或变量涉及人因、物因、环境因素和管理因素等，因此，安全科学需要对多种因素进行全面性与全过程的系统研究。

（4）安全科学具有交叉性和综合性。由于安全科学研究对象的复杂性，安全科学具有自然属性、社会属性交叉的特点，使得安全科学必须是建立在自然科学与社会科学基础上发展。安全科学涉及技术科学、工程科学、人体生理学等自然科学，还涉及管理学、心理学、行为学、法学、教育学等社会科学，因此，具有交叉科学和综合科学的特点。

（5）安全科学的研究目标是针对来自自然、技术或社会风险种类的事故灾难。具体地说通过安全科学理论的进步和安全技术的发展，人类能够提高对各类事故灾难的预防、控制或消除的能力和水平。

（6）安全科学的目的具有广泛性。安全科学的目的首先是人的生命安全与健康保障，同时，通过事故灾难的防范，能够有效地减轻事故灾难的经济损失，保障财产安全，甚至实现社会经济持续发展、社会安定和谐。

4.2.2 安全科学的特点

1. 安全科学是交叉科学

科学是根据科学对象所具有的特殊矛盾性进行区分的。在社会发展中，人类遇到诸如人口、食物、能源、生态环境、健康等安全问题，仅靠一门学科或一大门类学科不能有效解决，而唯有交叉学科最有可能解决。交叉科学的功能是把科学对象连接为复杂系统的纽带，或者说交叉科学的存在是科学对象成为一个完整系统的必要条件。交叉科学形成的机制，是科学对象发展的产物。科学对象的特殊性是科学存在的基础，科学对象规律性研究，综合理论体系形成是科学形成的必要条件。

然而，很多交叉科学在其孕育期间因其交叉性或综合理论体系尚不完善，而长期在我国科研和教学体制中找不到学科位置，得不到制度和体制上的鼓励和保障，该局面正反映了安全科学的现状。安全科学是自然科学、社会科学和技术科学的交叉。交叉科学的理论内容有一个发展过程，即由理论的综合逐渐转化形成本门学科的综合性理论，进而安全科学将由交叉科学转化为横向科学。

2. 安全科学与其他学科的交叉关系

在现代科学整体化、综合化的大背景下，已有学科在渗透、整合的基础上形成边缘学科、交叉学科，是新学科创生的基本方式之一。安全科学作为一个交叉学科门类，同数学、自然科学、系统科学、哲学、社会科学、思维科学等几个科学部类都有密切的联系，如图4-3所示。安全科学只有积极、主动地引进、吸纳其他科学部类众多学科的理论、方法，加强学科之间的交叉整合，才能真正成为科学知识体系的新学科生长极，在科学知识体系整体化的历史进程中发挥应有的作用。

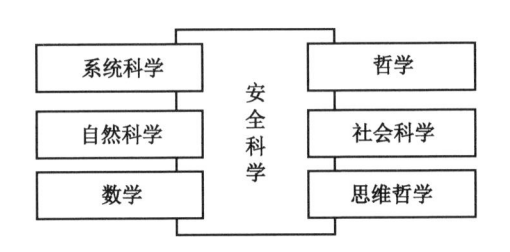

图4-3 安全科学的学科交叉

由于安全问题非常复杂，涉及面广，严格来说几乎与所有的学科有关，必须对人的因素、物的因素（包括环境）、意外的自然因素进行综合系统分析，研究事故和灾害规律，以建立正确而科学的理论，从而寻求解决的对策和方法。因此，对安全的认识必须是动态的而不是静止的；有物理因素，有化学因素；有人为的灾害，又有自然的灾害；有物质的，也有精神的；有生产性的，也有非生产性的；有生理的，也有心理的原因等。显然，安全科学是自然科学和社会科学交叉协同的一门新兴科学，具有跨行业、跨学科、交叉性、横断性等特点。科学技术的发展和实践表明，安全问题不仅涉及人，还涉及人可资利用的物（设备等）、技术、环境等，是一种物质与社会的复合现象，不是单纯依靠自然科学或工程技术科学能完全解决的。安全科学的知识体系涉及和包括五个方面：

（1）与环境、物有关的物理学、数学、化学、生物学、机械学、电子学、经济学、法学、管理学等。

（2）与安全基本目标和基本背景有关的经济学、政治学、法学、管理学以及有关国家方针政策等。

（3）与人有关的生理学、心理学、社会学、文化学、管理学、教育学等。

（4）与安全观念有关的哲学及系统科学。

（5）基本工具，包括应用数学、统计学、计算机科学技术等。

除此以外，安全科学知识还要与相关行业、领域的背景（生产）知识结合起来，才能达到保障安全、促进经济发展的目的。如搞矿山行（企）业安全的人除具备一般安全科学的知识外，还要具备采矿学的有关知识；搞化工、爆破行（企）业安全的人除具备一般安全科学的知识外，还要具备化工和爆破的有关知识等。就目前的认识而言，与安全科学关联程度较大的有自然科学、工程技术科学、管理科学、环境科学、经济科学、社会学、医学、法学、教育学、生物学等。一般来说，安全科学仍以工业事故、职业灾害和技术负效应等为主要研究对象，两者之间有交叉。基于以上认识，安全科学与其他相关学科的关系如图4-4所示。

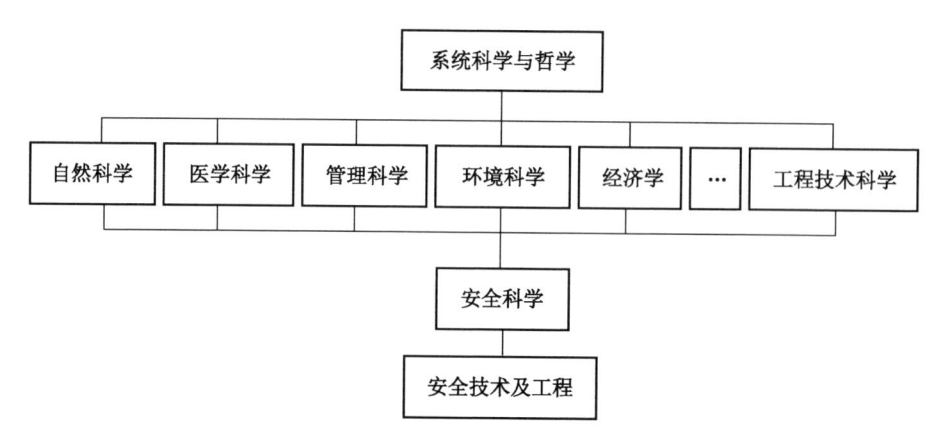

图4-4 安全科学与其他相关学科的关系

安全科学研究的上层是系统科学和哲学（马克思主义哲学、科学哲学），它们不仅为自然科学而且也为社会科学提供了思想方法论和相关的认识论的基础；第二层是相互交错的相关的自然科学、管理科学、环境科学、工程技术科学等，它们构成了安全科学可利用和发展的基础；基于第二层之下的是人类社会生存、生活、生产领域普遍设计和需求的且有共性指导意义的安全科学，其理论和技术均有较强的可操作性，而且根据需要可充分利用其下各学科对人类社会活动的规律性总结，发展自己理论基础和工程技术。值得注意的是，随着安全科学与灾害学、环境科学的渗透与交叉，安全、减灾、环保三学科交叉融合趋势日强，大安全观开始萌芽。

4.3 安全科学的任务与目的

安全科学的基本任务与目的与国家制定的有关安全法律法规是一致、协同的。我国的《安全生产法》确定的安全生产目的宗旨是：保护人民生命安全，保护国家财产安全，促进社会经济发展。安全科学的任务与目的可以概括为：人的生命安全、人的身心健康、经济财产安全、环境安全、社会稳定等方面。

4.3.1 生命安全

生命是智慧、力量和情感的唯一载体，生命是实现理想、创造幸福的根本和基石，生命是民族复兴和创建和谐社会的源泉和资本。没有生命就没有一切。从社会经济发展的角度，人是生产力和社会中最宝贵、最活跃的因素，以人为本、人的生命安全第一，就是人民幸福的根本要求。因此，生命安全保障是安全科学的第一要务。

据国际劳工组织报告，21世纪初，世界范围内的工矿企业每年发生各种工业事故5000万起，造成200多万人丧生；世界卫生组织的统计报告，2011年道路交通事故死亡近130万人。加上各种海难、空难、火灾、刑事案件等种类安全事故，每年有近400万人死于意外伤害，每年发生事故2.5亿起，每天68.5万起，每小时2.8万起，每分钟476起；每天近万人死于非命，相当于全球10个最大的城市的人口总和。这样的数量相当于世界大战，事故可谓无形的战争。

美国每年在工作场所的工伤事故死亡近5000人，10万人死亡率为3.9人（2003年），伤残人数300多万人，其中农业生产死亡700多人，发生致残伤害的有13万人，农业工人在各主要行业中死亡率高达第二位，工伤导致美国损失1321亿美元，平均每个工人损失970美元，工人遭受的死亡伤害中的大约9/10和致残伤害中的约3/5是发生在非工作时间内。

在我国：
- 每年因灾死亡 1.6 万人。
- 每年因自杀死亡高达 28.7 万人。
- 每年约有 20 万人死于药物不良反应。
- 每年死于尘肺病约 5000 人（估算）。
- 每年约有 13 万人死于结核病。
- 每年报告甲、乙类传染病 30 多万例，死亡 1 万多人。
- 每年道路交通事故死亡约 5 万人。
- 每年因装修污染引起的死亡人数 11.1 万人。
- 每年工伤事故死亡 2 万多人。
- 每年触电死亡约 8000 人。
- 火灾年平均损失近 200 亿元，并有 2300 多人伤亡。
- 每年约 1.6 万名中小学生、3000 名大学生非正常死亡。
- 每年死刑执行近万宗。
- 各类刑事案件死亡年均近 7 万人。
- 广州每年产生约 1200 具无主尸体。
- 每年因使用不当导致农药中毒死亡上万人。
- 每年因食物中毒死亡数万人。
- 1986 年因酒精中毒死亡 9830 人。
- 每年过劳死亡 60 万人。
- 每年因大气污染死亡 38.5 万人。
- 每年医疗事故死亡 20 万人（估算）。

生命安全的最基本内涵是不死不伤。因此，生命安全还涉及伤害、伤残的问题。统计表明，事故灾难的死亡、伤残、轻伤比例为 1∶4∶30。如此，每年全球职业事故造成上千万人受伤致残，道路交通事故每年的伤害人数高达数千万人。意味着事故灾难每一秒上百人伤残，数百万人需治疗。

4.3.2 身心健康

安全科学的第二任务或目标就是人的身心健康保障。世界卫生组织对健康的定义是：身体、心理及对社会适应的良好状态。显然，事故灾难的发生除了"要命"，还对人的身心状态产生巨大的伤害。首先，可能是对个体自身的生命健康造成直接危害，从而对自己的身心产生伤害；另外，可能是对亲人、朋友、同事，甚或其他不认识人的生命健康造成伤害，从而间接对自己的身心产生伤害。无论何种状态，都对世界卫生组织定义的人的身体健康和心理健康标准产生了冲击和伤害。

世界卫生组织确定的身体健康十项标志是：
- 有充沛的精力，能从容不迫地担负日常的繁重工作。
- 处事乐观，态度积极，勇于承担责任，不挑剔所要做的事。
- 善于休息，睡眠良好。
- 身体应变能力强，能适应外界环境化。
- 能抵抗一般性感冒和传染病。
- 体重适当，身体匀称，站立时头、肩、臂位置协调。
- 眼睛明亮，反应敏捷，眼和眼睑不发炎。
- 牙齿清洁，无龋齿，不疼痛，牙龈颜色正常且无出血现象。
- 头发有光泽，无头屑。
- 肌肉丰满，皮肤富有弹性。

世界卫生组织确定的心理健康的六大标志是：
- 有良好的自我意识，能做到自知自觉，既对自己的优点和长处感到欣慰，保持自尊、自信，又不因自己的缺点感到沮丧。"胜不骄，败不馁"。
- 保持正常的人际关系，能承认别人，限制自己；能接纳别人，包括别人的短处。在与人相处中，尊重多于嫉妒，信任多于怀疑，喜爱多于憎恶。
- 有较强的情绪控制力，能保持情绪稳定与心理平衡，对外界的刺激反应适度，行为协调。
- 处事乐观，满怀希望，始终保持一种积极向上的进取态度。
- 珍惜生命，热爱生活，有经久一致的人生哲学。健康的成长有一种一致的定向，为一定的目的而生活，有一种主要的愿望。

显然，事故灾难会对上述身心健康标准的保障产生威胁和影响。在安全生产领域，身心健康也称职业健康。职业健康的保障是安全工程师重要任务和职责之一。

在世界范围内，全球的就业人员有35%遭受职业危害，对其职业健康产生影响，从而造成职业病。

4.3.3 财产安全

安全科学的第三个任务和目标就是经济财产安全。安全问题导致的事故灾难对国家、企业、家庭都会产生巨大的财产损失的影响。据联合国统计，世界各国每年要花费国民经济总产值的6%来弥补由于不安全所造成的经济损失。一些研究也表明，事故对生产企业带来的损失可占企业生产利润的10%，而安全的投入的经济贡献率可达5%。这些数据说明安全科学技术对社会经济或经济财产安全的重要作用。安全对于财产安全的作用包括有直接的和间接的两个方面。

国际研究表明,事故损失总量随着经济的发展有不断上升的趋势。根据英国国家安全委员会(NSC)研究资料,一些国家的事故损失占GDP的比例见表4-1。美国劳工调查署(BLS)对美国每年的事故经济损失进行统计研究,其结果占GDP的比例为1.9%,年度损失高达上千亿美元。

表4-1 职业事故和职业病损失占GNP或GNI比例对比

国家	基准年	事故损失占GDP的比例/%
英国	1995/1996	1.2~1.4
丹麦	1992	2.7
芬兰	1992	3.6
澳大利亚	1992/1993	3.9
荷兰	1995	2.6

国际劳工局局长胡安·索马维亚说,人类应加强对工伤和职业病的关注,他还指出,工伤事故和职业病给世界经济造成的损失已相当于目前所有发展中国家接受的官方经济援助的数十倍以上,这将造成世界GDP减少4%,这一数字还不包括一部分职业癌症患者和所有传染性疾病。

据我国有关研究统计,公共安全领域各类事故灾害的直接经济损失占GDP的比例高达6%,直接损失与间接损失比一般是1:4。在自然灾害领域,我国每年有1.5亿~3.5亿人受灾,年均因灾死亡12000多人,造成的直接经济损失占GDP的1%~2%,崩塌-滑坡-泥石流等地质灾害平均每年造成千人死亡,经济损失数十亿元。

21世纪初,根据国家安全生产监督管理局立项研究的课题"安全生产与经济发展关系研究"的调查研究表明,我国20世纪90年代平均直接损失(考虑职业病损失)占GDP的比例为1.01%;平均年直接损失为583亿元,并且,按研究比例规律,我国2001年事故经济损失高达950亿元,接近1000亿元;如果考虑间接损失,基于事故直间倍比系数在1:2~1:10之间,取其下四分位数为直间倍比系数1:4,可推测,按我国2002年的经济规模推算,则每年的事故经济损失高达2500亿元,按2020年我国经济规模推算,则高达近万亿。

因此，发展安全科学、提高全社会的生产安全保障水平，对降低事故经济损失影响具有直接的财产安全作用和意义，同时，安全对经济还具有贡献率和增值的作用和价值。

4.3.4 国家和社会安全稳定

维护国家安全、保障社会安全是安全科学的最高目标和最大价值。安全以保护人的生命安全和健康为基本目标，是"安全发展、科学发展"的内涵，是"和谐社会"的要求，是以人为本的内涵，是社会文明与进步的重要标志。公共安全和安全生产作为保护和发展社会生产力、促进社会和经济持续健康发展的基本条件，关系到民生安全和国民经济健康、持续、快速的发展，是生产经营单位实现经济效益的前提和保障，是从业人员最大的福利，是人民生活质量的体现。因此，推进安全科学的发展，关系到国家安全、社会稳定，关系到国家富强、人民安康，关系到民族复兴的最终目标的实现。

安全科学的国家安全和安全稳定价值表现在如下方面。

1. 安全科学助力总体国家安全目标的实现

安全科学理论和方法体系能够助力推进国家安全体系和能力现代化。安全科学的研究核心是各类安全风险，防范化解重大安全风险，遏制重特大事故灾难和安全风险事件，能为全面建设社会主义现代化国家提供有力保障。国家安全是民族复兴的根基，社会稳定是国家强盛的前提。当代，我们比历史上任何时期都更接近、更有信心和能力实现中华民族伟大复兴的目标，同时必须准备付出更为艰巨、更为艰苦的努力，要求我们"依靠顽强斗争打开事业发展新天地"。但是，我国发展进入战略机遇和风险挑战并存、不确定难预料因素增多的时期，各种"黑天鹅""灰犀牛"事件随时可能发生，我们面临的重大复杂风险、重大耦合风险和叠加风险挑战越来越大，必须增强忧患意识，准备经受风高浪急甚至惊涛骇浪的重大考验。只有坚持红线意识、底线思维、居安思危、未雨绸缪，发扬斗争精神，增强斗争本领，准确把握国家安全形势新变化新趋势，着力推进国家安全体系和能力现代化，才能有效防范化解重大安全风险，为全面建设社会主义现代化国家、全面推进中华民族伟大复兴提供坚强安全保障。

2. 安全是以人为本的具体体现

以人为本就是要把保障人民生命安全、维护广大人民群众的根本利益作为出发点和落脚点，只有保证人的安全健康，中国人的中国梦、幸福梦才能实现。人民群众是构建社会主义和谐社会的根本力量，也是和谐社会的真正主人。安全是经济持续、稳定、快速、健康发展的根本保证，是社会主义发展生产力的最根本的要求，也是维护社会稳定的重要前提。以人为本是和谐社会的基本要义，是党的根本宗旨和执政理念的集中体现，是科学发展观的核心，也是和谐社会建设的主线，而安全就是人的全面发展的一个重要方面。

3. 安全发展是"科学发展"的基本要求

科学发展的定义包含节约发展、清洁发展和安全发展。安全发展是科学发展的必然要求，没有安全发展，就没有科学发展。

国家执政党把安全发展作为重要的指导原则之一写进党的重要文献中，这是党和国家与时俱进，对科学发展观思想内涵的丰富和发展，充分体现了党对发展规律认识的进一步深化，是在发展指导思想上的又一个重大转变，体现了以人为本的执政理念和"三个代表"重要思想的本质要求。

4. 安全是"民族复兴"的重要保障

民族复兴需要以社会安全、民生安全、公共安全为基础、为保障，需要人民有最大的"安全感""幸福感"。如果人的生命健康得不到保障，一旦发生事故，势必造成人员伤亡、财产损失和家庭不幸，因此，人民的生命财产安全得到有效保障，国家才能富强永固，社会才能进步和谐，人民才能平安幸福。

（1）安全是人类的基本需求。马斯洛的需求层次论指出，人类的需求是以层次的形式出现的，由低级的需求向上发展到高级的需求。人类的需求分五个层次，即生理的需求、安定和安全的需求、社交和爱情的需求、自尊和受人尊重的需求、自我实现的需求。由此可见，安全的需求仅次于生理需求，是人类的基本需求。

（2）安全反映和谐社会的内在要求。构建和谐社会是党从全面建成小康社会、开创中国特色社会主义事业新局面的大局出发而作出的一项重大决策和根本任务，代表着最广大人民群众的根本利益和共同愿望。小康社会是生产发展、生活富裕的社会，是劳动者生命安全能够切实得到保护的社会，理所当然地必须坚持以人为本。安全生产的最终目的是保护人的生命安全与健康，体现了以人为本的思想和理念，是构建社会主义和谐社会的必然选择。

（3）安全是保持社会稳定发展的重要条件，也是党和国家的一项重要政策。党和国家领导人对关于安全生产工作的重要批示和国务院有关文件及电视电话会议，都把安全生产提高到"讲政治，保稳定，促发展"高度。安全生产关系到国家和人民生命财产安全，关系到人民群众的切身利益，关系到千家万户的家庭幸福，一旦发生事故，不仅正常的生产秩序被打乱，严重的还要停产，而且会造成人心不稳定，生产积极性受到严重打击，生产效率下降，直接影响经济效益。每一次重大事故的发生，都会在社会上造成重大的负面影响，甚至影响社会稳定。所以，安全生产是社会保持稳定发展的重要条件。

4.4 安全科学的基本范畴

安全科学的范畴经历了从"小安全"到"大安全"的转变。所谓"小安全"，一是安全目标小，比如仅仅是生命安全；二是领域小，比如仅涉及劳动保护、安全生产；三是专业适应范围小，比如仅仅适应生产安全或生产企业；四是研究对象小，比如仅仅针对事故灾难。进入21世纪后，安全科学的范畴有扩大的趋势，主要体现在目标从生命安全扩大到身心安全、健康保障、财产安全等，领域从劳动保护扩大到公共安全、生活安全等，适用范围从生产企业扩大到公共社区、社会治安等，研究对象从事故灾难扩大到自然灾难、社会突发事件、公共卫生等。

4.4.1 工业安全范畴

1. 工业安全的发展

第一次工业革命时代，蒸汽机技术直接使人类经济从农业经济进入工业经济，人类从家庭生产进入工厂化、跨家庭的生产方式。机器代替手用工具，原动力变为蒸汽机，人被动地适应机器的节拍进行操作，大量暴露的传动零件使劳动者在使用机器过程中受到危害的可能性大大增加。

当工业生产从蒸汽机进入电气、电子时代，以制造业为主的工业出现标准化、社会化以及跨地区的生产特点，生产更细的分工使专业化程度提高，形成了分属不同产业部门的相对稳定的生产结构系统。生产系统的高效率、高质量和低成本的目标，对机械生产设备的专用性和可靠性提出了更高的要求，从而形成了从属于生产系统并为其服务的机械系统安全。机械安全问题突破了生产领域的界限，机械使用领域不断扩大，融入人们生产、生活的各个角落，机械设备的复杂程度增加，出现了光机电液一体化，这就要求解决机械安全问题需要在更大范围、更高层次上，从"被动防御"转为"主动保障"，将安全工作前移。对机械全面进行安全系统的工程设计包括从设计源头按安全人机工程学要求对机械进行安全评价，围绕机械制造工艺过程进行安全、技术和经济评价。

20世纪中叶，随着控制理论、控制技术的飞速发展，自动化生产、流水线作业、无人生产等自动智能生产方式逐步取代了传统工业生产中人的操作。

这一方面极大地减少了工人的劳动强度,另一方面大大提高了工业企业的生产效率。在获得这些高效率的同时,一些安全隐患与事故也逐步显现出来。如生产线设备故障、控制及操纵故障、现场总线故障等这些故障一旦发生,将会极大地影响企业的生产效率,严重情况下还会影响企业工人以及周围群众的生命财产安全。基于工业过程安全控制的安全生产自动化技术,如安全检测与监控系统、安全控制系统、安全总线、分布式操作等技术的应用,可为生产过程提供进一步的安全保障。

以工业以太网和国际互联网为代表的数字化网络化技术,把人类直接带进知识经济与信息时代。由于工业网络的复杂性和广泛性,工业网络的不安全因素也很复杂,有来自系统以外的自然界和人为的破坏与攻击,也有由系统本身的脆弱性所造成的。在安全方面的主要需求是基于软件和硬件两个方面,即网络中设备的安全和网络中信息的安全。解决安全问题的手段出现综合化的特点。

2. 现代工业安全事故类型

生产安全事故是企业事故的一种,是指生产过程中发生的,由于客观因素的影响,造成人员伤亡、财产损失或其他损失的意外事件。一般的定义是:个人或集体在为实现某一意图或目的而采取行动的过程中,突然发生了与人的意志相反的情况,迫使人们的行动暂时或永久地停止的事件。

通常,事故最常见的分类形式为伤亡事故和一般事故或称为无伤害事故。伤亡事故是指一次事故中人受到伤害的事故,无伤害事故是指一次事故中人没有受到伤害的事故。伤亡事故和无伤害事故是有一定的比例关系和规律的。为了消除伤亡事故,必须首先消除无伤害事故,无伤害事故不存在,则伤亡事故也就杜绝了。另外,在现代工业中,生产安全事故也可以从以下几个角度分类:

(1)按人和物的伤害与损失情况,可将事故分为伤害事故、设备事故、未遂事故三种。伤亡事故是指人们在生产活动中,接触了与周围环境条件有关的外来能量,致使人体机能部分或全部丧失的不幸事件。设备事故是指人们在生产活动中,物质、财产受到破坏、遭到损失的事故,如建筑物倒塌、机器设备损坏及原材料、产品、燃料、能源的损失等。未遂事故是指事故发生后,人和物没有受到伤害和直接损失,但影响正常生产进行,未遂事故也叫险肇事故,这种事故往往容易被人们忽视。

(2)按照事故发生的领域或行业,可将事故分为工矿企业事故、火灾事故、道路交通事故、铁路运输事故、水上交通事故、航空飞行事故、农业机械事故、渔业船舶事故及其他事故。

（3）按照事故伤亡人数，可将事故分为特别重大事故、重大事故、较大事故、一般伤亡事故四个级别。

（4）按照事故经济损失程度，可将事故分为特别重大经济损失事故、重大经济损失事故、较大经济损失事故、一般事故四个级别。

（5）根据事故致因原理，将事故原因分为三类，即人为原因、物及技术原因、管理原因。人为原因是指由于人的不安全行为导致事故发生；物及技术原因是指由于物及技术因素导致事故发生；管理原因是指由于违反安全生产规章，管理工作不到位而导致事故发生。

3. 工业生产安全的主要内容

工业生产安全的主要内容包括机械安全（包括机械制造加工、机械设备运行、起重机械、物料搬运等安全），电气、用电安全，防火、防爆安全，防毒、防尘、防辐射、噪声等安全，个人安全防护、急救处理、高空作业、密闭环境作业、防盗装置等专项安全工程；交通安全、消防安全、矿山安全、建筑安全、核工业安全、化工安全等行业安全。这些内容综合了矿山、地质、石油、化工、电力、建筑、交通、机械、电子、冶金、有色、航天、航空、纺织、核工业、食品加工等产业或行业。可以看出，工业生产安全涉及的内容和领域是非常广泛的。

4.4.2 公共安全范畴

近年来，我国公共安全面临的严峻形势越来越凸显，进入公共安全事件高发期。据估算，我国每年因自然灾害、事故灾难、公共卫生和社会安全等突发公共安全事件造成的非正常死亡人数超过20万人，伤残人数超过200万人；经济损失年均近9000亿元，相当于GDP的3.5%，远高于中等发达国家1%~2%的同期水平。表4-2列出了对公共安全范畴的界定。

表4-2 公共安全的范畴

公共安全范畴	国际界定		国内学术界定			国内行政界定	
	联合国	公共安全顾问组	国内学者界定	中国公共安全科学学会	中国标准化研究院	《突发事件应对法》	《国家中长期科技发展规划纲要》
自然灾害	√	√	√	√	√	√	√
事故灾难	√	○	√	√	○	○	√

表 4-2（续）

公共安全范畴	国际界定			国内学术界定			国内行政界定	
	联合国	公共安全顾问组	国内学者界定	中国公共安全科技学会	中国标准化研究院	《突发事件应对法》	《国家中长期科技发展规划纲要》
社会安全	√	○	√	√	√	√	√
IT安全	○	√	○	○	○	○	○
国土安全	○	√	○	○	○	○	○
生产安全	○	○	√	○	√	○	○
交通安全	√	√	√	√	√	√	√
社会治安	○	○	√	○	○	○	○
经济安全	○	○	√	○	○	○	○
公共生活安全	○	○	√	○	○	○	○
公共利益安全	○	○	√	○	○	○	○
突发事件安全	○	○	√	√	√	√	√
食品安全	○	○	√	○	√	√	○
公共卫生	○	○	√	√	○	√	○
城市安全	○	○	○	√	○	○	○
药品安全	○	○	○	○	√	○	○
信息网络安全	○	○	○	○	√	○	○
国境检验检疫	○	○	○	○	√	○	○
煤矿安全	○	○	○	○	○	○	√
消防安全	○	○	○	○	○	○	√
危险化学品安全	○	○	○	○	○	○	√
生物安全	○	○	○	○	√	○	○
核安全	○	○	○	○	○	○	√

注："√"属于公共安全范畴，"○"不属于公共安全范畴。

由表4-2可知，不同领域对公共安全的界定不同，只有自然灾害是广泛被国内外认为属于公共安全范畴之内的，其次是事故灾难与社会安全，而国内较普遍认可的是突发事件安全、食品安全和公共卫生安全。一些学者研究中，将食品安全和药品安全都包含在社会安全类，国内较国外更关注食品安全。因此，我们归纳国内外普遍认可的公共安全范畴包括自然灾害、事故灾难、社会安全、突发事件安全和公共卫生安全。在我国2007年颁布的《突发事件应对法》中，将食品安全包含在公共卫生安全类，将突发事件归于社会安全类，并明确规定，公共安全包括自然灾害、事故灾难、公共卫生、社会安全四大类。

（1）自然灾害，主要包括水旱灾害、气象灾害、地震灾害、地质灾害、海洋灾害、生物灾害和森林草原火灾等。

（2）事故灾难，主要包括工矿商贸等企业的各类安全事故，交通运输事故，公共设施和设备事故，环境污染和生态破坏事件等。

（3）公共卫生事件，主要包括传染病疫情，群体性不明原因疾病，食品安全和职业危害，动物疫情，以及其他严重影响公众健康和生命安全的事件。

（4）社会安全事件，主要包括恐怖袭击事件、经济安全事件和涉外突发事件等。

4.5 安全科学的知识体系

我国有如下四种关于安全科学学科体系的表述：基于人才教育的安全科学学科体系、基于科学研究的安全科学学科体系、基于系统科学原理的安全科学学科体系、基于科学成果的安全科学学科体系。

4.5.1 基于人才教育的安全科学学科体系

安全学科专业人才培养的学科体系，以高等教育人才培养学科目录为依据和标志。2011—2022年，我国《学位授予和人才培养学科目录》与安全相关的一级学科有安全科学与技术（0837）2011年、公安学（0306）2011年、公安技术（0838）2011年、网络空间安全（0839）2015年、国家安全学（1402）2021年。可以看出，大安全学科体系逐步形成。

构建高等人才教育的学科体系是以人才所需要的科学知识结构为依据的。安全科学是一门交叉性、横断性的学科，它既不单纯涉及自然科学，还与社会科学密切相关，是一门跨越多个学科的应用性学科。安全科学是在对多种不同性质学科的理论兼容并蓄的基础上经过不断创新逐步发展起来的，是不同学科理论及方法系统集成的综合性学科。

安全科学以不同门类的学科为基础，经过几十年的发展，已经形成了自身的科学体系，有自成一体的概念、原理、方法和学科系统。

根据人才教育科学知识结构的规律，安全科学学科体系如图4-5所示，表明安全科学知识体系是自然科学与社会科学交叉；安全科学知识体系涉及基础理论体系、应用理论技术、行业管理技术和行业生产技术。

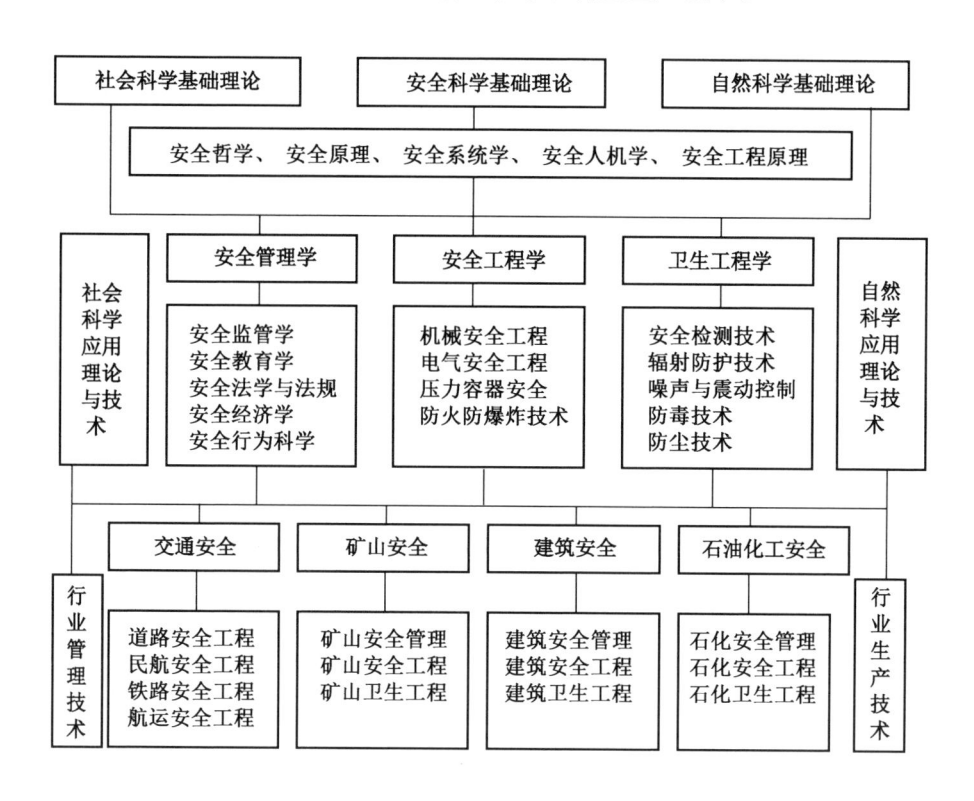

图4-5 基于人才教育的安全科学学科体系

人才教育的学科知识体系需要符合科学学的规律，为此，从科学学的学科原理出发，安全科学学科体系可由表4-3所示的体系结构中反映出安全科学是一门综合性的交叉科学：从纵向，依据安全工程实践的专业技术分类，安全科学技术分为安全物质学、安全社会学、安全系统学、安全人体学四个学科或专业分支方向；从横向，依据科学学的学科分层原理，安全科学技术分为哲学、基础科学、工程理论、工程技术四个层次。

表4-3 安全科学学科体系结构

哲学	基础科学		工程理论		工程技术	
哲学	安全观 安全学	安全物质学（物质科学类）	安全工程学	安全设备工程学	安全设备机械工程学	安全工程	安全设备工程	安全设备机械工程
				安全设备卫生工程学		安全设备卫生工程
		安全社会学（社会科学类）		安全社会工程学	安全管理工程学		安全社会工程	安全管理工程
					安全经济工程学			安全经济工程
					安全教育工程学			安全教育工程
					安全法学			安全法规
					…			…
		安全系统学（系统科学类）		安全系统工程学	安全运筹技术学		安全系统工程	安全运筹技术
					安全信息技术论			安全信息技术
					安全控制技术论			安全控制技术
		安全人体学（人体科学类）		安全人体工程学	安全生理学		安全人体工程	安全生理工程
					安全心理学			安全心理工程
					安全人-机工程学			安全人-机工程

就"安全科学与技术"（0837）而言，我国20世纪80年代开始推进高层次学历人才培养，为安全科学技术的发展、安全工程提供专业人才保证。至20世纪末构建了安全工程类专业的博士、硕士和学士学位学科体系。安全科学与技术是一个不断发展的学科，其培养的专业人才可适用于安全生产、公共安全、校园安全、防灾减灾等。对社会政府层面，能适应应急管理、社会管理、行政管理、行业管理等方面；在行业层面，可满足矿业、建筑业、石油化工、电力、交通运输、有色、冶金、机械制造、航空航天、林业、农业等。因此，在以人才培养知识体系为基础构建的安全学科体系指导下，教育培训的安全工程专业人才能够适应工业安全与公共安全的各行业和领域。

4.5.2 基于科学研究的安全科学学科体系

基于科学研究及学科建设的需要，我国1992年发布了国家标准《学科分类与代码》（GB/T 13745—1992），其中安全科学技术（代码620）被列为58个一级学科之一，下设安全科学技术基础、安全学、安全工程、职业卫生工程、安全管理工程5个二级学科和27个三级学科。2009年更新了版本《学科分类与代码》(GB/T 13745—2009)，安全科学技术在所有66个一级学科中排名33位。安全科学技术涉及自然科学和社会科学领域，有11个二级学科和50多个三级学科，见表4-4。

表4-4 《学科分类与代码》(GB/T 13745—2009) 中关于安全科学技术的部分

代码	学科名称	备注
62010	安全科学技术基础学科	
6201005	安全哲学	
6201007	安全史	
6201009	安全科学学	
6201030	灾害学	包括灾害物理、灾害化学、灾害毒理等
6201035	安全学	代码原为62020
6201099	安全科学技术基础学科其他学科	
62021	安全社会科学	
6202110	安全社会学	
	安全法学	见8203080，包括安全法规体系研究
6202120	安全经济学	代码原为6202050
6202130	安全管理学	代码原为6202060
6202140	安全教育学	代码原为6202070
6202150	安全伦理学	
6202160	安全文化学	
6202199	安全社会科学其他学科	
62023	安全物质学	
62025	安全人体学	
6202510	安全生理学	
6202520	安全心理学	代码原为6202020

表 4-4（续）

代码	学科名称	备注
6202530	安全人机学	代码原为 6202040
6202599	安全人体学其他学科	
62027	安全系统学	代码原为 6202010
6202710	安全运筹学	
6202720	安全信息论	
6202730	安全控制论	
6202740	安全模拟与安全仿真学	代码原为 620230
6202799	安全系统学其他学科	
62030	安全工程技术科学	原名为安全工程
6203005	安全工程理论	
6203010	火灾科学与消防工程	原名为消防工程
6203020	爆炸安全工程	
6203030	安全设备工程	含安全特种设备工程
6203035	安全机械工程	
6203040	安全电气工程	
6203060	安全人机工程	
6203070	安全系统工程	含安全运筹工程、安全控制工程、安全信息工程
6203099	安全工程技术科学其他学科	
62040	安全卫生工程技术	
6204010	防尘工程技术	
6204020	防毒工程技术	
	通风与空调工程	见 5605520
6204030	噪声与振动控制	
	辐射防护技术	见 49075

表 4-4（续）

代码	学科名称	备注
6204040	个体防护工程	
6204099	安全卫生工程技术其他学科	原名为职业卫生工程其他学科
62060	安全社会工程	
6206010	安全管理工程	代码原为62050
6206020	安全经济工程	
6206030	安全教育工程	
6206099	安全社会工程其他学科	
62070	部门安全工程理论	各部门安全工程入有关学科
62080	公共安全	
6208010	公共安全信息工程	
6208015	公共安全风险评估与规划	原名称及代码为6205020风险评价与失效分析
6208020	公共安全检测检验	
6208025	公共安全监测监控	
6208030	公共安全预测预警	
6208035	应急决策指挥	
6208040	应急救援	
6208099	公共安全其他学科	
62099	安全科学技术其他学科	

《学科分类与代码》50多个三级学科中，安全软科学分支有安全哲学、安全史学、安全科学学、灾害学、安全学、安全法学、安全经济学、安全管理学、安全教育学、安全伦理学、安全文化学、安全心理学、安全人机学、安全系统学、安全运筹学、安全管理工程、安全经济工程、安全教育工程、应急决策指挥等。

4.5.3 基于系统科学原理的安全科学学科体系

基于系统科学霍尔模型，安全科学学科体系包括"4M"要素、"3E"对策、"3P"策略三个维度。"4M"要素揭示了事故致因的 4 个因素：人因（Men）、物因（Machine）、管理（Management）、环境（Medium）。"3E"对策给出了预防事故的对策体系：工程技术（Engineering）、文化教育（Education）、制度管理（Enforcement）。"3P"策略按照事件的时间序列指明了安全工作应采取的策略体系：事前预防（Prevention）、事中应急（Pacification），事后惩戒（Precetion）。基于"4M"要素的"3P"策略构成安全科学技术的目标（价值）体系，基于"3P"策略的"3E"对策构成安全科学技术的方法体系，基于"4M"要素的"3E"对策构成安全科学技术的知识（学科）体系，如图 4-6 所示。

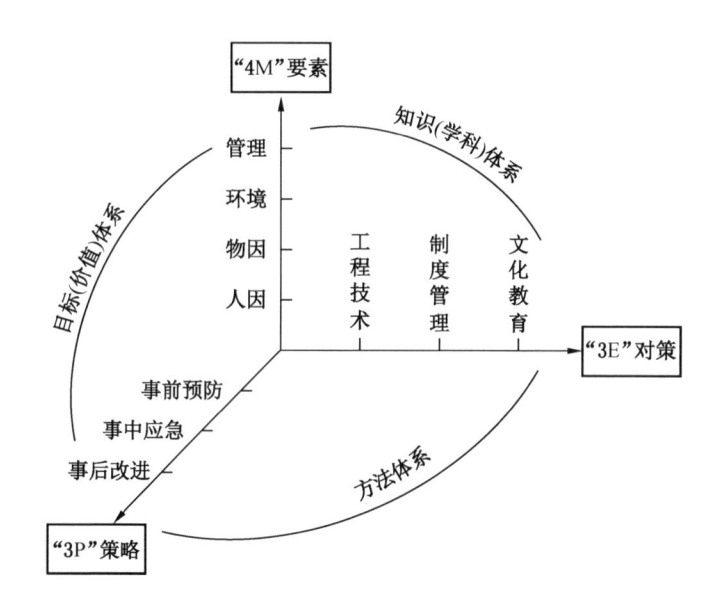

图 4-6　基于系统科学原理的安全科学学科体系

1. 安全科学的目标（价值）体系

人、物、环境、管理既是导致事故的因素，其中人、物、环境也是需要保护的目标，管理也需要不断完善机制、提高效率，实现卓越绩效。因此不论是事前、事中还是事后阶段，人、物、环境的安全以及有效的管理始终是安全科学技术追求的目标和价值体现，即安全科学的目标体系是：

（1）基于人因"3P"：生命安全、健康保障、工伤保险、康复保障等目标（价值）。

（2）基于物因"3P"：财产安全、损失控制、灾害恢复、财损保险等目标（价值）。

（3）基于环境"3P"：环境安全、污染控制、环境补救等目标（价值）。

（4）基于管理"3P"：促进经济、商誉维护、危机控制、社会稳定、社会和谐等目标（价值）。

2. 安全科学的方法体系

针对事前、事中、事后三个阶段，采取"3E"对策，构成安全科学技术的各种技术方法。

1）针对事前"3E"，安全科学技术的方法体系

（1）事前的安全工程技术方法：本质安全技术、功能安全技术、危险源监控、安全检测检验、安全监测监控技术，安全报警与预警，安全信息系统，工程"三同时"，个人防护装备用品等。

（2）事前的安全管理方式方法：安全管理体制与机制、安全法治、安全规划、安全设计、风险辨识、安全评价、安全监察监督、安全责任、安全检查、安全许可认证、安全审核验收、OHSMS、安全标准化、隐患排查、安全绩效测评、事故心理分析、安全行为管理、"五同时"、应急预案编制、应急能力建设等。

（3）事前的安全文化手段：安全教育、安全培训、人员资格认证、安全宣传、危险预知活动、班组安全建设、安全文化活动等。

2）针对事中"3E"，安全科学技术的方法体系

（1）事中的安全工程技术方法：事故勘查技术、应急装备设施、应急器材护具、应急信息平台、应急指挥系统等。

（2）事中的安全管理方式方法：工伤保险、安全责任险、事故现场处置、应急预案实施、事故调查取证等。

（3）事中的安全文化手段：危机处置、事故现场会、事故信息通报、媒体通报、事故家属心理疏导等。

3）针对事后的"3E"，安全科学技术的方法体系

（1）事后的安全工程技术方法：事故模拟仿真技术、职业病诊治技术、人员康复工程、工伤残具、事故整改工程、事故警示基地、事故纪念工程等。

（2）事后的安全管理方式方法：事故调查、事故处理、事故追责、事故分析、工伤认定、事故赔偿、事故数据库等。

（3）事后的安全文化手段：事故案例反思、风险经历共享、事故警示教育、事故亲情教育等。

3. 安全科学的知识（学科）体系

"4M"要素涉及人、物、环境、管理4个方面，与"3E"结合形成了安全科学技术的各个分支学科。

（1）人因"3E"涉及的科学：安全人机学、安全心理学、安全行为学、安全法学、职业安全管理学、职业健康管理学、职业卫生工程学、安全教育学、安全文化学等。

（2）物因"3E"涉及的学科：可靠性理论、安全设备学、防火防爆工程学、压力容器安全学、机械安全学、电气安全学、危险化学品安全学等。

（3）环境因素"3E"涉及的学科：安全环境学、安全检测技术、通风工程学、防尘工程学、防毒工程学等。

（4）管理因素"3E"涉及的学科：安全信息技术、安全管理体系、安全系统工程、安全经济学、事故管理、应急管理、危机管理等。

4.5.4 基于科学成果的安全科学学科体系

出版领域的学科体系是展现科学成果和知识成就的系统，安全学科成果的学科体系以出版领域的国家图书分类法和《中国分类主题词表》（以下简称《主题词表》）来了解和掌握。

1.《中国图书馆分类法》的安全科学

我国的图书出版物的分类是依据《中国图书馆分类法》（以下简称《中图法》）。《中图法》采用汉语拼音字母与阿拉伯数字相结合的混合制号码，由类目表、标记符号、说明和注释、类目索引4个部分组成，其中，最重要的是类目表。由五大部类、22个基本大类组成。安全科学与环境科学共同划分于"X 环境科学、安全科学"一类目。

1989年《中图法》（第三版）中，第一次将劳动保护科学（安全科学）与环境科学并列X一级类目。1999年《中图法》（第四版）中，一个重要的进展是将X类目中的"劳动保护科学（安全科学）"改为"安全科学"，下设4个二级类目：X91安全科学基础理论、X92安全管理（劳动保护管理）、X93安全工程、X96劳动卫生保护。

2010年《中图法》（第五版）中，将安全科学列为一级类目X9，下设5个二级类目：安全科学参考工具书、安全科学基础理论、安全管理（劳动保护管理）、安全工程、劳动卫生工程。

2.《中国分类主题词表》的安全科学

《中国分类主题词表》是在《中图法》（含《中国图书资料分类法》）和《汉语主题词表》的基础上编制的两者兼容的一体化情报检索语言，主要目的是使分类标引和主题标引结合起来,从而为文献标引工作的开展创造良好的条件。这部分类主题词表的编成,对我国图书馆和情报机构文献管理和图书情报服务的现代化具有重大意义,而且也是全国图书馆界和情报界又一项重大成果。

2005年《中国分类主题词表》(第二版)电子版正式出版,收录了22大类的主题词及其英文翻译,新版主题词表印刷版无英文翻译。2007年初,我国有关安全科学学者将安全科学的有关主题词分为"安全××"和"××安全"两部分内容归纳、整理、摘编,并将主题词的中、英文收集整理后,刊于《中国安全科学学报》2007年第17卷第六期(第172~176页)和第七期(第174~176页)上,安全工程专业学生可进行检索查询。

5 安 全 哲 学

安全哲学是人类安全活动的认识论和方法论，是人类安全科学技术的基础理论，是安全文化之魂，是安全管理理论之核心。安全科学的认识论研究探讨人类对安全、风险、事故等现象的本质、结构的认识，揭示和阐述人类的安全观，是安全哲学的主体内容。认识论主要解决"是什么"的问题，方法论主要解决"怎么办"的问题。

5.1 安全哲学的发展

从"山洞人"到"现代人"，从原始的刀耕火种到现代工业文明，人类已经历了漫长的岁月。21世纪，人类生产与生活的方式及内容面临着一系列嬗变，这种结果将把人类现代生存环境和条件的改善和变化提高到前所未有的水平。

显然，现代工业文明给人类带来了利益、效率、舒适、便利，但同时也给人类的生存带来负面的影响，其中最突出的问题之一，就是生产和生活过程中来自人为的意外事故与灾难的极度频繁和遭受损害的高度敏感。近百年来，为了安全生产和安全生存，人类作出了不懈的努力，但是现代社会的重大意外事故仍发生不断，例如，从苏联20世纪80年代切尔诺贝利核泄漏事故到90年代末日本的核污染事件，从韩国的豪华三丰百货大楼坍塌到我国克拉玛依友谊宫火灾，从21世纪新近在美国发生的埃航空难到我国2000年发生的洛阳东都商厦火灾和"大舜号"特大海难事故，从2014年的马来西亚航空17号航班坠毁事件到2017年北京大兴西红门镇火灾事故。世界范围内每年近400万人死于意外事故，造成的经济损失占GDP的比例高达2.5%。生产和生活中发生的意外事故和职业危害，如同"无形的战争"在侵害着我们的社会、经济和家庭。正像一位政治家所说："意外事故是除自然死亡以外人类生存的第一杀手！"为此，我们需要防范的方法、对策、措施，"安全哲学"——人类安全活动的认识论和方法论，是人类安全科学技术基础理论，是安全文化之魂，是安全管理理论核心。

5.1.1 从思维科学看安全哲学的发展

思维科学是研究思维活动规律和形式的科学。思维一直是哲学、心理学、神经生理学及其他一些学科的重要研究内容。辩证唯物主义认为，思维是高度组织起来的物质即人脑的机能，人脑是思维的器官。思维是社会的人所特有的反映形式，它的产生和发展都同社会实践和语言紧密地联系在一起。思维是人所特有的认识能力，是人的意识掌握客观事物的高级形式。思维在社会实践的基础上，对感性材料进行分析和综合，通过概念、判断、推理的形式，形成合乎逻辑的理论体系，反映客观事物的本质属性和运动规律。思维过程是一个从具体到抽象，再从抽象到具体的过程，其目的是在思维中再现客观事物的本质，达到对客观事物的具体认识。思维规律由外部世界的规律所决定，是外部世界规律在人的思维过程中的反映。

从这种思维方式出发，进行推理和思考，我们感悟到：人类在对待事故与灾害的问题上，千万不要试求通过事故的经历才得予明智，因为这太痛苦，"人的生命只有一次，健康何等重要"。我们应该掌握正确的安全认识论与方法论，从理性与原理出发，通过"沉思"来防范和控制职业事故和灾害，至少我们要选择"模仿"之路，学会向先进的国家和行业学习，这才是正确的思想方法。

我国古代政治家荀况在总结军事和政治方法论时，曾总结出：先其未然谓之防，发而止之谓其救，行而责之谓之戒，但是防为上，救次之，戒为下。这归纳用于安全生产的事故预防上，也是精辟方法论。因此，我们在实施安全生产保障对策时，也需要"狡兔三窟"，既要有"事前之策"——预防之策，也需要"事中之策"——救援之策和"事后之策"——整改和惩戒之策。但是预防是上策，所谓"事前预防是上策，事中应急次之，事后之策是下策"。

对于社会，安全是人类生活质量的反映；对于企业，安全也是一种生产力。我们人类已进入 21 世纪，我们国家正前进在高速的经济发展与文化进步的历史快车之道。面对这样的现实和背景，面对这样的命题和时代要求，促使我们清醒地认识到，必须用现代的安全哲学来武装思想、指导职业安全行为，从而对推进人类安全文化的进步，为实现高质量的现代安全生产与安全生活而努力。

5.1.2　从历史学的角度归纳安全哲学

人类的发展历史一直伴随着人为或自然意外事故和灾难的挑战，从远古祖先们祈天保佑、被动承受到学会"亡羊补牢"凭经验应付，一步步到近代人类扬起"预防"之旗，直至现代社会全新的安全理念、观点、知识、策略、行为、对策等，人们利用安全系统工程、本质安全化的事故预防科学和技术，把"事故忧患"的颓废认识变为安全科学的缜密认识；把现实社会"事故高峰"和"生存危机"的自扰情绪变为抗争和实现平安康乐的动力,最终创造人类安全生产和安全生存的安康世界。在这人类历史进程中,包含着人类安全哲学——安全认识论和安全方法论的发展与进步。

工业革命前,人类的安全哲学具有宿命论和被动型的特征;工业革命的爆发至 20 世纪初,由于技术的发展使人们的安全认识论提高到经验论水平,在事故的策略上有了"事后弥补"的特征,在方法论上有了很大的进步和飞跃,即从无意识发展到有意识,从被动变为主动;20 世纪初至 50 年代,随着工业社会的发展和技术的不断进步,人类的安全认识论进入了系统论阶段,方法论上能够推行安全生产与安全生活的综合型对策,进入了近代的安全哲学阶段;20 世纪 50 年代到 20 世纪末,由于高技术的不断涌现,如现代军事、宇航技术、核技术的利用以及信息化社会的出现,人类的安全认识论进入了本质论阶段,超前预防型成为现代安全哲学的主要特征,这样的安全认识论和方法论大大推进了现代工业社会的安全科学技术和人类征服意外事故的手段和方法。

从历史学的角度,表 5-1 给出了上述安全哲学发展的简要脉络。

表 5-1 人类安全哲学发展进程

阶段	时代	技术特征	认识论	方法论
I	工业革命前	农牧业及手工业	听天由命	无能为力
II	17 世纪至 20 世纪初	蒸汽机时代	局部安全	亡羊补牢,事后型
III	20 世纪初至 70 年代	电气化时代	系统安全	综合对策及系统工程
IV	20 世纪 70 年代以来	信息时代	安全系统	本质安全化,超前预防

1. 宿命论与被动型的安全哲学

这样的认识论与方法论表现为:对于事故与灾害听天由命,无能为力。认为命运是老天的安排,神灵是人类的主宰。事故对生命的残酷与践踏,人类无所作为,自然与人为的灾难与事故只能是被动地承受,人类的生活质量无从谈起,生命与健康的价值被泯灭。这是一种落后和愚昧的社会。

2. 经验论与事后型的安全哲学

随着生产方式的变更,人类从农牧业进入了早期的工业化社会——蒸汽机时代。由于事故与灾害类型的复杂多样和事故严重性的扩大,人类进入了局部安全认识阶段,哲学上反映出:建立在事故与灾难的经历上来认识人类安全,有了与事故抗争的意识,学会了亡羊补牢的手段,是一种头痛医头、脚痛医脚的对策方式。安全生产中,经验论与事后型的安全哲学应用如发生事故后原因不明、当事人未受到教育、措施不落实三不放过的原则,事故统计学的致因理论研究,事后整改对策的完善,管理中的事故赔偿与事故保险制度等。

3. 系统论与综合型的安全哲学

建立了事故系统的综合认识,认识到了人、机、环境、管理事故综合要素,主张工程技术硬手段与教育、管理软手段综合措施。其具体思想和方法有:全面安全管理的思想;安全与生产技术统一的原则;讲求安全人机设计;推行系统安全工程;企业、国家、工会、个人综合负责的体制;生产与安全的管理中要讲同时计划、布置、检查、总结、评比的"五同时"原则;企业各级生产领导在安全生产方面向上级、向职工、向自己的"三负责"制;安全生产过程中要查思想认识、查规章制度、查管理落实、查设备和环境隐患,进行定期与非定期检查相结合,普查与专查相结合,自查、互查、抽查相结合,生产企业岗位每天查、班组车间每周查、厂级每季查、公司年年查,定项目、定标准、定指标、科学定性与定量相结合等安全检查系统工程。

4. 本质论与预防型的安全哲学

进入了信息化社会,随着高技术的不断应用,人类在安全认识论上有了自组织思想和本质安全化的认识,方法论上讲求安全的超前、主动。具体表现为:从人与机器和环境的本质安全入手,人的本质安全指不但要解决人的知识、技能、意识素质,还要从人的观念、伦理、情感、态度、认知、品德等人文素质入手,从而提出安全文化建设的思路;物和环境的本质安全化就是要采用先进的安全科学技术,推广自组织、自适应、自动控制与闭锁的安全技术;研究人、物、能量、信息的安全系统论、安全控制论和安全信息论等现代工业安全原理;技术项目中要遵循安全措施与技术设施同时设计、施工、投产的"三同时"原则;企业在考虑经济发展、进行机制转换和技术改造时,安全生产方面要同时规划、同时发展、同时实施等超前预防型安全活动。

5.1.3 现代社会的安全哲学观

文化学的核心是观念文化和行为文化,观念文化体现认识论,行为文化体现方法论。"观",观念,认识的表现,思想的基础,行为的准则。观念是方法和策略的基础,是活动艺术和技巧的灵魂。进行现代的安全生产和公共安全活动,需要正确安全观指导,只有对人类的安全理念和观念有着正确的理解和认识,并有高明安全行动艺术和技巧,人类的安全活动才算走入了文明的时代。那么现代社会需要什么样的安全观念文化呢?

1. 安全发展的人本观

党中央、国务院历来高度重视安全发展问题。党的十八大以来习近平总书记站在政治的高度、民生的热度、发展的要度、科学的角度，提出总体国家安全观，对国家安全、公共安全、安全生产等安全应急工作的认识论和方法论作出了全面、深刻、系统的论述，提出了九大安全应急认识论和十大安全应急方法论。这是指导安全与应急管理工作的重要战略思想，对安全与应急管理工作实践具有现实的、科学的引领的意义。

安全发展的核心要义就是要"人民至上、生命至上"，这表明了党和国家高度重视安全科学的基本国策。安全发展体现了"三个代表"重要思想、科学发展观、习近平新时代中国特色社会主义思想的本质特征，体现了执政党"立党为公、执政为民"的施政理念，反映了最广大人民群众对美好幸福生活的追求。安全发展的目标就是实现"人人有安全、人人会安全"的"安全保障型"社会。

2. "安全第一"的哲学观

"安全第一"是一个相对、辩证的概念，它是在人类活动的方式上（或生产技术的层次上）相对于其他方式或手段而言，并在与之发生矛盾时，必须遵循的原则。"安全第一"的原则通过如下方式体现：在思想认识上，安全高于其他工作，安全是企业首要的核心价值；在组织机构上，安全权威大于其他组织或部门；在资金安排上，安全强度重视程度重于其他工作所需的资金；在知识更新上，安全知识（规章）学习先于其他知识培训和学习；在检查考评上，安全检查评比严于其他考核工作；当安全与生产、安全与经济、安全与效益发生矛盾时，安全优先。安全既是企业的目标，又是各项工作（技术、效益、生产等）的基础。建立起辩证的安全第一哲学观，就能处理好安全与生产、安全与效益的关系，才能做好企业的安全工作。

3. 重视生命的情感观

"人民至上、生命至上"是安全的第一公理，是人类最原始、最基本的生命情感。安全维系人的生命安全与健康，"生命只有一次""健康是人生之本"；反之，事故对人类安全的毁灭，则意味着生存、康乐、幸福、美好的毁灭。由此，充分认识人的生命与健康的价值，强化"善待生命，珍惜健康"的"人之常情"之理，是我们社会每一个人应该建立的情感观。不同的人应有不同层次的情感体现，员工或一般公民的安全情感主要是通过"爱人、爱己""有德、无违"。而对于管理者和组织领导，则应表现出：用"热情"的宣传教育激励教育职工，用"衷情"的服务支持安全技术人员，用"深情"的关怀保护和温暖职工,用"柔情"的举措规范职工安全行为,用"绝情"的管理严爱职工,用"无情"的事故启发职工。以人为本,尊重与爱护职工是企业法人代表或雇主应有的情感观。

4. 安全效益的经济观

实现安全生产,保护职工的生命安全与健康,不仅是企业的工作责任和任务,而且是保障生产顺利进行、企业效益实现的基本条件。"安全就是效益"、安全不仅能减损而且能增值,这是企业法人代表应建立的安全经济观。安全的投入不仅能给企业带来间接的回报,而且能产生直接的效益。

5. 预防为主的科学观

要高效、高质量地实现企业的安全生产,必须走预防为主之路,必须采用超前管理、预期管理的方法,这是生产实践证实的科学真理。现代工业生产系统是人造系统,这种客观实际给预防事故提供了基本的前提。所以说,任何事故从理论和客观上讲,都是可预防的。人类应该通过各种合理的对策和努力,从根本上消除事故发生的隐患,把工业事故的发生降低到最低限度。采用现代的安全管理技术,变纵向单因素管理为横向综合管理,变事后处理为预先分析,变事故管理为隐患管理,变管理的对象为管理的动力,变静态被动管理为动态主动管理,实现本质安全化。这是我们应建立的安全生产科学观。根据安全系统科学的原理,预防为主是实现系统(工业生产)本质安全化的必由之路。

6. 人、机、环境、管理的系统观

从安全系统的动态特性出发,研究人、社会、环境、技术、经济等因素构成的安全大协调系统。建立生命保障、健康、财产安全、环保、信誉的目标体系。在认识了事故系统人－机－环境－管理四要素的基础上,更强调从建设安全系统的角度出发,认识安全系统的要素:人指人的安全素质(心理与生理、安全能力、文化素质),物指设备与环境的安全可靠性(设计安全性、制造安全性、使用安全性),能量指生产过程能的安全作用(能的有效控制),信息指充分可靠的安全信息流(管理效能的充分发挥),是安全的基础保障。从安全系统的角度来认识安全原理更具有理性的意义,更具科学性原则。

5.1.4 人类高明的安全哲学思想

1. 古人的安全哲学思想

孔子说:"防祸于先而不致于后伤情。知而慎行,君子不立于危墙之下。"危墙者,潜在的安全隐患,即贤明的人应该预先察觉出即将发生的危险并及时采取措施规避它。这是孔夫子教育弟子的为人处世之道,大概也是最早的安全风险评估思想了。

荀子说："进忠有三术：一曰防，二曰救，三曰戒。先期未然谓之防，发而止之谓之救，行而责之谓之戒。防为上，救次之，戒为下"。强调了在不好的事情发生之前阻止是上策，不好的事情刚发生时阻止次之，不好的事情发生后再惩戒为下策，这段文字从理论上阐述了事后惩戒不如事中控制，事中控制不如事前预防。

司马相如说："明者远见于未萌，而智者避危于无形"。意思是在事物还没有发生之前就预见到了事情的发生，可以在危险出现之前就已经安排好了避免危险的方法，而不是等到事情发生再去寻求对策。

无危则安，无损则全。自古以来，和谐发展、国泰民安就是人类社会发展改革的终极追求。安全哲学观作为现代文明社会以人为本尊重生命的重要体现，不独为近世所特有，也在古代人文精神中得以充分体现。

2. 国家领导人的安全哲学思想

1957年，第一代国家领导周恩来总理为中国民航题词"保证安全第一，改善服务工作，争取飞行正常"。1960年，周总理视察我国第一艘万吨运轮"跃进"号在航运中触礁沉没事故的具体情况时，再次强调安全第一。1979年，航空工业部正式把"安全第一、预防为主"作为安全工作的指导思想。1983年5月18日，国务院发文进一步明确"安全第一、预防为主"的指导思想。1987年3月26日，国家劳动部在全国劳动安全监察工作会议上，正式决定将"安全第一、预防为主"作为我国的安全生产工作方针。2002年，第一版《安全生产法》以法律的形式将这一方针予以确定，称为"八字方针"。安全生产基本方针中的"安全第一"是认识论，"预防为主"是方法论，这是安全哲学的最基本论断。

1986年10月13日，江泽民同志任上海市市长时曾在有关专业会议上指出：隐患险于明火，防范胜于救灾，责任重于泰山。江泽民同志的这一论述中包含着深刻的安全认识论和安全方法论的哲学道理。其中，"隐患险于明火"就是预防事故、保障安全生产的认识论哲学。显然，"隐患险于明火"就是要我们认识到隐患相对于明火是更危险的要素，而在各种隐患中，思想上的隐患又是最可怕。因此，实现安全生产最关键、最重要的对策，是要从隐患入手，积极、自觉、主动地实施消除隐患的战略。"防范胜于救灾"要说明的是，在预防事故、保障安全生产的方法论上，事前的预防及防范方法胜于和优于事后被动的救灾方法。因此，在安全生产管理的实践中，预防为主是保证安全生产最明智、最根本、最重要的安全哲学方法论。

2006年3月27日，胡锦涛同志在中共中央政治局第三十次集体学习时强调指出："高度重视和切实抓好安全生产工作，是坚持立党为公、执政为民的必然要求，是贯彻落实科学发展观的必然要求，是实现好、维护好、发展好最广大人民的根本利益的必然要求，也是构建社会主义和谐社会的必然要求。各级党委和政府要牢固树立以人为本的观念，关注安全，关爱生命，进一步认识做好安全生产工作的极端重要性，坚持不懈地把安全生产工作抓细抓实抓好"。胡锦涛同志关于安全生产工作的"四个是"要求，强调了安全生产工作对于立党、为民的重要性，明确了安全生产与科学发展和构建和谐社会的关系和地位，是哲理，是认识论问题。对各级党委和政府提出"关注、关爱"的要求，指出要"抓细、抓实、抓好"安全生产，这就是对方法论的明示。

党的十八大以来，习近平总书记对安全生产工作空前重视。习近平总书记曾在不同场合对安全生产工作发表重要讲话，多次作出重要批示，深刻论述安全生产红线、安全发展战略、安全生产责任制等重大理论和实践问题，对安全生产提出了明确要求，为推进安全生产法治化指明了方向。2013年6月6日，习近平总书记就做好安全生产工作作出重要批示。他指出：接连发生的重特大安全生产事故，造成重大人员伤亡和财产损失，必须引起高度重视。人命关天，发展决不能以牺牲人的生命为代价。这必须作为一条不可逾越的红线。习近平同志的红线意识强调了安全是人类生存发展最基本的需求和价值目标：没有安全，一切都无从谈起。要坚决做到生产必须安全，不安全不生产，坚决不要"带血的GDP"。习近平总书记还提出了"总体国家安全观"的概念，站在政治的高度、民生的热度、发展的要度、科学的角度，对国家安全、公共安全、生产安全等安全应急工作提出了全面、深刻、系统的认识论和方法论，可归纳为九大安全应急认识论和十大安全应急方法论，这是指导安全与应急管理工作的重要战略思想，对安全与应急管理工作实践具有现实的、科学的指导意义。在认识论层面具体是民生为本论、人民中心论、人人共享论、安全发展论、红线意识论、底线思维论、生命至上论、特色优势论、绝对安全论，在方法论层面主要有改革创新论、系统治理论、责任体系论、依法治安论、源头治理论、科技强安论、严厉追责论、社会共治论、风险防范论、根除隐患论。

党的二十大报告针对公共安全和安全生产指出："坚持安全第一、预防为主，建立大安全大应急框架，完善公共安全体系，推动公共安全治理模式向事前预防转型。推进安全生产风险专项整治，加强重点行业、重点领域安全监管。"其中：在认识论层面坚持明确"安全第一"的认识论，还创新性地提出"大安全大应急"安全认识论；进一步强调"预防为主""安全治理模式向事前预防转型"，以及"完善公共安全体系""加强重点行业、重点领域安全监管"的系列安全方法论。

5.2 安全相关认识论

认识论是哲学的一个组成部分，是研究人类认识的本质及其发展过程的哲学理论，又称知识论。其研究的主要内容包括认识的本质、结构，认识与客观实在的关系，认识的前提和基础，认识发生、发展的过程及其规律，认识的真理标准等。安全科学的认识论是探讨人类对安全、风险、事故等现象的本质、结构的认识，揭示和阐述人类的安全观，是安全哲学的主体内容，是安全科学建设和发展的基础和引导。

5.2.1 事故认识论

我国很长时期普遍存在着"安全相对、事故绝对""安全事故不可防范，不以人的意志转移"的认识，即存在有生产安全事故的"宿命论""必然论"的观念。随着安全生产科学技术的发展和对事故规律的认识，人们已逐步建立了"事故可预防、人祸本可防"的观念。实践中应落实"消除事故隐患，实现本质安全化，科学管理，依法监管，提高全民安全素质"，不断强化安全事故是可预防的观念。

1. 事故的本质

广义上的事故，指可能会带来损失或损伤的一切意外事件，在生活的各个方面都可能发生事故。狭义上的事故，指在工程建设、工业生产、交通运输等社会经济活动中发生的可能带来物质损失和人身伤害的意外事件。我们这里所说的事故，是指狭义上的事故。职业不同，发生事故的情况和事故种类也不尽相同。按事故责任范围可分为：责任事故，即由于设计、管理、施工或者操作的过失所导致的事故；非责任事故，即由于自然灾害或者其他原因所导致的非人力所能全部预防的事故。按事故对象可划分为设备事故和伤亡事故等。事故的本质是技术风险、技术系统的不良产物。技术系统是"人造系统"，是可控的。可以从设计、制造、运行、检验、维修、保养、改造等环节，甚至对技术系统加以管理、监测、调适等，对技术进行有效控制，从而实现对技术风险的管理和控制，实现对事故的预防。

2. 事故的可预防性

事故的可防性指从理论上和客观上讲，任何事故的发生是可预防的，后果是可控的。事故的可预防性和事故的因果性、随机性和潜伏性一样，都是事故的基本性质。认识这一特性，对坚定信念，防止事故发生有促进作用。人类应该通过各种合理的对策和努力，从根本上消除事故发生的隐患，降低风险，把事故的发生及其损失降低到最低限度。

事故可预防性的理论基础是"安全性"理论。由安全科学的理论我们有

$$安全性 S = 1 - R = 1 - R(p,l,s) \tag{5-1}$$

式中　R——系统的风险；

　　　p——事故的可能性（概率函数）；

　　　l——可能发生事故的严重性（后果函数）；

　　　s——可能发生事故的敏感性（情景函数）。

$$事故的可能性 p = F(4M) = F(人，机，环，管) \tag{5-2}$$

式中　　人（Men）——人的不安全行为；

　　　　机（Machine）——机的不安全状态；

　　　　环（Medium）——生产环境的不良；

　　　　管（Management）——管理的欠缺。

$$事故的严重性 l = F(时态，危险性，环境，应急) \tag{5-3}$$

式中　　时态——系统运行的时态因素；

　　　　危险性——系统中危险的大小，由系统中含有能量、规模等因素决定；

　　　　环境——事故发生时所处的环境状态或位置；

　　　　应急——发生事故后所具有应急条件及能力。

$$事故的敏感性 s = F(时间，空间，系统，危害对象) \tag{5-4}$$

式中　　时间——时间敏感性；

　　　　空间——空间敏感性；

　　　　系统——系统敏感性；

　　　　危害对象——伤害对象的敏感性。

事故的发生与否和后果的严重程度是由系统中的固有风险和现实风险决定的，所以控制了系统中的风险就能够预防事故的发生。而风险是指特定危害事件（不期望事故）发生的概率与后果严重程度的结合。一个特定系统的风险是由事故的可能性（p）和可能发生事故的严重性（l）决定的，因此可以通过采取必要的措施控制事故的可能性来预防事故的发生；同时利用必要的手段控制可能发生的事故后果的严重性，即可以利用安全科学的基本理论和技术，在事故发生之前就采取措施控制事故发生的可能性和事故的后果严重性，从而实现事故的可预防性。

人的不安全行为、物的不安全状态、环境的不良和管理的欠缺是构成事故系统的因素，决定事故发生的可能性和系统的现实安全风险，控制这四个因素

能够预防事故的发生。在特定系统或环境中存在的四个因素是可控的，借助安全科学的基本理论和技术的指导，通过适当的手段和方法来消除人的不安全行为、机的不安全状态、环境的不良和管理的欠缺，从而实现预防事故的目的，因此事故也是能预防的，具有可防性。

通过上述分析，我们知道可以利用安全科学的基本理论和技术，采取适当的措施，避免事故的发生，控制事故的后果是可行的。也就是说，事故是可以预防的，事故后果是可以控制的，事故具有可预防性。事故的可预防性决定了安全科学技术存在和发展的必要性。

5.2.2 风险认识论

我国在20世纪80年代中期从发达国家引入了"安全系统工程"的理论，通过近20年的实践，在安全生产界"系统防范"的概念已深入人心。这在安全生产的方法论层面表明，我国安全生产和公共领域已从"无能为力，听天由命""就事论事，亡羊补牢"的传统方式逐步地转变到现代的"系统防范，综合对策"的方法论。在我国的安全生产实践中，政府的"综合监管"、全社会的"综合对策和系统工程"、企业的"管理体系"无不表现出"系统防范"的高明对策。

风险用于描述可能的不安全程度或水平，它不仅意味着事故现象的出现，更意味着不希望事件转化为事故的渠道和可能性。风险多种多样的，只要我们通过一定数量样本的认真分析研究，可以发现风险具有以下特征：

（1）风险存在的客观性。自然界的地震、台风、洪水、社会领域的战争、冲突、瘟疫、意外事故等，都不以人的意志为转移，它们是独立于人的意志之外的客观存在。这是因为无论是自然界的物质运动，还是社会发展的规律，都是由事物的内部因素所决定，由超过人们主观意识所存在的客观规律所决定。人们只能在一定的时间和空间内改变风险存在和发生的条件，降低风险发生的频率和损失幅度，而不能彻底消除风险。

（2）风险存在的普遍性。在我们的社会经济生活中会遇到自然灾害、意外事故、决策失误等意外不幸事件，也就是说，我们面临着各种各样的风险。随着科学技术的进步、生产力的提高、社会的发展、人类的进化，一方面，人类预测、认识、控制和抵抗风险的能力不断增强，另一方面又产生新的风险，且风险造成的损失越来越大。在当今社会，个人面临生老病死、意外伤害等风险，企业则面临着自然风险、市场风险、技术风险、政治风险等，甚至国家和政府机关也面临各种风险。总之，风险渗入社会、企业、个人生活的方方面面，无时无处不在。

（3）风险的损害性。风险是与人们的经济利益密切相关的。风险的损害性是指风险损失发生后给人们的经济造成的损失以及对人的生命的伤害。

（4）某一风险发生的不确定性。虽然风险是客观存在的，但就某一具体风险而言，其发生是偶然的，是一种随机现象。风险必须是偶然的和意外的，即对某一个单位而言，风险事故是否发生不确定，何时发生不确定，造成何种程度的损失也不确定。必然发生的现象，既不是偶然的也不是意外的，如折旧、自然损耗等不适风险。

（5）总体风险发生的可测性。个别风险事故的发生是偶然的，而对大量风险事故的观察会发现，其往往呈现出明显的规律性，运用统计方法去处理大量相互独立的偶发风险事故，其结果可以比较准确地反映风险的规律性。根据以往大量的资料，利用概率论和数理统计方法可测算出风险事故发生的概率及其损失幅度，并且可以构造成损失分布的模型。

（6）风险的变化发展性。风险是发展和变化的。

5.2.3 安全认识论

安全是人生存的第一要素，始终伴随着人类的生存、生活和生产过程。从这个意义上说，安全始终就应该放在第一位。安全是人类生存的最基本需要之一，没有安全就没有人类的生活和生产。"安全第一、预防为主、综合治理"是我国安全生产指导方针，要求一切经济部门和企事业单位，都应"确立人是最宝贵的财富，人命关天，人的安全第一"的思想。

1. 本质安全的认识

"本质安全"的认识主要是意识到要想实现根本的安全需要从根源上减少或消除危险，而不是通过附加的安全防护措施来控制危险。通过采用没有危险或危险性小的材料和工艺条件，将风险减小到忽略不计的安全水平，生产过程对人、财产或环境没有危害威胁，不需要附加或应用程序安全措施。本质安全方法通过设备、工艺、系统、工厂的设计或改进来消除或减少危险。安全功能已融入生产过程、工厂或系统的基本功能或属性。

安全是人们的基本需要，人们追求本质安全，但本质安全是人们的一种期望，是相对安全的一种极限。人类在认识和改造客观世界的过程中，事故总是在人们追求上述的过程中不断发生，并难以完全避免事故。事故是人们最不愿发生的事，即追求零事故，但追求零事故即绝对安全在现实中是不可能的，只能让事故隐患趋近于零，也就是尽可能预防事故或把事故的后果减至最小。

随着20世纪50年代世界宇航技术的发展，"本质安全"一词被提出并被广泛接受，这是与人类科学技术的进步以及对安全文化的认识密切相连的，是人类在生产、生活实践的发展过程中，对事故由被动接受到积极事先预防，以实现从源头杜绝事故和人类自身安全保护需要，是在安全认识上取得的一大进步。

化工、石油化工等过程工业领域的主要危险源是易燃、易爆、有毒有害的危险物质，相应地涉及生产、加工、处理它们的工艺过程和生产装置。1985年，克莱兹把工艺过程的本质安全设计归纳为消除、最小化、替代、缓和及简化五项技术原则。

在机械安全领域，在欧盟标准基础上的国际标准 ISO12100《机械类安全设计的一般原则》中贯穿了"人员误操作时机械不动作"等本质安全要求。在机械设计中要充分考虑人的特性，遵从人机学的设计原则。除了考虑人的生理、心理特征，减少操作者生理、精神方面的紧张等因素之外，还要"合理地预见可能的错误使用机械"的情况，必须考虑由于机械故障、运转不正常等情况发生时操作者的反射行为、操作中图快、怕麻烦而走捷径等造成的危险。为了防止机械的意外启动、失速、危险出现时不能停止运行、工件掉落或飞出等伤害人员，机械的控制系统也要进行本质安全设计。根据该国际标准，机械本体的本质安全设计思路为：①采取措施消除或消减危险源；②尽可能减少人体进入危险区域的可能性。

核电站在运用系统安全工程实现系统安全的过程中，逐渐形成了"纵深防御（defense - in - depth）"的理念。为了确保核电站的安全，在本质安全设计的基础上采用了多重安全防护策略，建立了4道屏障和5道防线。其中，为了防止放射性物质外泄设置的4道屏障即被动防护措施包括燃料芯块、燃料包壳、压力边界、安全壳。

美国化工过程安全中心（CCPS）提出了防护层（layer of protection，LP）的理念。针对本质安全设计之后的残余危险设置若干层防护层，使过程危险性降低到可接受的水平。防护层中往往既有被动防护措施也有主动防护措施。

2. 安全的相对性

安全的相对性指人类创造和实现的安全状态和条件是动态、变化的特性，是指安全的程度和水平是相对法规与标准要求、社会与行业需要存在的。安全没有绝对，只有相对；安全没有最好，只有更好；安全没有终点，只有起点。安全的相对性是安全社会属性的具体表现，是安全的基本而重要的特性。

1）绝对安全是一种理想化的安全

由于人类对自然的认识能力是有限的，对万物危害的机理或者系统风险的控制也是在不断地研究和探索中；人类自身对外界危害的抵御能力也是有限的，调节人与物之间的关系的系统控制和协调能力也是有限的，难以使人与物之间实现绝对和谐并存的状态，这就必然会引发事故和灾害，造成人和物的伤害和损失。客观上，人类发展安全科学技术不能实现绝对的安全境界，只达到风险趋于"零"的状态，但这并不意味着事故不可避免。恰恰相反，人类通过安全科学技术的发展和进步，实现了"高危－低风险""无危－无风险""低风险－无事故"的安全状态。

2) 相对安全是客观的现实

多大的安全度才是安全的？这是一个很难回答但必须回答的问题，这就是通过相对安全的概念来实现可接受的安全度水平。安全科学的最终目的就是应用现代科学技术将所产生的任何损害后果控制在绝对的最低限度，或者至少使其保持在可容许的限度内。安全性具有明确的对象，有严格的时间、空间界限，但在一定的时间、空间条件下，人们只能达到相对的安全。人－机－环均充分实现的那种理想化的"绝对安全"，只是一种可以无限逼近的"极限"。作为对客观存在的主观认识，人们对安全状态的理解，是主观和客观的统一。伤害、损失是一种概率事件，安全度是人们生理上和心理上对这种概率事件的接受程度。人们只能追求"最适安全"，就是在一定的时间、空间内，在有限的经济、科技能力状况下，在一定的生理条件和心理素质条件下，通过创造和控制事故、灾害发生的条件来减小事故、灾害发生的概率和规模，使事故、灾害的损失控制在尽可能低的限度内，求得尽可能高的安全度，以满足人们的接受水平。对不同民族、不同群体而言，人们能够承受的风险度是不同的。社会把能够满足大多数人安全需求的最低危险度定为安全指标，该指标随着经济、社会的发展变化而不断提高。

3) 做到相对安全的策略和智慧

相对安全是安全实践中的常态和普遍存在。做到相对安全有如下策略：

（1）相对于规范和标准。一个管理者和决策者，在安全生产管理实践中，最基本的原则和策略就是实现"技术达标""行为规范"，使企业的生产状态及过程是规范和达标的。"技术达标"是指设备、装置等生产资料达到安全标准要求；"行为规范"是指管理者的安全决策和管理过程是符合国家安全规范要求的。安全规范和标准是人们可接受的安全的最低程度，因此说，"相对的安全规范和标准是符合的，则系统就是安全的"。在安全活动中，人人应该做到行为符合规范，事事做到技术达标。因此，安全的相对性首先是体现在"相对规范和标准"方面。

（2）相对于时间和空间。安全相对于时间是变化和发展的，相对于作业或活动的场所、岗位，甚至行业、地区或国家，都具有差异和变化。在不同的时间和空间里，安全的要求和可接受的风险水平是变化的、不同的。这主要是在不同时间和空间，人们的安全认知水平不同、经济基础不同，因而人们可接受的风险程度也是不相同的。所以，在不同的时间和空间里，安全标准不同，安全水平也不相同，在从事安全活动时，一定要动态地看待安全，才能有效地预防事故发生。

（3）相对于经济及技术。在不同时期，经济的发展程度是不同的，那么安全水平也会有所差异。随着人类经济水平的不断提高和人们生活水平的提高，对安全的认识也应该不断深化，对安全的要求提出更高的标准。因此，我们要做到安全认识与时俱进，安全技术水平不断提高，安全管理不断加强，应逐步降低事故的发生率，追求零事故的目标。人类的技术是发展的，因此安全标准和安全规范也是变化发展的，随着技术的不断变化，安全技术要与生产技术同行，甚至领先和超前于生产技术的发展和进步。

（4）安全相对性与绝对性的辩证关系。安全科学是一门交叉科学，既有自然属性，也有社会属性。因此，从安全的社会属性角度，安全的相对性是普遍存在的，而针对安全的自然属性，从微观和具体的技术对象而言，安全也存在着绝对性特征。如从物理或化学的角度，基于安全微观的技术标准而言，安全技术标准是绝对的。因此，我们认识安全相对性的同时，也必须认识到从自然属性角度的安全技术标准的绝对性。

5.3 安全相关方法论

方法论，就是人们认识世界、改造世界的方式方法，是人们用什么样的方式、方法来观察事物和解决问题，是从哲学的高度总结人类创造和运用各种方法的经验，探求关于方法的规律性知识。概括地说，认识论主要解决世界"是什么"的问题，方法论主要解决"怎么办"的问题。人类防范事故的科学已经历了漫长的岁月，从事后型的经验论到预防型的本质论，从单因素的就事论事到安全系统工程，从事故致因理论到安全科学原理，工业安全科学的理论体系在不断完善和完善。追溯安全科学理论体系的发展轨迹，探讨其发展的规律和趋势，对于系统、完整和前瞻性地认识安全科学理论，以指导现代安全科学实践和事故预防工程具有现实的意义。

5.3.1 事故经验论

经验论是人们基于事故经验改进安全的一种方法论。显然，经验论是必要的，但是事后改进型的方式，是传统的安全方法论。17世纪前，人类安全的认识论是宿命论的，方法论是被动承受型的，这是人类古代安全文化的特征。17世纪末期至21世纪初，由于事故与灾害类型的复杂多样和事故严重性的扩大，人类进入了局部安全认识阶段。哲学上反映出：建立在事故与灾难的经历上来认识人类安全，有了与事故抗争的意识，人类的安全认识论提高到经验论水平，方法论有了"事后弥补"的特征。

1. 事后经验型安全管理模式

经验论是事故学理论的方法论和认识论，主要是以实践得到的知识和技能为出发点，以事故为研究的对象和认识的目标，是一种事后经验型的安全哲学，是建立在事故与灾难的经历上来认识安全，是一种逆式思路（从事故后果到原因事件）。主要特征在于被动与滞后、凭感觉和靠直觉，是"亡羊补牢"的模式，突出表现为一种头痛医头、脚痛医脚、就事论事的对策方式。当时的安全管理模式是一种事后经验型的、被动式的安全管理模式。

2. 事故经验论的优缺点

从被动地接受事故的"宿命论"到可以依靠经验来处理一些事故的"经验论"，是一种进步，经验论具有一些"宿命论"无法比的优点。首先，经验论可以帮助我们处理一些常见的事故，使我们不再是听天由命的状态；其次，经验论有助于我们不犯同样的错误，减少事故的发生。即使在安全科学已经得到充分发展的今天，经验论也有其自身的价值，比如我们可以从近代世界大多数发达国家的发展进程中来寻求经验。一些国家的经历表明，随着人均GDP的提高（到一定水平），事故总体水平在降低。但是，影响安全的因素是多样和复杂的，除了经济因素外（这是重要的因素之一），还与国家制度、社会文化（公民素质、安全意识）、科学技术（生产方式和生产力水平）等有关。而我国的国家制度、公民安全意识、现代生产力水平，总体上说已"今非昔比"，我们今天的社会总体安全环境（影响因素），生产和生活环境（条件）、法制与管理环境、人民群众的意识和要求，都有利于安全标准的提高和改善。当然，安全科学的发展已经告诉人们，只凭经验是不行的，经验论也有其缺点和不足，经验论具有预防性差、缺乏系统性等问题，并且经验的获得往往需要惨痛的代价。

3. 事故经验论的理论基础

事故经验论的基本出发点是事故，是基于以事故为研究对象的认识，逐渐形成和发展了事故学的理论体系。

（1）事故分类方法：按管理要求的分类法，包括加害物分类法、事故程度分类法、损失工日分类法、伤害程度与部位分类法等；按预防需要的分类法，包括致因物分类法、原因体系分类法、时间规律分类法、空间特征分类法等。

（2）事故模型分析方法：包括因果连锁模型（多米诺骨牌模型）、综合模型、轨迹交叉模型、人为失误模型、生物节律模型、事故突变模型等。

（3）事故致因分析方法：包括事故频发倾向论、能量意外释放论、能量转移理论、两类危险源理论。

（4）事故预测方法：包括线性回归理论、趋势外推理论、规范反馈理论、灾变预测法、灰色预测法等。

（5）事故预防方法论：包括"3E"对策理论、"3P"策略论、安全生产五要素（安全文化、安全法制、安全责任、安全科技、安全投入）等。

（6）事故管理：包括事故调查、事故认定、事故追责、事故报告、事故结案等。

4. 事故经验论的方法特征

事故经验论的主要特征在于被动与滞后，是"亡羊补牢"的模式，多用"事后诸葛亮"的手段，突出表现为一种头痛医头、脚痛医脚、就事论事的对策方式。在上述思想认识的基础上，事故学理论的主要导出方法是事故分析（调查、处理、报告等），事故规律的研究，事后型管理模式、"三不放过"（即发生事故后原因不明、当事人未受到教育、措施不落实三不放过）的原则，建立在事故统计学基础上的致因理论研究，事后整改对策，事故赔偿机制与事故保险制度等。事故经验论对于研究事故规律，认识事故的本质，从而指导预防事故有重要意义，在长期的事故预防与保障人类安全生产和生活过程中发挥了重要的作用，是人类的安全活动实践的重要理论依据。但是，仅停留在事故学的研究上，一方面，由于现代工业固有的安全性在不断提高，事故频率逐步降低，建立在统计学基础上的事故理论随着样本的局限使理论本身的发展受到限制；另一方面，由于现代工业对系统安全性要求不断提高，直接从事故本身出发的研究思路和对策，其理论效果不能满足新的要求。

5.3.2 本质安全论

20世纪50年代到20世纪末，随着高技术的不断涌现，如现代军事、宇航技术、核技术的利用以及信息化社会的出现，人类的安全认识论进入了本质论阶段，超前预防型的现代安全哲学观念愈发凸显，安全认识论和方法论的不断深入极大推进了现代工业社会的安全科学技术创新和人类征服安全事故的手段和方法科学化与多样化。

1. 本质安全的概念及内涵

本质是指"存在于事物之中的永久的、不可分割的要素、质量或属性"，或者说是"指事物本身所固有的、决定事物性质面貌和发展的根本属性"。本质安全，又称内在安全或本质安全方法，最初的概念是指从根源上消除或减少危险，而不是依靠附加的安全防护和管理控制措施来控制危险源和风险的技术方法。它可以与传统的无源安全措施（无须能量或资源的安全技术措施，如保护性措施）、有源安全措施（具有独立能量系统的安全措施，噪声的有源控制）和程序安全管理等综合应用，通过避免/消除、阻止、控制和减缓危险等原理，为生产过程提供安全保障。本质安全与常规安全方法的关系可用图5-1表示。

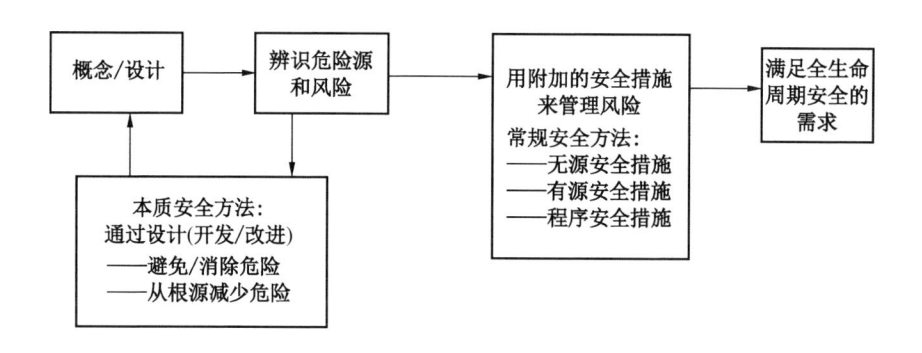

图5-1 本质安全与常规安全方法的关系

常规安全（也称外在安全）是通过附加安全防护装置来控制危险，从而减小风险；附加的安全装置需要花费额外的费用，并且还必须对其进行维修保养，由于固有的危险并没有消除，仍然存在发生事故的可能性，并且其后果可能会因为防护装置自身的故障而更加严重。本质安全方法主要应用在产品、工艺和设备的设计阶段，相对于传统的设计方法，本质安全设计方法在设计初始阶段需要的费用较大，但在整个生命周期的总费用相对较少。本质安全设计的实施可以减少操作和维护费用，提高工艺、设备的可靠性。常规安全措施的主要目的是控制危险，而不是消除危险，只要存在危险，就存在该危险引起事故的可能性；而本质安全主要是依靠物质或工艺本身特性来消除或减小危险，可以从根本上消除或减小事故发生的可能性。本质安全理论可广泛应用于各类生产活动的全生命周期，尤其是在设计和运行阶段。从纵深防御的安全保障作用上看，本质安全方法比常规安全方法效果更好。

人类古代就有本质安全的认识和措施,如人们建造村庄时,选择高处,用本质安全位置的方式避免洪水风险;四个轮子的马车就是一种本质安全设计,它比两个轮子的战车运输货物要更加安全;只允许单向行驶的两条并排铁路比供双向行驶的一条铁路要安全。随着视野和理解的升华,本质安全上升为本质安全论,其含义得到了深化和扩展。本质论是人们从本质安全角度改进安全的一种方法论。目前从安全科学技术角度来讲,本质安全有以下三种理解,其中,一种为狭义理解,两种为广义理解。

定义1(狭义-设备):本质安全是指设备设施或技术工艺含有内在的能够从根本上防止发生事故的功能。本质安全是从根源上消除或减小生产过程中的危险。本质安全方法与传统安全方法不同,即不依靠附加的安全系统实现安全保障。

定义2(广义-系统):本质安全是指安全系统中人、机、环境等要素从根本上防范事故的能力及功能。本质安全的特征表现为根本性、实质性、主体性、主动性、超前性。

定义3(广义-企业):本质安全就是通过追求企业生产流程中人、物、系统、制度等诸要素的安全可靠、和谐统一,使各种风险因素始终处于受控制状态,进而逐步趋近本质型、恒久型安全目标。"物本"—技术设备设施工具的本质安全性能;"人本"—人的意识观念态度等人的根本性安全素质。

2. 本质安全论的理论基础

本质安全论以安全系统作为研究对象,建立了人—物—能量—信息的安全系统要素体系,提出系统安全的思路,确立了系统本质安全的目标。通过安全系统论、安全控制论、安全信息论、安全协同学、安全行为科学、安全环境学、安全文化建设等科学理论研究,提出在本质安全化认识论基础上全面、系统、综合地发展安全科学理论。目前已有的初步体系有以下方面:

(1)安全的哲学原理。从历史学和思维学的角度研究实现人类安全生产和安全生存的认识论和方法论。如有了这样的归纳:远古人类的安全认识论是宿命论的,方法论是被动承受型的;近代人类的安全认识提高到了经验的水平;现代随着工业社会的发展和技术的进步,人类的安全认识论进入了系统论阶段,从而在方法论上能够推行安全生产与安全生活的综合型对策,甚至能够超前预防。有了正确的安全哲学思想的指导,人类现代生产与生活的安全才能获得高水平的保障。

(2)安全系统论原理。从安全系统的动态特性出发,研究人、社会、环境、技术、经济等因素构成的安全大协调系统。建立生命保障、健康、财产安全、环保、信誉的目标体系。在认识了事故系统人-机-环境-管理四要素的基础上,更强调从建设安全系统的角度出发,认识安全系统的要素:人指人的安全素质(心理与生理、安全能力、文化素质),物指设备与环境的安全可靠性(设计安全性、制造安全性、使用安全性),能量指生产过程能的安全作用(能的有效控制),信息指充分可靠的安全信息流(管理效能的充分发挥)是安全的基础保障。从安全系统的角度来认识安全原理,更具有理性的意义,更具科学性原则。

(3)安全控制论原理。安全控制是最终实现人类安全生产和安全生存的根本措施。安全控制论提出了一系列有效的控制原则。安全控制论要求从本质上来认识事故(而不是从形式或后果),即事故的本质对是能量的不正常转移。由此推出了高效实现安全系统的方法和对策。

(4)安全信息论原理。安全信息是安全活动所依赖的资源。安全信息原理研究安全信息的定义、类型,研究安全信息的获取、处理、存储、传输等技术。

(5)安全经济性原理。从安全经济学的角度,研究安全性与经济性的协调、统一。根据安全-效益原则,通过"有限成本-最大安全""达到安全标准-安全成本最小",以及实现安全最大化与成本最小化的安全经济目标。

(6)安全管理学原理。安全管理最基本的原理首先是管理组织学的原理,即安全组织机构合理设置,安全机构职能科学分工,安全管理体制协调高效,管理能力自组织发展,安全决策和事故预防决策有效和高效。其次是专业人员保障系统的原理,即遵循专业人员的资格保证机制,通过发展学历教育和设置安全工程师职称系列的单列,对安全专业人员提出具体严格的任职要求;建立兼职人员网络系统,企业内部从上到下(班组)设置全面、系统、有效安全管理组织网络等。最后是投资保障机制,研究安全投资结构的关系,正确认识预防性投入与事后整改投入的关系,研究和掌握安全措施投资政策和立法,依照谁需要、谁受益、谁投资的原则,建立国家、企业、个人协调的投资保障系统等。

(7)安全工程技术原理。随着技术和环境的不同,发展相适应的硬技术原理、机电安全原理、防火原理、防爆原理、防毒原理等。

3. 本质安全的技术方法

本质安全的技术方法就是通过采用没有危险或危险性小的材料和工艺条件,将风险减小到忽略不计的安全水平,生产过程对人、环境或财产没有危害威胁,不需要附加或程序安全措施。可以通过设备、工艺、系统、工厂的设计或改进来减少或消除危险,将安全技术功能融入生产过程、工厂或系统的基本功能或属性。表 5-2 列举了通用的本质安全技术方法及关键词。

表 5-2 通用的本质安全技术方法及关键词

关键词	技 术 方 式 方 法
最小化	减少危险物质的数量
替代	使用安全的物质或工艺
缓和	在安全的条件下操作,如常温、常压和液态
限制影响	改进设计和操作使损失最小化,如装置隔离等
简化	简化工艺、设备、任务或操作
容错	使工艺、设备具有容错功能
避免多米诺效应	设备设施有充足的间隔布局,或使用开放式结构设计
避免组装错误	使用特定的阀门或管线系统避免人为失误
明确设备状况	避免复杂设备和信息过载
容易控制	减少手动装置和附加的控制装置

4. 本质安全的管理方法

根据广义的概念,本质安全的管理方法的主要内容包括如下四个方面:

(1) 人的本质安全。它是创建本质安全型企业的核心,即企业的决策者、管理者和生产作业人员,都具有正确的安全观念、较强的安全意识、充分的安全知识、合格的安全技能,人人安全素质达标,都能遵章守纪,按章办事,干标准活,干规矩活,杜绝"三违",实现个体到群体的本质安全。

(2) 物(装备、设施、原材料等)的本质安全。任何时候、任何地点,都始终处在能够安全运行的状态,即设备以良好的状态运转,不带故障;保护设施等齐全,动作灵敏可靠;原材料优质,符合规定和使用要求。

(3) 工作环境的本质安全。生产系统工艺性能先进、可靠、安全;高危生产系统具有闭锁、联动、监控、自动监测等安全装置,如企业有提升、运输、通风、压风、排水、供电等主要系统及分支的单元系统,这些系统本身应该没有隐患或缺陷,且有良好的配合,在日常生产过程中,不会因为人的不安全行为或物的不安全状态而发生事故。

（4）管理体系的本质安全。建立健全完善的规章制度和规范、科学的管理制度，并规范地运行，实现管理零缺陷，安全检查经常化、时时化、处处化、人人化，使安全管理无处不在，无人不管，使安全管理人人参与，变传统的被管理的对象为管理的动力。

6 安全系统学

6.1 安全系统论

安全系统论是基于系统思想防范事故的一种方法论。系统思想即体现出综合策略、系统工程、全面防范的方法和方式。显然,安全系统论是先进和有效的安全方法论。

21世纪初至50年代,随着工业社会的发展和技术的不断进步,人类的安全认识论和方法论进入了系统论阶段。

6.1.1 安全系统论理论

1. 系统科学基本理论

系统理论是指把对象视为系统进行研究的一般理论。其基本概念是系统、要素。系统是指由若干相互联系、相互作用的要素所构成的有特定功能与目的的有机整体。系统按其组成性质,分为自然系统、社会系统、思维系统、人工系统、复合系统等。按系统与环境的关系分为孤立系统、封闭系统和开放系统。系统具有六个方面的特性:

(1) 整体性:指充分发挥系统与系统、子系统与子系统之间的制约作用,以达到系统的整体效应。

(2) 稳定性:即系统由于内部子系统或要素的运动,总是使整个系统趋向某一个稳定状态。其表现是在外界相对微小的干扰下,系统的输出和输入之间的关系,系统的状态和系统的内部秩序(即结构)保持不变,或经过调节控制而保持不变的性质。

(3) 有机联系性:即系统内部各要素之间以及系统与环境之间存在着相互联系、相互作用。

(4) 目的性:即系统在一定环境下,必然具有达到最终状态的特性,它贯穿于系统发展的全过程。

(5) 动态性:即系统内部各要素间的关系及系统与环境的关系是时间的函数,即随着时间的推移而转变。

(6) 结构决定功能的特性:系统的结构指系统内部各要素的排列组合方

式。系统的整体功能是由各要素的组合方式决定的。要素是构成系统的基础，但一个系统的属性并不只由要素决定，它还依赖于系统的结构。

2. 安全系统的构成

系统分析是就如何确定系统的各组成部分及相互关系，使系统达到最优化而对系统进行的研究。它包括六个方面内容：

（1）了解系统的要素，分析系统是由哪些要素构成的。

（2）分析系统的结构，研究系统的各个要素相互作用的方式是什么。

（3）弄清系统的功能。

（4）研究系统的联系。

（5）把握系统历史。

（6）探讨系统的改进。

从安全系统的动态特性出发，人类的安全系统是人、社会、环境、技术、经济等因素构成的大协调系统。无论从社会的局部还是整体来看，人类的安全生产与生存需要多因素的协调与组织才能实现。安全系统的基本功能和任务是满足人类安全的生产与生存，以及保障社会经济生产发展的需要，因此安全活动要以保障社会生产、促进社会经济发展、降低事故和灾害对人类自身生命和健康的影响为目的。为此，安全活动首先应与社会发展基础、科学技术背景和经济条件相适应和相协调。安全活动的进行需要经济和科学技术等资源的支持，安全活动既是一种消费活动（以生命与健康安全为目的），也是一种投资活动（以保障经济生产和社会发展为目的）。从安全系统的静态特性看，安全系统的要素及结构如图6-1所示。

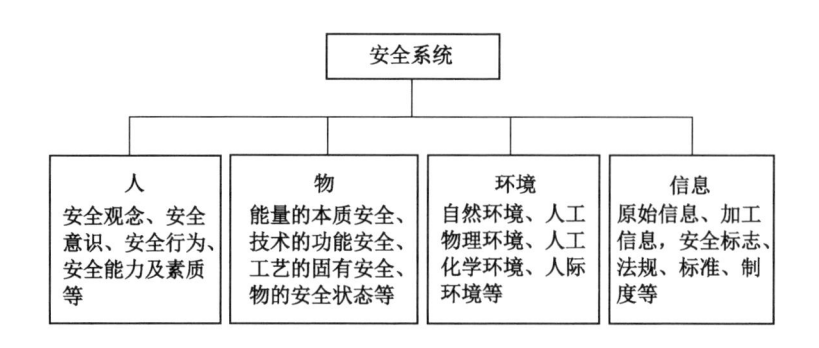

图6-1 安全系统的要素及结构

研究和认识安全系统要素是非常重要的，其要素涉及：人——人的安全素质（心理与生理、安全能力、文化素质）；物——设备与环境的安全可靠性（设计安全性、制造安全性、使用安全性）、生产过程能的安全状态和作用（能的有效控制）；信息——原始的安全一次信息，如作业现场、事故现场等，通过加工的安全二次信息，如法规、标准、制度、事故分析报告等；信息——充分可靠的安全信息流（管理效能的充分发挥）是安全的基础保障。认识事故系统要素，对指导我们从打破事故系统来保障人类的安全具有实际的意义，这种认识带有事后型的色彩，是被动、滞后的，而从安全系统的角度出发，则具有超前和预防的意义，因此，从创建安全系统的角度来认识安全原理更具有理性、预防的意义，更符合科学性原则。

3. 安全系统的优化

可以说，安全科学、安全工程技术学科的任务就是为了实现安全系统的优化。特别是安全管理，更是控制人、机、环境三要素，以及协调人、物、能量、信息四元素的重要工具。

其中一个重要的认识是，要从要素个别出发，研究和分析系统的元素，如安全教育、安全行为科学研究和分析人的要素，安全技术、工业卫生研究物的要素。更有意义的是要从整体出发研究安全系统的结构、关系和运行过程等，安全系统工程、安全人机工程、安全科学管理等则能实现这一要求和目标。

6.1.2 安全系统分析理论

1. 安全系统动力学分析理论

1）立论

概念：安全系统动力学分析理论是应用系统动力学理论和方法，对安全系统、事故系统的动态特性及规律进行定性、定量分析的理论方法。

内涵：安全系统和事故系统是相互作用的多因素的复合体（参见安全系统要素理论和事故致因理论），并且安全系统因素具有随时空变化而变化的动态特性。因此，应用系统动力学的理论方法研究安全系统和事故系统规律，对优化安全系统、控制事故系统具有良好的效果和作用。

系统动力学理论方法应用领域十分广泛，包括工业企业管理决策、证券市场行为研究、软件工程与项目管理、环境与能源、区域经济规划与国民经济宏观调控、生物及医学建模、公共管理及策略、自然科学与社会科学等。

系统动力学理论可以应用于安全科学与工程领域的诸多方面，如安全管理体系、安全标准建设、事故应急管理、安全系统承载力、安全组织机制研究，以及事故致因及演化规律分析、风险管控机制建立等方面。

2) 要义

系统动力学由美国麻省理工学院的福瑞斯特（Jay W. Forrester）教授于1956年创立。他于1958年为分析生产管理及库存管理等企业问题而提出的系统仿真方法，最初叫工业动态学。它是一门分析研究信息反馈系统的学科，也是一门认识系统问题和解决系统问题的交叉综合学科。从系统方法论来说，系统动力学是结构的方法、功能的方法和历史的方法的统一。它基于系统论，吸收了控制论、信息论的精髓，是一门综合自然科学和社会科学的横向交叉的学科。

根据系统动力学的基本理论，系统动力学可以实现具有以下特征的现实系统的科学分析：

（1）系统类型。系统动力学所研究的系统，需要具有非平衡性的有序耗散特性的系统，即实际系统是开放系统，系统中有明显的内在动力作用，元素之间、子系统之间具有相互作用现象和动态性特征。

（2）系统描述。系统动力学所研究的系统必须是可以通过一系列时间序列变量进行定量描述的、时间序列变量的时变规律。通过数学建模可以动态化地反映系统的演化，不然无法清晰地诠释一个系统，也无法理清系统内在深层次的动力作用机理，也就无法进一步探讨系统的优化与完善。

（3）系统复杂性。系统动力学研究的系统要具有复杂性，通常用于研究社会系统，具体体现在规模庞大、结构复杂、相互作用关系复杂，具有阶次高、反馈回路多而复杂、变量的时间变化规律与变量间变化规律呈非线性变化。

（4）系统结构。系统动力学研究的系统结构，应该同时具有主导性和非主导性的动态结构，也就是系统中的主导性回路与非主导性回路的存在。正因为有两类结构，系统才具有随时间发展变化的内在驱动力及驱动方向。同时，系统的关键变量也是决定动态回路的主导性的根本原因，也间接影响系统的行为模式与发展方向。

系统动力学仿真能够解决的现实问题包括以下几个方面：

（1）系统随时间发展的相关问题。系统的发展是随时间变化的，那么刻画系统的各个变量通过仿真建模，可以探索系统发展的时间规律，包括时间周期、变化趋势、未来预测等。根据数据的时间规模，来判断系统的行为与效果。同时，由于仿真过程依据实际系统的结构和因果反馈关系，所以无论时间长短，都可以较为准确地得出系统行为。

（2）数据不充分时亦可进行仿真。由于现实系统尤其是社会系统通常规模很大，描述系统所需的变量多且繁杂，相应的数据存在难收集难获得的问题，传统数学方法无法完成系统的准确分析。而系统动力学的原理是基于系统的因果反馈回路，系统的最终行为与结果对于某些变量和回路不敏感，不影响对系统仿真的准确度。

（3）复杂系统的特殊性问题。复杂系统具有高阶次、非线性等问题，传统数学方法通常是对变量数据进行降阶、近似拟合线性方程的方法，难度大而且不精确。而系统动力学可以借助软件，建立高阶方程组来求解复杂系统的解，从而获得系统的完整信息。

（4）条件模拟仿真问题。基于系统动力学建模仿真的结果，可以通过加入情景条件值，模拟政策、决议等在未来变化时对系统的发展结果的影响，从而实现系统的科学预测和政策的优化与改善。

3）应用

（1）安全生产标准化系统动力学建模分析。为了优化我国安全生产标准化运行机制的效能，可应用系统动力学理论方法进行建模分析研究。例如，安全生产标准化系统的发展动力、客观环境和发展需求的基本因果关系如图 6-2 所示。以此基模为核心，构建政府、行业、企业、社会、员工系统主体的子模型，描述安全生产标准化系统发展动力和构建长效机制的系统动力学模型，以指导政府管理部门、行业、企业、社会中介等组织优化和改进安全生产标准管理及运行工作。

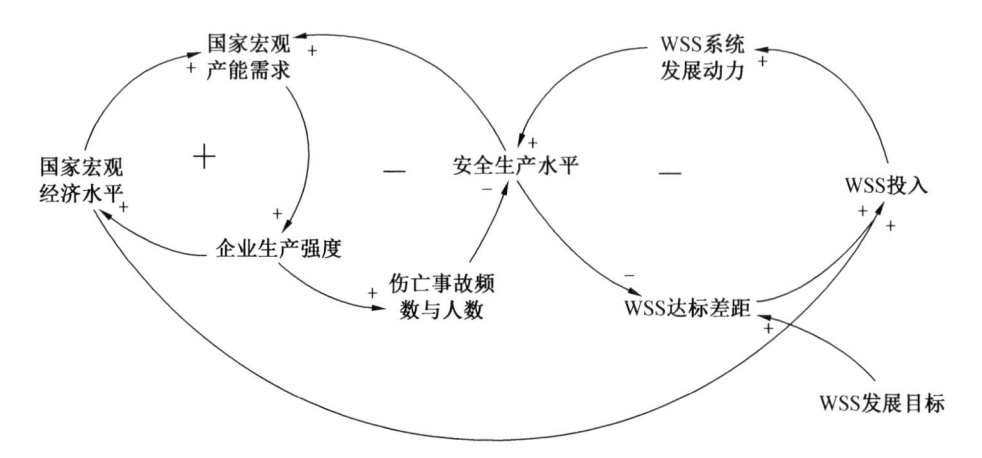

图 6-2　安全生产标准化系统动力学基模

企业安全生产标准化系统动力分流如图 6-3 所示。

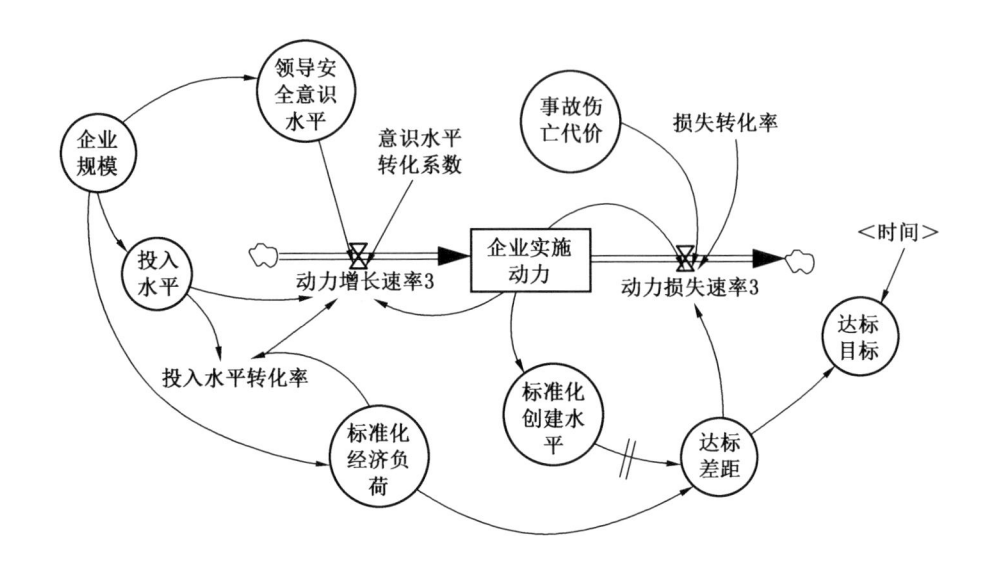

图 6-3 企业安全生产标准化系统动力分流

（2）安全系统承载力建模分析研究。对于民航安全领域，可应用系统动力学理论方法研究机场、空管、航空公司基于人员能力、环境条件、设备设施，甚至自然因素、气象因素的安全系统保障能力，科学、合理地处理安全性与经济性、安全性与效率性的关系，以提高和优化民航安全综合保障水平。

例如，对于民航空管系统，安全承载能力、安全和服务水平、空域流量的基本因果关系见图 6-4 所示。以此基模为核心，构建不同的子模型以描述民航空管单位安全承载能力与持续安全发展的系统动力学模型。

2. 系统风险定量分析模型

1）概念及内涵

系统风险定量分析模型是在风险概念的基础上，为了对风险的程度或水平进行评价，以数学函数形式对系统风险进行定量化的测量与分析的数学表达式。

风险是指系统中不期望的安全事件（事故、灾害、危害性事件等）发生的可能性与其引起不良后果的严重程度的结合。系统风险定量分析数学模型有两种方式：

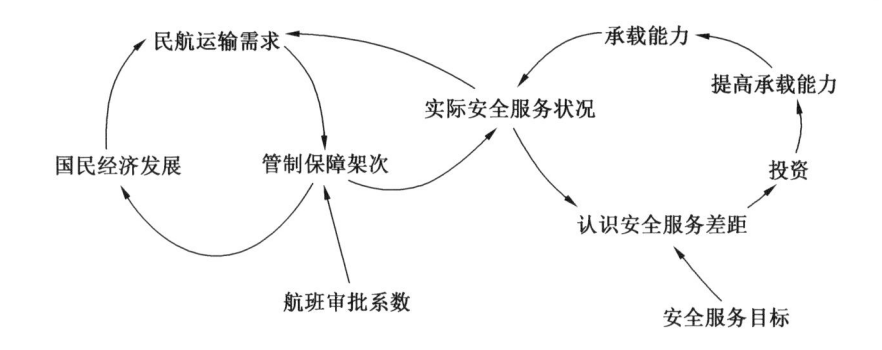

图 6-4 民航空管单位安全承载能力与持续安全发展基本因果关系

一是经典的二维模型,"$P-L$"模型。首先,建立风险 R 是可能性 P 和严重程度 L 两个变量的函数;其次,分别根据可能性方面的因素变量和严重性的因素变量构建风险定量的可能性函数模型与严重性函数模型。

二是现代的三维模型,"$P-L-S$"模型,在二维模型的基础上增加了 S 敏感性子函数。

2) 风险的基本数学模型

(1) 风险的二维函数数学模型。根据上述风险的概念,可将风险表达为事件发生概率及其后果的函数,即

$$风险\ R = f(P, L) \tag{6-1}$$

式中　P——事件发生概率;

L——事件发生后果,对于事故风险来说,L 就是事故的损失(生命损失及财产损失)后果。

(2) 风险的三维函数数学模型。

$$风险函数\ MR_i = f(P, L, S) = P \times L \times S \tag{6-2}$$

式中　R_i——宏观安全风险,危险源(点、线、面)组成的对象发生可能性、严重性、敏感性的函数;

P——可能性,危险源(点、线、面)组成的对象发生的概率函数;

L——严重性,危险源(点、线、面)组成的对象可能后果严重度,后果函数;

S——敏感性,危险源(点、线、面)组成的对象发生的时间、空间或系统的影响敏感程度,情境函数。

概率函数:

$$P = f(4M) = F(人因,物因,环境,管理)$$

概率函数用于分析风险因素的可能性。风险事件的概率可用故障树分析法、事故树分析法进行分析计算。

后果函数：

$$L = F(人员影响,财产影响,环境影响,社会影响)$$

后果函数用于分析风险因素的严重性。风险事件的后果严重度定量可用事故指标进行分析计算。

情境函数：

$$S = F(时间敏感,空间敏感,系统敏感)$$

情境函数用于分析风险因素的敏感性。风险事件的敏感性可用相应的变量指标或频率指标分析计算。

式（6-1）、式（6-2）是风险的基本数学模型，根据研究分析对象的不同，还有各种不同的进行风险定量分析的数学模型，如风险指数法、伤害（或破坏）范围法和概率风险法等。

3. 风险 ALARP 准则

ALARP 准则最早是由英国健康、安全和环境部门（Health Safety and Environment，HSE）提出的进行风险管理和决策的准则，现已成为可接受风险标准确立的基本框架。ALARP 准则适用于对个人死亡风险、环境风险和财产风险的评估。实际工作中常把"ALARP 准则"称为"二拉平原则"，可对安全措施边际效益的分析控制，其实践价值如下：

（1）对工业系统进行定量风险评估，如果所评估出的风险指标在不可容忍线之上，则落入不可容忍区。此时，除特殊情况外，该风险是无论如何不能被接受的。

（2）如果所评出的风险指标在可忽略线之下，则落入可忽略区。此时，该风险是可以被接受的，无须再采取安全改进措施。

（3）如果所评出的风险指标在可忽略线和不可容忍线之间，则落入"可容忍区"，此时的风险水平符合 ALARP 准则。此时，需要进行安全措施投资成本-风险分析（Cost-Risk）低贡献不大，则风险是"可容忍的"，即可以允许该风险的存在，以节省安全成本。

同工业系统的生产活动一样，采取安全措施、降低工业系统风险的活动也是经济行为，同样服从一些共同的经济规律。在经济学中，主要用生产函数理论来描述和解释工业系统的生产活动；下面是有关学者建立的与生产函数类似的风险函数，用来描述和解释工业安全工作，并在此基础上根据边际产出变化规律来分析 ALARP 准则的经济本质。

根据边际产出的变化规律，分析风险产出函数可以得出如下结论：

（1）如果对工业系统不采取任何安全措施，则系统将处于最高风险水平。

（2）在安全措施投资的投入过程中，风险并不是呈线性降低的；而是同生产要素的边际产出一样先递增后递减。也就是说，风险管理的安全投入有一个最佳经济效益点。

（3）在一定的技术状态下，工业系统的风险水平降到一定程度将不再随着安全投入的增加而明显降低。这也说明系统的风险是不可能完全消除的，只能控制在一个合理可行的范围内。

4. 系统风险三维分级理论

1）概念及内涵

系统风险三维分级理论是在风险二维分析模型的基础上，加入敏感性要素，从可能性、严重性、敏感性三个维度进行风险分级评价的理论。

风险是指事故发生可能性与事故后果严重程度的组合，由于不同时间、地点发生事故的敏感程度不同，特殊时期或者特定地理位置发生事故后果严重性不同，所以在对风险进行分级的时候加入由于时机、区域、系统、对象等敏感度要素，会使得风险的分级评价更为精确、合理和客观。

2）方法及应用

三维风险分级模型的设计以风险函数的二维模型（事故发生的可能性与后果严重性）为基础，增加了敏感性维度，即从事故发生的可能性、后果严重性及敏感性三个维度分析风险的方法。风险三维分级整体模型如图 6-5 所示，风险三维分级模型如图 6-6 所示。

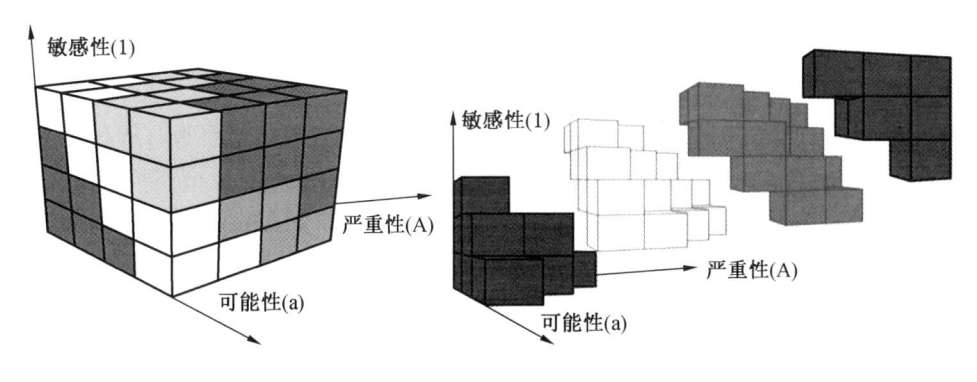

图 6-5　风险三维分级整体模型　　　图 6-6　风险三维分级模型

三维风险分级模型有如下应用方式：

（1）定性分级应用。针对所进行分级评价的风险因素（危险源、隐患、事故等），可应用三维分级模型，根据三个维度不同等级的组合，进行风险分级，见表6-1。

表6-1　风险评价分级定性三维模型要素风险组合表

风险等级	要　素　风　险　组　合
Ⅳ级风险	Aa1、Aa2、Aa3、Ab1、Ab2、Ab3、Ba1、Ba2、Bb1、Bb2、Ca1
Ⅲ级风险	Aa4、Ab3、Ab4、Ac2、Ac3、Ad1、Ad2、Ba3、Ba4、Bb3、Bc1、Bc2、Bd1、Ca2、Ca3、Cb1、Cb2、Cc1、Da1、Da2、Db1
Ⅱ级风险	Ac3、Ad3、Ad4、Bb4、Bc3、Bc4、Bd2、Bd3、Ca4、Cb3、Cb4、Cc2、Cd1、Cd2、Da3、Da4、Db2、Db3、Dc1、Dc2、Dd1
Ⅰ级风险	Bd4、Cc3、Cc4、Cd3、Cd4、Cb4、Cc3、Dc4、Dd2、Dd3、Dd4

注：Ⅰ级风险，一类危险源，风险最高；Ⅱ级风险，二类危险源，风险中等；Ⅲ级风险，三类危险源，风险较低；Ⅳ级风险，四类危险源，风险最低，不属于重大危险源。

（2）定量分级应用。依据三维风险分析函数，确定风险分析三个维度的定量指标，再针对分析对象的风险可能性影响因素指标及得分、严重性影响因素指标及得分、敏感性影响因素指标得分，可建立基于三维风险分析模型的定量分析模型，如下式：

$$R = \prod_{P,L,S} \sum_{i=1}^{n} d_i \omega_i \tag{6-3}$$

式中　　R——风险分级定量值；
　　　　d_i——第 i 个指标现实得分；
　　　　ω_i——第 i 个指标相对于一级指标的权重；
　　　　n——单因素评价指标个数；
　　　　P, L, S——可能性影响因素、严重性影响因素、敏感性影响因素。

将风险分析指标的水平应用表6-2得到指标分值，再考虑指标相应权重，将指标分值及权重代入式（6-5）风险评价分级定量模型，得到相应的风险分级定量值，依据表6-3风险分级标准进行风险分级。

表6-2　重大危险源风险影响因素与指标得分

指标水平	4级	3级	2级	1级
指标风险得分值	1分	2分	3分	4分

表6-3 重大危险源风险分级标准

风险值 R	[0, 12)	[12, 32)	[32, 52)	[53, 64)
风险等级	Ⅳ	Ⅲ	Ⅱ	Ⅰ

6.2 安全控制论

6.2.1 一般控制论原理

管理学的控制原理认为，一项管理活动由四个方面的要素构成：

(1) 控制者，即管理者和领导者，前者执行的主要程序性控制、例行（常规）控制，后者执行的是职权性控制、例外（非常规）控制。

(2) 控制对象，包括管理要素中的人、财、物、时间、信息等资源及其结构系统。

(3) 控制手段和工具，主要包括管理的组织机构和管理法规、计算机、信息等。组织机构和管理法规保证控制活动的顺利进行，计算机可以提高控制效率，信息是管理活动沟通情况的桥梁。

(4) 控制成果，管理学上的控制分为前馈控制和后馈控制、目标控制、行为控制、资源使用控制、结果控制等。

在安全管理领域，安全控制论要研究组织合理的安全生产的管理人员和领导者；明确事故防范的控制对象，对人员、安全投资、安全设备和设施、安全计划、安全信息和事故数据等要素有合理的组织和运行；建立合理的管理机制，设置有效的安全专业机构，制定实用的安全生产规章制度，开发基于计算机管理的安全信息管理系统；进行安全评价、审核、检查的成果总结机制等。

运用控制原理对安全生产进行科学管理，其过程包括以下三个基本步骤：

(1) 建立安全生产的判断准则（指安全评价的内容）和标准（确定的对优良程度的要求）。

(2) 衡量安全生产实际管理活动与预定目标的偏差（通过获取、处理、解释事故、风险、隐患等安全管理信息，确定如何采取纠正上述偏差状态的措施）。

(3) 采取相应安全管理、安全教育以及安全工程技术等纠正不良偏差或隐患的措施。

安全控制是最终实现企业安全生产的根本。如何实现安全控制，怎样才能实现高效的安全控制，安全控制论原理为我们回答了上述问题。

6.2.2 安全管理控制原理

从控制论理论中，可以得到如下安全管理的一般控制原则：

（1）闭环控制原则，要求安全管理要讲求目的性和效果性，要有评价。

（2）分层控制原则，安全管理和技术的实现的设计要讲阶梯性和协调性。

（3）分级控制原则，管理和控制要有主次，要讲求单项解决的原则。

（4）动态控制性原则，无论技术上或管理上要有自组织、自适应的功能。

（5）反馈原则，对于计划或系统的输入要有自检、评价、修正的功能。

（6）等同原则，无论是从人的角度还是物的角度必须是控制因素的功能大于和高于被控制因素的功能。

6.3 安全信息论

6.3.1 安全信息的概念

安全信息是安全活动所依赖的资源，安全信息是反映人类安全事物和安全活动之间的差异及其变化的一种形式。安全科学的发展，离不开信息科学技术的应用。安全管理就是借助于大量的安全信息进行管理，其现代化水平决定于信息科学技术在安全管理中的应用程度。只有充分地发挥和利用信息科学技术，才能使安全管理工作在社会生产现代化的进程中发挥积极的指导作用。在日常生产活动中，各种安全标志、安全信号就是信息，各种伤亡事故的统计分析也是信息。掌握了准确的信息，就能进行正确的决策，更好地为提高企业的安全生产管理水平服务。安全信息原理要研究安全信息定义、类型，安全信息的获取、处理、存储、传输等技术。安全信息流技术要认识生产和生活中的人－人信息流，人－机信息流，人－境信息流，机－境信息流等。安全信息动力技术涉及系统管理网络、检验工程技术，监督、检查、规范化和标准化的科学管理等。

6.3.2 安全信息的功能

1. 安全信息是企业编制安全管理方案的依据

企业在编制安全管理方案，确定目标值和保证措施时，需要有大量可靠的信息作为依据。例如，既要有安全生产方针、政策、法规和上级安全指示、要求等指令性信息，又要有安全内部历年来安全工作经验教训、各项安全目标实现的数据，以及通过事故预测获知的生产安危等信息，作为安全决策的依据，这样才能编制出符合实际的安全目标和保证措施。

2. 安全信息具有间接预防事故的功能

安全生产过程是一个极其复杂的系统，不仅同静态的人、机、环境有联系，而且同动态中人、机、环境结合的生产实践活动有联系，同时又与安全管理效果有关。如何对其进行有效的安全组织、协调和控制，主要是通过安全指令性信息统一生产现场员工的安全操作和安全生产行为，促使生产实践规律运动，以此预防事故的发生，这样安全信息就具有了间接预防事故的功能。

3. 安全信息具有间接控制事故的功能

在生产实践活动中，员工的各种异常行为，工具、设备等物质的各种异常状态等大量生产不良信息，均是导致事故的因素。企业管理人员通过安全信息的管理方式，获知了不利安全生产的异常信息之后，通过采取安全教育、安全工程技术、安全管理手段等，改变了人的异常行为、物的异常状态，使之达到安全生产的客观要求，这样安全信息就具有了间接控制事故的功能。

6.3.3 安全信息的分类

依据不同的方式和原则，安全信息可有不同的分类方式。

从信息的形态，安全信息划分为：一次信息，即原始的安全信息，如事故现场，生产现场的人、机器、环境的客观安全信息等；二次信息，即经过加工处理过的安全信息，如法规、规程、标准、文献、经验、报告、规划、总结等。

从应用的角度，安全信息可划分为如下三种类型。

1. 生产安全状态信息

（1）生产安全信息。如从事生产活动人员的安全意识、安全技术水平，以及遵章守纪等安全行为；投产使用工具、设备（包括安技装备）的完好程度，以及在使用中的安全状态；生产能源、材料及生产环境等，符合安全生产客观要求的各种良好状态；各生产单位、生产人员及主要生产设备连续安全生产的时间；安全生产的先进单位、先进个人数量，以及安全生产的经验等。

（2）生产异常信息。如从事生产实践活动人员，违章指挥、违章作业等违背生产规律的各种异常行为；投产使用的非标准、超载运行的设备，以及有其他缺陷的各种工具、设备的异常状态；生产能源、生产用料和生产环境中的物质，不符合安全生产要求的各种异常状态；没有制定安全技术措施的生产工程、生产项目等无章可循的生产活动；违章人员、生产隐患及安全工作问题的数量等。

（3）生产事故信息。如发生事故的单位和事故人员的姓名、性别、年龄、工种、工级等情况;事故发生的时间、地点、人物、原因、经过,以及事故造成的危害;参加事故抢救的人员、经过,以及采取的应急措施;事故调查、讨论分析经过和事故原因、责任、处理情况,以及防范措施;事故类别、性质、等级,以及各类事故的数量等。

2. 安全活动信息

安全活动信息来源于安全管理实践,具有反映安全工作情况的作用。具体包括以下类型:

(1) 安全组织领导信息。主要有安全生产方针、政策、法规和上级安全指示、要求的贯彻落实情况;安全生产责任制的建立健全及贯彻执行情况;安全会议制度的建立及实际活动情况;安全组织保证体系的建立,安全机构人员的配备,及其作用发挥的情况;安全工作计划的编制、执行,以及安全竞赛、评比、总结表彰情况等。

(2) 安全教育信息。主要有各级领导干部、各类人员的思想动向及存在的问题;安全宣传形式的确立及应用情况;安全教育的方法、内容,受教育的人数、时间;安全教育的成果,考试人员的数量、成绩;安全档案、卡片的建立及应用情况等。

(3) 安全检查信息。主要有安全检查的组织领导,检查的时间、方法、内容;查出的安全工作问题和生产隐患的数量、内容;隐患整改的数量、内容和违章等问题的处理;没有整改和限期整改的隐患及待处理的其他问题等。

(4) 安全指标信息。具有各类事故的预计控制率,实际发生率及查处率;职工安全教育率、合格率、违章率及查处率;隐患检出率、整改率;安措项目完成率;安全技术装备率;尘毒危害治理率;设备定试率、定检率、完好率等。

3. 安全指令性信息

安全指令性信息来源于安全生产与安全管理,具有指导安全工作和安全生产的作用。其主要内容包括:安全生产方针、政策、法规,上级主管部门及领导的安全指示、要求;安全工作计划的各项指标;安措计划;企业现行的各种安全法规;隐患整改通知书、违章处理通知书等。

6.3.4 安全信息应用的方式、方法

依据安全信息所具有的反映安全事物和活动差异及其变化的功能,从中获知人们对物的本质安全程度、人的安全素质、管理对安全工作的重视程度、安全教育与安全检查的效果、安全法规的执行和安全技术装备使用的情况,以及生产实践中存在的隐患、发生事故的情况等状况,用于指导安全管理,消除隐

患，改进安全生产状况，从而达到预防、控制事故的目的。

1. 安全信息应用的方式

安全信息应用的方式是指依据安全管理的需求，运用安全管理规律和安全管理技术而确立的对安全信息进行应用管理的形式。安全信息应用的方式大致有安全管理记录、安全管理报表、安全管理工作月报表、安全管理登记表、安全管理台账、安全管理图表、安全管理卡片、安全管理档案、安全管理通知书、隐患整改通知书、违章处理通知书等。

2. 安全信息应用的方法

安全信息既来源于安全工作和生产实践活动，又反作用于安全工作和生产实践活动，促进安全管理目的的实现。因此，对安全信息的管理，要抓住安全信息在安全工作和生产实践中流动这个中心环节，使之成为沟通安全管理的信息流。安全信息的应用方法，是以收集、加工、储存和反馈这四个有序联系的环节，促使安全信息在企业安全管理中流通。

3. 安全信息的收集方法

安全信息的收集方法如下：

（1）利用各种渠道收集安全生产方针、政策、法规和上级的安全指示、要求等。

（2）利用各种渠道收集国内外安全管理情报，如安全管理、安全技术方面著作、论文，安全生产的经验、教训等方面的资料。

（3）通过安全工作汇报、安全工作计划、总结，安检人员、职工群众反映情况等形式，收集安全信息。

（4）通过开展各种不同形式的安全检查和利用安全检查记录，收集安全检查信息。

（5）利用安全技术装备，收集设备在运行中的安全运行、异常运行及事故信息。

（6）利用安全会议记录、安全调度记录和安全教育记录，收集日常安全工作和安全生产信息。

（7）利用事故登记、事故调查记录和事故讨论分析记录，收集事故信息。

（8）利用违章登记、违安人员控制表，收集与掌握人的异常信息。

（9）利用安全管理月报表、事故月报表，定期综合收集安全工作和安全生产信息。

4. 安全信息的加工

安全信息的加工是提供规律信息，指导安全科学管理的重要环节。对信息进行加工处理，就是把大量的原始信息进行筛选、分类、排列、比较和计算，聚同分异、去伪存真，使之系统化、条理化，以便储存和使用。

5. 安全信息的储存

安全信息的储存除可利用各种安全管理记录、各种报表进行临时简易储存外，还可以利用如下信息管理形式进行定项、定期储存。

6. 安全信息的反馈

安全信息的反馈具有指导安全管理，改进安全工作和改变生产异常的作用。反馈的方式主要有两种：一是直接向信息源反馈，二是加工处理后集中反馈。

6.3.5 安全信息的质量与价值

信息质量是指信息所具有的使用价值。信息的使用价值，是由收集信息的及时性，掌握信息的准确性和使用信息的适用性所构成的。信息的价值取决于以下方面。

1. 信息的及时性

信息的及时性指收集和使用信息的时间，所具有的使用价值。如果不能及时地收集、使用应收集、使用的信息，错过了收集和使用的时间，信息就失去了应有的作用。这是因为，生产实践活动处在不断发展变化之中，生产中的安全与事故不仅同生产活动方式联系在一起，而且同人们对其管理也联系在一起。例如，人们在进行安全管理时，如果能够做到及时发现并及时纠正劳动者在生产中的异常行为，消除设备的异常状态，这样就能有效地控制住事故的发生。

2. 信息的准确性

信息的准确性是指真实的、完整的安全信息所具有的全部使用价值。收集到的安全信息如果不真实或不完整，会影响信息的使用效果，有的可能失去应有的使用价值，有的可能失去部分使用价值，甚至导致作出不符合实际的使用决策，贻误了安全管理工作。

3. 信息的适用性

信息的适用性是指适用的安全信息所具有的使用价值。在应用安全信息加强安全管理中，收集掌握的安全信息，有的是储存的直接可以使用的，有的是需加工后使用的，有的是储存待用的，也有的是无用的。其中，由于人们的需求和使用的时间、使用的方式、使用的对象不同，这样安全信息的适用性就决定了信息的使用价值。只有适用的安全信息才有使用价值。

4. 安全信息流

保证安全信息流的合理、高效状态是信息发挥其价值的前提。安全生产过程的信息流形态有人－人信息流（作业过程员工间的有效、可靠配合），人－机信息流（机器、设备、工具的有效控制和操作），人－境信息流（人对环境的感知），机－境信息流（高效的自动控制等）。

6.3.6 安全信息处理及应用技术

20世纪80年代以来，随着现代安全科学管理理论及安全工程技术和微机软、硬件技术的发展，在工业安全生产领域应用计算机作为安全生产辅助管理和事故信息处理的手段，得到了国内外许多企业和部门的重视。这一技术正在不断得到推广应用。国外很多专业领域，如航空工业系统、化工工业系统，以及像美国国家职业安全健康管理部门、国际劳工组织等机构，都建立了自己的安全工程技术数据库和开发了符合自己综合管理需要的系统。在国内，很多工业行业也都开发有适合自己行业使用的各种管理系统。如原劳动部门开发了劳动法规数据库和安全信息处理系统，航空、冶金、煤炭、化工、石油天然气等行业都开发了事故管理系统、安全仿真培训系统等。

近几年，随着信息技术的发展，多媒体、大数据、云平台、物联网、感知网、实景模拟、人工智能等现代信息技术在安全监测与监控、安全管理决策、风险预警预控、安全教育培训、应急演练等方面得到应用，对提升安全生产保障水平和预防事故发挥了重要作用。

6.4 系统安全分析方法

6.4.1 综合分析方法

1. 子系统安全性分析（综合性）

（1）方法：对一个系统所包括的子系统、组件和元件进行分析，可以选用多种分析方法，但分析内容不能超过子系统。

（2）应用：只能用于子系统，如具有单独功能的元件或元件组合，除了这条限制之外，用途甚为广泛。

（3）难点：根据所用的分析方法的难度而定。

2. 单点故障分析（基础性）

（1）方法：对系统中每个元件进行分析研究，查明能够造成系统故障的单个元件或元件与元件的交接面。

（2）应用：在硬件系统、软件系统和人的操作中都能使用。

（3）难点：如果系统很复杂，找单点故障就有困难。

3. 意外事故分析（针对性）

（1）方法：找出系统中最容易偶然发生的事故，研究紧急措施和防护设备，以便能控制事故并避免人员和财物的损失。该方法要根据事故的偶发特性、需要和可能，有针对性地选用一个或一组分析方法，所采用的辅助分析技术很重要。

（2）应用：广泛用于系统、子系统、元件、交接面等处，使用时必须研究意外事故的发生特性和时机。该方法对于哪些地方应配置备件，哪些地方应着重注意以减少故障十分有用。另外，制定防止事故计划和评价设备的安全性时也可用该方法。

（3）难点：根据所用的分析技术而定。

4. 交接面分析

（1）方法：在一个系统中，找出各个单元、元件之间的交接面、交叉部位的各种配合不适当或不相容的情况，分析它们在各种操作下会产生哪些危险性，并会造成哪些事故。该方法的主要缺点是难于找全所有的交接面，特别是难于找出交接面之间的元件不相容性。

（2）应用：用途十分广泛，从最简单的元件到组件和子系统都能使用。如交接面可以指机械内部、机械之间或人机之间，分析范围不受什么限制。

（3）难点：根据系统的复杂性和所用的辅助技术而定。

5. 致命度分析

（1）方法：系统元件发生故障后会造成多大程度的严重伤害，按其严重程度可定出等级。

（2）难点：如果故障类型已经辨识清楚就很容易使用，所以预先辨识系统元件的故障类型是关键。辨别故障要使用辅助分析技术，该方法常和故障类型及影响分析合用。

6. 预先危险分析（特殊性－时间）

（1）方法：一般用在系统设计的开始阶段，最好是在形成设计观点的时候。该方法首先要把明显的或潜在的危险性查找清楚，再研究控制这些危险性的可行性以及控制措施，常用安全检查表帮助分析。该方法对于决策技术路线非常有用。

（2）应用：用于各类系统、工艺过程、操作程序和系统中的元件。

（3）难点：根据分析的深度而定，必须在各项活动之前选用。

7. 程序分析

（1）方法：检查每一步操作程序，包括完成任务的项目、所用的设备和人所处的环境等因素，找出由于操作造成的故障概率，如系统对操作人员造成伤害的概率及操作人员对系统造成损害的概率。

（2）应用：只限用于有人员操作的系统，其操作程序必须有充分的资料或者已经正规化，并能保证用逐项的检查表不致漏检项目。此外，最好还用交叉检查的方法防止检查结果漏项。

（3）难点：如果操作程序很少发生失误，用该方法十分容易，但若程序中可能发生多重失误，或者发生多处单点故障，或者在分离操作时还要考虑其综合的情况，采用该方法困难较大。

8. 作业安全分析

（1）方法：对各种工作，包括工作过程、系统、操作等逐个单元地进行分析，辨识每个单元带来的危险性。经常有工人、工长和安全工程师组成小组来完成此项任务。

（2）应用：只限用于有人操作的情况，操作应该已经正规化并不会有突出的变化，若预料到有改变应事先考虑。

（3）难点：如果是个人操作且很少变化的工作，用起来很容易；如果变化很多而且必须加以考虑时，用起来比较困难；如果有变化但不加考虑，则分析方法的完善程度将会受到影响。

9. 流程分析

（1）方法：研究流体或能量的流动情况，即查出由一个元件、子系统或系统流向另一个元件、子系统或系统的造成受伤或财物损失的流动。

（2）应用：用在传送和控制流体及能量的系统中，有时还需要辅助的技术方法。

（3）难点：将流动情况列表比较容易，找出防护措施也不困难。一般可以按照法令、规范和标准的要求与系统特性相比较。如果要求能控制不希望的流动，则要困难得多。无论是手动或自动控制，都不能用该方法直接分析，必须使用辅助技术。

10. 能量分析

（1）方法：找出系统中使用的全部资源，考察会造成伤害的不希望的能量流动，研究防护措施。

（2）应用：适用于使用、储存任何形式能量的系统，或者系统本身具备一定能量。配合其他方法，也可用于控制能量的使用、储存或传送。

（3）难点：列出能量项目比较容易，一般按照有关法令、规范、规程和标准的要求，对系统的特性进行简单比较就可以找出适当的防护措施。这项工作在系统开始设计时就应进行，并应整理出资料。

6.4.2 逻辑分析方法

1. 事件树分析

（1）方法：是一种推理分析法，选出希望或不希望的事件作为初始事件，按照逻辑推理推论其发展结果。发展趋势无论成功或失败都作为新的起始事件，不断交互推论下去，直到找出事件所有发展的可能结果。

（2）应用：广泛应用于各种系统，能够分析出各种实践发展的可能结果。

（3）难点：受过训练用起来并不太难，但很费时间。使用了事件树分析后，研究了所有的希望的和不希望的事件，将来再应用事故树分析或故障类型和影响分析等方法更能取得实际效果。

2. 管理失误和风险树分析

（1）方法：画一个预先设计好并系统化了的逻辑树，概括系统中全部风险，而这类风险存在于设备、工艺、操作和管理之中。

（2）应用：设计好的树上可以列出安全问题的各个方面，所以是一个比较有用的工具。在各种系统和工艺过程中，用树与实际情况对照检查，可以发现薄弱环节或由环境造成的事故原因，这种方法得到广泛的应用。

（3）难点：该方法耗费时间且枯燥乏味，但经过训练，使用并不困难，利用图形说明更易于了解。

3. 故障模式及影响分析

（1）方法：对系统中的元件逐个进行研究，查明每个元件的故障类型，然后再进一步查明每个故障类型对子系统以至整个系统的影响。

（2）应用：广泛用于系统、子系统、组件、程序、交接面等分析中。分析时要用一定的表格排列各种故障类型，必须准备足够的资料。

（3）难点：经过训练掌握此项技术并不困难，但很费力耗时。这种方法只需对故障模式进行推论，其影响不需要像事故树分析那样，无论是否会造成伤害都要分析到底。

4. 网络逻辑分析

（1）方法：将系统操作和元件绘成逻辑网络图，并用布尔代数式表示系统功能，对网络加以分析，找出哪个系统元件易于导致事故。该方法分析非常彻底，但要消耗大量时间和资料，因而只有在风险高和隐患大的情况下使用。

（2）应用：广泛用于所有人工或非人工控制系统，当所有元件和操作都能以二值（0，1）表示时就能使用。

（3）难点：由于要涉及系统中所有可能发生的偶然事件，所以比故障模式及影响分析和事故树分析用起来要难。

5. 事故树分析

（1）方法：是一种演绎分析方法，找出不希望事件（顶上事件）所有的基本原因事件，把它们通过逻辑推理方式用逻辑门连接起来，便能清楚地表示出哪些原因事件及其组合发展成为顶上事件的动态过程。

（2）应用：广泛用于系统安全分析，但要求两个先决条件，一是顶上事件要设定得正确，同时能分析到真正的原因事件；二是各个顶上事件应独立进行分析。

（3）难点：虽耗费时间，但经过训练使用并不太困难。该方法和事件树、故障模式及影响分析不同，它只需要分析导致事故的故障条件和原因条件，不需要对全部故障作分析。

6. 潜在回路分析

（1）方法：找出电流回路或指令控制回路中不存在的元件故障，但其回路或指令程序会造成不希望事件运行，也许是正确的运行，但时间不适当，或者根本就不能正确运行。该方法可以找出所有的潜在回路，审查系统设计时非常有用。

（2）应用：应用于各种控制和能量传输回路，包括电子、电气、气动或液压系统。使用该技术还要看软件逻辑算法的分析应用情况。

（3）难点：虽耗费时间，但经过训练后使用并不困难，并可以用计算机协助工作。

6.5 系统安全评价方法

系统安全评价也称系统风险评价或系统危险评价，它是以实现系统安全为目的，利用系统安全工程原理和方法分析辨识与评价系统中存在的风险，然后根据评价结论提出科学、合理、可行的安全控制措施。

6.5.1 作业条件危险性评价法

作业条件危险性评价法（Job Risk Analysis, JRA）又称为LEC法，是美国K. J. 格雷厄姆（Keneth J. Graham）和G. F. 金尼（Gilbert F. Kinney）基于风险的概念本身对具有危险的作业环境所采取的评价方法。针对有危险的作业环境，事故发生的概率既与该作业环境本身发生的概率有关，还与人员暴露于该环境的状况有关，因而影响危险作业条件的因素可由以下三方面确定：

（1）危险作业条件（或环境）发生事故的概率，通常用 L 表示。

（2）人员暴露危险作业条件（或环境）的概率，通常用 E 表示。

（3）事故一旦发生可能产生的后果，通常用 C 表示。

如果作业危险性评价结果用 D 表示，则作业危险性评价公式为

$$D = L \times E \times C \qquad (6-4)$$

式中　L——发生事故的可能性大小，事故或危险事件发生的可能性大小，当用概率来表示时，绝对不可能的事件发生的概率为 0，而必然发生的事件的概率为 1。然而，在作系统安全考虑时，绝不发生事故是不可能的，所以人为地将"发生事故可能性极小"的分数定为 0.1，而必然要发生的事件的分数定为 10，介于这两种情况之间的情况指定了若干个中间值，L 值分级标准如图 6-7 所示；

　　　　E——暴露于危险环境的频繁程度，人员出现在危险环境中的时间越多，则危险性越大。规定联结现在危险环境的情况定为 10，而非常罕见地出现在危险环境中定为 0.5。同样，将介于两者之间的各种情况规定若干个中间值，E 值分级标准如图 6-7 所示；

　　　　C——事故产生的后果，事故造成的人身伤害变化范围很大，对伤亡事故来说，可从极小的轻伤直到多人死亡的严重结果。由于范围广阔，所以规定分数值为 1~100，把需要救护的轻微伤害规定分数为 1，把造成多人死亡的可能性分数规定为 100。其他情况的数值均在 1 与 100 之间，C 值分级标准图 6-7 所示；

　　　　D——危险性分值，根据公式可以计算作业的危险程度，但关键是如何确定各个分值和总分的评价。根据经验，总分在 20 以下是被认为低危险的，这样的危险比日常生活中骑自行车去上班还要安全些；如果危险分值到达 70~160，那就有显著的危险性，需要及时整改；如果危险分值在 160~320，那么这是一种必须立即采取措施进行整改的高度危险环境；分值在 320 以上的高分值表示环境非常危险，应立即停止生产直到环境得到改善为止。危险等级的划分是凭经验判断，难免带有局限性，不能认为是普遍适用的，应用时需要根据实际情况予以修正。危险等级划分如图 6-7 所示。

6.5.2　美国道化学公司火灾、爆炸危险指数评价法

1. 方法简介

　　美国道化学公司自 1964 年开发"火灾、爆炸危险指数评价法"（第一版）以来，历经 29 年，不断修改完善，在 1993 年推出了第七版。道化学公司火灾、爆炸危险指数评价法是以工艺过程中物料的火灾、爆炸潜在危险性为基础，结合工艺条件、物料量等因素求取火灾、爆炸指数，以以往的事故统计资

分数值	事故发生的可能性 (L)	分数值	人员暴露于危险环境的频繁程度 (E)
10	完全可以预料到	10	连续暴露
6	相当可能	6	每天工作时间暴露
3	可能，但不经常	3	每周一次，或偶然暴露
1	可能性小，完全意外	2	每月一次暴露
0.5	很不可能，可以设想	1	每年几次暴露
0.2	极不可能	0.5	非常罕见的暴露
0.1	实际不可能		

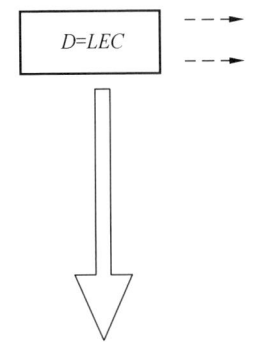

$D=LEC$

分数值	事故严重度(万元)	发生事故可能造成的后果(C)
100	>500	大灾难，许多人死亡，或造成重大财产损失
40	100	灾难，数人死亡，或造成很大财产损失
15	30	非常严重，1人死亡，或造成一定的财产损失
7	20	严重，重伤，或较小的财产损失
3	10	重大，致残，或很小的财产损失
1	1	引人注目，不利于基本的安全卫生要求

LEC 法危险性分级依据

危险源级别	D值	危险程度
一级	>320	极其危险，不能继续作业
二级	160~320	高度危险，需要立即整改
三级	70~160	显著危险，需要整改
四级	20~70	一般危险，需要注意
五级	<20	稍有危险，可以接受

图 6-7 LEC 分级法

料及物质的潜在能量和现行安全措施为依据，以可能造成的经济损失来评估生产装置的安全性。

2. 评价步骤

道化学火灾、爆炸危险指数评价法基本步骤如图 6-8 所示。

6.5.3 英国帝国化学公司蒙德法

1. 方法简介

英国帝国化学公司（ICI）蒙德（Mond）工厂在美国道化学公司安全评价法的基础上，提出了一个更加全面、更加系统的安全评价法——英国帝国化学公司蒙德法，简称 ICI/Mond 法。

该方法与道化学公司的方法原理相同，都是基于物质系数法。在肯定道化

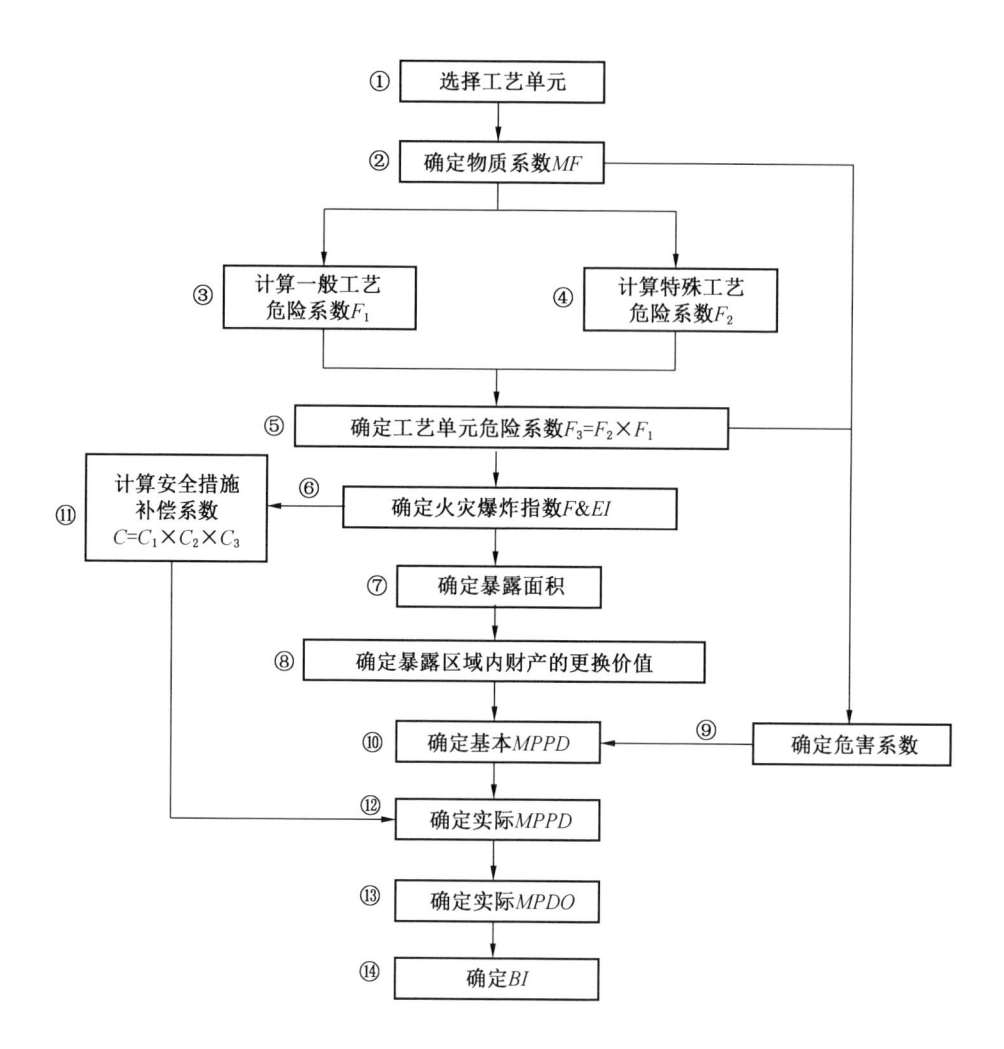

```
① 选择工艺单元
      ↓
② 确定物质系数 MF
      ↓
③ 计算一般工艺危险系数 F₁    ④ 计算特殊工艺危险系数 F₂
      ↓
⑤ 确定工艺单元危险系数 F₃=F₂×F₁
      ↓
⑪ 计算安全措施补偿系数 C=C₁×C₂×C₃     ⑥ 确定火灾爆炸指数 F&EI
      ↓
⑦ 确定暴露面积
      ↓
⑧ 确定暴露区域内财产的更换价值
      ↓
⑩ 确定基本 MPPD    ⑨ 确定危害系数
      ↓
⑫ 确定实际 MPPD
      ↓
⑬ 确定实际 MPDO
      ↓
⑭ 确定 BI
```

图6-8 道化学火灾、爆炸危险指数评价法基本步骤

学公司的火灾、爆炸危险指数评价法的同时，增加了毒性的概念和计算，增加了几个特殊工程类型的危险性并发展了某些补偿系数。该方法在考虑对系统安全的影响因素方面更加全面、更注意系统性，而且注意到在采取措施、改进工艺后根据反馈的信息修正危险性指数，能对较广范围内的工程及储存设备进行研究，突出了该方法的动态特性。

2. 评价步骤

蒙德火灾、爆炸、毒性指标评价方法步骤如图6-9所示。

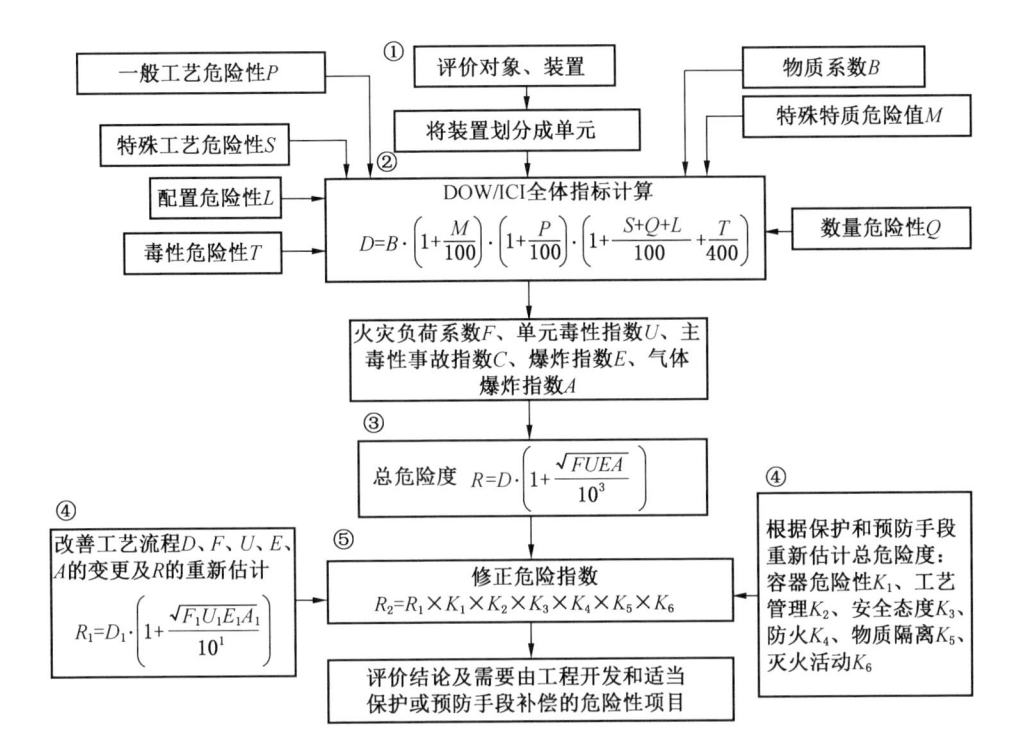

```
① 评价对象、装置
   将装置划分成单元

② DOW/ICI全体指标计算
   输入：一般工艺危险性P、特殊工艺危险性S、配置危险性L、毒性危险性T、物质系数B、特殊特质危险值M、数量危险性Q
```

$$D = B \cdot \left(1 + \frac{M}{100}\right) \cdot \left(1 + \frac{P}{100}\right) \cdot \left(1 + \frac{S+Q+L}{100} + \frac{T}{400}\right)$$

火灾负荷系数F、单元毒性指数U、主毒性事故指数C、爆炸指数E、气体爆炸指数A

③ 总危险度

$$R = D \cdot \left(1 + \frac{\sqrt{FUEA}}{10^3}\right)$$

④ 改善工艺流程D、F、U、E、A的变更及R的重新估计

$$R_1 = D_1 \cdot \left(1 + \frac{\sqrt{F_1 U_1 E_1 A_1}}{10^1}\right)$$

④ 根据保护和预防手段重新估计总危险度：容器危险性K_1、工艺管理K_2、安全态度K_3、防火K_4、物质隔离K_5、灭火活动K_6

⑤ 修正危险指数

$$R_2 = R_1 \times K_1 \times K_2 \times K_3 \times K_4 \times K_5 \times K_6$$

评价结论及需要由工程开发和适当保护或预防手段补偿的危险性项目

图6-9　蒙德火灾、爆炸、毒性指标评价方法步骤

7 安全文化学

安全文化是人类生存、生产、生活所创造的安全精神、安全观念、安全行为文化、安全制度文化和安全物态文化的总和。现代的安全文化学为社会、企业、组织等提供建立、优化、传承、发展安全文化体系的理论、方法和样例，是人员和组织提升安全治理和安全发展能力的精神动力及智力支持。

7.1 安全文化学基础

7.1.1 安全文化的起源

安全文化在人类无意识、非主动生活和生产过程中是客观存在的，随着人类社会的发展，人们对它的认识从古代安全文化的宿命论发展到如今的本质论。

安全文化的产生与兴起与核安全息息相关。1986年的切尔诺贝利核事故在核能界引起了强烈的震撼，人们分析事故的根本原因，重新探讨安全管理思想和原则。与此同时，20世纪80年代末兴起的"企业文化"这一管理思想在世界范围内得到广泛的应用。结合"企业文化"的管理思想，1986年INSAG（国际核安全咨询组）在切尔诺贝利事故评审会的总结报告中第一次使用"安全文化"这个术语。随后，INSAG在1991年出版的安全丛书《INSAG-4(Safety-Culture)安全文化》中提出了"安全文化"这一全新的安全管理思想和原则，并强调只有全体员工致力于一个共同的目标才能获得最高水平的安全。由此，20世纪90年代核安全管理思想就主要体现在安全文化建设上，它既强调组织建设（安全水平取决于决策、管理、执行多个层次），又注重个人对安全的贡献。

安全文化作为安全管理的基本思想和原则，它的产生与核能界安全管理思想的演变和发展息息相关，一脉相承，是安全管理思想发展的必然结果。经过多年的不断发展，安全文化的理论和实践取得了跨越时空的继承和发展，安全文化这一概念的应用也由最初的核工业领域逐步扩展到各类安全生产领域当中，并且其应用范围仍在不断增加。

7.1.2 安全文化的概念

1. 安全文化

安全文化是人类为防范（预防、控制、降低或减轻）生产、生活风险，实现生命安全与健康保障、社会和谐与企业持续发展，所创造的安全精神价值和物质价值的总和。这种定义建立在"大安全观"和"大文化观"的概念基础上，在安全观方面包括企业安全文化、公共安全文化、家庭安全文化等，在文化观方面既包含精神、观念等意识形态的内容，又包括行为、环境、物态等实践和物质的内容。从时间角度上看，安全文化包括古代安全文化、现代安全文化、未来安全文化；从安全文化的存在状态上看，安全文化包括现实的安全文化、发展的安全文化；从文化的表象上看，安全文化有先进安全文化和落后安全文化之分。

2. 企业安全文化

企业安全文化是企业及其员工在长期的生产活动中逐步形成并传承和不断创新完善的侧重于生产安全的价值观、观念，认知、态度、制度、行为模式、能力等的总和。它体现为每个员工对生产安全承担的责任，并通过不断学习和相互沟通，调整和改进个人和组织的行为，使其逐步丰富优化。

3. 政府安全文化

政府安全文化是指以保障社会安全发展和促进平安社会建设为宏观深层目标，以提升与促进政府安全监督管理水平为最终目的，以提高政府相关安全监督管理部门及其成员的安全监督管理素质为直接目的，政府相关安全监督管理部门及其成员所共同持有、共享和遵循的安全意识、安全价值观、安全道德与安全行为规范的复合体。

4. 社区安全文化

社区安全文化是由社区组织及居民在生产、生活中所体现出来的以安全观念为引领，以社区物质安全为支撑，以社区安全管理为保障，以社区居民安全行为和社区安全形象为表象的文化体系。

7.1.3 安全文化的功能

1. 激励功能

激励功能是指运用激励机制和艺术，使员工产生一种情绪高昂、奋发进取的力量，安全文化的激励功能可以促进组织（政府、企业或社区，下同）成员在安全工作方面的主动性和积极性。政府、企业或社区可以通过设置奖惩机制、树立安全标兵、创办安全知识比拼大赛等方式满足组织成员在物质和精神两方面的需求，激励组织从决策管理层到基层成员的安全积极性、主动性、创造性的发挥，从而营造社区内良好的安全文化氛围、提升企业整体安全状况以及促使社会安全稳定地向前发展。

2. 教育功能

依赖于安全文化的文化属性，安全文化具有教育传播的功能。通过安全文化的教育传播功能，可以广泛达到宣传和传播安全科学技术和安全文化知识的目的，营造组织内良好的安全文化氛围。根据我国以人为本的安全生产观以及政府、企业或社区现实的环境需求，组织安全文化教育人们尊重生命，保护健康。政府、企业或社区可以通过开展安全理论教育与安全演练实训等活动，以促使组织成员增强安全意识、了解安全知识以及掌握必备的安全技能。

3. 导向功能

导向功能是指安全文化的形成和逐步完善，使组织具有一种"文化定势"，能把全体成员的努力方向引导到组织所确定的安全目标上来。导向功能的发挥有两个渠道：一是直接引导员工的安全认知、心理和行为；二是通过企业安全价值的认同来引导员工。安全文化的建设能够让组织内成员认识到安全的重要性，增强成员的安全意识，且通过结合日常生活和工作，安全文化给予组织成员正确的引导，让安全成为组织成员生活中不可缺少的一部分，以此实现组织与成员具备同等安全价值观的目标。组织安全文化越强有力，这种导向功能就越明显，从而使组织成员潜移默化地接受组织的安全价值观，自觉遵守组织安全规范（不论制度是否明示）。

4. 约束功能

在安全生产、生活中，安全文化不仅对组织成员的安全操作起到了规范作用，也在无形中约束着组织成员的不安全意识和行为。法律可以规范人的行为，安全法律法规为企业和个人划清了行为的"警戒线"，而安全文化的教育和传播进一步加深了组织成员对于安全相关法律法规和规章制度的理解，在生产、生活的实际操作过程中起到约束作用，进而让组织成员从被动遵守变为自觉学习。发挥安全文化的约束功能，首先，应使组织成员了解本组织的安全价值观，明确符合组织共同价值观的思想和行为模式；其次，应将硬约束和软约束有机结合起来；最后，重视组织成员自我管理的心理需要。

7.2 安全文化基本理论

7.2.1 安全文化场原理

1. 安全文化场

在自然科学范畴中，场的概念为场是物质存在的一种基本形式，具有能量、动量和质量，它能传递实物间的相互作用。我们把安全文化的作用虚拟为一种场的作用，这种"场"即为安全文化场。安全文化场原理图如图 7-1 所示。

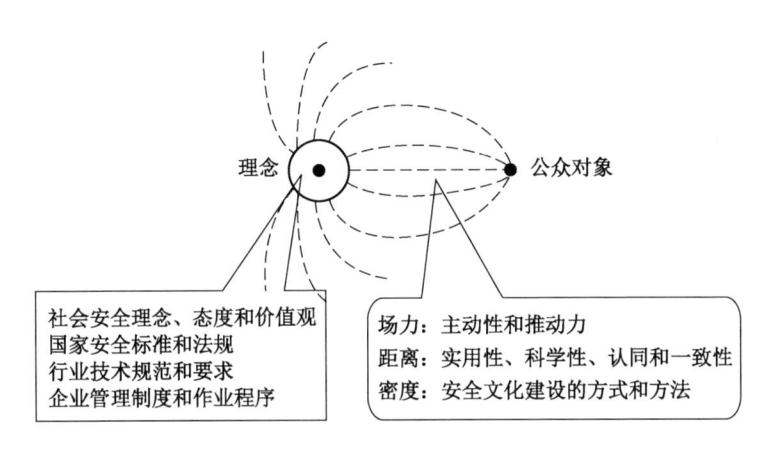

图 7-1 安全文化场原理图

安全文化是一种客观存在，无论优良与否，它的存在都是客观的。它来自组织，但一旦形成了某种独立的安全文化，就会反过来对组织产生巨大的能动作用，能动作用的传递通过一种特殊的媒介物——安全文化场作用。每当安全文化核形成时，在它的周围就会激发起安全文化场，具有思想和行为的组织成员在其中活动都会受到安全文化场对他们的作用。安全文化的建设就是要形成一种文化力场，将组织成员分散的意识和不良的能力和素质，引向安全规范和制度的标准及要求。

2. 安全文化场强度

当安全文化为整个组织成员接受，组织成员自觉按照这种理念进行安全生产活动时，此时安全文化形成的安全文化场就强，作用也越大。安全文化场强度可以用来描述安全文化场的性质，安全文化场强度由以下几方面决定：

（1）领导对安全文化建设的重视程度，一般组织领导越是重视安全文化建设，形成的安全文化场强度就越大。

（2）安全文化在安全生产工作中的渗透程度，包括安全文化在组织中辐射的广度和组织成员对安全文化内涵理解的深度。

（3）组织成员的文化素养和个人特性，一般组织成员的文化素养越高，其安全文化场强度越大，同时成员的性格也会影响安全文化场强度。

（4）社会环境，主要包括国家和社会对安全的重视程度，一般国家、行业对安全的监管力度越大,安全文化建设的标准就会更高,形成的安全文化场强度越大。

7.2.2 安全目标偏离最小化原理

如图 7-2 所示,O 代表共同安全理念或价值观,M 代表组织或社会的最高安全目标,OL 和 ON 是指在干扰力量的影响下产生的安全目标的偏离。OL 和 OM 的夹角越小其余弦值越大,当夹角为 0 时,余弦值取最大值 1,即共同的安全理念或安全价值观才能产生最大的文化合力。因此,需要通过全体人安全观念文化的建设,来实现安全价值观的收敛于社会的共同价值取向。

7.2.3 安全价值观收敛原理

如图 7-3 所示,O 代表共同安全理念或价值观,O_1 和 O_2 代表不同的理论或价值观,AB 代表安全文化建设对人安全多元化的价值观、安全态度或理念取向的作用力;AB_1 和 AB_2 分别代表建设先进安全文化推动力和同一价值观或理念的合力。安全文化建设的理论和价值观收敛原理的含义是:安全文化建设需实现安全文化合力收敛于最高的安全目标。这一原理表明,需要通过对全体人安全观念文化的建设,来实现安全价值观的收敛于社会的共同价值取向。

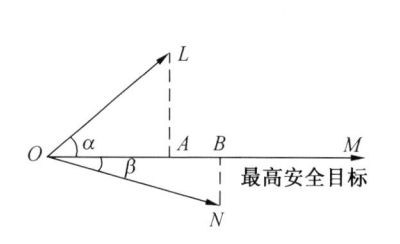

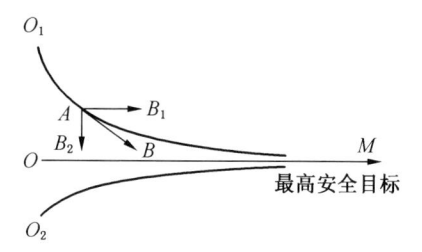

图 7-2 安全目标偏离最小化原理图　　图 7-3 安全价值观收敛原理图

7.2.4 安全文化球体斜坡力学原理

安全文化建设的球体斜坡力学原理认为,组织安全状态就是一个停在斜坡上的"球",物的固有安全、人的安全状态以及组织安全管理制度是"球"的基本"支撑力",对组织的安全保证发挥基本的作用。但在社会的系统中存在着一种下滑力,仅靠这一支撑力是不能够使组织安全这个"球"稳定和保持在应有的标准和水平上。物的不安全状态以及不良的操作习惯等主客观因素都是导致下滑力的原因。要克服这种下滑力需要文化力来"反作用"。这种文化力就是通过正确的认识论形成的驱动力、价值观和科学观的引领力、强意识和正态度的执行力、道德行为规范的亲和力等，正确的认识论则需要通过安全文化建设来实现。安全文化球体斜坡力学原理图如图7-4所示。

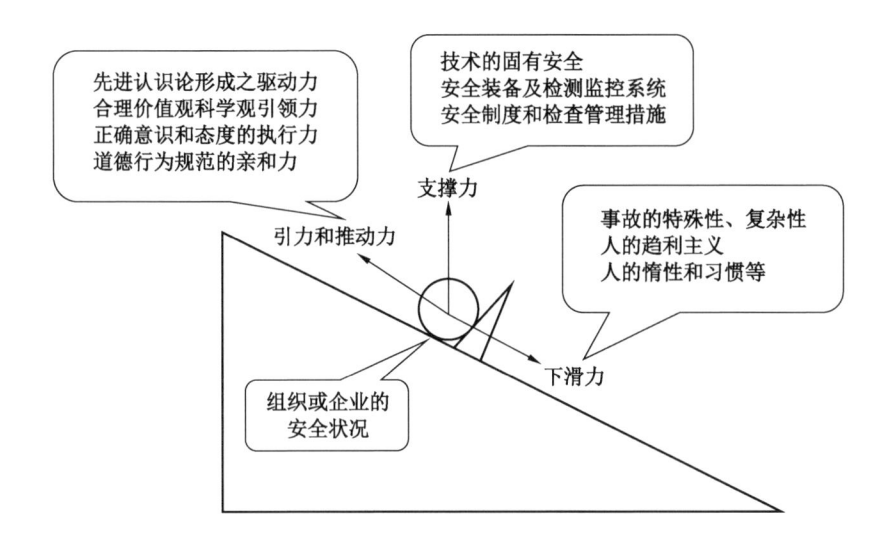

图7-4　安全文化球体斜坡力学原理图

7.3　安全文化建设方法论

7.3.1　安全文化建设模型

要构建安全文化建设模型，必须考虑到文化与管理的融合匹配、理念与行为的转化、划分落地实施阶段和持续改进等方面的问题。利用霍尔模型的优点，并结合安全文化建设内涵，从建设对象、实施过程和实施内容三个维度构建安全文化建设模型（图7-5），从而解决谁来进行安全文化建设，建设什么内容，按照什么方式建设的问题。

1. 安全文化建设内涵

安全文化建设内容包括安全观念文化、安全制度文化、安全行为文化和安全物态文化四个方面。安全观念文化是组织成员全体一致、高度认同的安全方针、安全理念、安全价值观、安全态度等精神文化形态的总和。安全制度文化是组织成员对确保安全法律、规程、规范、标准的理解、认知和自觉执行的方式和水平。安全行为文化是组织全体成员普遍、自觉接受的安全职责、安全行

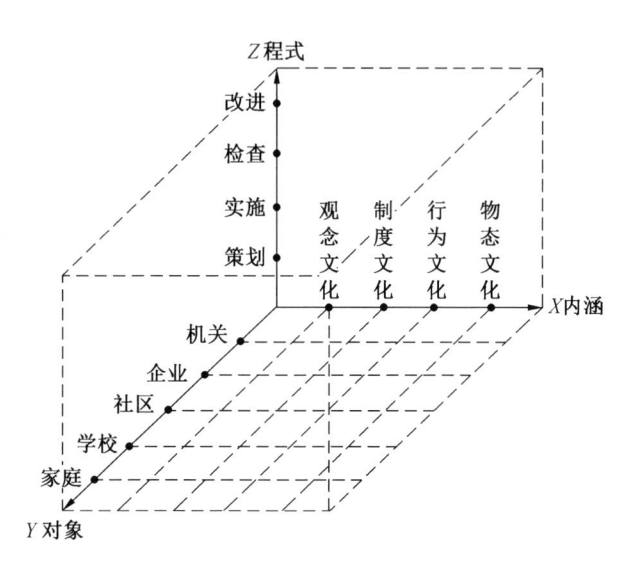

图 7-5 安全文化建设模型

为规范、安全行为习惯、安全行为实践等有意识的行动与活动。安全物态文化是组织空间内的安全生产或活动的条件、安全信息环境、安全标识、安全警示等安全文化物态载体的总和。

安全观念文化是组织安全文化的最基本文化形态。安全制度文化是组织安全管理的根基,能够决定安全管理的成败与效能。安全物态文化是安全观念文化、安全行为文化和安全制度文化的载体和形态表现。这四个层次相互渗透、影响、制约,构成了安全文化建设的整体结构。

2. 安全文化建设环节

安全文化建设进程应包含策划、实施、检查和改进四个步骤。

(1) 策划。组织在建设安全文化时,应当通过调研了解组织本身的生产活动和日常活动特点,认清现阶段安全文化的优势、差距和问题从而根据安全文化建设的真实需求设立目标、任务,设计相关制度和标准,建立数据库,多层次、多角度、全方位地对现有的安全生产状况进行诊断、设计、优化,并逐步形成安全生产科学预防体系,最终上升为独具特色的安全文化品牌。

(2) 实施。安全文化建设的实施应当以安全文化理念为指导,根据对象的不同来制定具体的任务和方法,从观念、制度、行为和物态四个方面下手,将安全文化的理念输送给组织成员。

(3) 检查。文化的作用无处不在，如果没有具体的评判指标很难对文化建设的好坏作出定论。同时安全文化事关人民生命安全、社会和谐安康，不容忽视，决策者需要能够明确地把握其现有状态和未来的可能发展趋势，从而制定并实施相关的政策。

(4) 改进。安全文化建设的改进应当与安全文化评估相结合，它包含了三个方面：首先，对成功的文化建设成果加以肯定并继续发扬，尽量将其标准化；其次，对现有文化建设的不足予以重视并进行创新；最后，对文化建设失败的地方加以总结，找到问题的症结。

7.3.2 企业安全文化建设"四个一"工程

基于安全文化建设理论的指导，针对企业安全文化建设实际的需要，以企业安全文化创新、推进、优化为目标，总结出企业安全建设的系统工程模式，可以归纳为"四个一"工程：

一本手册：企业安全文化手册；

一个规划：企业安全文化建设和发展规划；

一套测评工具：企业安全文化测评标准和办法；

一系列建设载体：设计一套活动（文化）方案、创建一组班组建设模式、创新一组现场（物态）文化等系统性安全建设载体或方式系统。

企业安全文化建设"四个一"工程模型如图 7-6 所示。

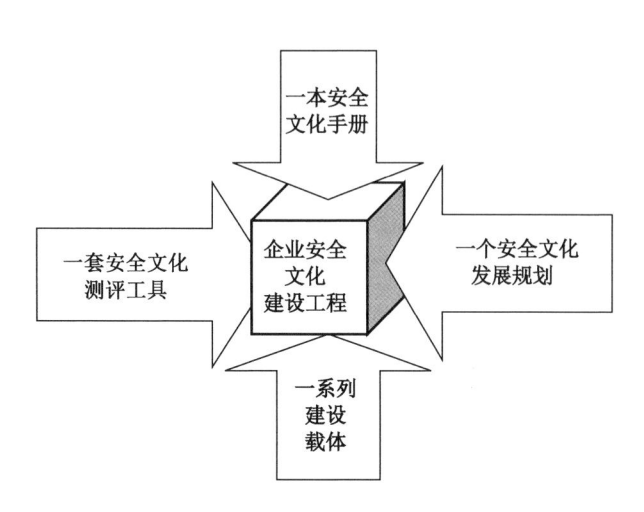

图 7-6 企业安全文化建设"四个一"工程模型

1. 企业安全文化手册编制

企业安全文化手册编制和发行的基本目的是传播先进理念、倡导科学观念，实现企业领导员工对时代先进、优秀安全观念文化普遍、高度地认同，达到企业全体员工对现代科学、安全行为文化广泛、自觉地践行。

对内，企业安全文化手册可以引导员工科学安全思维、提升员工安全素质、强化员工安全意识以及激励员工的安全潜能。对外，企业安全文化手册可以宣传企业理念，树立企业形象，提升企业商誉，提升企业竞争力。

1）企业安全文化手册编制原则

企业安全文化手册编制要遵循精华、精练、精确的原则及反映企业特色，文化学与安全学交融，先进性与理论性兼备，针对性与实用性概全，国际国内优秀文化借鉴，追求企业安全文化的"本土化"等。

2）企业安全文化手册编制思路

（1）对企业现有的安全管理观念、制度、经验和方法进行总结、分析、提炼。

（2）吸收国内外优秀的安全文化成果。

（3）对企业的安全文化建设模式和方法进行完善、创新和发展，创建出涵盖安全观念文化、安全管理文化、安全行为文化和安全物态文化四个层次的新的企业安全文化建设体系。

3）企业安全文化手册内容设计

按安全文化的形态体系结构，安全文化手册内容可基本划分为安全观念文化篇、安全管理文化篇、安全行为文化篇、安全物态文化篇、方略篇及格言篇（图7-7）。安全观念篇以体现企业核心安全理念为主，可以包括决策层的安全承诺、领导层的安全价值观、员工履行安全工作的态度等。安全方略篇主要包括安全文化建设的要务、战略等。安全管理文化篇则侧重于为创造安全软环境提供基础保障的管理文化，如提升安全规范的执行度、推行本质安全标准建设化建设等。安全行为文化篇主要包括全员安全素质、安全行为习惯、用行为科学认识事故原因和责任等。格言篇可以通过员工格言征集活动选取有代表性有企业特色的格言，并可添加家属寄语等。

2. 企业安全文化发展规划编制

企业安全文化发展应该有一个整体、全面的发展规划和发展纲要。一个好的企业安全文化发展规划或纲要，是推进企业安全文化发展的重要基础。编制企业安全文化发展规划的目标是使之成为企业安全文化建设的纲领、实施的方案、行动的步骤以及推进的计划。

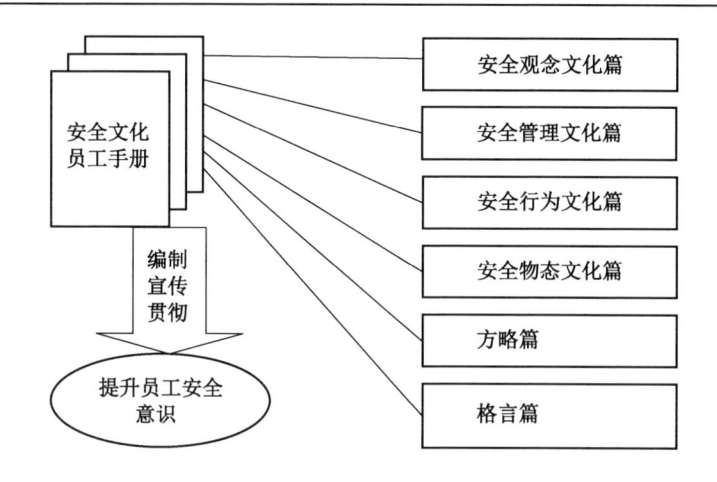

图 7-7 企业安全文化手册构架

1）企业安全文化发展规划编制原则

编制企业安全文化发展规划时，要遵循三个重视原则、全面参与原则、创新与经验结合原则，前沿与现实结合原则，逐步推进、持续改进原则。

（1）三个重视原则，即重视过程、重视实效、重视关键。

（2）全面参与原则，即坚持党政齐抓共管、各部门联合推动，创造有利的安全文化建设环境。

（3）创新与经验结合原则，即要总结现实的优秀文化，同时要创新和发展，坚持与时俱进、科学发展。

（4）前沿与现实结合原则，即吸收与引进国内外先进观念和做法，同时要结合企业自身的实际，考虑其可行性和实操性。

（5）逐步推进、持续改进原则，安全文化的建设不是一蹴而就的，需要坚持持续改进，不断完善。在试点的基础上，发挥先进典型的带动和示范作用，推出典型再以推广，以点带面，提高建设效率和成效。

2）企业安全文化发展规划编制策略

在编制企业安全文化发展规划中，要体现党政正职积极倡导，亲自组织的策略；发展规划中的安全理念需符合实际，形成体系；建设方式需规范有效，科学合理；安全宣教需生动活泼，入脑动心；文化载体需丰富多彩，作用显著。

3）企业安全文化发展规划编制内容

根据企业的实际情况，要在企业安全生产总体发展目标及要求基础上制定企业安全文化发展规划。该目标可归纳为三个阶段、三个方面、两个层次来构建（图7-8）。三个阶段可按时间划分；三个方面是安全观念文化建设任务，安全行为与制度文化建设任务，安全物态与环境文化建设任务；两个层次为宏观策略目标和微观定量目标。在宏观策略目标中对企业安全文化建设的整体状况作综合定位，进而通过微观定量将目标细化。

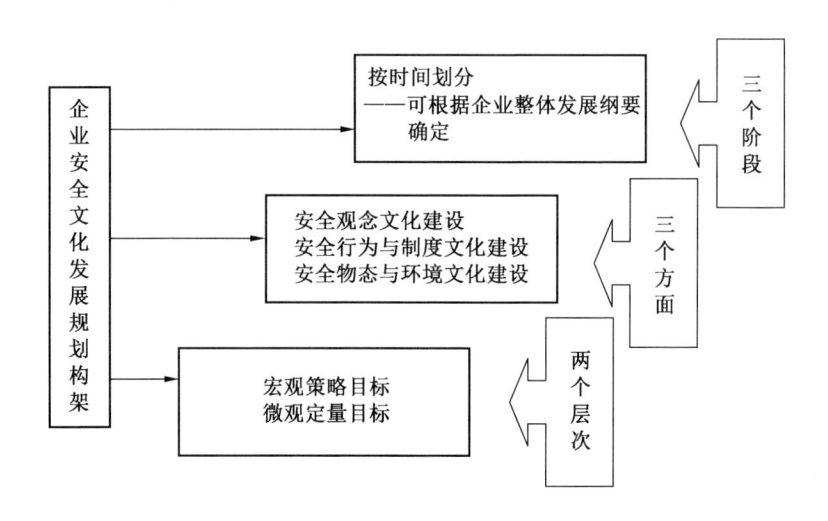

图7-8　企业安全文化发展规划构架

3. 企业安全文化测评理论与技术

在企业发展过程中，企业文化会受到多种因素的影响，具有一定的动态性，需要根据社会经济、所处行业发展趋势和现状、企业的发展阶段，适时调整和树立新的安全文化建设理念、安全文化建设的目标，同时要兼顾目标的先进性和可实现性。为了实现对企业安全文化实施动态管理，充分发挥安全文化在生产经营中引领、规范作用，不可缺少地应该对企业安全文化的各个方面进行全面的评价，从而保证企业安全文化的先进性和竞争优势。企业安全文化评测可以有效地保障企业安全文化建设水平的不断完善和提高。

通过建立企业安全文化测评指标体系和开发测评工具，从文化和管理的视角对企业安全文化的发展状况进行定期测评和动态评估，以定期了解和把握企业安全文化发展和变化状况，为创新、发展、优化企业安全文化明确目标和方向，对企业安全文化的持续进步发挥作用。

1）企业安全文化评测体系设计原则

（1）系统性原则，即企业的安全文化是一个综合的系统，是企业内互相联系、互相依赖、互相作用的不同层次、不同部分结合而成的有机整体。

（2）定性与定量相结合原则，即企业安全文化建设的系统性特征使得在建设安全文化评估体系时，首先要遵循系统性原则。

（3）实用性和可操作性原则，即实用性和可操作性是模式推广应用的必要保证。所谓实用性，是指模式所提管理技术对企业有关工作具有针对性，并能产生显著的效果。

（4）比较性原则，即在设计企业安全文化评估体系过程中，在吸收与引进国内外先进的安全文化建设模式和做法同时，还以其他相关企业的安全文化建设作为参照系，在对企业或公司自身特点分析基础之上，结合行业和企业的实际，考虑建设方案的可行性和现实性。

（5）持续改进原则，即安全文化建设不是一蹴而就，不是急功近利，需要持续改进、不断深化，树立长期坚持的思想，因此规划考虑了中长期的目标。

（6）科学理论指导原则，即应用文化学理论，从安全观念文化、安全管理文化、安全行为文化、安全物态文化四个方面设计建设体系；通过对工业安全原理和事故预防原理的研究，从人因、设备、环境、管理四要素全面考虑。

2）企业安全文化评测指标体系设计方法

安全文化测评指标体系设计要体现安全生产综合状况，指标具有定量的，也具有定性的。在指标选取时，考虑与安全生产综合测评关联度大的指标。需要注意的是，指标体系的确定具有很大的主观随意性。虽然指标体系的确定有经验确定法和数学方法两种，但多数研究中均采用经验确定法。

（1）经验确定法。经验确定法是根据研究目的的要求和研究对象的特征，利用专家的经验和专业知识，通过推理性判断分析来确定评价指标的方法。

（2）数学方法。数学方法是指在备选的指标集合中，应用数学方法进行分析来确定评价指标的方法，它是对指标之间的相似性判断和关联性进行数量分析后来确定评价指标的方法。在实际应用中，为了全面反映被评价对象的情况，评价者总希望所选取的评价指标越多越好，但是，过多的评价指标不仅会增加评价工作的难度，而且会因为评价指标间的相互联系造成评价信息相互重叠、相互干扰。因此，需要从初步构建的评价指标体系中选取一部分具有代表性的评价指标来简化原有的指标体系，这项工作叫指标体系优化。解决这一问题有两条途径，一是定性分析各指标间的相互关系，从而实现优化；二是根据指标间的关系，用定量的方法，选取代表性的指标，比如采用多元相关分析法、多元回归分析方法、主成分分析方法、因子分析分析法、聚类分析方法等。

3）指标权重确定方法

用若干个指标进行综合评价时，其对评价对象的作用，从评价的目标来看，并不是同等重要的。为了体现各个评价指标在评价指标体系中的作用地位以及重要程度，在指标体系确定后，必须对各指标赋予不同的权重系数。权重是以某种数量形式对比、权衡被评价事物总体中诸因素相对重要程度的量值，合理确定权重对评价或决策有着重要意义。同一组指标数值，不同的权重系数，会导致截然不同的甚至相反的评价结论。

指标间的权重差异来源于各指标的可靠程度、评价者对各指标的重视程度以及各指标在评价中所起的作用。确定权重也称加权，它表示对某指标重要程度的定量分配。常用的权重确定方法有主观权重确定方法、客观权重确定方法以及综合两种或多种方法的综合权重确定方法。加权的方法大体上可以分为以下两种：

（1）经验加权，也称定性加权。它的主要优点是由专家直接估价，简便易行。

（2）数学加权，也称定量加权。它以经验为基础，数学原理为背景，间接生成，具有较强的科学性。

4. 企业安全文化建设载体

企业安全文化建设需要通过活动方式、组织形式、物态实体和形象方法及手段来承载。安全文化需要在企业的生产经营活动和企业管理实践中表现出来。这种通过形象的、有形的、具体的方式和手段，我们称为企业安全文化载体。

企业安全文化载体是企业安全文化的表层现象，它不等于企业文化本身。企业安全文化载体的种类可谓五花八门，像企业的安全文化室、研究会、文艺团体，企业安全刊物、板报、标志物、纪念物等，都是企业安全文化的载体。还有另一种企业安全文化载体，就是具有生动、活泼、寓教于乐的各种活动，如安全活动日（周、月）、安全文艺晚会、安全表彰会等。

优秀的企业安全文化必有良好的企业安全文化载体。良好的安全文化载体，对提升企业的安全生产水平必定发挥积极的作用，这是因为，一方面，优秀的企业安全文化和良好的企业安全文化载体，都对增强企业员工安全意识具有潜移默化的作用；另一方面，现场的物态载体对员工安全行为具有无形的影响，从安全心理学的角度，强烈的物态刺激对行为具有直接的影响。

企业安全文化建设载体具有四类方式，即文艺术载体、宣教教育载体、活动载体、环境物态载体。

1) 企业安全文化建设的艺术载体

安全文艺、安全漫画、安全文学，小说、成语、散文、诗歌等寓教于乐的方式都属于企业安全文化建设的艺术载体。这些艺术载体将先进的安全文化理念、态度、认识、知识灌输给每一个员工，将技能和规范行动形成行为习惯。

2) 企业安全文化建设的宣传教育载体

长期开展的安全教育培训活动，是企业安全文化建设的实用和有效的载体。例如，安全三级教育、全员安全教育、家属安全教育、特种作业培训、管理人员资格认证、火险应急训练、灭火技能演习、火灾逃生演习、爆炸应急技能演习、泄漏应急技能演习等，都是企业安全文化建设的实用载体。

3) 企业安全文化建设的活动载体

开展各种形式多样、生动活泼的安全活动，是企业安全文化建设的重要载体。具体包括开年"三个第一"活动（1号文件是"安全文件"、第一个会议是"安全大会"、第一项活动"安全宣教"等）、事故警示活动、事故告示活动、事故报告会、事故祭日活动、班组读报活动、安全知识竞赛活动、安全生产周（月）、百日安全竞赛活动、"四不伤害"活动、班组安全建"小家"活动、开工安全警告会、安全汇报会、安全庆功会、安全人生祝贺活动、亲情寄语活动等。

4) 企业安全文化建设的环境物态载体

企业安全文化建设的环境物态方式也是重要而有效的建设载体。其具体方式包括硬环境和软环境，硬环境包括安全标识系统、技术警报系统、文化环境系统、事故警示系统等，软环境包括先进观念灌输、亲情力量感染、政治思想攻心等。例如，现场安全色的科学利用、创造有利于身心的声音环境、技术声光报警系统、安全宣教室、现场安全板报、事故图片展板、安全礼品系列、现场安全格言系列、现场亲情展板、安全标志建设、安全纪念墙（碑、板、牌）等，都是一些具有的做法。

7.3.3 政府安全文化建设"四个一"工程

政府安全文化建设的系统工程模式也可归纳为"四个一"工程：

一本安全文化手册：包含安全宣言、观念、行为、制度、物态、方略和格言这七个方面的内容，构建安全文化品牌工程。

一套评估准则：构建城市安全文化评估工程，同时结合评估工程制定相应的安全标准。

一个建设纲要：为城市的安全发展设立目标，并通过推进工程来实现，推进工程应形成类似安全文化建设纲要这类的纲领性文字。

一系列安全文化宣贯载体：结合宣传学的内容来构建城市安全文化宣贯工程，并将宣贯工程的各类要素落实到安全文化建设载体上。

1. 政府安全文化手册编制

政府安全文化手册是对城市安全文化的高度概括，是承载并展示一个城市安全文化的容器。通过政府安全文化手册编制，可以充分发挥出安全文化的引领作用，从而有效改善城市安全生产状况。相比于没有安全文化手册的城市，已经编写出安全文化手册的城市在梳理安全理念体系、推进安全文化建设和进行安全文化宣贯方面有着十分显著的优势。

在手册的编写时，应当考虑以下五个方面的内容：

（1）属性。安全文化本身的广域性决定了安全文化本身带有属性，从政府安全、公共安全、企业安全、交通安全、校园安全等不同的视域对安全文化研究，安全文化的属性各异。在安全文化手册编制的时候，需要根据目的的不同，从而决定安全文化手册的属性。

（2）价值。安全文化代表着安全的价值观，编制的手册一定要选取合适的安全文化价值观念，如"安全第一""人本理念""红线意识"等。

（3）文化。文化手册不是教科书，也不是强制的法律法规，为了使得安全文化理念更容易被受体所接受，编制的安全文化手册应当具备文化气息，发挥文化渗透、辐射的功效。

（4）个性。安全文化既具有文化学的特性，也具有安全学科的特性，在现实当中安全又往往与经济利益相互联系，文化手册的编制要兼顾文化学共性、安全文化学个性和现实情况。

（5）受体。只有通过渗透、灌注于实体对象——文化受体，手册才能真正地发挥作用。安全文化是产生于安全生产和日常社会活动中的文化，因此安全文化的受体广泛，政府、企业、行业、社区、家庭、公众等都可以成为政府安全文化的受体。

2. 政府安全文化评估体系构建

评估工程既可以明确城市的安全文化建设情况，又能对城市安全文化的发展趋势作出估量，从而实现文化建设的评估管理。同时也能够让政府中的安全生产相关部门了解到长期影响并制约城市安全生产的瓶颈，为进一步明确安全文化建设方向、加强文化建设目标指明方向。

3. 政府安全文化建设纲要编制

1）目的

安全文化推进体系的指导思想是推进工作的行动指南，也是文化品牌建设的理论基础。政府在制定安全文化推进体系的指导思想时，应当参考党的指导思想、全国安全生产纲要和现有的安全生产方针，以提高市民素质、减压生产事故、遏制重特大事故发生为目标，结合我国国情，以如何在现有的安全生产水平上，通过安全文化建设来进一步加强生产领域的安全工作，推动安全生产状况的稳定好转为考量，努力促成"政府引领、部门负责、企业落实、社会参与、媒体宣传"的"五位一体"格局。

2）原则

原则的建立可以为安全文化建设找准文化定位、明确文化功用，起到点面结合、改革创新的作用，建设纲要中编制的原则往往来源于当地政府安全生产相关部门的实践经验，与城市自身安全生产特点相符合，对于提升城市的安全文化建设具有重要的指导意义。从而起到保证安全文化的活力，强调安全文化推进工作对城市安全生产的重要意义，突出安全文化的引领作用，考虑到安全文化的全面性从而让社会中的每一个层级都成为文化受体的作用。

3）主要内容

政府安全文化建设纲要可以从素质教育、人才培养、制度建设、载体搭建和资源开发与共享五个方面进行构建。

（1）素质教育。安全教育是安全文化推进的最常用手段，书面教育、安全科学学科建设、从业人员安全培训、继续教育、安全活动教育等均是安全素质教育涉及的内容，通过受教人员的社会角色不同，应当将安全素质教育分为义务教育、职业教育、专业教育、企业教育和社会宣传教育五个种类。政府在制定保障工程时除了优化安全教育内容外，还应当加强对安全培训的组织指导和监督检查，规范教育机构的资质审核。

（2）人才培养。安全文化的建设与推进离不开优秀的执行人员。城市安全监管部门和企业安全管理部门应当明确目标，有专人对安全文化建设负责，发挥行业的服务和沟通作用，组织动员各种社会力量，吸纳与安全生产相关的优秀人才，建立优秀的安全文化艺术作品创作、活动组织策划、宣教用品研发、评价咨询、理论研究队伍，形成系统、有力的文化建设保障力量。

（3）制度建设。完善的安全文化制度是安全文化推进工作的有力保障。政府安全生产管理部门可通过与专家、企业、行业协会的合作，制定与地方安全生产情况相符合的《企业安全文化建设指南》等内容，为安全文化咨询评估、安全文化宣贯、安全文化标准建设、安全文化建设激励等内容提供依据。

（4）载体搭建。安全文化载体是安全文化最直观的体现，文化载体种类多样，书籍、影视、服饰、文娱活动乃至主题公园等均可作为安全文化的载体。文化载体的搭建应当与安全文化理念紧密结合。

（5）资源开发与共享。安全文化资源的开发与共享决定了安全文化的活力和生命力。通过整合安全文化教育培训资源、建立产业发展基地、促进文化作品创作等，可以建立安全文化阵地、打造安全文化品牌。通过媒体的大力传播可以提高社会对安全的关注度、敏感度，吸引更多社会力量加入安全文化的资源开发当中。

4. 政府安全文化宣贯载体构建

1）政府安全文化宣传方案设计

据政府不同职能部门特点，开展特色安全文化宣传活动，丰富并规范活动内容，让安全文化宣传工作接地气、焕发活力。开展安全文化宣传沙龙、读安全文化书籍等活动，将学习心得通过网络平台进行推广交流，形成线上线下共同推动安全文化宣传工作的良好格局。在每个地方政府组织建立一个安全文化理论自学组织，精心设计安全文化宣传活动，以安全文化俱乐部带动其他政府人员参与安全文化宣传的活动。

2）政府安全文化宣贯载体运用

安全文化载体种类繁多、形式多样，但是当这些文化载体呈现于安全文化宣贯的受体前时，它们都起着文化识别的作用：一方面将政府想要宣贯的文化理念与固有的文化理念区别开来，另一方面通过与既有的优秀文化理念的联系加强受众的认同感。具体来分，安全文化宣贯载体依照其作用分类，可以分为：事务识别、活动识别、产品识别、广告识别和环境识别这五大类。

常见的事务识别载体包括名片、信纸、信封、文件夹、档案袋、传真纸、证卡、标签、文件袋、员工服饰、车辆等各类生活用品。事务识别是安全文化宣贯当中最基层的识别，它是安全文化标志最基本的使用方式。事务识别既可以面向城市内部的人员也可以面向城市外部的人员，它所起到的最基本作用是树立起城市的安全文化形象，让安全文化标志融入日常的安全生产和城市活动当中，为安全文化理念奠定良好的传播与扩散基础。

活动识别是指在日常的生产活动和社会生活基础上，以宣传安全文化理念、促进安全文化建设为目标为目的的相关活动。在适当的场所投放主题、风格适宜的文化活动，可以有效拉近文化理念与民众间的距离。诸如"安全生产月""安全文化论坛""安全文化节""安全示范社区建设""安全生产万里行""送安全文化到基层"等常见的安全文化活动，都可以纳入活动识别的范围当中。

7.3.4 社区及公众安全文化建设

社区及公众安全文化评价指标体系设计原则、方法以及各指标权重确定方法同企业安全文化一致，具体内容见第7.3.2节内容。

社区安全文化是一个综合概念，主要是指生活在社区当中的人的各种素质、态度、方法、行为的有机体。社区安全文化的核心是"大众安全"，它要求社区内的每一个人无论在什么场合、什么地点，从事什么行为，都必须考虑大众的安全。除此以外，它还要求社会组织或者生产单位在从事生产、经营等各类行为时，要始终把安全放在首要位置，以大众安全为第一原则，在组织生产的过程中，要有很强的组织性、协调性、保障性，来形成两个层面对人的保护，一是对直接劳动者的安全保护，二是对可能与生产发生关系的人的安全保护。

社区安全文化落地过程分为三大主体、四大阶段、四个内容，如图7-9所示。将实施主体分为社、巷、楼；将落地实施阶段分为强化组织保障、完善基础设施、壮大社区文化队伍、开展安全文化项目，将实施内容按照安全文化内涵结构分为安全观念文化落地、安全行为文化落地、安全管理文化落地和安全物态文化落地。

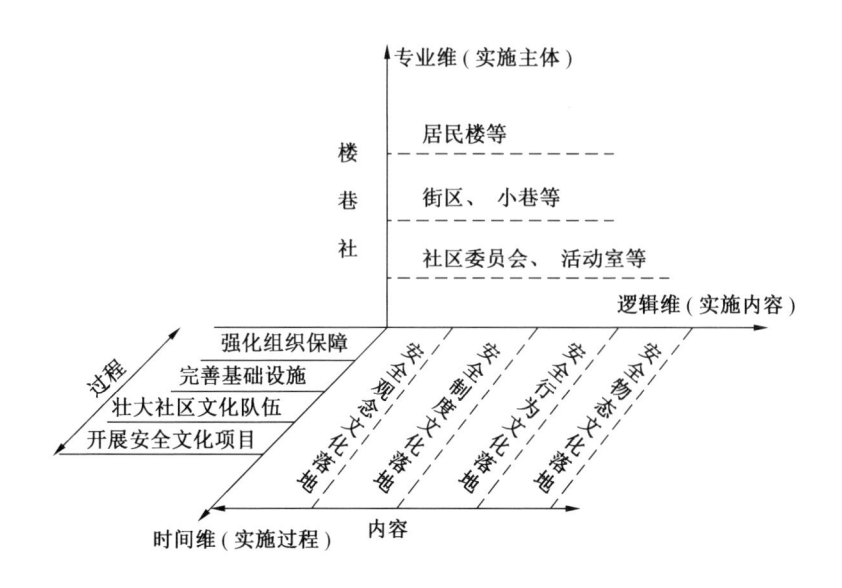

图7-9 社区安全文化落地工程实施模型

1. 社区安全文化建设实施主体

（1）社。做大宣传"面"，社区成立由志愿者和居民组成的社区安全宣传队，不定期开展安全知识宣传，印发《日常安全知识》小册子。社区民警将警用巡逻车改造成为集"影、音、人"于一体的专业流动宣传车边巡逻边宣传，将与居民息息相关的交通安全、旅游安全，防触电、防火灾、燃气使用安全、燃放烟花爆竹安全等知识送到居民手中。社区还可举办安全文化节、安全知识竞赛等活动，提高社区居民安全意识。

（2）巷。街道、小巷建立安全文化宣传阵地，定期更新旅游安全、交通安全、消防安全等方面的知识。同时，广泛动员沿街店面通过 LED 显示屏滚动播放安全标语，在沿街醒目位置张贴宣传标语、悬挂横幅。

（3）楼。把安全知识宣传阵地扎根于社区居民每天经常路过、驻足的楼道口。在小区的每个楼道口上方设置宣传牌，让居民每天路过时都可以学习到安全知识。还可通过挂宣传横幅、发传单等方式提高居民的安全意识。

2. 社区安全文化建设实施内容

（1）安全观念文化。安全观念文化首先是安全价值观的确立，安全价值是人的价值观中有关安全行为选择、判断、决策的总和，是处理人与人的关系和人与生存环境关系的行为基础。在社区安全文化建设中应建立起"珍惜生命，爱护环境""人人为我，我为人人""爱护自己，保护他人"的安全价值观，唾弃"损人利己""只顾眼前，损害长远"的安全价值观。逐步在社区大众中树立起"安全第一、居安思危、防微杜渐、警钟长鸣"的安全意识。

（2）安全制度文化。根据社区情况，制定相应的法律、行政条例、规章等，用来规范社区建设项目、市民行为、物品摆放、物业运行等，形成规范的、系统的参照。使社会组织、个人、生产单位能够在安全许可的范畴内进行，有制度性地遵循，这是社区安全制度建设的需要。同时，这些制度还要突出易于掌握、有效、管用。

（3）安全行为文化。社区公众无论在社区公共场所还是在私人住宅，都有安全行为文化的体现。社区安全行为文化建设中应注意社区交通行人的安全行为文化、饮食安全文化、家庭生活中的安全行为文化、防火安全文化等的建设，使社区公众的行为在安全文化的熏陶下，养成遵章守纪、礼让他人、讲究卫生、科学健身、安全生活以及应急防灾的良好行为习惯。比如，推广楼道安全文化、家庭住宅内部安全标志的设置。主要是提高生产中的安全行为文化，家庭生活中的安全行为文化，生存救援的安全行为文化，交通行人的安全行为文化，防震减灾逃生的安全行为文化等。

（4）安全物态文化。安全物态文化是安全文化最直观的体现。物态文化的载体种类多样，书籍、影视、服饰、文娱活动乃至主题公园等均可作为安全文化的载体。文化载体的搭建应当与安全文化的理念紧密结合。

3. 社区安全文化落地实施阶段

（1）强化组织保障。设立安全社区创建办公室，制定工作计划和规章制度等；开展事故伤害辨识及其评价、应急预案和响应、监测与监督等工作。制定管理机构、社区工作人员安全管理职责，落实社区党委成员"一岗双责"，建立健全各分管领导、工作部及网格各级安全责任制，细化领导和部门的责任，层层签订安全生产目标责任书，健全安全生产工作例会制度等各项管理制度。成立文化建设工作领导小组，统筹解决文化建设方面的重要事项和相关问题，制定文化建设工作实施意见，明确权责，为推进街道文化建设工作提供组织保障。

（2）完善基础设施。在安全社区建设中，各个部门、单位可以根据自身情况，不拘泥于形式，加大各种安全投入。除了资金投入之外，可以提供安全宣传与培训的场地、设施、技术等，为安全培训、安全宣传、安全救援等工作的有效开展提供支撑，确保社区的基础设施具有足够的抗御各种突发事件打击的能力。

（3）壮大社区文化队伍。创新社区文化责任机制、激励机制和培训机制，以柔性化管理，培育居民的自我管理、自我教育、自我服务意识，推动文化团队不断完善，形成良性的"社区文化生态圈"。

（4）开展安全文化项目。社区组织实施多种形式的安全文化项目，涵盖交通安全、工作场所安全、家居安全、学校安全、公共场所安全等方面。安全文化项目的重点应针对高危人群、高风险环境和弱势群体；重点安全文化项目有相应的目标、实施方案和计划，方案和计划体现持续改进，体现全员参与，并具有可操作性。

4. 社区及公众安全文化宣贯载体构建

（1）安全文化载体设计内容。放眼全国，社区及公众的信息接收渠道、阅读习惯都在往手机端走，这是网络时代的鲜明特征。综合利用各类媒介，创造碎片化、零星化安全文化学习载体平台成为一种趋势，这是与传统学习习惯的重要区别。例如，社区App、社区微博、社区微信公众号、各类社区聊天群等，逐步成为社区传播安全文化，加强各类安全文化学习的重要载体。

（2）安全文化载体设计形式。显性安全教育与隐性安全教育共同促进社区人员形成正确的安全文化素养，二者相辅相成、互为补充。以活动为载体的隐性安全教育，作为最能直接将显性与隐性相结合的教育载体，发挥着越来越重要的作用。社区是人们心中最有归属感和安全感的场所，更是社会上最后归属的场所。促进以活动为载体的隐性安全教育，是为社区搭建更安全的平台。

7.3.5 安全文化落地工程

1. 基本概念及内涵

概念：安全文化落地是指将安全文化理念、战略、任务或目标，通过具体扎实的宣贯、教化、培塑、创建等方式，使之落到实处，产生实际的文化引领、精神动力、智力支持等效果。

内涵：企业安全文化有两个重要的因素，一个是思想意识和理念，称为观念文化；另一个是由思想意识引发的行为，称为行为文化。思想意识形成的相应行为方式的过程，就是企业安全文化落地的过程。因此，企业安全文化落地就是企业的每一个员工都能把企业倡导的安全理念转化为自己的行为，将思想意识层面的文化转变为实践层面的行动，以文化力提升安全保障力和事故防范力。

2. 安全文化落地工程流程

企业安全文化的形成，有的是自发的，有的则是通过有意识的文化建设活动形成的，一般而言，企业秉承的各种理念都可能通过各种文化建设活动加以固化，使之成为相对稳定的组织行为方式和员工行为方式。但是员工在接受并认同一种文化的过程中，其心理及行为改变是一个复杂的过程，并非一蹴而就。这样，企业安全文化落地工程需要有梳理融合、思想认知、观念认同、行为自觉四环节，如图7-10所示。其中重要的三个环节如下：

(1) 思想认知，即在思想上认识。只有员工对企业安全理念有了全面充分的认识，才有可能达成共识。因此，企业安全文化的落地，首先要让员工知道企业安全文化的内容，也即"入眼""入脑"的过程。

(2) 观念认同，即在观念上接受和赞同。企业员工安全行为随时都受着企业安全观念的指导和影响，只有企业安全观念文化成为员工的一种潜意识，形成一种不可言传的心理共鸣，员工才能在行为上以企业安全观念文化为导向。因此，企业安全文化的落地，就是要让企业员工相信企业安全理念的功能作用，也即"入心"的过程。

(3) 行为自觉，即在行为上自觉。企业安全文化成为企业员工的行为准则，企业安全价值观成为企业员工的安全价值观导向，融入企业员工的安全生产实际行为，员工主动按照企业安全理念的导向去行动，自觉履行岗位责任。因此，企业安全文化的落地，就是要让企业员工自觉行为，知行合一，也即

"践行"的过程。

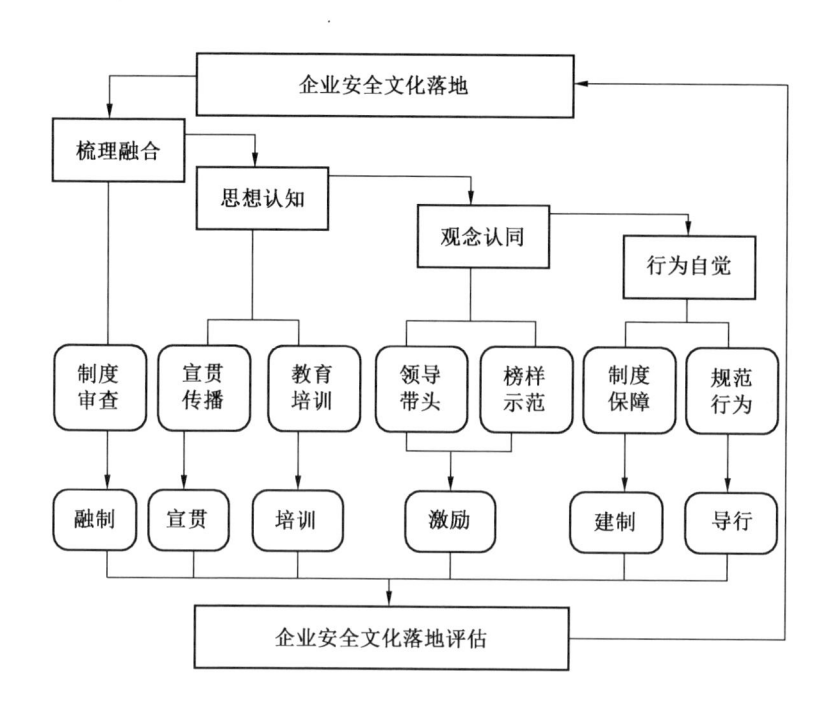

图 7-10　企业安全文化落地工程流程图

3. 安全文化落地工程实施模型

企业安全文化落地工程的目的是：引领时代安全观念、强化主动安全意识、端正自觉安全态度、激发安全精神动力、提供安全智力支持。

企业安全文化落地工程按照实施的时间顺序分为梳理融合、思想认知、观念认同、行为自觉四个阶段，体现了企业安全文化的内涵，由浅入深，步步深化，每一阶段所需开展的工作不同，如图 7-11 所示。在四个阶段中，组织、宣贯、培训、建制、激励和导行六个方面基本涵盖了企业安全文化落地工程的所有工作内容，每一项可以展开进行深入研究。

4. 安全文化落地工程实施方法

根据安全文化的理论和安全文化的形态体系，从安全观念文化、安全行为文化、安全管理文化和安全物态文化四个方面设计安全文化落地载体的层次结构，如图 7-12 所示，该体系归纳了企业安全文化落地载体的种类与层次结构的内涵和关系。

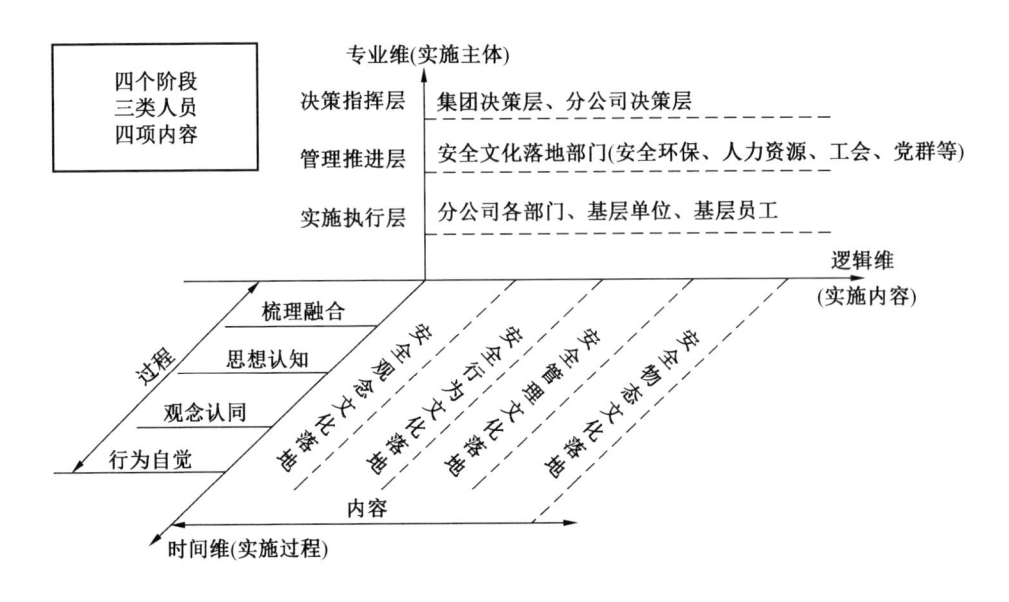

图 7-11 企业安全文化落地工程实施模型

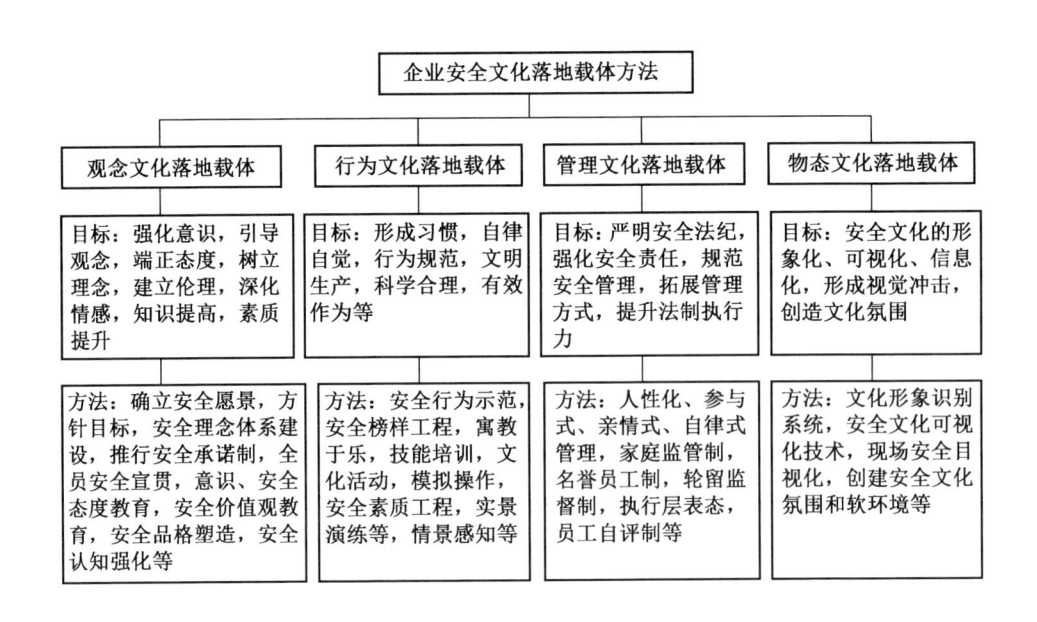

图 7-12 企业安全文化落地载体方法

（1）横向结构体系：按安全文化的载体形态体系划分，即分为观念文化载体、行为文化载体、管理文化载体和物态文化载体。

（2）纵向结构体系：按层次系统划分，第一层次是安全文化落地载体的形态，第二层次是实施安全文化落地载体的目标，第三层次是具体的安全文化落地载体方法。

8 安全教育学

安全教育学研究和揭示安全教育的机理与原理、思想与理论，给出科学实践安全教育培训的方式与方法，对人的安全素质和能力的育化、提高具有现实意义。安全教育与培训对丰富人的安全知识、认知安全权益、提高安全技能、强化安全意识、转变安全态度、认识安全价值、认同安全理念、增强安全行为自觉具有重要作用。

8.1 安全教育学基本理论

8.1.1 安全教育学基本概念

1. 教育与学习

在我国，"教育"一词最早出现在《孟子·尽心上》中，"得天下英才而教育之，三乐也"。东汉许慎在《说文解字》中提到"教，上所施，下所效也；育，养子使作善也。"《中国大百科全书·教育》卷中指出："现在一般认为，教育是培养人的一种社会活动，它同社会的发展、人的发展有着密切的联系。""从广义上说，凡是增进人们的知识和技能、影响人们的思想品德的培养、培训、训练、劳动、实践、宣传、观摩、体验、分享等学习活动都是教育。狭义的教育指学校教育，其含义是教育者根据一定社会（或阶级）的要求，有目的、有计划、有组织地对受教育者的身心施加影响，把他们培养成为一定社会（或阶级）所需要的人的活动。"概言之，教育的本质就是根据一定社会需要进行的培养人的活动，或者说是培养人的过程。因此，习近平总书记指出："为谁培养人、培养什么人、怎样培养人"始终是教育的根本问题。

学习指通过主客观的相互作用，在主体头脑内部积累经验、构建心理结构以积极适应环境的过程，它可以通过行为或者行为潜能的持久变化而表现出来。从广义上说，学习是指人与动物在生活过程中获得行为经验的过程，是人类生活和动物生存中的普遍现象，凡是以个体经验的方式发生个体的适应都是学习。教育过程实质上是一个经验传递的过程，是教育和培养人才的过程，它是包括经验传递双方的活动，既有教育者，也有受教育者。受教育者通过学习获得教育者传递的经验，这种经验包括知识、技能等，正因为受教育者能够学习，教育活动才成为可能。因此，教育的核心是学习，教育的过程即是围绕受教育者的学习展开。

2. 安全教育

生命安全与健康是人类生存、发展的基本需求和永恒追求。生命权、身体权和健康权是每一位公民的权利。安全教育是指为了提高人的安全素质，增强对安全生产的责任感和贯彻执行安全法规的自觉性，掌握安全生产的科学知识与操作技能以及自救互救能力而进行的各类教育和培训工作。开展安全教育和培训是贯彻落实"人民至上、生命至上"理念的重要基础工作，是各级政府、企事业单位以及各类组织的法定责任，接受安全教育和培训是法律赋予每个公民的权利和义务。近些年我国持续推进的安全教育和培训进机关、进企业、进社区、进学校、进农村、进军营、进寺庙、进家庭，就是一项提高全体公民安全意识、安全知识和自救互救能力等安全素质的重大民生工程。

8.1.2 学习与教育理论

要提高安全教育培训效果，必须了解和掌握学习理论。学习理论是关于学习的实质、过程、条件等根本问题的一些观点，说明学习是如何发生的，其规律是什么，如何有效地进行学习。

1. 联结理论

联结理论即联结派学习理论，强调学习是某种刺激与某种反应之间建立联系、联结的过程。其基本假设是：学习者的行为是其对环境刺激的反应，所有行为都是习得的，都是刺激与反应之间联结的建立。因此，该理论又称为"刺激－反应"理论。代表性的联结派学习理论有巴甫洛夫的学习律、桑代克的试误说和斯金纳的操作性行为强化学习理论，见表8-1。

表8-1 代表性的联结理论

代表人物	理论名称	主 要 观 点
巴甫洛夫	学习律	将条件刺激与无条件刺激匹配，最终使得条件刺激诱发相同反应
桑代克	试误说	动物通过试误形成"刺激－反应"联结
斯金纳	操作性行为强化学习理论	人和动物的某些行为是自发产生的

1）巴甫洛夫的学习律

巴甫洛夫通过他的著名实验，提出5条学习律：

（1）习得律：通过条件刺激与无条件刺激的配对引起条件反射，条件刺激获得信号意义。

（2）消退律：条件反射会因得不到无条件刺激的强化而逐渐削弱直至消失。巴甫洛夫认为，条件反射的消退是一种主动的抑制过程，这种抑制解除后，条件反射能自发恢复。

（3）泛化律：条件反射泛化是指人和动物一旦学会对某一特定的刺激作出条件反应后，其他与该条件刺激类似的刺激也能诱发其条件反应。例如，"一朝被蛇咬，十年怕井绳""望梅止渴""画饼充饥""谈虎色变"等都属于条件反射泛化。

（4）分化律：分化与泛化是条件反射建立过程中的两个阶段，在条件反射建立的初期，相似刺激能引起条件反射，出现泛化现象，但随着无条件刺激物对不同刺激进行强化或消退，就建立分化条件反射。

（5）多级条件反射律：已形成的条件刺激作为无条件刺激，还可以建立新的条件反射，即形成二级条件反射或高级条件反射，使其他一些中性刺激可以替代原来的条件刺激，引起条件反射。

2）桑代克的试误说

桑代克认为，动物的基本学习方式是试误学习，在试误过程中形成"刺激－反应"之间的联结。联结指某种情境仅能唤起某种反应而不能唤起其他反应的倾向，通过尝试错误的过程建立。他指出：学习即联结，心即人的联结系统。学习的实质在于建立某种情境与某种反应之间的联结。桑代克总结提出三条学习律：

（1）准备律：即学习的动机原则，能否反应，取决于有机体是否有动机准备。

（2）练习律：指刺激与反应之间的联结，因练习与使用而增强，因不使用而减弱。换言之，所谓练习律，是指反应重复的次数越多，刺激与反应之间的联结便越牢固。

（3）效果律：指情境与反应之间联结的加强与减弱受反应之后结果的匹配。若反应之后得到奖赏，则该反应与情境之间的联结加强；若反应之后受到惩罚，则联结减弱。

3）斯金纳的操作性行为强化学习理论

斯金纳借鉴桑代克做法，开展了"斯金纳箱"实验，提出对操作性行为强化学习理论。

（1）操作性行为形成的过程就是学习的过程，学习的本质是反应概率上的一种变化。

（2）操作性行为形成的重要手段是强化，强化是塑造行为的有效而重要的条件，塑造行为的过程就是学习的过程。要提高反应概率，关键在于强化，尤其是正强化（积极强化，如表扬、奖励）。

（3）除强化物之外，强化的时间、强化的次数等也会导致不同水平的操作性反应。不定期的强化方式所形成的操作行为是比较稳定的。

（4）应答性行为和操作性行为：应答性行为是由特定刺激引起的，是不随意的反射性反应，又称引发反应。操作性行为则不与任何特定刺激相联系，是有机体自发作出的随意反应，又称为自发反应。应答性行为是经典条件作用的研究对象，而操作性行为则是操作性条件作用的研究对象。

（5）积极强化。当有机体自发作出某种反应以后，随即呈现一个愉快刺激，从而使此类反应在将来发生的概率增加，这种操作即为积极强化，也称阳性强化或正强化。

（6）消极强化。当有机体自发作出某种反应以后，随即排除或避免某种讨厌刺激或不愉快情境，从而使此类反应在以后的类似情境中发生的概率增加，这种操作即为消极强化。

（7）无强化。当有机体自发地作出某种反应以后，不对其施与任何强化，从而使该反应在将来发生的概率降低，这种操作即为无强化。

（8）惩罚。当有机体作出某种反应以后，呈现一个讨厌刺激或不愉快刺激，以消除或抑制此类反应的过程，称为惩罚。

2. 认知理论

认知理论是与联结理论相对立的学习观点。认知理论认为学习并不是在外部环境的支配下被动地形成"刺激－反应"联结，而是主动地在头脑内部形成认知结构。学习不是通过练习与强化形成的，而是通过顿悟与理解获得的；学习不仅依赖于当前的刺激情境，而且也依赖于主体已有的认知结构。代表性的认知理论有格式塔顿悟学习理论、"认知－发现"理论以及"认知－同化"理论等。

1）格式塔顿悟学习理论

格式塔为德文译文，意思是完形、整体。苛勒开展了黑猩猩摘香蕉的著名实验，提出学习是一个顿悟的过程，而非试误的过程。

（1）顿悟即突然觉察到问题解决的办法，它实际上是主体通过观察，对情境的全局或对目标与达到目标的手段、途径之间的关系有所理解，从而在主体内部确立起相应的目标和手段之间关系完形的过程。它是个体通过理解事物之间的关系、结构与性质等实现的。

（2）顿悟的过程是一个知觉的重新组织过程，从模糊的、无组织的状态到有意义、有结构、有组织的状态，这是知觉重组，也是顿悟产生的基础。一切学习的实质是在主体内部构造完形。一切学习均在于通过对情境中各部分之间关系的理解构造完形，而并非是在情境与反应之间建立联结。

2)"认知-发现"理论

布鲁纳提倡发现学习，倡导结构主义教育。所谓发现学习即让个体独立思考、改组材料、自行发现知识、掌握原理和原则。

（1）学习的实质在于主动地形成认知结构。认知结构即表征系统，是指信息在头脑中的表现与记载方式，有动作表征、肖像表征与符号表征三种，它们相互作用、顺序发展，但不可相互替代。

（2）学习包括知识的获得、知识的转化和知识的评价三个过程。知识的获得是指新知识容纳到新的认知结构中；知识的转化指通过对新知识的进一步分析和概括，使认知结构中演绎出新内容的过程；知识的评价指对新知识进行检验，即检验处理知识的方法是否适当。

3)"认知-同化"理论

奥苏伯尔提倡有意义的学习。所谓有意义的学习，即指以符号为代表的新观念与学习者认知结构中原有的适当观念建立人为的和实质性的联系。其中，实质性的联系指新的观念与学习者认知结构中已有的观念的联系，两者并非字面联系，虽然表达不同，但应该是等值的。他认为学习者接受教育者的指导是一种有意义的接受学习，这种有意义的接受学习是通过同化过程实现的。同化指新旧知识之间的相互作用、相互影响，即把新信息纳入原有的认知结构中，用原有的知识来解释新知识，或者以新知识充实、改组原有的认知结构。

4）建构主义理论

建构主义理论强调，知识并不是对现实的准确表征，它只是一种解释、一种假设，并不是问题的最终答案。学习是个体主动建构内部心理表征的过程，这种建构不是机械地把知识从外界搬到记忆中，而是以原有的经验为基础来构建新的理解。这种建构包括两个方面，一是对新信息的意义的建构，外部信息本身没有意义，意义是学习者通过新旧知识经验间反复的、双向的相互作用过程而建构的；二是对原有经验结构的改造和重组。

3. 联结-认知理论

联结-认知理论既坚持了行为主义的立场，同时又接受了认知派的观点，从而使其表现得更加兼容并蓄，主要包括托尔曼的认知目的说和班杜拉的社会学习理论。

1）托尔曼的认知目的说

托尔曼认为,"刺激－反应"的联结是间接的,在刺激与反应之间存在一个"中间变量",他认为学习是有目的的,学习是形成对目标的某种认识与期待,"中间变量"即心理过程,这种学习就是在头脑中形成如何达到目标的一些"认知地图",而不是形成某种反应。所谓认知地图,就是有关整个情境的认知,包括对要达到的目的、要采取的手段或途径的认知,就是期待或认知观念的获得。

学习的强化主要是内在强化,即由学习活动本身所带来的强化。外在强化并不是产生学习的必要条件,内在强化的存在使得学习发生。

2）班杜拉的社会学习理论

班杜拉指出,个体、环境和行为是相互联系的一个系统,三者的关系是交互决定的,这些决定因素双向地相互影响,而影响的强度可能因不同的活动、不同的个体和不同的环境条件而有所不同,所以人的行为是内部因素和外部影响的复杂相互作用的产物。班杜拉认为,学习受认知过程的影响,行为受认知的调节和自我调节。人可以通过直接的经验进行学习,同时也可以通过观察他人的行为进行学习而获得间接经验。

4. 人本主义学习理论

人本主义学习理论强调,学习应该是有意义的学习,这种有意义不仅指理解新旧知识与经验之间的关系,也不是机械地建立刺激与反应的联结,它是学习者主动参与到学习活动中,通过积极地评价激发学习者的学习动机,使学习者感受到学习的乐趣,让学习成为一种享受。

人本主义学习理论指出,人类具有学习的自然倾向或学习的内在潜能,人类的学习是一种自发的、有目的、有选择的学习过程。学习的内容应该是学习者认为有价值、有意义的知识或经验。学习过程应始终以人为本,明确学习者是学习的主体,必须重视学习者的意愿、情感、价值观等,应坚信学习者可以自我发挥潜能,达到自我实现。

5. 艾宾浩斯遗忘曲线

艾宾浩斯研究人的大脑对知识的遗忘发现,人的学习过程具有渐进性和重复性,人会慢慢遗忘曾经学习过的知识,这个规律可以总结为艾宾浩斯遗忘曲线（图 8-1）。

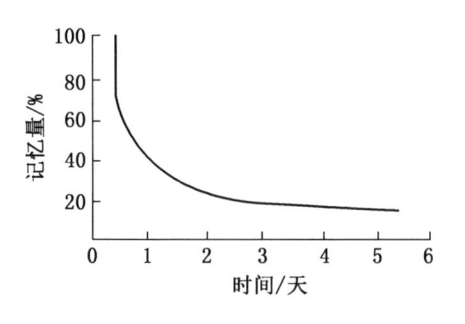

图 8-1 艾宾浩斯遗忘曲线

艾宾浩斯遗忘曲线表明，学习者在学习中的遗忘是有规律的，遗忘的进程是不均衡的，在记忆的最初阶段遗忘的速度很快，随着时间的推移遗忘就逐渐减慢了，遗忘的数量也逐渐减少。同时，遗忘的进程不仅受时间因素的影响，也受其他因素的影响，如学习者最先遗忘的是没有重要意义的、不感兴趣的、不需要的知识，另外学习者对不熟悉的知识更容易忘记。

如图8-2所示，为了防止遗忘量越过管理的界限，就要定期或及时地进行安全教育，使记忆间断活化，从而保持人的安全素质和意识警觉性。

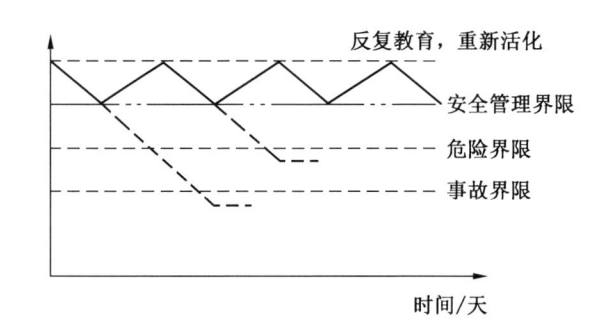

图8-2 反复教育对于使记忆的活化示意图

6. 学习金字塔理论

美国学者戴尔在研究学习者在两周以后还能记住内容的多少即学习内容平均留存率时，发现被动学习和主动学习的学习效率差异较大。被动学习包括听、阅读、图片、演示等四种教学方法，主动学习包括小组讨论、实践和立即应用三种教学方法。总体上这七种教学方法的学习内容平均留存率呈递增之势，如图8-3所示。

教师讲授学生听讲的学习效果最低，学习内容平均留存率仅为5%；学生立即应用所学内容，学习内容平均留存率可高达90%。尽管类似研究发现不同教学方法的学习效率并不那么规整，但总体上，主动的、团队的、参与式学习效果优于被动的、个体的学习。因此，这个理论对选择高效的教学及学习方法有一定指导作用。

此外，安全教育也遵循管理心理学的一般规律：生产过程中的潜变、异常、危险、事故给人以刺激，由神经传输于大脑，大脑根据已有的安全意识对刺激作出判断，形成有目的、有方向的行动。所以，为了提高安全教育效果，应该把握以下要点：

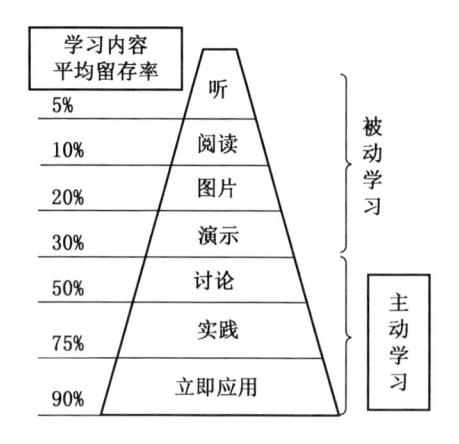

图 8-3 学习金字塔模型

（1）尽可能地给受教育者输入多种"刺激"，如讲课、参观、展览、讨论、示范、演练、实例等，使其"见多""博闻"，增强感性认识，以求达到"广识"与"强记"。

（2）促使受教育者形成安全意识。经过一次、两次、多次、反复的"刺激"，促使受教育者形成正确的安全意识。安全意识是人们关于安全法规的认识与理论、观点、思想和心理的状况，以及由此形成生产活动过程中对时空的安全感。

（3）促使受教育者作出有利安全生产的判断与行动。判断是大脑对新输入的信息与原有意识进行比较、分析、取向的过程，行动是实践判断指令的行为。安全生产教育就是要强化原有安全意识，培养辨别是非、安危、福祸的能力，坚定安全生产行为。这就涉及受教育者的态度、情绪和意志等心理问题。

（4）创造条件促进受教育者熟练掌握操作技能。技能是指凭借知识和经验，操作者运用确定的劳动手段作用于劳动对象，安全熟练地完成规定的生产工艺要求的能力。培养安全操作技能是安全生产教育的重点，是安全意识、安全态度的具体体现。

8.1.3 安全教育原则

安全教育原则是进行安全教学活动中所应遵循的行动准则。它是在教学工作实践中总结出来的，是教学过程客观规律的反映。安全教育应坚持以下原则。

1. 目的性原则

安全教育的对象包括组织的各级领导、组织的职工、安全管理人员以及人员的家属等。《安全生产培训管理办法》规定，对安全监管监察人员、生产经营单位从业人员和从事安全生产工作的相关人员必须依法进行安全培训。安全监管监察人员包括县级以上各级人民政府安全生产监督管理部门、各级煤矿安全监察机构从事安全监管监察、行政执法的安全生产监管人员和煤矿安全监察人员。生产经营单位从业人员包括生产经营单位主要负责人、安全生产管理人员、特种作业人员及其他从业人员。从事安全生产工作的相关人员包括从事安全教育培训工作的教师、危险化学品登记机构的登记人员和承担安全评价、咨询、检测、检验的人员及注册安全工程师、安全生产应急救援人员等。

对于不同的对象，教育的目的是不同的。对各级领导是安全认识和决策技术的教育，对企业职工是安全态度、安全技能和安全知识的教育，对安全管理人员是安全科学技术的教育，对职工家属是让其了解职工的工作性质、工作规律及相关的安全知识等。只有准确地掌握了教育的目的，才能有的放矢，提高教育的效果。

例如，为了落实《"健康中国 2030"规划纲要》，引导中小学生树立正确生命观、健康观、安全观，养成健康文明行为习惯和生活方式，自觉采纳和保持健康行为，为终身健康奠定坚实基础，2021 年教育部启动了"生命安全与健康教育进中小学课程教材"建设工程。此项工程是实现生命安全与健康教育系列化、常态化、长效化的重要举措，对培养德智体美劳全面发展的社会主义建设者和接班人具有重要意义。

2. 理论与实践相结合的原则

安全活动具有明确的实用性和实践性。进行安全教育的最终结果是对事故的防范，只有通过生活和工作中的实际行动，才能达到此目的。因此，安全教育过程中必须做到理论联系实际。现场说法、案例分析是安全教育的基本形式。

《安全生产法》规定，生产经营单位应当对从业人员进行安全生产教育和培训，保证从业人员具备必要的安全生产知识，熟悉有关的安全生产规章制度和安全操作规程，掌握本岗位的安全操作技能，了解事故应急处理措施，知悉自身在安全生产方面的权利和义务。未经安全生产教育和培训合格的从业人员，不得上岗作业。生产经营单位使用被派遣劳动者的，应当将被派遣劳动者纳入本单位从业人员统一管理，对被派遣劳动者进行岗位安全操作规程和安全操作技能的教育和培训。劳务派遣单位应当对被派遣劳动者进行必要的安全生产教育和培训。生产经营单位接收中等职业学校、高等学校学生实习的,应当对实习学生进行相应的安全生产教育和培训,提供必要的劳动防护用品。学校应当协助生产经营单位对实习学生进行安全生产教育和培训。生产经营单位应当建立安全生产教育和培训档案,如实记录安全生产教育和培训的时间、内容、参加人员以及考核结果等情况。生产经营单位采用新工艺、新技术、新材料或者使用新设备,必须了解、掌握其安全技术特性,采取有效的安全防护措施,并对从业人员进行专门的安全生产教育和培训。生产经营单位的特种作业人员必须按照国家有关规定经专门的安全作业培训,取得相应资格,方可上岗作业。

3. 调动教与学双方积极性的原则

从学习者的角度看,接受安全教育,利己、利家、利人,是与自身的安全、健康、幸福息息相关的事情。所以,接受安全教育应是发自内心的要求。我们应该避免对安全效果的间接性、潜在性、偶然性的错误认识,全面地、长远地、准确地理解安全活动的意义和价值。

4. 巩固性与反复性原则

一方面安全知识随生活和工作方式的发展而改变,另一方面安全知识的应用在人们的生活和工作过程中是偶然的,这就使得已掌握的安全知识随着时间的推移会退化。"警钟长鸣"是安全领域的基本策略,其中就道出了安全教育的巩固性与反复性原则的理论基础。

8.2 安全教育模式及技术

8.2.1 安全教育方法

合理的教育方法是提高教学效果的重要方面。常见安全教育方法有启发式教学法、发现法、讲授法、谈话法、读书指导法、演示法、参观法、访问法、实验和实习法、练习与复习法、研讨法、宣传娱乐法等,各种方法有各自的特点和作用。

(1) 讲授法,这是教学常用的方法,具有科学性、思想性、严密的计划性、系统性和逻辑性。

(2) 谈话法,指通过对话的方式传授知识的方法,一般分为启发式谈话和问答式谈话。

(3) 读书指导法,指通过指定教科书或阅读资料的学习来获取知识的方法。这是一种自学方式,需要学习者具有一定的自学能力。

(4) 访问法,是对当事人的访问,现身说法,获得知识和见闻。

（5）练习与复习法，涉及操作技能方面的知识往往需要通过练习来加以掌握，复习是防止遗忘的主要手段。

（6）研讨法，是通过研讨的方式，相互启发、取长补短，达到深入消化、理解和增长新知识的目的。

（7）宣传娱乐法，指通过宣传媒体，寓教于乐，使安全的知识和信息通过潜移默化的方式深入职工之中。

（8）体验式安全教育培训法，指将以往"说教式"教育培训转变为"体验式"教育培训，能够最大程度模拟真实场景下的生产安全事故，让体验者亲身感受事故发生的后果，进一步增强安全防范意识。体验式安全教育培训可以分为实地体验与虚拟体验。

在应用中应结合实际的知识内容和学习对象，灵活采用适宜的教学方法。比如，对于大众的安全教育，多采用宣传娱乐法和演示法。对中小学生的安全教育，多采用参观法、讲授法和演示法等。对于各级领导和官员的安全教育，多采用研讨法和发现法等。对于企业职工的安全教育，宜采用讲授法、谈话法、访问法、练习法和复习法等。对于安全专职人员的安全教育，则应采用讲授法、研讨法、读书指导法等。

8.2.2 安全教育的合理设计

（1）安全教育对象的设计。对于企业，安全教育的对象有生产的决策者、管理者，安全专业人员，企业职工和家属等；对于社会，安全教育的对象有政府官员、居民、学生、大众等。

（2）针对不同的教育对象，应该有安全教育内容的设计。一般来说，安全教育的内容涉及安全常识、安全法规、安全标准、安全政策、安全技术、安全科学理论、安全技能等。

（3）显然不同的对象应有不同的安全教育目标。即总的目标是提高人的安全素质，这要通过强化安全意识、发展安全能力、增长安全知识、提高安全技能等来实现。

（4）安全教育方式的设计也是重要的环节。常规的安全教育方式有持证上岗教育，特种作业教育，全员安全教育，日常安全教育，家属、学生、公民的基本教育等。

8.2.3 安全教育的技术

安全教育的手段及技术有：人-人传授教育，人-机演习培训，人-境访问教学，电化教学，计算机多媒体培训等。

就安全课讲授的形式而言，还可以用如下10余种方式进行：报告式安全课、电教式安全课、答疑式安全课、研讨式安全课、演讲式安全课、座谈式安全课、参观式安全课、竞赛式安全课、试验式安全课、综合式安全课、实地体验式安全课、虚拟现实体验式安全课等。

随着计算机多媒体技术、虚拟现实技术、元宇宙技术的发展，虚拟现实互动式、体验式的安全教育、应急演练等在各行业领域得到快速推广应用。例如，《职业安全健康计算机多媒体培训系统》是我国职业安全健康领域有代表性的大型多媒体软件系统。该系统有文字、图像、视频、声音等多种媒体，具有学习、测试、评分、管理、打印等多种功能，可适用不同的测试对象和测试难度。该系统可提供的学科内容有防火防爆、电气安全、机械安全、锅炉压力容器安全、安全管理、职业卫生、特种作业。特种作业包括电工、起重作业工、厂内机动车辆工、电梯操作工、建筑登高架设工、焊工、锅炉工七个工种。学习过程中可根据需要按不同难度等级选择学习内容，难度等级包括一般难度（适用于一般员工）、中等难度（适用于管理人员和专业人员）、较难（适用安全专业人员）、一般及中等难度、中等及较难、任意难度六个组合层次。培训方式有学习和测试两种，其中测试分为出试卷测试和机上测试。

体验式安全教育培训愈来愈受到欢迎。实地体验是建立事故真实场景、场地条件等，让人们亲身感受高处坠落、边坡坍塌、触电伤害、安全帽碰撞、护栏倾倒等作业过程中可能发生的事故险情，给体验者强烈的身体感受，达到"说教千遍不如体验一次"的深刻记忆，切实地提高安全意识。虚拟体验主要应用VR、MR、元宇宙等虚拟现实技术，模拟真实场景和过程，突破传统实训室的限制，可自由地选择学习训练内容。虚拟训练系统不受年龄、职业的限制，无任何危险，人们可以反复练习，"在玩中学、在学中玩"，不仅提高教育培训的效果，同时降低培训的风险和成本。

8.3 企业安全教育的对象、目标与内容

企业安全教育内容、方式应以对象的不同而不同，这是因为不同的对象掌握的知识和内容有所区别。对一个企业来讲，安全教育的对象主要包括企业的决策层（法人代表、各级党政领导）、生产的管理者、员工、安全专业人员以及职工的家属五种对象。

8.3.1 企业决策层（法人及决策者）的安全教育

企业决策层是企业的最高领导层（包括企业法人和决策者）。其中，第一负责人就是企业法人代表。企业法人代表及决策者是企业生产和经营的主要决策人，是企业利益分配和生产资料调度的主要控制者，同时也是企业安全生产

的第一指挥者和责任人。党和国家反复强调第一负责人必须担负起安全责任的重担："责任重于泰山""防范胜于救灾""隐患险于明火""为官一任，就要保一方平安"。在我们建设中国式现代化的进程中，企业除了追求生产产量和经营利润外，还有促进社会物质文明、精神文明、健康安全等多方面的责任，这就要求企业决策层要具有较高的政治思想觉悟、广博的文化知识、非凡的企业管理才能、健康的心理和身体素质。而且法人代表及决策者们对安全生产的理解程度和认识程度决定着企业安全生产的状态和水平。所以决策者们必须具备较高的安全文化素质，这就需要对决策层不断进行必要的安全教育。

1. 企业决策层安全教育的知识体系

对决策层的安全教育重点在方针政策、安全法规、标准的教育，具体可以从以下几个方面进行教育：

（1）懂得安全法规、标准及方针政策。企业决策层应有意地培养自己的安全法规和安全技术素质，认真学习国家和行业主管部门颁发的安全法规文件和有关安全技术法规，以及事故发生规律。安全生产的技术法规包括：安全生产的管理标准，劳动生产设备、工具安全卫生标准，生产工艺安全卫生标准，防护用品标准等；造成重大责任事故的治安处罚与行政处罚，违反安全生产法律应承担的相应的民事责任，违反安全生产法律应承担的相应的刑事责任；在什么情况下构成重大责任事故罪、重大事故隐患罪、重大飞行事故罪、铁路运营安全事故罪、重大劳动安全事故罪、危险物品肇事罪、工程重大安全事故罪、教育设施重大安全事故罪、消防责任事故罪、拒不履行信息网络安全管理义务罪等。

（2）安全管理能力培养。决策层只有具备较高的安全管理素质才能真正负起"安全生产第一责任人"的责任，在安全生产问题上正确运用决定权、否决权、协调权、奖惩权，在机构、人员、资金、执法上为安全生产提供保障条件。

（3）树立正确的安全思想。重视人的生命价值，具有强烈的安全事业心和高度的安全责任感。

（4）建立应有的安全道德。作为企业领导必须具备正直、善良、公正、无私的道德情操和关心职工、体恤下属的职业道德，对于贯彻安全法规制度，要以身作则，身体力行。

（5）形成求实的工作作风。在市场经济体制下，要对企业决策层进行求实的工作作风教育，防止口头上重视安全，实际上忽视安全，即所谓"说起来重要，做起来次要，忙起来不要"。

2. 企业决策层安全教育的目标

对企业决策层进行安全教育，使他们在思想和意识上树立如下的安全生产观：

（1）安全第一的哲学观。牢固树立安全发展观，在思想认识上，将安全真正置于其他工作之上；在组织机构上，赋予安全管理机构和人员一定的责、权、利；在资金安排上，其规划程度和重视程度重于其他工作所需的资金；在知识更新上，安全知识（规章）学习先于其他知识培训和学习；在管理举措上，情感投入多于其他管理举措；在检查考核上，安全的检查评比严于其他考核工作；当安全与生产、安全与经济、安全与效益发生矛盾时，安全优先。只有建立了辩证的安全第一、安全发展哲学观，才能处理好安全与生产、安全与效益的关系，才能做好企业的安全工作。

（2）尊重人的情感观。企业法人代表、领导者在具体的管理与决策过程中，应树立以人为本，尊重与爱护职工的情感观。

（3）安全就是效益的经济观。安全是发展的前提，发展是安全的保障。对企业而言，不应把安全只当作成本，安全其实就是竞争力，是效益。只有确保安全合规，企业才能往更高质量、更大规模发展。相反，那些只顾短期利益而"因陋就简"的企业，只要出事故，往往"一失万无"。因此，安全生产来不得半点偷懒、取巧，唯有脚踏实地，确保安全发展理念落到实处，才能实现可持续发展。

（4）预防为主的科学观。要高效、高质量地实现企业的安全生产，必须走预防为主的道路，必须采用超前管理、预期管理的方法。采用现代的安全管理技术，变纵向单因素管理为横向综合管理，变事后处理为预先分析，变事故管理为隐患管理，变管理的对象为管理的动力，变静态被动管理为动态主动管理，实现本质安全化。

只要有了正确的安全生产观念和意识，就可能有合理、准确的安全生产组织和管理行动，最终必定能实现安全生产的目标。

3. 企业决策层安全教育的方法

对企业决策层的安全教育可以采取定期安全培训，持证上岗。根据国家人事部门和国家经委的规定，企业领导安全教育的形式主要是岗位资格的安全培训认证制度教育。这是一种非常有力和有效的安全教育形式，通过学习、认识安全生产的知识，体验和经历事故的教训，采用研讨法和发现法来达到教育的目的。

8.3.2 企业管理层的安全教育

企业管理层主要是指企业中的中层和基层管理部门的领导及其干部。他们既要服从企业决策层的管理,又要管理基层的生产和经营人员,起到承上启下的作用,是企业生产经营决策的忠实贯彻者和执行者,他们的安全文化素质对整个企业的形象具有重要影响。企业的安全生产状况与企业领导的安全认识有密切的关系。企业领导的安全认识教育就是要端正领导的安全意识,提高他们的安全决策素质,从企业管理的最高层确立安全生产的应有地位。

1. 企业管理层的安全教育知识体系

企业管理层包括中层管理干部和基层管理者,对他们的要求各不一样。企业中层管理干部除必须具备的生产知识外,在安全方面还必须具备一定的知识、技能。

(1) 多学科的安全技术知识。作为一个生产企业单位,直接与机、电、仪器打交道,作为一位中层领导还涉及企业管理、从业人员的管理,所以他们应该具有企业安全管理、劳动保护、机械安全、电气安全、防火防爆、工业卫生、环境保护等知识。根据各企业、各行业不同,还应该有所侧重。

(2) 推动安全工作前进的方法。如何不断提高安全工作的管理水平,是中层领导干部工作的一个重点。中层干部必须不断学习推动安全工作前进的方法,如利益驱动法、需求拉动法、科技推动法、精神鼓动法、检查促动法、奖罚激励法等。

(3) 国家的安全生产法规、规章制度体系。

(4) 安全系统理论、现代安全管理、安全决策技术、安全生产规律、安全生产基本理论和安全规程。

2. 企业管理层的安全教育目标

通过对企业管理层进行系统的安全教育,要求他们达到一定的目标。

1) 企业中层管理干部的安全教育目标

中层管理干部通过教育,具备多学科的安全技术知识、推动安全工作前进的方法和一系列的安全法规、制度外,还具备以下安全文化素质:

(1) 有关心职工安全健康的仁爱之心。"安全第一、预防为主、综合治理"的观念牢固,珍惜职工生命,爱护职工健康,善良公正,体恤下属。

(2) 有高度的安全责任感。对人民生命和国家财产具有高度负责的精神,正确贯彻安全生产法规制度,绝不违章指挥。

(3) 有适应安全工作需要的能力,如组织协调能力、调查研究能力、逻辑判断能力、综合分析能力、写作表达能力、说服教育能力等。

2) 班组长的安全教育目标

班组长通过教育具备较多的安全技术技能、熟练的安全操作技能,还要具备以下安全文化素质：

（1）强烈的班组安全需求。珍惜生命，爱护健康，把安全作为班组活动的价值取向，不仅自己不违章操作，而且能够抵制违章指挥。

（2）深刻的安全生产意识。深悟"安全第一、预防为主、综合治理"的含义，并把它作为规范自己和全班同志行为的准则。

（3）自觉的遵章守纪习惯。不仅知道与自己工作有关的安全生产法规制度和劳动纪律，而且能够自觉遵守，模范执行，长年坚持。

（4）勤奋的履行工作职责。班前开会作危险预警讲话，班中生产进行巡回安全检查，班后交班有安全注意事项。

（5）机敏的处置异常的能力。如果遇到异常情况，能够机敏果断地采取补救措施，把事故消灭在萌芽状态或尽力减少事故损失。

（6）高尚的舍己救人品德。如果一旦发生事故，能够在危难时刻自救或救人，发扬互帮互爱精神。

3. 企业管理层的安全教育方法

对企业管理层中的管理干部的安全教育方法可以采取岗位资格认证安全教育、定期的安全再教育、研讨法和发现法。使用统一教材，统一时间，分散自学与集中教授相结合，集中辅导考试；除了抓好干部的任职资格安全教育外，还必须进行一年一度的安全教育，并进行考试、建档；对基层管理人员主要采用讲授法、谈话法、参观法等形式进行安全教育，企业每年必须对班组长进行一次系统的安全培训，由企业企管部门组织实施，教育部门配合，安全部门负责授课、考试、建档。

8.3.3 企业专职安全管理人员的安全教育

企业专职安全管理人员是企业安全生产管理和技术实现的具体实施者，是企业安全生产的"正规军"，因此，也是企业实现安全生产的主要决定性因素。具有一定的专业学历，掌握安全的专业知识科学技术，又有生产的经验和懂得生产的技术，是一个安全专职人员的基本素质。要建设好安全专职人员的安全文化，需要企业领导的重视和支持，也需要专职人员自身的努力。

1. 企业专职安全管理人员的安全知识体系

（1）安全科学（即安全学）。这是安全学科的基础科学，包括安全设备学、安全管理学、安全系统学、安全人机学、安全法学。

（2）安全工程学。这是技术科学，包括安全设备工程学、卫生设备工程学、安全管理工程学、安全信息论、安全运筹学、安全控制论、安全人机工程学、安全生理学、安全心理学。

（3）安全工程。这是工程技术，包括安全设备工程、卫生设备工程、安全管理工程、安全系统工程、安全人机工程。

（4）专业安全知识。各行业不同，具体的专业要求也不一样，总体来讲，大概包括通风，矿山安全，噪声控制，机、电、仪安全，防火防爆安全，汽车驾驶安全，环境保护等。

（5）计算机方面的知识。随着社会的发展，计算机在生产、管理方面的应用越来越普及，在安全管理方面也逐步得到利用，所以安全管理人员不仅要掌握一般的计算机使用常识，而且应该具备一定的应用软件开发基础。

2. 企业专职安全管理人员的安全教育目标

随着社会的不断发展进步，企业对安全专职管理人员的要求越来越高。传统的那种单一功能的安全员，即仅会照章检查，仅能指出不足之处的安全员，已不能满足企业生产、经营、管理和发展的需要。企业强烈地呼唤"复合型"的安全员。对企业专职安全管理人员的安全教育，除了具有安全知识的一系列知识体系外，还应该具备广博的知识和敬业精神。

3. 企业专职安全管理人员的安全教育方法

对企业专职安全管理人员的安全教育，一方面是通过学校进行安全管理人员的学历教育；另一方面对在职安全管理人员可以通过讲授法、研讨法、读书指导法等进行安全教育，不断获取新的安全知识。安全管理人员的学历教育在专篇进行论述，在此仅谈日常对在职安全管理人员的安全教育方法。

提高企业专职安全管理人员的素质是 21 世纪安全管理的需求，为此，就需要对安全管理人员有计划地进行培训：

（1）充实安全队伍，将年富力强的人员安排到安全队伍中，他们还有一个绝对优势就是接受新事物、新知识比较快。

（2）抓培训学习、充实基本功。既然安全队伍来源比较复杂，就必然存在着水平参差不齐的客观现实，同时适应安全知识不断更新、不断发展的特点。

（3）勇于实践、善于总结，使新科技为安全工作服务。21 世纪是科学技术迅猛发展的时代，如何使新科技成果不断为我所用，是未来也是当前的一个"焦点"问题。

4. 多开展交流活动

经常性的经验交流活动，是做好工作的有效方法之一。安全员的健康成长也不例外。通过走出去，请进来，使安全队伍开阔视野、丰富见识，进而取长补短。

8.3.4 企业普通员工的安全教育

一方面安全工作的重要目的之一是保护现场的员工，另一方面安全生产的落实最终要依靠现场的员工，因此，企业普通员工的安全文化是企业安全生产水平和保障程度的最基础元素。

同时，历史经验和客观事实表明，发生的工伤事故和生产事故将近80%是由于职工自身的"三违"原因造成的。从构成事故的三因素，即人员－机器设备－环境的关系分析，机器设备、环境相对比较稳定，唯有人是最活跃的因素，而人又是操作机器设备、改变环境的主体。因而，紧紧抓住人这个活的因素，通过科学的管理、及时有效的培训和教育、正确引导和宣传，以及合理、及时的班组安全活动，提高他们的安全素质，是做好安全工作的关键，也是职工安全文化建设的基本动力。

在现代化大生产中，随着科学技术的进步，机械化、自动化、程控、遥控操作越来越多。一旦有人操作失误，就可能造成厂毁人亡。人员操作的可靠性和安全性与这个人的安全意识、文化意识、文化素质、技术水平、个性特征和心理状态等都有关系。可见，提高职工的安全文化素质是预防事故的最根本措施。企业普通员工的安全教育是企业安全教育的重要部分。

1. 企业普通职工安全教育的知识体系

企业安全教育是安全生产三大对策之一，它对保障安全生产具有必要的意义。企业职工安全教育的目的是显而易见的，主要是训练职工的生产安全技能，以保证在工作过程中提高工效、安全操作；掌握安全生产的知识和规律。安全生产的需要决定了职工安全教育的知识体系。对职工的安全教育内容除了包括方针政策教育、安全法规教育、生产技术知识教育外，还需要如下知识。

1) 一般安全生产技术知识教育

这是企业所有职工都必须具备的基本安全生产技术知识，主要包括以下内容：

（1）企业内的危险设备和区域及其安全防护的基本知识和注意事项。

（2）有关电气设备的基本安全知识。

（3）起重机械和厂内运输有关的安全知识。

（4）生产中使用的有毒有害原材料或可能散发有毒有害物质的安全防护基本知识。

（5）企业中一般消防制度和规则。

（6）个人防护用品的正确使用以及伤亡事故报告办法等。

（7）发生事故时的紧急救护和自救技术措施、方法。

2）专业安全生产技术知识教育

专业安全生产技术知识教育是指某一作业的职工必须具备的专业安全生产技术知识的教育。这是比较专门和深入的，它包括安全生产技术知识、工业卫生技术知识以及根据这些技术知识和经验制定的各种安全生产操作规程等的教育。进行安全生产技术知识教育，不仅对缺乏安全生产技术知识的人需要，就是对具有一定安全生产技术知识和经验的人也是完全必要的。一方面，知识是无止境的，需要不断地学习和提高，防止片面性和局限性。事实上许多伤亡事故就是只凭"经验"或麻痹大意违章作业造成的。所以，对具有实际知识和一定经验的人、具备一定安全生产技术知识的人，也需要学习，提高他们的安全生产知识，把局部知识、经验上升到理论，使他们的知识更全面。另一方面，随着社会生产事业的不断发展，新的机器设备、新的原材料、新的技术也不断出现，也需要有与之相适应的安全生产技术，否则就不能满足生产发展的要求。因此，对安全生产技术的学习和钻研，就显得更为重要了。对具体的工种进行书本知识、理论的教育，是每一位职工安全素质的基本需要。不同的行业、不同的工种教育的内容也不一样。安全生产技术知识教育采取分层次、分岗位（专业）集体教育的方法比较合适。

3）安全生产技能教育

安全生产技能是指人们安全完成作业的技巧和能力，它包括作业技能、熟练掌握作业安全装置设施的技能，以及在应急情况下进行妥善处理的技能。通过具体的操作演练，掌握安全操作的技术，是职工实际安全工作水平和能力的教育，具有实践意义。安全生产技能训练是指对作业人员所进行的安全作业实践能力的训练。对作业现场的安全只靠操作人员现有的安全知识是不行的，同安全知识一样，还必须有进行安全作业的实践能力。知识教育只解决了"应知"的问题，而技能教育着重解决"应会"的问题，以达到我们通常说的"应知应会"的要求。这种"能力"教育，对企业更具有实际意义，也就是安全教育的侧重点。技能与知识不同，知识主要用脑去理解，而技能要通过人体全部感官，并向手及其他器官发出指令，经过复杂的生物控制过程才能达到目的。

4）安全生产意识教育

主要通过营造一个"安全第一"氛围，潜移默化地去影响职工，使之成为自觉的行动，解决"我要安全"的问题，树立安全第一的思想。常用的方式可以是举办展览、发放挂图、悬挂安全标志警告牌等。

5）事故案例教育

通过实际事故案例分析和介绍，了解事故发生的条件、过程和现实后果，对认识事故发生规律、总结经验、吸取教训、防止同类事故的反复发生起着不可或缺的作用。

2. 企业普通员工安全教育的目标

21世纪是科学的世纪，社会对企业职工的要求也很高，企业职工将是"知识型"人才。从安全文化素质方面，企业职工通过安全教育应该具有较高的安全文化素质。

（1）在安全需求方面，有较高的个人安全需求，珍惜生命，爱护健康，能主动离开非常危险和尘毒严重的场所。

（2）在安全意识方面，有较强的安全生产意识，拥护"安全第一、以防为主、综合治理"方针，如从事易燃易爆、有毒有害作业，能谨慎操作，不麻痹大意。

（3）在安全知识方面，有较多的安全技术知识和安全操作规程。

（4）在安全技能方面，有较熟练的安全操作技能，通过刻苦训练，提高可靠率，避免失误。

（5）在遵章守纪方面，能自觉遵守有关的安全生产法规制度和劳动纪律，并长年坚持。

（6）在应急能力方面，若遇到异常情况，不临阵脱逃，而能果断地采取应急措施，把事故消灭在萌芽状态或杜绝事故扩大。

3. 企业普通员工安全教育的方法

对企业一般职工的安全教育通常可以采用讲授法、谈话法、访问法、练习法、复习法等。随着我国安全管理的不断深化，职工安全教育体系已初步形成。

1）职工的三级安全教育

职工安全教育是我国企业长期以来一直采用的企业安全教育形式，其主要方法和内容如下：

（1）厂级教育。对新入厂工人、大中专毕业生在分配到车间或工作岗位之前，由厂安全部门进行初步的安全教育。教育内容包括国情教育、厂情教育、国家安全保密、劳动法和劳动合同教育，国家有关劳动保护的文件，本企业安全生产状况，企业内不安全点的介绍，一般的安全技术知识等。入厂教育的方法根据一次入厂人数的多少、文化程度的不同而采取不同的方法，一般可采取讲课、参观厂区等方法。

（2）车间教育。新工人、大中专毕业生从厂部分配到车间后，再由车间进行安全教育。教育内容包括本车间的生产概括、工艺流程、机械设备的分布及性能、材料的特性，本车间安全生产情况，以及安全生产的好坏典型事例，本车间的劳动规则和应该重视的安全问题，车间内危险地区、有毒有害作业的情况和安全事项，有针对性地提出新入厂人员当前应特别注意的一些问题。车间教育的方法主要采取参观讲解、现场观摩等形式。

（3）班组教育。教育内容包括本工段、本班组、本岗位的安全生产状况、工作性质、职责范围和安全规章制度；各种机具设备及安全防护设施的性能、作用，个人防护用品的使用和管理等；岗位工种的安全操作规程，工作点的尘、毒源、危险机件、危险区的控制方法；事故教训，发生事故的紧急救灾措施和安全撤退路线等。三级安全教育考试合格后，企业应填写三级安全教育卡。

2）转岗、变换工种和"四新"安全教育

随着市场经济体制的不断完善和发展，企业内部的改革，优化组合、产品调整、工艺更新，必然会有岗位、工种的改变。转岗、变换工种和"四新"（新工艺、新材料、新设备、新产品）安全教育都是非常重要的。教育的内容和方法与车间、班组教育几乎一样。转岗、变换工种和"四新"安全教育考试合格后，应填写"四新"和变换工种人员教育登记表。

3）复工教育

这是指职工离岗三个月以上的（包括三个月）和工伤后上岗前的安全教育。教育内容及方法和车间、班组教育相同。复工教育后要填写复工安全教育登记表。

4）特殊工种教育

特殊工种指对操作者本人和周围设施的安全有重大危害因素的工种。特殊工种大致包括电工作业、锅炉司炉、压力容器操作、起重机械作业、金属焊接（气割）作业、机动车辆驾驶、机动船舶驾驶、轮机操作、建筑登高架设作业、爆破作业、煤矿井下瓦斯检验等。对从事特种作业的人员，必须进行脱产或半脱产的专门培训。培训内容主要包括本工种的专业技术知识、安全教育和安全操作技能训练三个部分。

5）复训教育

复训教育的对象是特种作业人员，由于特种作业人员不同于其他一般工种，它在生产活动中担负着特殊的任务，危险性较大，容易发生重大事故。一旦发生事故，对整个企业的生产就会产生较大的影响，因此必须进行专门的复训训练。按国家规定，每隔两年要进行一次复训，由设备、教育部门编制计划，聘请教员上课。企业应建立特种作业人员复训教育卡。

6）全员安全教育

全员安全教育实际上就是每年对全厂职工进行安全生产的再教育。许多工伤事故表明，生产工人安全教育隔了一段较长时间后对安全生产会逐渐淡薄，因此，必须通过全员安全教育提高职工的安全意识。

企业全员安全教育由安全技术部门组织、车间、科室配合，可采用安全报告会、演讲会方式；班组安全日常活动职工讨论、学习方式；由安全技术部门统一时间、学习材料，车间、科室组织学习考试的方式。考试后要填写全员安全教育卡。

7) 企业日常性教育及其他教育

企业日常性教育及其他教育包括企业经常性安全教育、季节教育、节日教育、检修前的安全教育等。

实践证明，运用典型事例进行安全教育是一种有效的形式；"讨论会"型的安全教育能够选好讨论主题（如讨论某部门工伤事故的原因）、注意鼓励职工的参与（鼓励职工自愿参加、与会人员毫无保留地提出各自的看法并热烈讨论）和沟通（鼓励职工在会上提出咨询并由管理人员进行答复），也能收到很好的效果。

8.3.5 职工家属的安全教育

职工家属的安全教育是指对职工的家庭，除职工外还包括其父母、丈夫或妻子、子女以及与职工本人有关的其他亲属关系的成员进行安全生产的宣传教育，使其做到配合企业通过说服、教育、劝导、阻止等手段提高职工本人的安全意识，避免发生各类伤亡事故。对职工家属教育的内容主要包括职工的工作性质、工作规律及相关的安全生产常识等。家属协管安全是利用伦理亲情的真谛，去促使亲人自觉遵章守纪。家庭生活是每天都离不开的内容，企业职工也同样，其劳动或工作的状况与家庭生活有着密切的联系，家庭是安全生产的第二道防线，企业安全文化的建设一定要渗透到职工的家属层面。职工家属的安全文化建设主要是使家庭为职工的安全生产创造一个良好的生活环境和心理环境。家庭宣传教育是安全生产宣传教育的一个重要组成部分，家庭宣传搞得好，职工就可以在上班时自觉遵章守纪，做到安全生产；反之，则会大大增加事故发生的概率。家庭宣传的特点是寓教于情，动之以情，以情说理，以情感人，通过亲情感化职工，达到教育职工做到安全生产的目的。

8.4 安全工程学历教育

安全工程类专业高等教育机构是安全科学技术发展的重要组成部分，它为实现安全提供人才保证，是发展安全科学技术必须具备的基础和条件。在我国的高等教育科目中，安全工程类专业包括劳动保护、安全工程、工业安全技术、矿山通风安全、安全科学与技术、安全科学与工程、公安学、公安技术、网络空间安全、国家安全学等。

8.4.1 我国安全工程类专业的基本情况

在1998年最新的普通高等学校本科专业目录中，我国的安全类专业本科层次已有管理工程类的安全工程（082206），地矿石油类的矿山通风与安全（0800107），公安技术类的防火工程（082001）和灭火技术（082202）。在硕士和博士层次上，安全工程与技术（081903）是矿业工程一级学科中的二级学科的地位。我国安全工程类专业教育的形成与发展是和安全科学技术的建立与发展紧密相连的。新中国成立以后，安全生产一直得到了党和国家的关怀和重视，与之相适应，1957年和1958年，西安矿业学院和首都经贸大学（原北京经济学院）在国内率先开设了"矿山通风安全"和"机电安全"专业，开创了安全工程类专业高等教育的先河。随后，东北大学、南京航空学院、天津劳动保护学校、湘潭矿业学院也先后开设出安全工程类专业。这些安全工程类专业的建立，为我国安全工程技术、劳动保护工作培养了一批人才，有力地促进了我国安全生产的发展。1983年，淮南矿业学院、中国矿业大学也开设了"矿山通风安全"专业。1984年，教育部将"安全工程"专业列入了《高等学校本科专业目录》之后，安全工程类专业的高等教育得到了迅猛的发展。1984年以来北京理工大学、中国地质大学、江苏工学院、沈阳航空学院等40余所院校相继开设了安全工程类专业，发展了安全工程类专业的高等教育事业。现有近200所高等院校开设安全类本科专业，60余所院校招收安全工程与技术硕士研究生，30余所院校招收安全工程与技术博士研究生，清华大学、中国科技大学、北京理工大学、中国矿业大学、中国地质大学和北京科技大学等招收安全工程方向的博士后。

8.4.2 师资与学科建设

安全工程类专业高等教育经历30余年的发展，全国有200多个本科院校开设了安全工程本科教育，已从专门的安全技术向安全科学技术综合性的方向深入。在专业设置上，一部分院校主要从本行业的需要出发，以满足本部门的需要为原则，确定人才培养的课程体系。另一部分院校已开始从适应学科的特性及规律上来设计和建立专业的模式，设立一般性的具有广泛适应性的安全工程专业。这种用一般安全科学理论和基础理论的规律来发展的高等教育，能满足发展安全科学技术所需人才的基本要求。由于所具有的合理性、适应性和针对性，并具有学科的教育特色，这种一般性的安全工程专业的学历教育模式将逐步发展成为安全工程类高等教育模式的主流。各院校设置的专业有安全工程、劳动保护、矿山（井）通风安全、卫生工程（技术）、劳动保护管理、锅炉压力容器安全、安全技术管理、安全生产管理、人机工程与安全工程、安全管理工程、石油安全工程、兵器安全工程、煤矿安全工程、飞行器环境控制与安全救生等。

8.4.3 发达国家的工业安全学历教育

安全工程学科的发展是同经济与技术的发展密切相关的。发达国家在科学技术与经济基础方面走在了我们的前面，20世纪50年代，欧美、日本等国家普遍建立了安全工程技术方面的组织与研究机构。同时，在大学工科教育中开设安全工程专业。美国的安全科学教育较为发达，有100多所大学设有职业安全健康专业或课程，可授予职业安全健康博士学位的近10余所，授予安全卫生硕士学位的20多所。苏联安全科学技术方面的高等教育设有安全技术学科、课程，并授予技术学科学位。国外的发展状况对我们具有一定的启示。

1. 美国宽而广的通才教育模式

美国在职业安全健康高等教育方面，强调系统安全、事故调查、工业卫生、人机工程的通用性和实用性知识结构。如美国南加州大学安全与系统科学学院开设的专业课程具体如下。

1）安全学士（通用性本科，36必修学分，16选修学分）

（1）必修课：安全导论、事故预防的人因工程、安全技术基础、安全教育学、工业卫生原理、安全管理、事故调查、高等安全技术、系统安全。

（2）选修课：安全法规、人因分析、工业心理、火灾预防、安全通信、航空安全、运输安全、公共与学校安全、工业安全等。

2）安全理科硕士（两个专业方向，25必修学分，12选修学分）

（1）共同必修课：现代社会的安全动力、事故调查、事故人因分析、安全统计方法、安全研究试验设计。

（2）安全管理方向选修课：安全管理学、系统安全管理原理、安全法学。

（3）安全技术方向选修课：环境安全、机动车安全基础、机械安全与失效分析、飞行安全基础、系统安全工程。

3）职业安全健康硕士（36必修学分，含18学分的实习，12选修学分）

（1）必修课：现代社会的安全动力、人体伤害控制、工业卫生原理、安全管理、工业卫生试验、高等工业卫生。

（2）选修课：环境概论、环境分析测试、系统管理中的社会–环境问题、事故人因分析、安全统计方法、环境安全、统计学与数值分析、研究基础、试验设计与安全研究、安全法学。

2. 日本的专门化教育模式

日本的安全科学教育起步较晚，但发展很快，横滨国立大学于1960开设安全工程专业，1967年设立了日本最早的安全工学系。日本全国大学中开设安全工学讲座和科目约50个，与安全科学有关的学科和研究机构近80个。横滨国立大学的安全工学专业设四个专门化方向：反应安全工学、燃烧安全工学、材料安全工学、环境安全工学。对于四年安全工学本科开设如下专业课：防火工学、防爆工学、过程安全工学、劳动卫生工学、安全管理、人间工学、环境污染防治、机械安全设计工学、机械安全工学、非破坏性检测学等。

3. 发达国家的办学特点及方向

在工业发达国家，由于经济与技术发展基础以及用人模式的不同，其安全工程专业的学历教育也表现出不同特点。但如下几点是共同的，可为我国的发展所参考：

（1）严密而灵活的学分制。专业课程的设置是开放的系统，给学生提供充足的选择机会，以适应人才市场的变化。这种模式特别适合安全工程学科的交叉性特点。

（2）通才式的教育。强调专业的"大口径，宽基础"，使毕业生具有广泛的适应性。

（3）实用性。重视基本知识和技能的训练，在本科层次不强调研究和设计能力。

9 安全行为学

安全行为科学是研究个体安全行为、群体安全行为，以及组织领导安全行为的综合性、复合性的学科。安全行为科学需要应用生理学、心理学、社会学、人类学，以及其他与研究行为有关的学科理论和成果，从而为发展和强化人和组织的安全行为，防范和管控人的事故心理，从而为预判、预警和预防人为因素事故服务。

9.1 安全行为学概述

安全行为学是研究人的安全行为规律与控制的学科。大量数据表明人因在事故致因理论结构中的重要地位，本节以人因的重要性为基础，从科学学的角度概述了安全行为学研究的目的、对象、研究原则和方法等知识。

9.1.1 人因的重要性

工业发达国家和我国安全生产实践的研究均已证明：人的不安全行为是最主要的事故原因。现代安全原理也揭示出：人、机、环境、管理是事故系统的四大要素，人、物、能量、信息是安全系统的四大因素。无论是理论分析还是实践研究结果，都强调"人"这一要素在安全生产和事故预防中的重要性。

基于生产安全事故的统计分析数据，其发生的原因绝大多数都与人为因素有关，如图9-1所示。管理不善、人员素质低下是事故发生的根本原因，从业人员安全素质与履行工作职责之间的矛盾是引发我国各类安全事故的主要原因之一。我国安全事故多，与不重视人、不尊重人、不了解人的心理行为特点有着非常大的关系。而不重视人的因素的安全管理，就不会达到预期的效果。

人的不安全行为是指能引发事故的人的行为差错。在人机系统中，人的操作或行为超越或违反系统所允许的范围时就会发生人的行为差错。这种行为可以是有意识的行为，也可能是无意识的行为，表现的形式多种多样。虽然有意识的不安全行为是一种由人的思想占主导地位、明知故犯的行为，但依然存在主观和客观两方面的原因。从主观上讲，操作者的心理因素占据了重要位置。侥幸心理，急功近利心理，急于完成任务而冒险的心理，都容易忽略安全的重要性，其目的仅仅是为了达到某种不适当的需求，如图省力、赶时间、走捷径

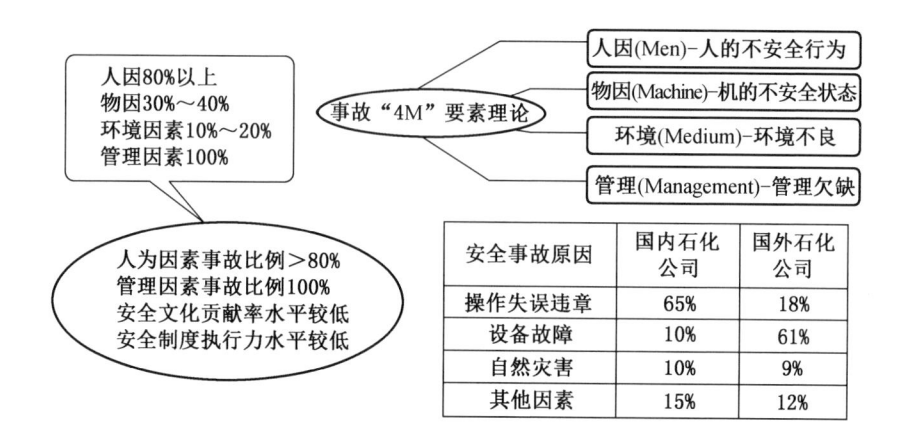

```
人因80%以上
物因30%~40%          事故"4M"要素理论
环境因素10%~20%
管理因素100%
```

事故"4M"要素理论:
- 人因(Men)-人的不安全行为
- 物因(Machine)-机的不安全状态
- 环境(Medium)-环境不良
- 管理(Management)-管理欠缺

人为因素事故比例＞80%
管理因素事故比例100%
安全文化贡献率水平较低
安全制度执行力水平较低

安全事故原因	国内石化公司	国外石化公司
操作失误违章	65%	18%
设备故障	10%	61%
自然灾害	10%	9%
其他因素	15%	12%

图9-1 基于事故致因"4M"要素统计的人因比例水平

等。抱着这些心理的人为了获得小的利益而甘愿冒着受到伤害的风险，是由于对危险发生的可能性估计不当，心存侥幸，在避免风险和获得利益之间作出了错误的选择。非理性从众心理，明知违章但因为看到其他人违章没有造成事故或没有受罚而放纵自己的行为。过于自负、逞强，认为自己可以依靠较高的个人能力避免风险。在客观上说，管理的松懈和规章制度的操作性差给人的不安全行为的发生创造了条件。

为了解决"人因"问题，发挥人的安全生产和预防事故的作用，通常采取安全管理和安全教育的手段，要使安全管理和安全教育的效能得以充分发挥，作用得以提高，需要研究安全行为学，需要学会应用行为学的理论和方法。这就是安全行为学得到重视和发展和基本理由。

9.1.2 研究安全行为学的目的

通过对事故规律的研究，人们已认识到：生产事故发生的重要原因之一是人的不安全行为。因此，研究人的行为规律，以激励安全行为，避免和克服不安全行为，对于预防事故有重要作用和积极的意义。

由于人的行为千差万别，不尽相同，影响人行为安全的因素也多种多样：同一个人在不同的条件下有不同的安全行为表现，不同的人在同一条件下也会有各种不同的安全行为表现。安全行为学的研究，就是要从复杂纷纭的现象中揭示人的安全行为规律，以便有效地预测和控制人的不安全行为，使作业者能按照规定的生产和操作要求活动、行事，以符合社会生活的需要，更好地保护自身，促进和保障生产的发展和顺利进行，维护社会生活和生产的正常秩序。

9.1.3 安全行为学的研究对象

安全行为学是把社会学、心理学、生理学、人类学、文化学、经济学、语言学、法学等多学科基础理论应用到安全管理和事故预防的活动之中，为保障人类安全、健康和安全生产服务的一门应用性科学。安全行为学的研究对象是社会、企业或组织中的人和人之间的相互关系以及与此相联系的安全行为现象，主要研究的对象是个体安全行为、群体安全行为和领导安全行为等方面的理论和控制方法。

1. 个体安全行为

首先要知道什么是个体心理。个体心理指的是人的心理。人既是自然的实体，又是社会的实体。从自然实体来说，只要是在形体组织和解剖特点上具有人的形态，并且能思维、会说话、会劳动的动物都叫做人。从社会实体来说，人是社会关系的总和，这是它的本质的特征，凡是这些自然的、社会的本质特点全部集于某一个人的身上时，就称这个人为实体。

个体是人的心理活动的承担者。个体心理包括个体心理活动过程和个性心理特征。个体心理活动过程是指认识过程、情感过程和意志过程，个性心理特征表现为个体的兴趣、爱好、需要、动机、信念、理想、气质、能力、性格等方面的倾向性和差异性。

任何企业或组织都是由众多的个体的人组合而成的，所有这些人都是有思想、有感情、有血有肉的有机体。但是，由于个人先天遗传素质的差别和后天所处社会环境及经历、文化教养的差别，导致了人与人之间的个体差异。这种个体差异也决定了个体安全行为的差异。

2. 群体安全行为

群体是一个介于组织与个人之间的人群结合体。这是指在组织机构中，由若干个人组成的为实现组织目标利益而相互信赖、相互影响、相互作用，并规定其成员行为规范所构成的人群结合体。对于一个企业来说，群体构成了企业的基本单位。现代企业都是由大小不同、多少不一的群体所组成。

群体的主要特征：其一是各成员相互依赖，在心理上彼此意识到对方；其二是各成员间在行为上相互作用、彼此影响；其三是各成员有"我们同属于一群"的感受。实际上，群体也就是彼此有共同的目标或需要的联合体。从群体形成的内容上分析可以得知，任何一个群体的存在都包含了三个相关联的内在要素，即相互作用、活动与情绪。所谓相互作用是指人们在活动中相互之间发生的语言和语言的沟通与接触。活动是指人们所从事的工作的总和，它包括行走、谈话、坐、吃、睡、劳动等，这些活动能被人们直接感受到。情绪指的是人们内心世界的感情与思想过程。在群体内，情绪主要指人们的态度、情感、意见和信念等。

群体的作用是将个体的力量组合成新的力量，以满足群体成员的心理需求，其中，最重要的是使成员获得安全感。在一个群体中，人们具有共同的目标与利益。在劳动过程中，群体的需求很可能具有某一方面的共同性，或劳动对外相同，或工作内容相似，或劳动方式一样，或劳动在一个环境之中及具有同样的劳动条件等。他们的安全心理虽然具有不同的个性倾向，但也会有一定共同性。分析、研究和掌握群体安全心理活动状况，是搞好安全管理的重要条件。

3. 领导安全行为

在企业或组织各种影响人的积极性的因素中，领导行为是一个关键性的因素。因为不同的领导心理与行为，会造成企业的不同社会心理气氛，从而影响企业职工的积极性。有效的领导是企业或组织取得成功的一个重要条件。

管理心理学家认为领导是一种行为与影响力，不是指个人的职位，而是指引导和影响他人或集体在一定条件下向组织目标迈进的行动过程。领导与领导者是两个不同的概念，它们之间既有联系又有区别，领导是领导者的行为。促使集体和个人共同努力，实现企业目标的全过程；而致力于实现这个过程的人则为领导者。虽然领导者在形式上有集体个人之分，但作为领导集体的成员在他履行自己的职责时，还是以个人的行为表现来进行的。从安全管理的要求来说，企业或组织的领导者对安全管理的认识、态度、和行为，是搞好安全管理的关键因素。分析、研究领导安全行为是安全管理的重要内容。

9.1.4 安全行为学的研究原则与方法

任何科学的形成和向前发展以及要不断取得成果，对于研究来说，必须遵循一定的基本原则。同时还要掌握科学的研究方法。安全行为学是一门新兴学科，至今还很少有系统的研究。如果要在安全行为研究方面得到发展和不断取得成效，就要遵循一定的原则，讲究研究的方法。

1. 安全行为研究遵循的基本原则

（1）客观性原则，即实事求是地观察、记录人的行为表现及产生的客观条件，分析时应避免主观偏见和个人好恶。

（2）发展性原则，即把人的行为看作一个过程，历史地、变化地看待行为本质，有预测地分析行为发展方向。

（3）联系性原则，即要看到行为与主客观条件的复杂关系，注意各种因素对行为的影响。

2. 研究安全行为的方法

研究安全行为的方法有如下几种：

（1）观察法，即通过人的感官在自然的、不加控制的环境中观察他人的行为，并把结果按时间顺序作系统记录的研究方法。

（2）谈话法，即通过面对面的谈话，直接了解他人行为及心理状态的方法。应用前事先要有周全计划，确定谈话的主题，谈话过程中要注意引导，把握谈话的内容和方向。这种方法简单易行，能迅速取得第一手资料，因此被行为学家广泛应用。

（3）问卷法，即根据事先设计好的表格、问卷、量表等，由被试者自行选择答案的一种方法。一般有三种问卷形式：是与否式、选择式和等级排列式。这种方法要求问题明确，能使被试者理解、把握。调查表收回后要运用统计学的方法对其数据作处理。

（4）测验法，即采用标准化的量表和精密的测量仪器来测量被试者有关心理品质和行为的研究方法。常用的有智力测试、人格测验、特种能力测验等。这是一种较复杂的方法，须由受过专门训练的人员主持测验。

其他还有实验法、个案法等研究方法。

9.2 安全行为模式

9.2.1 生理学意义的行为模式

1. 人的生理学行为模式分析

作为社会主要因素的人类，在其社会活动中的表现形式不尽相同。针对安全行为来说，情况也是复杂多样的，有老成持重者，有酒后开车者，有安全行事者，有违章违纪者等。

人的生理学行为模式即人的自然属性行为模式，是从自然人的角度来说的，人的安全行为是对刺激的安全性反应。这种反应是经过一定的动作实现目标的过程。比如，行车过程中，突然出现有人横穿马路，司机必须紧急刹车，并保证安全停车，才不至于发生撞人事故。在此，有人横穿马路是刺激源，刹车是刺激性反应，安全停车是行为的安全目标。这中间又需要判断、分析和处理等一连串的安全行为。

20世纪50年代，美国斯坦福大学的莱维特（H. J. Leavitt）在《管理心理学》一书中，对人的行为提出了三个相关的假设：①行为是有起因的；②行为是受激励的；③行为是有目标的。由此他提出人的生理学基础上的行为模式：外部刺激（不安全状态）→肌体感受（五感）→大脑判断（分析处理）→安全行为反应（动作）→安全目标的完成。

各环节相互影响，相互作用，构成了个人千差万别的安全行为表现。从这一行为模式的规律出发，外部刺激（不安全状态）→肌体感受（五感）和安全行为反应（动作）→安全目标的完成环节要求我们研究安全人机学，大脑判断（分析）这一环节是安全教育解决的问题。

2. 人的生理学安全行为规律

安全行为是人对刺激的安全性反应，又是经过一定的动作实现目标的过程。比如，石头砸到脚上，马上就要离开砸脚的位置，并用手按摸，有可能还发出痛叫声。脚是被刺激的信道，离开砸脚位置和用手按摸是安全行为的刺激性反应，而这中间又需要一连串实现自己的安全行为的过程。

刺激（不安全状况）→人的肌体→安全行为反映→安全目标的完成，这几个环节相互影响、相互联系、相互作用，构成了人的千差万别的安全行为表现和过程。这种过程是人的生理属性决定的。

人的生理刺激就是通过语言声音、光线色彩、气味等外部物理因素，对人体五感的刺激和干扰，使之影响或控制人的行为。

人的机体指人的五感因素。五感就是：形、声、色、味、触（也即人的五种感觉器官：视觉、听觉、嗅觉、味觉、触觉）。

形：指形态和形状，包括长、方、扁、圆等一切形态和形状；

声：指声音，包括高、低、长、短等一切声音；

色：指颜色，包括红、黄、蓝、白、黑等种种颜色；

味：指味道，包括苦、辣、酸、甜、香等各种味道；

触：指触感，包括触摸中感觉到的冷热、滑涩、软硬、痛痒等各种触感。

人的行为反映表现出两状态：安全行为与不安全行为。安全行为就是符合安全法规要求的行为，不安全行为则相反。人的不安全行为一般表现为如下形式：①操作错误，忽视安全，忽视警告；②造成安全装置失效；③使用不安全设备；④手代替工具操作；⑤物体存放不当；⑥冒险进入危险场所；⑦攀坐不安全位置；⑧在起吊物下作业；⑨机器运转时加油、修理、检查、焊接、清扫等工作；⑩有分散注意力行为；⑪在必须使用个人防护用品、用具的作业或场合中，忽视其使用；⑫不安全装束；⑬对易燃易爆等危险物品处理错误。

人的安全行为从因果关系上看有两个共同点：

第一，相同的刺激会引起不同的安全行为。同样是听到危险信号，有的积极寻找原因，排除险情，临危不惧；有的会胆小如鼠，逃离现场。

第二，相同的安全行为来自不同的刺激。领导重视安全工作，有的是有安全意识，接受过安全科学的指导；有的可能是迫于监察部门监督；有的可能是受教训于重大事故。

正是由于安全行为规律的这种复杂性，才产生了多种多样的安全行为表现，同时也给人们提出了研究领导和职工各个方面的安全行为学的课题。

9.2.2 社会学意义的行为模式

1. 人的高级行为模式分析

人是生物有机体，具有自然性，同时，人又是社会的成员，具有社会性。作为自然性的人，其行为趋向生物性；作为社会性的人，其行为趋向精神性。人的行为根据其精神含量，可分为低级行为、中级行为与高级行为。生物性行为是人的低、中级行为，精神性行为是人的高级行为。人的行为大多属于高级行为，如工作（即事业性行为）等。本人认为，上述"人的行为的一般模式"的研究，主要是把人置于"自然人"的角度来研究，没有考虑行为环境与行为的复杂程度对行为直接而重要的影响。所以，"需要"模式实际上是"自然人"的行为模式。也就是说，以往的研究未重视从"社会人"的角度，对人的高级行为的行为模式作出研究。

新行为主义的杰出代表托尔曼（E. C. Tolman）和"群体动力场理论"的提出者勒温（K. Lewin），在这方面曾作出过一定的探索。托尔曼将人的行为分为分子行为与整体行为，并认为整体性行为有如下特征：①指向一定的目的；②利用环境的帮助并作为达到目的的手段；③遵循最小努力原则；④具有可教育性。勒温致力于需求系统和心理动力方面的研究，提出了"人"与"环境"对行为影响的公式：

$$B(行为) = f[P(人), E(环境)] \quad (9-1)$$

即行为是人和环境的函数，人的行为随着人与环境的变化而变化。

我们认为，社会人同样有着自然属性，因而人的高级行为首先符合人的行为的一般模式，即"需要"模式。同时，人的高级行为如事业性行为等往往是群体性行为，且具有一定的复杂性、艰巨性、持续性和创造性，它直接受到人的认知、情感、意志及环境等因素的影响。当自然人转变为社会人，当生物性行为上升到精神性行为，"需要→动机→行为→目标"这一行为模式，在受到行为所在的环境与行为的难易程度等变量的影响，其将演绎出怎样的变式？可以肯定，行为的精神含量越高，行为的心理过程就越丰富，行为受各种心理因素的支配就越明显。由此可见，人的高级行为是由复杂的心理活动所支配的。我们先来分析一下，一名"工作者"在工作时，需要具备哪些基本"条件"。通过分析我们不难发现，一名"工作者"在工作时，需要同时具备以下四个基本"条件"：①愿意工作；②知道怎么样工作；③具备工作的客观条件；④能克服工作时遇到的困难。

这些所谓的"条件"，实际上就是构成行为的基本要素。这些要素，对应到人的心理方面，可以概括为"知""情""意"三个方面。由此可以推断，"知""情""意"是构成人的高级行为的三个基本要素。

"知"：即认知，是对行为办法和目的的认识，即知道怎么做与做的目的。

"情"：即情感，是对行为及行为环境（包括行为的条件）的态度体验，即行为的心理环境与外部条件。

"意"：即意志，是对行为的意向（决定）与对行为遇到困难时的态度（决心），即愿意做与有决心做。

知道怎么做与做的目的，同时又具备做的心理环境与外部条件，并愿意做，且能克服做的各种困难的，这样，人的高级行为就能开始并能正确地持续进行。由此，我们可得出人的高级行为的一般模式（以下简称"知情意行"模式）为

(知+情+意)→行

根据上述分析，我们可得出人的行为分类、行为特征及对应的行为模式。

人的行为类型、行为特征及行为模式：自然人（生物性行为）、社会人（精神性行为）。

行为级别：低级、中级、高级。

行为类型：分子性行为、整体性行为、事业性行为。

行为特征：动作单一、局部，没有明显目的性；行为综合、成系统，有目的性；行为具有复杂性、艰巨性、持续性和创造性，有明确目的和意义。

行为模式：刺激→反应需要－(引起)→动机－(支配)→行为－(指向)→目标(知+情+意)→行。

"知情意行"模式与"需要"模式的关系是：

"情"是人对客观事物是否符合"需要"而产生的态度体验。

"意"是由"动机"所推动的，是指引个体做什么，以及指引个体调节和支配行为，克服困难实现目的。

"知"是掌握方法，使"行为"指向"目标"。

可见，"知情意行"模式中实际上隐含了"需要"模式中的"需要""动机"，以及"行为""目标"等诸要素及其逻辑关系。所以，人的高级行为事实上也遵循人的行为的一般模式，即"知情意行"模式符合"需要"模式。同

时,"知情意行"模式重视了行为环境与行为复杂性等变量的影响,贴近行为实际,"知""情""意"等要素也更加贴近人的感知与体验,在现实应用中有着更大的可体验性与可操作性。所以,"知情意行"模式又是"需要"模式的发展。

2. 人的高级行为控制

"知情意行"模式其现实意义还在于,可以利用这一行为模式,对人的行为(或不行为)作出诊断,然后进行行为辅导,为提高人的行为水平提供可能。借助行为模式进行行为辅导,可以大大提高行为辅导的可操作性和实效性。

依据"知情意行"模式,对研究对象某一具体行为(或不行为)的"知""情""意"各构成要素的结构作出分析,找出结构的完整程度,然后进行针对性辅导,进而提高人的行为水平,这就是"知情意行"行为辅导模式。"知情意行"行为辅导模式行为诊断见表9-1。

表9-1 "知情意行"行为辅导模式行为诊断

行为要素	知	情	意	知+情	知+意	情+意	知+情+意
行为表现	≠行	≠行	≠行	① 容易时=行 ② 有困难时≠行	① 条件具备时=行 ② 条件不具备时≠行	≠行	=行
行为诊断				知道怎么做,又具备环境与条件,但不愿意做或没有决心做	知道怎么做,又愿意做并有决心做,但缺乏做的环境或条件	具备环境与条件,又愿意做并有决心做,但不知道怎么做	
行为辅导	+情 +意	+知 +情	+意 +情	+意。要予以激励,给予刺激强化,使其愿意做	+情。要帮助其优化心理环境,并为工作创造条件	+知。要给予多指导,并要重视"知"的针对性	

人们可以解释知行脱节的原因及找到解决知行脱节的方法。"知"与"行"之间的关系是不对等的,解决知行脱节,关键就在于要在"知"与"行"之间构建"情"与"意",使"知"与"行"之间建立一种紧密的、完整的联系,这样才能知行合一。

"知""情""意"三者密切联系、彼此渗透,共同推动着行为的产生与持续。具体到一个人身上,并不是某一方面缺乏,而往往是某一方面相对薄弱。同一对象的不同行为,不同对象的同一行为,同一对象不同环境的同一行为,其行为各构成要素的完整程度都有可能不同，因此，具体的行为辅导要根据具体的情况作出权变。但是，同一对象的不同行为的构成要素，同一集体中的不同对象的行为构成要素往往有可能存在着相似的特征，这就为行为诊断提供了一定的规律性，也为针对某一集体的行为辅导提供了可能。因此，行为辅导可以是针对某一个体的，也可以是针对某一集体的。

行为的要求越高，复杂性、艰巨性越大，行为对"知""情""意"的要求就越高。在三者结构基本平衡的前提下，提高其中某一项或两项的水平，对行为水平的提高有一定的帮助，且"知""情""意"三者存在着一定的相互促进的关系。例如，"情"能促"意"，即积极的情感能激发人的行为动机，使人表现出巨大的意志力量，从而以极大的热情去战胜困难，完成任务；"情"能益"知"，即认识只有与情感结合，才会产生动机，进而推动行为。

3. 人的"安全需要"行为模式分析

从人的社会属性角度，人的行为遵循如图9-2所示的行为模式规律。

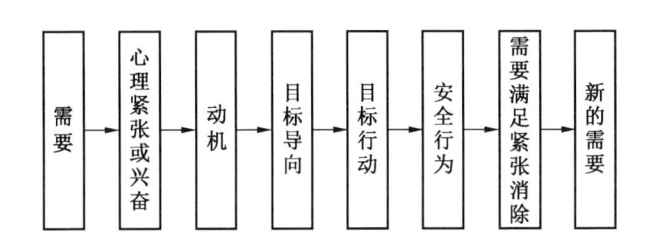

需要 → 心理紧张或兴奋 → 动机 → 目标导向 → 目标行动 → 安全行为 → 需要满足紧张消除 → 新的需要

图9-2 人的"安全需要"行为模式

因为人有安全的需要就会有安全的动机，从而就会在生产或行为的各个环节进行有效的安全行动。因此，需要是推动人们进行安全活动的内部原动力。动机是指为满足某种需要而进行活动的念头和想法。它是推动人们进行活动的内部原动力。在分析和判断事故责任时，需要研究人的动机与行为的关系，透过现象看本质，实事求是地处理问题。动机与行为存在着复杂的联系，主要表现在：

（1）同一动机可引起种种不同的行为。如同样为了搞好生产，有的人会从加强安全、提高生产效率等方面入手；而有的人会拼设备、拼原料，作短期行为。

（2）同一行为可出自不同的动机。如积极抓安全工作，有可能出自不同动机：迫于国家和政府督促；本企业发生重大事故的教训；真正建立了"预防为主"的思想，意识到了安全的重要性等。只有后者才是真正可取的做法。

（3）合理的动机也可能引起不合理甚至错误的行为。

经过以上对需要和动机的分析，我们可以认识到，人的安全行为是从需要开始的，需要是行为的基本动力，但必须通过动机来付诸实践，形成安全行动，最终完成安全目标。

安全行为学认为，研究人的需要与动机对人的安全行为规律有着重要意义。人的安全活动，包括制定方针、政策、法规及标准，发展安全科学技术，进行安全教育，实施安全管理，进行安全工程设计、施工等，都是为了满足发展社会经济和保护劳动者安全的需要。因此，研究人的安全行为的产生、发展及其变化规律，需要研究人的需要和动机。其基本的目的就是寻求激励人、调动人的安全活动的积极性和创造性，以使人类的安全工程按一定的规律和组织目标去进行，使得更有成效和贡献。

9.3 安全心理测评

9.3.1 员工安全心理测评指标体系的设计

1. 员工安全心理测评指标体系的建立

对员工安全心理测评，以安全行为科学和心理学的理论为基础，结合《生产过程危险和有害因素分类与代码》（GB/T 13861—2022）中对于心理因素的规定，将员工安全心理测评体系设计为社会心理和个性心理两类，共八个指标：社会心理因素，包括精神状态测试、自信安全感测试、意志力测试、乐观程度测试；个性心理因素，包括性格类型测试、心理承受力测试、气质类型测试、性格趋向测试。

2. 员工安全心理测评方法的选择

对员工的安全心理要素进行研究，首先要收集到足够的信息，信息的收集也有许多可供选择的方法，然而每种方法在精确度、深度以及心理特征的覆盖范围等方面都有较大的差别。目前，心理学研究方法中比较常用的有观察法、查阅法、访谈法、实验法、测验法。

（1）观察法，即通过观察来了解被研究者的相关信息，这种方法比较直观、简便，因此也广泛被采用。

（2）访谈法，即通过与被研究者面对面谈话，或是访问其家人、朋友或同事，来了解被研究者的相关信息，这种方法探究的问题更为深入。

（3）查阅法，即查阅被研究者的相关档案和记录等，由于这些资料和数据最初都不是为了本次研究而收集的，所以可以较客观地反映被研究者的有关情况。

（4）实验法，即借用专门的仪器设备对被研究者进行相关指标的测量，准确地记录指标的数值，以反映相应的心理特征。但这种方法对于实验条件以及仪器设备的要求比较严格，若是实验条件控制不够严格，很难得到精密的实验结果。

（5）测验法，即采用一套经过标准化的量表，来测量被研究者的某种心理特征。测验法是一种效率很高的信息收集方法，不用逐个面谈、观察，可以节约许多时间。测验法与计算机技术相结合，也可以使信息的统计分析更加方便。

针对以上研究方法的特点，以及客观条件等因素的限制，员工安全心理的测评主要以测验法为主，辅以观察法、访谈法等研究方法，力求得到最为准确而全面的信息，为员工安全心理分析提供依据。

9.3.2 员工安全心理测评工具

1. 量表设计原则

（1）把握测试重点，体现测试目的，提问不能有任何暗示，保证测量结果能够充分反映测试指标情况。

（2）测试题目必须与安全心理学以及企业生产活动有较好的结合。

（3）对于具有可变性的相关测量指标，设计多套量表，防止多次使用后产生疲劳，失去兴奋度。

（4）考虑到参测者整体测试的心理学时间效应，量表题目不宜过多，每次测试最好可以在15分钟内完成。

2. 量表设计程序

依据测评量表设计的相关原则，量表的开发主要分为六个程序进行，如图9-3所示。

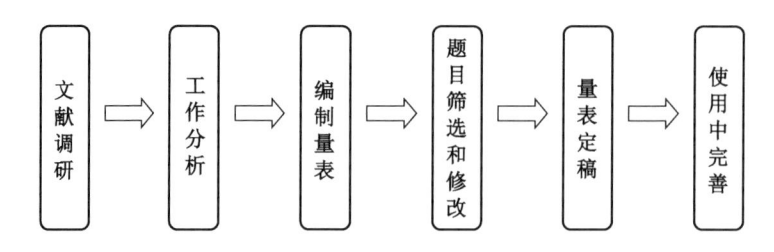

文献调研 ⇒ 工作分析 ⇒ 编制量表 ⇒ 题目筛选和修改 ⇒ 量表定稿 ⇒ 使用中完善

图9-3 测试量表设计程序

3. 测评量表

依据测评量表设计的相关程序,开发出安全心理测评量表八类,共13套。

1) 精神状态测试

精神状态是一个人的意识、思维、情感、意志以及其他主观心理活动的总称。好的精神状态表现为蓬勃向上的心力、成熟的心态、清醒的意识、缜密的思考、顽强的斗志。随着现代生活节奏的加快,人们精神生活方面的压力愈来愈大。要通过必要的措施和途径来减少这种压力,以保持最佳精神状况。也只有最佳的精神状态下,人的感知力才能达到最强,感觉阈值才能达到最低,才能更好地应对各种危险事件。

2) 自信安全感测试

自信是个体对自己的信任,表现为对自己的知识、能力、行为、判断等有信心、不怀疑。自信本身就是一种积极性,是在自我评价上的积极态度。安全感是指人在摆脱危险情境或受到保护时所体验到的情感,是维持个体与社会生存不可缺少的因素,它表现为人们要求稳定、安全、受到保护、有秩序,能免除恐惧和焦虑等。安全感是一种感觉、一种心理,是人在社会生活中有种稳定的不害怕的感觉。我们这里所提及的员工安全感,是来自他人的反应和表现所带给员工自身的感觉。没有安全感的表现就是缺乏自信,过于在意别人对自己的看法,关键时刻总是希望依靠别人,希望别人能够帮助自己,同时,有焦虑的情绪,对事物不必要的过度担心,内心深处对自己和别人又都不够信任,对生活周围的人与事总是抱着怀疑的态度。通过自信安全感测试,可以明确员工自信心和安全感状态,进而体现了员工面对可能出现的对身体或心理的危险或风险的预感,以及个体在应对处置时的有力或无力感,主要表现为确定感和可控制感。依据测试所反映的自信安全感程度,采取相应心理干预与控制措施,从而减少由于盲目自信或过度压抑而引起的安全隐患。

3) 意志力测试

意志力是指一个人自觉地确定目的,并根据目的来支配、调节自己的行动,克服各种困难,从而实现目的的品质。员工的意志力是员工安全意识的重要组成部分,良好的意志特征能够抵制安全突发事件的影响,把突发事件造成的损失及影响降低到最低程度。

4) 乐观程度测试

乐观和悲观是人生的两种态度,乐观是一种最为积极的性格因素之一,乐观的人看任何事情能看到事物的长处,看到对自己有利的一面,从而看到希望。悲观的人看问题总盯着事情不好的一面,越看越烦,越看越不顺眼,心生厌倦。通过乐观程度测试，可以全面了解员工的乐观个性心理状态，及时化解各种负性因素，保证良好的身心状态，达到安全高效的工作状态。

5）性格类型测试

性格类型分为三种：理智型、平衡型、情绪型，不同类型性格的人会有不同的行为方式，充分了解员工的性格类型，可以为安全生产和安全管理工作提供积极的指导作用。

6）心理承受能力测试

心理承受能力是一种很重要的个性心理素质，心理承受能力的高低对人们的生活态度和行为有很大的影响，在某种程度上决定着人一生的命运。具有良好的心理承受能力的人能对各种改变和冲击作出适度的反应，从而保持心理平衡。如果一个人的心理承受能力较差，遇到问题就会心绪不宁、思想混乱、内心痛苦，严重时会酿成心理危机，诱发心理疾病，甚至导致极端的行为。健全心理素质是指具有正常的智力、完善的人格、和谐的人际关系，能积极适应学习、生活、交往和环境，能主动寻求、探索自我发展途径，并具有开拓创新的能力。充分认识自身上的种种心理问题，对于提高心理承受能力很有必要。

7）气质类型测试

气质是人的个性心理特征之一，它是指在人的认识、情感、言语、行动中，心理活动发生时力量的强弱、变化的快慢和均衡程度等稳定的动力特征，主要表现在情绪体验的快慢、强弱、表现的隐显以及动作的灵敏或迟钝方面。古希腊著名的医生希波克拉底最早提出气质的概念。他在长期的医学实践中观察到人有不同的气质，认为气质的不同是由于人体内不同的液体决定的。他把人的气质分为多血质、胆汁质、黏液质、抑郁质四种类型。

人的气质本身无好坏之分，气质类型也无好坏之分。每一种气质都有积极和消极两个方面，在这种情况下可能具有积极的意义，而在另一种情况下可能具有消极的意义。明确员工的气质类型，就可以在工作和管理中更有针对性地应对，采用有的放矢、个别对待的方法，在工作过程限制其消极方面、发挥积极方面。

8）性格倾向测试

人的性格趋向主要可分为内向型、外向型两类。内向型性格的人安静、离群、内省，喜欢独处而不喜欢接触人，保守，与人保持一定距离，倾向于做事有计划，瞻前顾后，不凭一时情绪，日常生活有规律，严谨，做事可靠。外向型的人活泼、好动，喜欢交朋友，反应快，配合客体而思考、感觉、行动，有时表现为急于求成，有进攻倾向，自我控制力差。不同性格趋向的人有着不同的思维模式和行为模式，按照员工的个性特点，对其工作和行为进行适当的指导和约束，通过人因的事故心理调适和控制，使人为因素的事故发生率降低到最低程度。

9.4 事故心理预控

9.4.1 事故心理概述

人的心理包括极其广泛的内容，从感觉、知觉、记忆、想象到思维，从情绪、感情到意志，从兴趣、习惯、能力、气质到性格个性等。事故的心理因素是对由于影响和导致一个人行为而发生事故的心理状态和成分的总称。

导致事故的心理虽然不如人的全部心理那样广泛，但仍然有相当复杂的内容，而且其中各种因素之间又是相互联系、依存、相互矛盾、制约的。在研究人的导致事故心理过程中，发现影响和导致一个人发生事故行为的种种心理因素，不仅内容多，而且最主要的是各种因素之间存在着复杂而有机的联系。它们常常是有层次的，互相依存，互相制约，辩证地起作用。为了便于研究，人们把影响和导致一个人发生事故行为的种种心理因素假设为事故的心理结构。

事故心理结构，是由众多的导致事故发生的心理要素组成。在实际工作中，可以说，只有当一个人形成一定的引起事故的心理结构，而且具有可能引起事故的性格，并且碰到一定的引起事故的机遇时，才会发生也必然发生引起事故的行为。由此，可得出最基本的逻辑模型：造成事故的心理结构＋事故机遇→导致事故的行为发生→事故。

根据这一事故模型不难看出：

（1）在研究引起事故发生的原因时，首先要考虑造成事故者的心理动态，分析事故心理结构及其对行为的影响和支配作用，从而可以弄清事故心理结构和其事故行为的因果关系。从这个意义上说，可以通过研究造成事故者心理结构的内容要素和形成原因，探寻其心理结构形成过程的客观规律，便能寻究和找出发生事故行为的人的心理原因。

（2）在研究事故的预测问题时，首先应着重研究造成事故的心理预测，实际上就是通过对造成事故心理的调查研究、统计、分析，在生产过程中进行预测。当某一个体的心理状况与造成事故的结构的某些心理要素接近相似时，该个体发生事故行为可能性便增大。因此，造成事故的心理预测在很大程度上是根据造成事故心理结构的内容要素进行人的心理状况的预测。

综上所述，进行造成事故者的心理结构及其性格估量的分析讨论，有着理论和实践两方面的意义。

9.4.2 事故心理结构要素

在生产过程中发生工伤事故的因素很多，而造成事故者的心理状态常常是导致事故的主要的甚至是直接的因素。造成事故的心理结构复杂多样，我们在进行事故心理结构设计时，不可能把所有的事故心理因素列出，为便于研究，现归纳为十大心理要素：

（1）侥幸心理。例如，某一建筑工人平时一直坚持戴安全帽上班，有一天临时有人找他，因为匆忙，忘了戴安全帽。他以为一会工夫，事故没有如此巧合，当他走到手架边，正巧一块砖头不偏不倚掉到了他头上。

（2）麻痹心理。例如，某厂操作卷扬机的女工平时总用手拨大卷筒上卷乱了的钢丝，因为从未出过事故，所以她麻痹了，但钢丝绳却无情，就在这样的动作中将手和身体卷了进去。

（3）偷懒心理。例如，搅拌机附近平台上有些散落的沙子，本来用铁锹铲到搅拌机里便可解决问题。但有位工人却懒于多走几步去取铁锹，而是抬起脚往搅拌机里抹，结果一个未站稳，右脚便陷入搅拌机里。

（4）逞能心理。例如，某厂青工在工休之余同其他青工打赌说："谁从五米高的平台边走一圈，我请客"。有位青工为表示自己的"勇敢"，随即身体力行，没走几步，身体失控，失去平衡而从高空坠落。

（5）莽撞心理。例如，面前有条基坑，本可多走几步绕过去，但某人却过高估计自己的力量，认为可以跨过去，结果却落入毛石坑中，腰伤头破。

（6）心急心理。例如，有些工作需要当天完成，但想到下班以后要去接孩子，为了不延误下班时间，心急求快念头便产生了，于是安全规程抛置脑后，必须的工序省掉了，往往欲速则不达，祸害降临。

（7）烦躁心理。例如，上班前刚同妻子吵了架，心中委屈、不平、气愤，于是心情非常烦躁。在这种情况下，就容易榔头打到手上，木头绊到脚上，甚至可能酿成不幸的事故。

（8）粗心心理。例如，一位卷扬机司机下班后扬长而去，可卷扬机未切断电源，按钮开关掉在地上未拾起，半夜下起雨来，开关浸进雨水而形成通路促使卷扬机开动起来，结果拉倒了井架，绞坏了卷扬机。

（9）自满心理。例如，工作多年的工人自以为技术过硬而自满，对有关规程抱无所谓的态度。因此，有的电工拆除电线时不切断电源，而被电击倒在地；还有的焊工不清洗汽油桶就补焊，造成爆炸。

（10）好奇心理。例如，不少青年工人对其他工种的设备好摸摸碰碰。有的青工出于好奇，擅自驾驶从未驾驶过的机动翻斗车，结果撞坏了车、压伤了人。

9.4.3 可能造成事故的心理因素及估量

当某种造成事故的心理结构的若干因素，在一个人的个性中占重要地位，甚至成为一定的支配力量时，这个人就有较大可能造成事故的心理因素。显而易见，较容易形成事故心理结构和可能造成事故性格的人，也比较容易造成事故。因为，对可能造成事故的性格不仅作定性的分析而且作定量的估量已属必要。

根据造成事故心理结构诸成分的分析，我们试以一个比较简单的公式粗略表示造成事故心理结构中诸成分之间的相互关系，借以给予可能造成事故性格一个量的指标，这个量的指标可以叫做可能造成事故的心理指数，用字母 Z 来表示。那么，可能造成事故的心理指数 Z 与造成事故心理结构中诸成分之间的关系可表示为如下公式：

$$Z = \frac{A+B+C+D+E+F+G+H+I+J}{L+M} \qquad (9-2)$$

式中　　L——事业感和工作责任心；

M——遵守安全规程，有安全技术和知识，有自制力；

$A \sim J$——前述造成事故心理结构中的各项成分。

由此不难看出：

（1）造成事故的行为发生的可能性与 $A \sim J$ 诸项的代数和成正比，而与 L、M 的代数和成反比。

（2）可能造成事故的心理指数 Z 的值越大，发生事故行为的主观可能性（或危险性）也就越大。

为了便于估量和比较，初步拟订粗略的评分标准：$A \sim J$，各 10 分，L 和 M 各 50 分，在各项均取得标准分值的情况下，可能造成事故的心理指数 Z 亦得到一个标准值 1。其计算方法如下：

（1）当 $A \sim J$ 各项均取得标准评分值，而 L、M 的代数和小于标准评分时，可能造成事故的心理指数 Z 的值必大于标准值 1。

（2）当 L 和 M 均取得平均值，而 $A \sim J$ 各项的代数和大于标准评分时，可能造成事故的心理指数 Z 的值亦必定大于标准值 1。

（3）当 $A \sim J$ 各项的代数和大于标准评分值，而 L、M 的代数和又低于标准评分时，则可能造成事故的心理指数 Z 的值便大于标准值 1。

各项成分的评分细则可参考下列标准：

L 分为五个等级：

50：具有强烈的事业心和工作责任心；

40：具有良好的事业心和工作责任心；

30：在事业心和工作责任心方面较淡薄；

20：事业心、工作责任心方面存在缺陷；

10：无事业心，工作责任心差。

M 分为五个等级：

50：在任何情况下，严格遵守安全规程，自制力强，能抵御各种心理干扰；

40：能遵守安全规程，在一般情况下自制力能克服心理干扰；

30：能遵守安全规程，自制力不强，在特定的情况下不能排除干扰；

20：一般不能遵守安全规程，自制力不强，经不住较强的造成事故欲望的诱惑；

10：不注意遵守安全规程，自制力很差，兴奋性高，极易冲动，容易自我放纵，很少顾忌后果。

A 分为三个等级：

20：自作聪明，侥幸心理占上风，不可以避免事故；

15：侥幸心理占主导地位，不畏危险；

10：有一定的侥幸心理。

B 分为三个等级：

20：极为麻痹大意，不顾前车之鉴；

15：麻痹大意不顾后果；

10：几次因未出事故，渐渐产生麻痹思想。

C 分为三个等级：

20：自私自利，贪图方便；

15：工作马虎，缺乏责任心；

10：图一时省力。

D 分为三个等级：

20：好逞强，视生命为儿戏，没有自我保护意识；

15：好胜心强，缺乏必要的安全知识；

10：工作经验不足，自认没有问题。

E 分为三个等级：

20：莽撞从事，一味蛮干；

15：粗鲁马虎，不考虑后果；

10：高估自己的力量。

F 分为三个等级：

20：急于求成，根本不顾安全规章制度；

15：因小失大，忽视安全规章制度；

10：心放两头工作不安心。

G 分为三个等级：

20：受到挫折，失意反常；

15：心烦意乱，有一定的心理压力；

10：心境不好，影响情绪。

H 分为三个等级：

20：根本没有工作责任心；

15：缺乏工作责任心，粗枝大叶；

10：工作不仔细。

I 分为三个等级：

20：以老经验自居，不服从安全规章制度；

15：自以为是，无视安全规章制度；

10：凭经验行事，自以为不会出差错。

J 分为三个等级：

20：好奇心占上风，不顾危险；

15：为满足好奇心，不注意安全；

10：好奇心理，以为摸摸碰碰没有问题。

按上述细则可能造成的心理指数 Z 有最大和最小值：

最大值 Z 为10，最小值 Z 为1，即值的范围是 1~10。

Z 值范围内可分为三个区间：

第一区间：Z 值在 3 以上，极容易发生事故；

第二区间：Z 值在 1~2 之间，有发生事故可能；

第三区间：Z 值在 0.5 以下，不容易发生事故。

9.4.4 事故心理的预控措施

事故心理的控制就是要通过消除造成事故的心理状态，以达到控制事故行为，保证安全生产的目的。

事故心理主要从以下几个方面来控制：

（1）消除心理低沉（或为家庭拖累所迫，或工作不如愿，或婚姻遇到阻力，或刚刚与同事、家人吵了架，情绪低沉不快，思想难以集中）。

（2）控制兴奋心态（朋友聚餐，新婚蜜月，或受到表扬奖励，或在工作中取得了某种进展，情绪兴奋，往往忘乎所以）。

（3）抑制好奇心理（青年工人一是好险，总想表现自己胆大、勇敢；二是猎奇，碰到什么新东西总想看一看、摸一摸，往往因为无知而蛮干）。

（4）控制紧张情绪（或初次上阵，或刚刚发生过事故，或刚刚受到领导批评，或遇到某种意外惊吓，心情紧张多失误）。

（5）消除急躁心理（青年人干工作，往往有一种一鼓作气的冲劲，当某一件工作临下班快接近尾声时，就想一口气干完它，往往顾此失彼）。

（6）消除抵触情绪（或是对某件事有看法，或是对某个领导不满，或是被人看成是"不可救药者"，他会抱着破罐子破摔的态度，工作随便，干好干坏无所谓）。

（7）控制厌倦心理（青年工人喜新厌旧的心理也很强烈，比如开汽车愿开新的不愿开旧的；往往富于幻想，想干一番惊天动地的事，不愿意干琐碎的、平凡的、单调重复的工作，对这些工作久而生厌，厌而生烦，烦而生躁，躁而多失误）。

9.5 不安全行为管控

9.5.1 不安全行为产生的原因

不安全行为受多种因素的影响，产生不安全行为的原因较多，情况也非常复杂，一般认为不安全行为的产生主要有以下几个方面的原因：

（1）态度不端正，忽视安全甚至采取冒险行动。这种情况是行为者具备应有的安全知识、安全技能，也明知其行为的危险性。但是，往往由于过分追求行为后果，或过高估计自己行为能力，从而忽视安全，抱着侥幸心理甚至采取冒险行动，正所谓"艺高人胆大"。行为者在为获得丰厚报酬，而图省事，贪方便，也会违反规章制度冒险蛮干，产生一些不安全行为。

（2）教育、培训不够。由于对行为者没有进行必要的安全教育、培训，使行为者缺乏必备的安全知识和安全技能，不懂操作规程、不具备安全行为的能力，在作业中完全处于盲目状态，凭借自己想象的方法蛮干，就必然会出现各种违章行为。

（3）行为者的生理和心理有缺陷。每一项作业对行为者的生理和心理状况都有一定的要求，特别是有些情况复杂、危险性较大的作业对行为者的生理和心理状况还有一些特殊的要求，如果不能满足这些要求就会造成行为判断失误和动作失误。如果行为者体形、体能不符合要求，视力、听力有缺陷，反应迟钝，有高血压、心脏病、神经性疾病等生理缺陷，或者有过度疲劳、情绪波动、恐慌、焦虑、忧伤等不稳定心理状态，都会产生不安全行为。

（4）作业环境不良。行为者的每项行为都是在一定的环境中进行的，生产作业环境因素的好坏，直接影响人的作业行为。过强的噪声会使人的听觉灵敏度降低，使人烦恼甚至无法安心工作；过暗或过强的照明会使人视觉疲劳，容易接受错误的信息，过分狭窄的场所会难以按安全规程正常作业；过高或过低温度会使人产生疲劳，引起动作失误；有毒有害气体会使人由于中毒而产生动作失调。作业环境恶劣既增加了劳动强度使人产生疲劳，又会使人感到心烦意乱，注意力不集中，自我控制力降低。因此说，作业环境不良是产生不安全行为的一个重要因素。

（5）人机界面缺陷，系统技术落后。绝大部分的作业行为是通过各种机械设备、工器具来完成的。如果行为者所接触的机械设备或使用的工器具有缺陷或者整个系统设计不合理等，就会使行为者的行为达不到预期的目的，为了达到目的就必须采取一些不规范的动作，也就导致了不安全行为的产生。

9.5.2　人为事故的预防

人为事故的预防和控制，是在研究人与事故的联系及其运动规律的基础上，认识到人的不安全行为是导致与构成事故的要素，因此，为有效预防、控制人为事故的发生，依据人的安全与管理的需求，运用人为事故的规律和预防、控制事故的原理并联系实际，而产生的一种对生产事故进行超前预防、控制的方法。

1. 人为事故的规律

在生产实践活动中，人既是促进生产发展的决定因素，又是生产中安全与事故的决定因素。我们已清楚地揭示了人一方面是事故要素，另一方面是安全因素。人的安全行为能保证安全生产，人的异常行为会导致与构成生产事故。因此，要想有效预防、控制事故的发生，必须做好人的预防性安全管理，强化和提高人的安全行为，改变和抑制人的异常行为，使之达到安全生产的客观要求，以此超前预防、控制事故的发生。表9－2揭示了人为事故的基本规律。

在掌握了人们异常行为的内在联系及其运行规律后，为了加强人的预防性安全管理工作，有效预防、控制人为事故，可从以下四个方面入手：

（1）从产生异常行为表态始发致因的内在联系及其外延现象中得知，要想有效预防人为事故，必须做好劳动者的表态安全管理。

表9-2 人为事故的规律

异常行为系列原因		内在联系	外延现象
产生异常行为内因	表态始发致因	生理缺陷	耳聋、眼花、各种疾病、反应迟钝、性格孤僻等
		安技素质差	缺乏安全思想和安全知识，技术水平低，无应变能力等
		品德不良	意志衰退、目无法纪、自私自利、道德败坏等
	动态续发致因	违背生产规律	有章不循、执章不严、不服管理、冒险蛮干等
		身体疲劳	精神不振、神志恍惚、力不从心、打盹睡觉等
		需求改变	急于求成、图懒省事、心不在焉、侥幸心理等
产生异常行为外因	外侵导发致因	家庭社会影响	情绪反常、思想散乱、烦恼忧虑、苦闷冲动等
		环境影响	高温、严寒、噪声、异光、异物、风雨雪等
		异常突然侵入	心烦意乱、惊慌失措、恐惧失措、恐惧胆怯、措手不及等
	管理延发致因	信息不准	指令错误、警报错误
		设备缺陷	技术性能差、超载运行、无安技设备、非标准等
		异常失控	管理混乱、无章可循、违章不纠

（2）从产生异常行为动态续发致因的内在联系及其外延现象中得知，要想有效预防、控制人为事故，必须做好劳动者的动态安全管理。

（3）从产生异常行为外侵导发致因的内在联系及其外延现象中得知，要想有效预防、控制人为事故，还要做好劳动环境的安全管理。

（4）从产生异常行为管理延发致因的内在联系及其外延现象中得知，要想有效预防、控制人为事故，还要解决好安全管理中存在的问题。

2. 强化人的安全行为，预防事故发生

强化人的安全行为，预防事故发生，是指通过开展安全教育，提高人们的安全意识，使其产生安全行为，做到自为预防事故的发生。主要应抓住两个环节：一要开展好安全教育，提高人们预防、控制事故的自为能力；二要抓好人为事故的自我预防。

（1）劳动者要自觉接受教育，不断提高安全意识，牢固树立安全思想，为实现安全生产提供支配行为的思想保证。

（2）要努力学习生产技术和安全技术知识，不断提高安全素质和应变事故能力，为实现安全生产提供支配行为的技术保证。

（3）必须严格执行安全规定，不能违章作业，冒险蛮干，即只有用安全法规统一自己的生产行为，才能有效预防事故的发生实现安全生产。

（4）要做好个人使用的工具、设备和安全生产用品的日常维护保养，使之保持完好状态，并要做到正确使用，当发现有异常时要及时进行处理，控制事故发生，保证安全生产。

（5）要服从安全管理，并敢于抵制他人违章指挥，保质保量地完成自己分担的生产任务，遇到问题要及时提出，求得解决确保安全生产。

3. 改变人的异常行为，控制事故发生

改变人的异常行为，是继强化人的表态安全管理之后的动态安全管理。通过强化人的安全行为预防事故的发生，改变人的异常行为控制事故发生，从而达到超前有效预防、控制人为事故的目的。

如何改变人的异常行为，控制事故发生，主要有如下五种方法：

（1）自我控制，是指在认识到人的异常意识具有产生异常行为，导致人为事故的规律之后，为了保证自身在生产实践中的自为改变异常行为，控制事故的发生。自我控制是行为控制的基础，是预防、控制人为事故的关键。

（2）跟踪控制，是指运用事故预测法，对已知具有产生异常行为因素的人员，做好转化和行为控制工作。

（3）安全监护，是指对从事危险性较大生产活动的人员，指定专人对其生产行为进行安全提醒和安全监督。

（4）安全检查，是指运用人自身技能，对从事生产实践活动人员的行为进行各种不同形式的安全检查，从而发现并改变人的异常行为，控制人为事故发生。

（5）技术控制，是指运用安全技术手段控制人的异常行为。

10 安全法学

安全法制是保障安全的最基本的制度，安全法学为安全法制提供理论和方法的支持。安全法学研究安全法制、机制的机理，研究安全法学理论及其安全法规体系设计等内容。

10.1 安全法学基础

10.1.1 法学法理基础

法学理论是整个法学的基础理论，它研究的不是某一部门法学或某项法律的具体问题，而是对整个法的原理、原则、概念、范畴和规律性等进行理性思考，探求其精神实质，如法的产生、发展、本质、特征、作用、形式，法与国家和社会其他诸现象的关系，法的制定和实施等普遍性的、深层次的问题。这些问题对各个部门法学具有理论原理和方法论的指导意义，在人们提高法学素养、增强法律意识和法治观念的过程中具有基础性和根本性的作用，是做好立法、执法、司法、普法和法律监督等工作的法理根据和思想向导。

1. 法的概念与本质

法律是法学理论最基本的问题。概括地说，法是由国家制定或认可的，以权利义务为主要内容的，体现国家意志并以国家强制力为后盾的人们行为规范的总称。具体指的是法律规范，包括宪法、法令、法律、行政法规、地方性法规、行政规章、判例、习惯法等各种成文法和不成文法。法的本质是法的内部联系，它深藏于法的现象背后，是深刻的、稳定的，它需要通过抽象思维才能把握。

1）法是国家意志的体现

在直接意义上，法是人们意志的产物。社会成员的意志有不同表现形式，如道德、宗教、习惯等，法的特殊性就在于它取得了"国家意志"。所谓"国家意志"，就是作为"整个社会正式代表"的国家向全体社会成员所宣布的在形式上代表整个社会共同意志的规则。统治阶级意志只有上升为国家意志，才能具有法律的品格，即在国家强制力的支持下，取得全社会都普遍遵循的效力。

2）法体现的是统治阶级的整体意志

从一定意义上说,"国家意志"只是法的社会阶级本质的表现形式,它还不能反映法的社会政治属性。所谓"国家意志",也就是掌握国家政权的阶级意志,即统治阶级意志。因为在阶级对立的社会中,只有在经济上从而也在政治上占统治地位的阶级,才有可能掌握国家政权,并通过国家政权把自己的意志制定和认可为法律。因此,法的最本质属性是统治阶级的意志,而不是任何个人的意志,更不是超阶级的共同意志。法所反映的意志内容不是统治阶级成员个人意志的简单总和,而是统治阶级根本利益和共同利益的表现。法是统治阶级成员个别利益的一种抽象,具有一般性的品格。

3）法的性质和内容最终是由统治阶级的物质生活条件决定的

物质生活条件一般是指与人类生存相关的地理环境、人口状态和物质生活资料的生产方式。其中,物质生活资料的生产方式是法的本质的决定因素。经济基础决定上层建筑,决定法的内容。如建立在社会主义经济基础上的社会主义法,必须要反映工人阶级及其领导下的广大人民群众的阶级本质,满足发展社会主义生产力的客观要求。除物质资料的生产方式的决定作用外,法也要受到其他因素的影响。经济关系以外的其他因素可以影响法的形式及法的内容,但它们并不能决定一定社会中人与人关系的基本状况,而且它们本身的发展归根到底也还是要受到经济因素的制约。

2. 法的分类

1）成文法和不成文法

这是按照法的创制方式和表现形式的不同而对法的分类。成文法是指特定国家机关制定颁布,以不同等级的规范性法律文件形式表现出来的法律规范,故又称"制定法"或"立法"。不成文法是国家机关以一定形式认可其法律效力,但不表现为成文的规范性法律文件形式的法律规范,一般为习惯法。英美法系的判例法是法院通过判决创制的法,它虽然表现为文字形式的判决,但不同于由法定机关制定的规范性法律文件,通常归入不成文法一类。

2）实体法和程序法

这是按照法律规定内容的不同而对法的分类。实体法是以规定权利和义务为主的法律,且所规定的权利和义务直接来自人们在生产和生活中形成的相互关系的要求,如所有权、债权等,通常表现为民法、刑法、行政法等。程序法的主要内容是规定主体在诉讼活动中的权利和义务,也即主体在寻求国家机关对自己权利予以支持的过程中的行为方式,这种权利和义务是派生的,其作用在于保证主体在实际生活中享有的法律权利得以实现。因此,实体法和程序法也被称为主法和助法。

3）根本法和普通法

这是按照法的效力、内容和制定程序的不同而对法的分类。在采用成文宪法的国家，根本法是指宪法，它在国家法律体系中享有最高的法律地位和法律效力，宪法的内容和制定、修改的程序都不同于其他法律。普通法是指宪法以外的其他法律。普通法律的内容一般只涉及社会生活的某一方面，如民法、行政法、刑法等，其法律效力低于宪法。

4）一般法和特别法

这是按照法的适用范围的不同而对法的分类。一般法是指在效力范围上具有普遍性的法律，即在较长时间内，在全国范围内普遍有效的法律。特别法是指特定主体、特定事项、特定地域或特定时间有效的法律。

5）国内法和国际法

这是按照创制主体和适用法律关系主体的不同而对法的分类。国内法是在一国主权范围内，由该国国家机关制定或认可并保障其实施的法律。国内法的法律关系主体一般是个人和组织（在特定的法律关系中也包括国家机关）。国际法是由参与国际关系的国家之间通过协议制定或认可的法律规范，通常表现为多国参与的国际条约、两个以上国家间的协议和被认可的国际惯例，国际法律关系的主体主要是国家。

3. 与安全生产相关的基本概念

1）人身权

人身权是人格权和身份权的合称，又称人身非财产权，是指民事主体依法享有的、与其自身不可分离亦不可转让的没有直接财产内容的法定民事权利。人身权是民事主体享有的最基本的民事权利，自然人可能因为某种法定原因丧失某种财产权利或者政治权利，但不可能丧失基本的人身权利。人身权是民事主体从事民事法律行为，设定、取得、变更或者放弃其他民事权利的基础，是民事主体取得财产权的前提。

2）身体权

身体权是指自然人保持其身体组织完整并支配其肢体、器官和其他身体组织的权利。身体是生命的物质载体，是生命得以产生和延续的最基本条件，由此决定了身体权对自然人至关重要。身体权与生命权、健康权密切相关，侵害自然人的身体往往导致对自然人健康的损害，甚至剥夺自然人的生命。但生命权以保护自然人生命的延续为内容，健康权保护身体各组织及整体功能正常，身体权所保护的是身体组织的完整及对身体组织的支配。

3）生命权

生命权是指自然人维持生命和维护生命安全利益的权利。生命权是自然人得以成其为人的最基本的人格权，故《中华人民共和国民法通则》第九十八条明文规定："公民享有生命健康权"，即生命权和健康权。也正由于生命对自然人乃至整个人类繁衍的重要性，给予"安乐死"以合法地位的观点至今仍受到诸多反对。

10.1.2 安全法学概述

1. 安全生产法规概念

安全生产法规是指调整在生产过程中产生的同从业人员或生产人员的安全与健康，以及生产资料和社会财富安全保障有关的各种社会关系的法律规范的总和。安全生产法规是国家法律体系中的重要组成部分。我们通常说的安全生产法规是对有关安全生产的法律、规程、条例、规范的总称。例如，全国人大和国务院及有关部委、地方政府颁发的有关安全生产、职业安全健康、劳动保护等方面的法律、规程、决定、条例、规定、规则及标准等，都属于安全生产法规范畴。

安全生产法规有广义和狭义两种解释。广义的安全生产法规是指我国保护从业人员、生产者和保障生产资料及财产的全部法律规范。因为，这些法律规范都是为了保护国家、社会利益和从业人员、生产者的利益而制定的，如关于安全生产技术、安全工程、工业卫生工程、生产合同、工伤保险、职业技术培训、工会组织和民主管理等方面的法规。狭义的安全生产法规是指国家为了改善劳动条件，保护从业人员在生产过程中的安全和健康，以及保障生产安全所采取的各种措施的法律规范，如职业安全健康规程，对女工和未成年工劳动保护的特别规定，关于工作时间、休息时间和休假制度的规定，关于劳动保护的组织和管理制度的规定等。

安全生产法规的表现形式是国家制定的关于安全生产的各种规范性文件，它可以表现为享有国家立法权的机关制定的法律，也可以表现为国务院及其所属的部、委员会发布的行政法规、决定、命令、指示、规章以及地方性法规等，还可以表现为各种安全卫生技术规程、规范和标准。

2. 安全立法目的

1）加强安全监管

安全法意味着国家行政机关有权利、有义务干预安全关系和人身、财产安全的直接保护。安全监管权力的建立和行使意味着在国家行政机关与各有关社会组织、个人之间形成了安全行政管理法律关系。

2）预防安全事故

预防安全事故的发生是安全法的最基本的目的体现。安全生产事关人民群众生命和财产安全，事关社会稳定。近几年来，各地区、各部门和企事业单位，在强化安全生产监督管理，防范各类事故发生等方面做了大量工作，取得了一定的成效，但总体来看，安全生产的形势仍然比较严峻。

3）保障人民群众的生命和财产安全

维护人民生命和财产安全是人民群众的根本利益所在，直接关系到社会的稳定，影响到改革和发展的大局。因此，保障人民群众的生命和财产安全是制定安全生产法最根本的目的。

4）促进经济发展

提高生产工作效率，促进经济建设和发展，是安全法的伴生目的或者关联目的。人类所有的生产活动都需要有一个安全的外部条件（环境）包括自然环境、人工环境、社会环境、政治环境和自然环境或者物质条件、精神条件等。有了安全保障，才能提高劳动生产率，促使经济实现全面、协调、可持续的发展。安全是保障、促进经济发展的先决条件和必要手段，经济发展是目标。安全发展与经济建设是相辅相成的统一体。安全法的这一目的正是为了正确和恰当地处理好安全发展与经济建设的辩证关系，要确定两者之间的衔接点和平衡点，实现经济建设的平稳、均衡和持续的发展，提升经济发展质量，又好又快地实现社会主义现代化。

3. 安全法的效力

1）安全法对组织的效力

安全法对法人及其他非法人组织的效力有以下五种情况：

（1）一般安全法对所有的中国法人、非法人都有效。

（2）行业专业法对从事行业专业活动或者具有行业专业身份的中国法人、非法人组织有效。

（3）中国法人在外国领域被所在国法律认可时，适用中国安全法；中国法人身份不被认可时，当事人自愿选择适用哪国法律，中国安全法或者有效或者无效。

（4）外国法人及其他非法人组织在中国境内适用中国安全法。

（5）外国法人与中国法人、非法人组织、自然人发生涉外安全法律关系时，如果冲突规范指向中国法或者当事人选择中国法或者强制性法律规范指明适用中国法，则中国安全法有效。

2）安全法的空间效力

安全法的空间效力是指我国主权所及的领土、领海、领空以及法定的延伸领域。安全法生效空间按行政管辖范围分为全国范围有效、局部行政区域有效、域外有效。中央法在没有特别指明时即在全国范围有效，地方法即在本行政区域内有效，安全刑事法可能会适用于驻外使领馆航行或者停泊的本国籍船舶、飞机内。中央法在特别指明时只在特定区域内有效，如《渔港水域交通安全管理条例》只在渔港水域有效，《矿山安全法》只在矿山开采领域有效。

3）安全法的时间效力

安全法的时间效力是指安全法的有效期间，即何时生效、何时终效以及对安全法生效前所发生的事件有否溯及力。安全法生效时间分为法律公布日生效、法律中确定生效（施行）日等情况。比如新版《安全生产法》自2021年9月1日起生效。

4. 安全生产法律法规的起源

关于安全生产的第一部人类法律可以追溯到13世纪的德国《矿工保护法》，其规定了一系列矿山生产中对矿工人身健康的保护措施。1802年，英国议会通过了一项限制纺织厂童工工作时间的《保护学徒的身心健康法》，这是第一部具有现代法律意义的法案。该法律是为职业安全而设计的，规定了学徒的工作时间、矿工的劳动安全以及工厂的室温、照明和充分通风等工业卫生要求。由于《保护学徒的身心健康法》基本涵盖了工业安全的主要问题，体现了合同自由、保护弱者、强化监督等一系列工业安全管理的基本措施，被认为是真正意义上的安全立法，并得到各国效仿，被认为是最早的安全立法。世界上对安全立法是20世纪才开始联合行动的，1919年第一届国际劳工大会制定了有关工时、妇女、儿童劳动保护的一系列国际公约。英国、德国、美国等工业发达国家是劳动安全立法早和极为完善的国度。大多数国家的立法直到20世纪才开始，包括日本等发达国家，1915年正式实施的《工业法》，比英国晚了近一个世纪。

19世纪中叶以后，许多主要资本主义国家纷纷效仿英国，涉足"工业法"。美国独立后，尽管美国法律力求消除英国法律的影响，但至今美国法律的方法论、法律用语和司法的基本概念仍延续了英国的体系。1877年，马萨诸塞州通过了美国第一部《工业检查法》，日本大阪府通过了《制造厂管理规程》。1897年日本政府应15个府、县的请求，草拟了《职工法》，后改名为《工厂法》，但因议会更迭，拖至1914年才予以通过并颁布。与此同时，意大利、比利时、奥地利等国也先后颁布了限制工作时间和改善劳动条件的《工厂法》，有些附属国，如印度、澳大利亚、新西兰也都在19世纪末颁布了类似的法规。此阶段安全卫生法的法律效力有限,仅适用于某些地区,大量的劳动者未受到这类法律的保护,法规显得单一、零星,而内容又有重复并缺乏有力的监督措施以及必要的惩罚办法。

从 20 世纪初到 20 世纪 70 年代,科技进步改变了日常生产,产生了新的安全风险及新型危险因素、危险源,重大事故不断发生。1970 年的美国《职业安全与健康法》诞生。这部法律把以往针对工业领域雇员安全与健康保护的措施扩大到整个社会领域,开创了"有雇员的地方就有安全"的新安全观,把社会经济发展与安全健康保障水平结合在一起。目前,世界上许多国家已经通过了大量的法律法规来维护职业安全与健康的要求,并形成了安全卫生法律法规体系。20 世纪末期,国际上大多数国家已根据职业安全健康的要求制定了不少法律、条例,形成了较为完整的安全卫生法律法规体系。除此以外,国际组织也纷纷通过国际公约、地区性法律等方式,对雇员和劳工的安全与健康加以保护,在任何情况下都不能以牺牲人的安全与健康为代价,保障生产过程的安全生产和生活过程中的公共安全成为国际社会的基本共识和必然要求。

5. 我国安全生产法律法规的本质

我国的社会主义法制是实现人民民主专政,保障和促进社会主义物质文明和精神文明建设的重要工具。社会主义法制包括制定法律和制度以及对法律和制度的执行与遵守两个方面,二者密切联系,互为条件。社会主义法制健全与否的标志,不仅取决于是否有完备的法律和制度,从根本上说,决定于这些法律和制度在现实生活中是否真正得到遵守和执行。我国社会主义法制的基本要求是:"有法可依,有法必依,执法必严,违法必究"。

安全生产工作的最基本任务之一是进行法制建设。以法律法规文件来规范企业经营者与政府之间、劳动者与经营者之间、劳动者与劳动者之间、生产过程与自然界之间的关系。把国家保护劳动者的生命安全与健康,生产经营人员的生产利益与效益,以及保障社会资源和财产的需要、方针、政策具体化、条文化。通过制定法律法规,建立起一套完整的、符合我国国情的、具有普遍约束力的安全生产法律规范。做到企业的生产经营行为和过程有法可依、有章可循。目前,我国的安全生产法律法规已初步形成一个以宪法为依据的,由有关法律、行政法规、地方性法规和有关行政规章、技术标准所组成的综合体系。由于制定和发布这些法规的国家机关不同,其形式和效力也不同。这是一个多层次的、依次补充和相互协调的立法体系。

在现行的安全生产法律法规体系中,除法律法规外,为数最多的是国务院有关部门和省、自治区、直辖市人民政府在其职权范围内制定和发布的行政规章。这些行政规章是依据法律法规的规定，就安全生产管理和生产专业技术问题作出的实施性或补充性的规定，具有行政管理法规的性质。

6. 我国安全生产法律法规的作用

1）为保护劳动者的安全健康提供法律保障

我国的安全生产法律法规是以搞好安全生产、工业卫生，保障员工在生产中的安全、健康为目的的。它不仅从管理上规定了人们的安全行为规范，也从生产技术上、设备上规定实现安全生产和保障员工安全健康所需的物质条件。多年安全生产工作实践表明，切实维护劳动者安全健康的合法权益，单靠思想政治教育和行政管理不行，不仅要制定出各种保证安全生产的措施，而且要强制人人都必须遵守规章，要用国家强制力来使人们按照科学办事，尊重自然规律、经济规律和生产规律。

2）加强安全生产的法制化管理

安全生产法律法规是加强安全生产法制化管理的章程，很多重要的安全生产法律法规都明确规定了各个方面加强安全生产、安全生产管理的职责，推动了各级领导特别是企业领导对劳动保护工作的重视，把这项工作摆上领导和管理的议事日程。

3）指导和推动安全生产工作的发展，促进企业安全生产

安全生产法律法规反映了保护生产正常进行、保护劳动者安全健康所必须遵循的客观规律，对企业搞好安全生产工作提出了明确要求。同时，由于它是一种法律规范，具有法律约束力，要求人人都要遵守，这样，它对整个安全生产工作的开展具有用国家强制力推行的作用。

4）提高生产力水平，保证企业效益的实现和国家经济建设事业的顺利发展

安全生产是全社会和生产企业十分关切，关系到全民、全员切身利益的大事，通过安全生产立法，使劳动者的安全健康有了保障，员工能够在符合安全健康要求的条件下从事劳动生产，这样必然会激发他们的劳动积极性和创造性，从而促使劳动生产率的大大提高。同时，安全生产技术法规和标准的遵守和执行，必然提高生产过程的安全性，使生产的效率得到保障和提高，从而提高企业的生产效率和效益。

7. 安全生产法制建设的发展趋势

进入21世纪，人类社会已进入科技飞速发展和建立以人为本的和谐社会，安全立法必将体现出如下趋势：

（1）安全生产法规从专门化走向综合化，从分散发展到体系化发展。

（2）安全生产法规的任务更突出预防性，更强调超前和本质安全化的特点。

（3）安全生产立法的目标体系更趋明确。立法的目标不仅包含防止生产过程的人员伤亡，还包括避免生产过程的危害（职业病）及生产资料的安全保障和社会财产损失的控制等方面。

（4）安全生产立法的层次体系更为全面。国际通用的职业安全健康法规（ISO 标准、ILO 法规、国际公约等）、各国的国家安全生产法规、世界范围及本国的行业安全生产法规（石油、核工业等）、地区安全生产法规（欧盟、亚太等）等，将得到全面的发展。

（5）安全生产立法的功能体系更为合理。建议性法规、强制性法规和承担不同法律功能的法规，各守其责，发挥各自的功能和作用。

我国在安全生产领域已经颁布了综合性的法律《安全生产法》，有关部门也正在加紧完善配套法规。对新中国成立后颁布的各类安全生产法规，需要按机构改革的职责分工和执法主体的变化进行修订和完善；各类安全生产技术标准需要系统认真地进行清理；国家安全生产方面的法规，如《交通安全法》《矿山安全法》《消防法》《特种设备安全法》《突发事件应对法》等需要制定配套规程和条例；各省（市）、行业的法规、条例等也需要进行完善和修订，不断完善安全法律法规体系。

10.2 安全法制理论

10.2.1 安全生产法制建设

1. 安全生产法制"六阶段论"

1）初建时期（1949—1957 年）

这一时期，主要以 1956 年 5 月国务院正式颁布的《工厂安全卫生规程》《建筑安装工程安全技术规程》和《工人职员伤亡事故报告规程》即"三大规程"为标志。这些法规在新中国成立初期，对我国的安全生产和保证劳动者的安全与健康起到了重要作用。

2）调整时期（1958—1966 年）

这一时期，主要以"大跃进"安全生产工作受到冲击和国务院经委发布的《工业企业设计卫生标准》《关于加强企业生产中安全工作的几项规定》《国营企业职工个人防护用品发放标准》等一系列安全生产法规、规章为标志。全国开展了安全生产大检查，开展安全生产教育、严肃处理伤亡事故、加强安全生产责任制等工作，形成了广泛的安全生产群众运动，全国职工伤亡事故逐年下降,这是安全生产工作的良好起步阶段。

3)"动乱"时期(1966—1978年)

这一时期,工业生产秩序混乱,劳动纪律涣散,安全生产工作出现倒退,伤亡事故急剧上升,形成了新中国成立以来的第二个事故高峰。

4)恢复时期(1978—1990年)

1979年4月,国务院重申认真贯彻执行"三大规程",《国务院关于加强企业生产中安全工作的几项规定》。1979年《中华人民共和国刑法》对安全生产方面的犯罪作了规定。1982年2月,国务院颁布了《矿山安全条例》《矿山安全监察条例》和《锅炉压力容器安全监察条例》。1983年5月,国务院又批转了劳动人事部、国家经委、全国总工会《关于加强安全生产和劳动安全监察工作的报告》,对劳动安全监察提出了具体要求。1984年7月,国务院发布了《关于加强防尘防毒工作的决定》。1987年1月,卫生部、劳动人事部、财政部、全国总工会联合发布了《职业病范围和职业病患者处理办法的规定》,规范了对职业病的管理,并将99种职业病列为法定职业病。此外,全国共有28个省、自治区、直辖市人大或人民政府颁布了地方劳动保护条例。从1981年开始,国家技术监督局加快了安全生产方面的国家标准的制定进程,先后制定、颁布了一系列劳动安全卫生的国家标准,为安全生产工作提供了法定的技术依据,也使安全生产法制在技术上得以落实。

5)初步发展时期(1991—2002年)

这一时期,以《企业职工伤亡事故报告和处理规定》《矿山安全法》《消防法》《职业病防治法》等安全生产法律法规及批准的一系列国际劳工安全公约为标志。

6)快速发展时期(2002年至今)

这一时期,以《安全生产法》《道路交通安全法》《突发事件应对法》《特种设备安全法》《危险化学品安全管理条例》《特种设备安全监察条例》《工伤保险条例》等为标志。

2. 我国安全生产法制主要任务

党的十八大以来,习近平总书记提出"必须强化依法治理,用法治思维和法治手段解决安全生产问题",党的十九大明确提出"推进全面依法治国""坚持依法治国、依法执政、依法行政"等总体要求。2016年12月,《中共中央 国务院关于推进安全生产领域改革发展的意见》就推进安全生产依法治理作出重要部署,提出健全法律法规体系、规范监管执法行为、健全监管执法保障等具体要求。《意见》提出的一系列改革举措和任务要求,为当前和今后一个时期我国安全生产领域的改革发展指明了方向和路径。《意见》分总体要求、健全落实安全生产责任制、改革安全监管监察体制、大力推进依法治理、建立安全预防控制体系、加强安全基础保障能力建设6部分30条。《意见》明确提出，坚守"发展决不能以牺牲安全为代价"这条不可逾越的红线，规定了"党政同责、一岗双责、齐抓共管、失职追责"的安全生产责任体系，要求建立企业落实安全生产主体责任的机制，建立事故暴露问题整改督办制度，建立安全生产监管执法人员依法履行法定职责制度，实行重大安全风险"一票否决"。《意见》提出，将研究修改刑法有关条款，将生产经营过程中极易导致重大生产安全事故的违法行为纳入刑法调整范围；取消企业安全生产风险抵押金制度，建立健全安全生产责任保险制度；改革生产经营单位职业危害预防治理和安全生产国家标准制定发布机制，明确规定由国务院安全生产监督管理部门负责制定有关工作。

2018年1月，中共中央办公厅、国务院办公厅发布《关于推进城市安全发展的意见》。《意见》是转型期城市安全发展的一个指导性文件。《意见》分总体要求、加强城市安全源头治理、健全城市安全防控机制、提升城市安全监管效能、强化城市安全保障能力、加强统筹推动6部分20条。《意见》提出了科学制定规划、完善安全法规和标准、加强基础设施安全管理、加快重点产业安全改造升级、强化安全风险管控、深化隐患排查治理、提升应急管理和救援能力、落实安全生产责任、完善安全监管体制、增强监管执法能力、严格规范监管执法、健全社会化服务体系、强化安全科技创新和应用、提升市民安全素质和技能、强化组织领导、强化协同联动和强化示范引领等工作要求。

2018年4月，中共中央办公厅、国务院办公厅印发《地方党政领导干部安全生产责任制规定》。这是我国安全生产领域第一部党内法规，是习近平总书记关于安全生产重要思想的具体化、制度化。《规定》对县级以上地方各级党委和政府领导班子成员的安全生产职责、考核考察、表彰奖励、责任追究进行明确具体规定。《规定》明确了五类地方党政领导干部的不同职责，其中，地方各级党委和政府主要负责人是本地区安全生产第一责任人，班子其他成员对分管范围内的安全生产工作负有领导责任。《规定》要求，县级以上地方各级政府中的安全生产工作，原则上要由担任同级党委常委的同志分管。地方党政领导干部的安全生产责任落实情况将接受五种形式的考核考察，并作为履职评定、干部任用、奖惩的重要参考：一是纳入党委和政府督察督办内容，进行督促检查；二是持续开展安全生产巡查；三是建立干部安全生产责任考核制度；四是纳入地方党政领导班子及其成员的年度考核、目标责任考核、绩效考核以及其他考核中；五是党委组织部门在考察拟任人选时，考察其履行安全生产工作职责情况。

3. 我国安全生产法制建设发展趋势

新时代安全生产法制建设将着力推进如下工作。

1）强化法治思维，提高全社会安全生产法律意识

依法治国重在理念先导，实现安全法治首先要牢固树立法治思维。一是党政领导干部要带头学法守法用法，将其纳入述职考核内容，作为衡量和考察提拔的重要标准。同时，强化程序意识，安全生产重大行政决策必须把"公众参与、专家论证、风险评估、合法性审查、集体讨论决定"确定为法定程序，确保权力在阳光下运行。二是把全民普法作为大力推进依法治理的长期性工作，持之以恒地开展安全法治宣传教育，推进安全法律进课堂、进企业、进学校、进社区。从青少年抓起，将安全法治教育纳入国民教育序列，列入中小学教育大纲。三是积极利用新媒体进行形式多样的安全法治宣传，定期开展"以案说法""以案释法"活动；建立企业守法诚信档案，大力宣传先进人物和典型事迹；加强全社会对安全生产法律的敬畏戒惧之心，提高全民族安全法治素养。

2）健全安全生产法律法规体系

大力推进安全生产依法治理，要有法可依。一是推进危险化学品安全立法，用法制强化危险化学品的全生命周期管控。二是坚持科学立法，编制立法规划。结合安全生产工作的实际需要，制定《安全生产法实施条例》等。三是建立法规规章统一审查、立法后评估及清理制度，解决法律法规中有关基本概念不清、内容交叉冲突等问题。同时，对于实施满五年的规章、满两年的规范性文件，委托第三方机构进行立法后评估清理，并向社会公布清理结果。

3）严刑峻法，厉行法治，加强监管执法体系建设

一是牢固树立安全监管就是行政执法的定位。从过去习惯于下达行政命令、开展大检查等传统方式，向严格规范公正文明执法方向转变，充分运用好现有法律中赋予的行政处罚、行政强制等措施。二是进一步加强"行刑衔接"。针对当前安全生产涉嫌犯罪案件移送程序缺失这一突出问题，研究出台安全生产行政执法与刑事司法衔接工作规定，明确移送案件的范围、移送的内容、移送审批、移送监督等。同时，研究出台《安全监管执法取证证据规则》，确保收集和移送的证据材料合法有效。三是对具有明显的主观故意、极易导致重大生产安全事故的典型违法行为加大处罚力度，大幅提高违法成本。

4）推进安全监管执法队伍规范化建设

针对当前安全监管执法队伍建设中存在的基层执法力量薄弱、能力素质不高、执法保障滞后等突出问题，一是按照《意见》关于"将安全监管部门纳入行政执法序列"的要求，进一步调整充实市县两级一线安全监管执法力量，推动人员编制、经费保障向一线倾斜。二是推行统一服装、统一标识、统一装备、统一管理"四统一"的安监执法队伍建设机制，制定细化各岗位执法权力和责任清单，规范行政处罚自由裁量权，同时进一步强化执法监督，坚决杜绝不执法、乱执法等现象；三是贯彻国家"完善安全生产责任制"的明确要求，切实把"党政同责、一岗双责、齐抓共管、失职追责"要求落到实处。在事故问责中体现宽严相济的刑事政策，回应基层"尽职免责"的呼声。

5）完善事故灾害调查处理机制

在现行法律和体制框架内，通过修改《生产安全事故报告和调查处理条例》（国务院令第493号）的相关规定，进一步完善事故调查处理机制。一是转变事故调查处理理念。按照新版《安全生产法》第八十六条关于事故调查处理"科学严谨、依法依规、实事求是、注重实效"的总体原则和要求，将事故调查处理从重责任追究转到重查明事故原因，落实防范整改上来，推动事故调查处理真正回归到理性、合法的轨道。二是建立事故调查技术支撑体系，增加技术专篇，将技术调查与司法调查分别进行，事故调查阶段由安监部门牵头组织行业监管部门、公安部门、工会组织、专家等参加组成的事故调查组，着重对发生事故的技术管理原因等相关情况进行调查，司法调查由纪检监察和相关司法部门负责，认定导致事故发生的责任单位和责任人员，提出对事故责任人员的党纪、政纪处分和处罚的意见等。

10.2.2 安全生产工作机制

新版《安全生产法》第三条内容，明确了安全生产工作实行"管行业必须管安全、管业务必须管安全、管生产经营必须管安全"，强化和落实生产经营单位主体责任与政府监管责任，建立生产经营单位负责、职工参与、政府监管、行业自律和社会监督的机制。建立这一工作机制的主要目的，是形成安全生产齐抓共管的工作格局。

1. 生产经营单位负责

生产经营单位负责，就是要求落实生产经营单位的安全生产主体责任，生产经营单位必须严格遵守和执行安全生产法律法规、规章制度与技术标准，依法依规加强安全生产，加大安全投入，健全安全管理机构，加强对从业人员的培训，保持安全设施设备的完好有效。

2. 职工参与

职工参与，就是通过安全生产教育，提高广大职工的自我保护意识和安全生产意识，职工有权对本单位的安全生产工作提出建议。对本单位安全生产工作中存在的问题，有权提出批评、检举和控告，有权拒绝违章指挥和强令冒险作业。要充分发挥工会、共青团、妇联组织的作用，依法维护和落实生产经营单位职工对安全生产的参与权与监督权，鼓励职工监督举报各类安全隐患，对举报者予以奖励。

3. 政府监管

政府监管，就是要切实履行监管部门安全生产管理和监督职责，健全完善安全生产综合监管与行业监管相结合的工作机制，强化应急管理部门对安全生产的综合监管，全面落实行业主管部门的专业监管、行业管理和指导职责。各部门要加强协作，形成监管合力，在各级政府统一领导下，严厉打击违法生产、经营等影响安全生产的行为，对拒不执行监管监察指令的生产经营单位，要依法依规从重处罚。

4. 行业自律

行业自律，主要是指行业协会等行业组织要自我约束，一方面各个行业要遵守国家法律法规和政策，另一方面行业组织要通过行规行约制约本行业生产经营单位的行为。通过行业间的自律，促使相当一部分生产经营单位能从自身安全生产的需要和保护从业人员生命健康的角度出发，自觉开展安全生产工作，切实履行生产经营单位的法定职责和社会责任。

5. 社会监督

社会监督，就是要充分发挥社会监督的作用，任何单位和个人有权对违反安全生产的行为进行检举和控告。发挥新闻媒体的舆论监督作用，有关部门和地方要进一步畅通安全生产的社会监督渠道，通过设立举报电话，接受人民群众的公开监督。

10.2.3 安全生产监督管理体制

安全生产监督管理体制是安全生产制度体系建设的重要内容。国务院应急管理部门和县级以上地方各级人民政府应急管理部门是对我国安全生产工作实施综合监督管理的部门，有关部门在各自职责范围内对有关行业、领域的安全生产工作实施监督管理。在加强行业、领域监督管理的基础上，此次修改对新兴行业、领域监管职责不明确时的处理原则，以及负有安全生产监督管理职责的部门相互配合等义务作了规定，进一步充实和完善了安全生产监督管理体制的内容。

1. 应急管理部门的安全生产监督管理职责

依据新版《安全生产法》规定，国务院应急管理部门和县级以上地方各级人民政府应急管理部门负责安全生产综合监督管理和工矿商贸行业安全生产监督管理等职能。应急管理部门承担的综合监管职责主要包括两个方面：一是承担本级安全生产委员会的日常工作，二是指导协调、监督检查、巡查考核本级政府有关部门和下级政府安全生产工作。对工矿商贸行业的安全监督管理职责主要是直接监督管理的行业，比如冶金、有色、建材、轻工、纺织、机械、烟草、商贸这八大行业，还有危险化学品、烟花爆竹等。具体的监管形式包括：依照有关法律法规的规定，对有关涉及安全生产的事项进行审批；依法对生产经营单位执行有关安全生产的法律法规和国家标准或者行业标准的情况进行监督检查；按照国务院规定的权限组织对生产安全事故的调查处理；对违反本法的行为依法给予行政处罚等。

2. 其他有关部门的安全生产监督管理职责

除应急管理部门外，国务院有关部门和县级以上人民政府有关部门依照法律、行政法规、地方性法规，对有关行业、领域的安全生产工作实施监督管理。这就是说安全生产监督管理工作不仅仅是应急管理部门的职责，政府其他有关部门在其职责范围内也承担着安全生产监督管理的责任。

3. 新兴行业、领域监管职责不明确时的处理原则

按照有关法律法规政策和部门职责规定，目前负有安全生产监督管理的部门对主要行业、领域的监督管理职责是比较明确的。随着经济社会的快速发展，出现的一些新兴行业、领域性质比较特殊、情况比较复杂，在安全生产监管上可能涉及多个部门。比如，平台经济中的外卖行业，涉及食品安全、交通安全、网络安全等多个领域；一些综合性较强的新型农家乐，涉及旅游、餐饮、农业农村等多个领域。按照现有的规定，这些新兴的行业、领域可能一时难以归入某个具体的部门进行专门监管。为防止部门之间互相推诿而形成监管盲区，需要由县级以上地方人民政府明确监督管理部门或者确定牵头的监督管理部门。因此，新版《安全生产法》规定：对新兴行业、领域的安全生产监督管理职责不明确的，由县级以上地方各级人民政府按照业务相近的原则确定监督管理部门。按照业务相近的原则，需要人民政府组织对这些行业、领域涉及的安全问题进行分析和判断，对应到现有的最为接近的行业、领域，并归口到相应的部门进行监督管理。通过一段时间的监督管理实践，监管模式和措施比较成熟后，县级以上地方人民政府需要及时组织对有关部门的职责作出调整，将这些新兴行业、领域的安全生产纳入相应监督管理部门法定的常态化监管。

4. 负有安全生产监督管理职责的部门的合作

应急管理部门是对有关行业、领域的安全生产工作实施监督管理的部门，是对安全生产进行监督检查和行政执法的部门，依法规定的职责开展执法工作，因此统称为"负有安全生产监督管理职责的部门"。规定了负有安全生产监督管理职责的部门之间的工作机制和要求，即应当相互配合、齐抓共管、信息共享、资源共用，依法加强安全生产监督管理工作。

10.3 安全法规体系

10.3.1 安全生产法律体系概念及特征

安全生产法律体系是指我国全部现行的、不同的安全生产法律规范形成的有机联系的统一整体，是一个包含多种法律形式和法律层次的综合性系统，是国家为了保护劳动者在劳动过程中的安全和健康而制定的各种法律法规以及标准和规范的总和，包括宪法、安全生产法律、行政法规、规章、地方性法规、安全生产标准、国际劳工安全公约等。

安全生产法律体系具有以下三个特点。

1. 法律规范的调整对象和阶级意志具有统一性

加强安全生产监督管理，保障人民生命财产安全，预防和减少生产安全事故，促进经济发展，是党和国家各级人民政府的根本宗旨。安全生产法律规范是为巩固社会主义经济基础和上层建筑服务的，它是工人阶级乃至国家意志的反映，是由人民民主专政的政权性质所决定的。生产经营活动中所发生的各种社会关系，需要通过一系列的法律规范加以调整。不论安全生产法律规范有何种内容和形式，它们所调整的安全生产领域的社会关系，都要统一服从和服务于社会主义的生产关系、阶级关系。

2. 法律规范的内容和形式具有多样性

安全生产贯穿于生产经营活动的各个行业、领域，各种社会关系非常复杂，这就需要针对不同生产经营单位的不同特点，针对各种突出的安全生产问题，制定各种内容不同、形式不同的安全生产法律规范，调整各级人民政府、各类生产经营单位、公民之间在安全生产领域中产生的社会关系。这个特点决定了安全生产立法的内容和形式又是各不相同的，它们所反映和解决的问题是不同的。

3. 法律规范的相互关系具有系统性

安全生产法律体系是由母系统与若干个子系统共同组成的。从具体法律规范上看，它是单个的；从法律体系上看，各个法律规范又是母系统不可分割的组成部分。安全生产法律规范的层级、内容和形式虽然有所不同,但它们之间存在着相互依存、相互联系、相互衔接、相互协调的辩证统一关系。

10.3.2 安全生产法律法规体系的内容

安全生产法律法规体系是一个包含多种法律形式和法律层次的综合性系统,从法律规范的形式和特点来讲,既包括作为整个安全生产法律法规基础的宪法,也包括行政法律规范、技术性法律规范、程序性法律规范。按法律地位及效力同等原则,安全生产法律体系分为七个门类。

根据我国立法体系的特点,以及安全生产法规调整的范围不同,安全生产法律法规体系由若干层次构成,如图10-1所示。

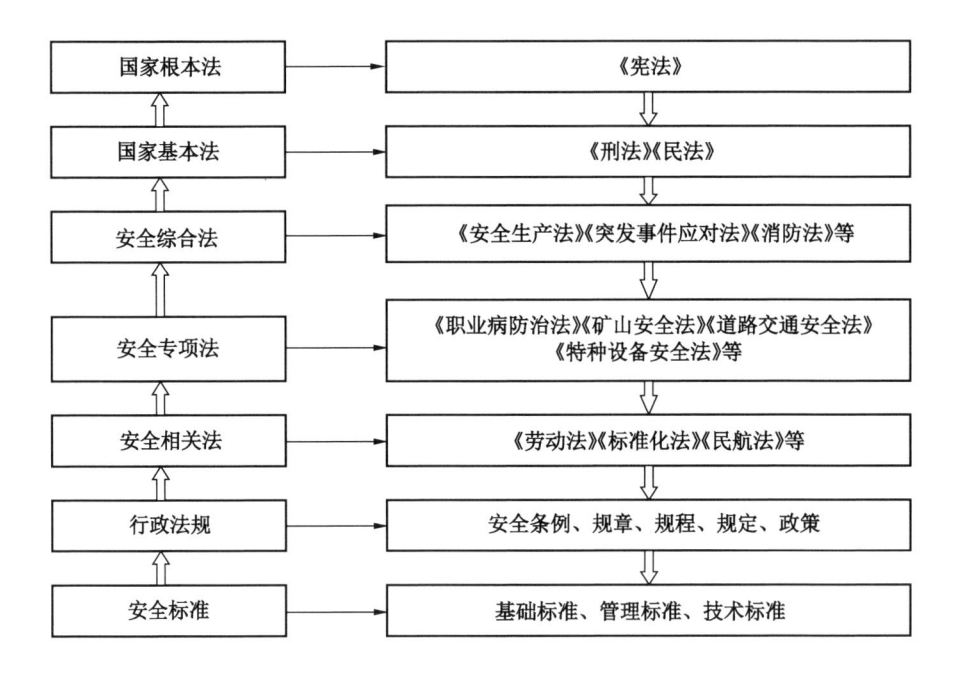

国家根本法	→	《宪法》
国家基本法	→	《刑法》《民法》
安全综合法	→	《安全生产法》《突发事件应对法》《消防法》等
安全专项法	→	《职业病防治法》《矿山安全法》《道路交通安全法》《特种设备安全法》等
安全相关法	→	《劳动法》《标准化法》《民航法》等
行政法规	→	安全条例、规章、规程、规定、政策
安全标准	→	基础标准、管理标准、技术标准

图10-1 安全生产法律法规体系及层次

10.4 应急管理法律法规体系

10.4.1 应急管理法律法规体系的起源与发展

1954年我国首次规定戒严制度以来,到2007年《突发事件应对法》颁布实施之前,我国已经陆续制定与突发事件应对相关的法律35件、行政法规37

件、部门规章 55 件、有关法规性文件 111 件。

我国应急管理法律法规体系发展的三个重要时期：

（1）体系形成阶段。2003 年以前，我国的应急管理法律法规体系呈现分散化。其中，2003 年 5 月 12 日正式颁布《突发公共卫生事件应急条例》，标志着我国公共卫生应急处理工作进入法制化轨道。2003 年之后，我国的应急管理体系已经与现代法治、现代管理理念接轨，进而开始构建我国独有的应急管理体系。

（2）快速发展阶段。2008 年抗击南方雨雪冰冻灾害、应对"5·12"汶川特大地震以来，我国开始更加重视应急管理法制体系的构建，一些应急管理相关的法律法规中的部分条款、有关国际公约和协定、突发事件应急预案有力地补充了我国应急管理法律法规体系。各地方人民政府据此各自颁布了适用于本行政区域的地方性法规、地方规章和法规性文件，逐步形成了一个以《突发事件应对法》为核心的应急管理法律法规体系。

（3）体系革新阶段。2018 年应急管理体制改革之后，我国应急管理法律法规体系经历了从无到有、从分散到综合、一直在完善的过程，取得了一系列成就。尤其是党的十八大以来，应急管理相关的法律法规不断完善，整个应急管理法律法规体系以《宪法》（含紧急状态的法律法规）为依据，以《突发事件应对法》为核心，以相关单项法律法规为配套（如《防洪法》《消防法》《安全生产法》《传染病防治法》等）的特点，应急管理工作逐步走上了规范化、法制化的轨道。2021 年，应急管理部深入贯彻落实习近平总书记的重要指示精神，在有关立法工作机构的支持指导下，全力推动完善应急管理法律法规体系。在对法律法规全面梳理的基础上，研究形成了"1+5"的应急管理法律法规体系骨干框架，这个"1"就是应急管理方面综合性法律，"5"就是 5 个方面的单行法律，包括安全生产、消防以及自然灾害防治、应急救援组织、国家消防救援人员方面的法律。在这个大框架下，又划分了安全生产、消防、自然灾害防治三个子体系。安全生产方面，将围绕《安全生产法》，逐步形成包括《危险化学品安全法》《矿山安全法》《煤矿安全条例》等相关行业领域安全生产单行法律法规和规章的，相对完善的安全生产法律法规子体系。

10.4.2 应急管理法律法规体系的构成

1. 按照突发事件类型划分

应急管理法律法规体系按照突发事件的类型，可以分为自然灾害类、事故灾难类、公共卫生事件类以及社会安全事件类四大类。

（1）自然灾害类，主要包括《水法》《防汛条例》《蓄滞洪区运用补偿暂行办法》《防沙治沙法》《人工影响天气管理条例》《军队参加抢险救灾条例》《防震减灾法》《破坏性地震应急条例》《森林法》《森林防火条例》《森林病虫害防治条例》《森林法实施条例》《草原防火条例》《自然保护区条例》《地质灾害防治条例》《海洋石油勘探开发环境保护管理条例》《气象法》等。

（2）事故灾难类，主要包括《生产安全事故报告和调查处理条例》《放射性同位素与射线装置安全和防护条例》《建筑法》《消防法》《矿山安全法实施条例》《国务院关于预防煤矿生产安全事故的特别规定》《煤矿安全监察条例》《国务院关于特大安全事故行政责任追究的规定》《建设工程质量管理条例》《工伤保险条例》《劳动保障监察条例》《建设工程安全生产管理条例》《道路运输条例》《内河交通安全管理条例》《渔业船舶检验条例》《河道管理条例》《海上交通安全法》《海上交通事故调查处理条例》《铁路运输安全保护条例》《电力监管条例》《电信条例》《计算机信息系统安全保护条例》《特种设备安全监察条例》《环境保护法民用核设施安全监督管理条例》《防治海岸工程建设项目污染损害海洋环境管理条例》《水污染防治法实施细则》《大气污染防治法》《环境噪声污染防治法》《水污染防治法》《固体废物污染环境防治法》《海洋环境保护法》《防止拆船污染环境管理条例》《淮河流域水污染防治暂行条例》《防止船舶污染海域管理条例》《危险化学品安全管理条例》《放射性污染防治法》《核电厂核事故应急管理条例》等。

（3）公共卫生事件类，主要包括《重大动物疫情应急条例》《传染病防治法》《传染病防治法实施办法》《突发公共卫生事件应急条例》《食品卫生法》《进出境动植物检疫法》《动物防疫法》《国境卫生检疫法》《植物检疫条例》《国境卫生检疫法实施细则》等。

（4）社会安全事件类，主要包括《民族区域自治法》《戒严法》《人民警察法》《监狱法》《信访条例》《企业劳动争议处理条例》《行政区域边界争议处理条例》《殡葬管理条例》《营业性演出管理条例》《中国人民银行法》《商业银行法》《保险法》《证券法》《银行业监督管理法》《期货交易管理暂行条例》《预备役军官法》《领海及毗连区法》《专属经济区和大陆架法》《国防交通条例》《民兵工作条例》《民用运力国防动员条例》《退伍义务兵安置条例》《军人抚恤优待条例》《价格法》《农业法》《粮食流通管理条例》《中央储备粮管理条例》《民用爆炸物品管理条例》《种子法》《野生动物保护法》《民用航空安全保卫条例》《农药管理条例》《兽药管理条例》《饲料和饲料添加剂管理条例》《水生野生动物保护实施条例》《陆生野生动物保护实施条例》等。

2. 按照法律层级划分

（1）宪法。宪法作为应急法律的立法依据的同时，也对某些应急状态作出了规定。例如，《宪法》（2018）第六十二条、第六十七条和第八十条，对紧急状态和战争状态的确定和宣布，对动员令的决定和发布等，都直接作出了规定。

（2）应急管理法律法规规章等。它包括综合性法规和专业性法规，现法律有《突发事件应对法》（全国人大常委会2007年制定）等，法规有《突发事件应急预案管理办法》（国办发〔2013〕101号）、《突发公共卫生事件应急条例》（国务院2003年制定）等。

（3）专业性法规。既可用于平时状态，也可用于应急状态。如《传染病防治法》（全国人大常委会2013年修改）、《国境卫生检疫法》（全国人大常委会2018年修改）等。

（4）配套性法规。配套性法规有《人民警察法》（全国人大常委会2012年修改）、《出境入境管理法》（全国人大常委会2012年制定）等。

11 安全经济学

安全经济学是研究安全的经济形式（投入、产出、效益）和条件，通过对安全活动的合理规划、组织、协调和控制实施，实现安全性与经济性的高度统一协调、合理，达到人、企业、技术、环境、社会最佳安全综合效益的科学。安全科学技术的发展必然要求安全经济学的发展，安全经济学的发展一定会丰富和完善安全科学技术。安全经济学研究的最基本命题或要解决的最重要课题是安全成本、安全投资、安全收益和安全效益等。

11.1 安全经济学基本理论

11.1.1 安全经济基本原理

安全经济学是研究安全的经济形式（投入、产出、效益）和条件，通过对人类安全活动的合理组织、控制和实施，实现安全性与经济性的高度统一协调，达到人、技术、环境、社会最佳安全效益的科学。这一定义明确了安全经济学需要研究的三个最基本的命题：安全价值、安全成本和安全效益。

安全产出函数，等同于安全价值或安全功能、安全利益函数，其涉及减损产出，用损失函数 $L(S)$ 反映规律，以及增值产出，用增值函数 $I(S)$ 表达规律。

安全成本函数，也称安全投入、安全投资函数，可用 $C(S)$ 函数表达。

安全效益函数，也称安全效果、安全成果函数，可用 $E(S)$ 函数表达。

研究安全产出、安全成本和安全效益三个安全经济基本命题，涉及四个基本函数：事故损失函数、安全增值函数、安全成本函数和安全效益函数。上述的三个基本命题和四个基本函数，构成了安全经济基本原理，其规律可通过图 11 - 1 表示。

安全经济学原则有安全生产投入与社会经济状况相统一原则，发展安全与发展经济比例协调性原则，安全发展的超前性原则，宏观协调与微协调辩证统一原则，协调与不协调辩证统一原则。

11.1.2 安全经济基本函数

安全经济函数主要研究三个函数：安全产出函数、安全成本函数和安全效

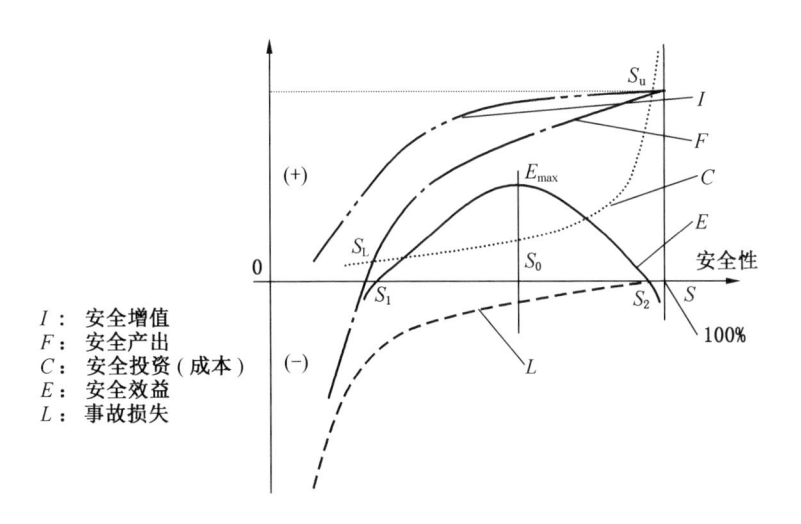

图 11-1 安全经济学的基本函数规律

益函数。主要涉及四个基本函数：安全减损函数、安全增值函数、安全成本函数和安全效益函数。

1. 安全产出函数

基于经济学概念，从理论上讲，安全具有两大基本经济功能：安全减损失功能和安全增值功能。两者的代数和组成安全产出函数，用 $F(S)$ 来描述其规律。

安全的减损功能：安全的实现直接减轻或免除事故或灾害事件给人、社会和自然造成的伤害和损害，实现保护人类生命安全与社会财产安全，具有减少生命、健康的代价，以及财产损失的功能。这里的"减损"概念是广义的，不仅仅是经济损失的减少，还包括生命与健康的损害等。

安全的增值功能：通过安全对策或措施，保障了生产过程或社会活动的正常，为生产和经济建设提供了条件和保障，实现了直接或间接的经济增值功能。

（1）安全减损函数。安全减损功能具有"拾遗补缺"的特点，要测算减损功能需要知道损失函数规律。损失函数 $L(S)$ 的数学模型是

$$L(S) = L\exp\frac{l}{S} + L_0 \qquad (l>0, L>0, L_0<0) \qquad (11-1)$$

事故损失函数 $L(S)$ 是一条向右下方倾斜的曲线，它随着安全性的增加而

不断减少，当系统无任何安全性时，系统的损失为最大值（趋于无穷大），即当系统无任何安全性时（$S=0$），从理论上讲损失趋于无穷大，具体值取决于机会因素；当安全性达到100%时，曲线几乎与零坐标相交，其损失达到最小值，可视为零。当S趋于100%时，损失趋于零。

（2）安全增值函数。安全增值功能具有"本质增益"的特点，可用增值函数$I(S)$表示：

$$I(S) = I\exp\frac{-i}{S} \quad (I>0, i>0) \qquad (11-2)$$

安全增值函数$I(S)$是一条向右上方倾斜的曲线，随安全性S增大而增大，但增值是有限的，最大值取决于技术系统本身功能。

式（11-1）、式（11-2）中，L、l、I、i、L_0均为统计常数，其曲线如图11-2所示。

损失函数和增值函数两曲线在安全性为S_0时相交，此时安全增值与事故损失值相等，安全增值产出与因为事故带来的损失相抵消。当安全性小于S_0时事故损失大于安全增值产出，当安全性大于S_0时安全增值产出大于事故损失，此时系统获得正的效益，安全性越高，系统的安全效益越好。

无论是"本质增益"即安全创造正效益，还是"拾遗补缺"即安全减少"负效益"，都表明安全创造了价值。后一种可称谓为"负负得正"，或"减负为正"。

安全减损和安全增值两种基本功能，构成了安全的综合经济功能。用安全产出函数$F(S)$来表达，安全产出函数也称为安全功能函数。

将损失函数$L(S)$乘以"-"号后，可将其移至第一象限表示，并与增值函数$I(S)$叠加后，可得到安全产出函数$F(S)$曲线，如图11-3所示。安全产出函数$F(S)$的数学表达是

$$F(S) = I(S) + [-L(S)] = I(S) - L(S) \qquad (11-3)$$

对$F(S)$函数的分析，可得如下结论：

（1）当安全性趋于零，即技术系统毫无安全保障，系统不但毫无利益可言，还将出现趋于无穷大的负利益（损失）。

（2）当安全性达到S_L点，由于正负功能抵消，系统功能为零，因而S_L是安全性的基本下限，当$S>S_L$后，系统出现正功能，并随着S的增大，功能递增。

（3）当S值趋近100%时，功能增加的速率逐渐降低，并最终局限于技术系统本身的功能水平。所以安全不能改变系统本身创值水平，但保障和维护了系统创值功能，从而体现了安全自身价值。

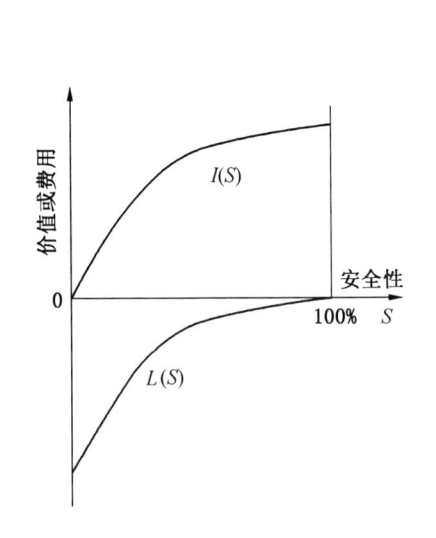

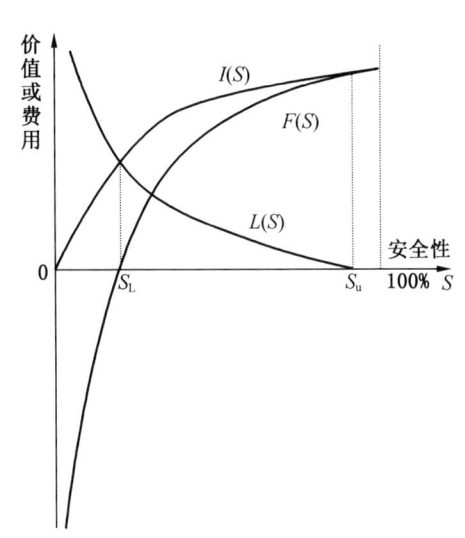

图 11-2　安全减损与增值函数　　　图 11-3　安全功能函数

2. 安全成本函数

安全产出函数反映了安全系统输出状况。显然，提高或改变安全性，需要投入（输入），即付出代价或成本。安全性要求越高，需要成本越大。从理论上讲，要达到 100% 的安全，所需投入趋于无穷大。由此可推出安全的成本函数 $C(S)$ 为

$$C(S) = C\exp\frac{c}{1-S} + C_0 \quad (C>0, c>0, C_0<0) \tag{11-4}$$

安全成本 $C(S)$ 函数曲线如图 11-4 所示。

从图 11-4 安全成本函数 $C(S)$ 曲线规律可看出：

(1) 实现系统的初步安全（较小的安全度），所需成本的是较小的。随着 S 的提高，成本随之增大，并递增率越来越大；当 $S \to 100\%$，成本 $\to \infty$。

(2) 当 S 达到接近 100% 的某一点 S_u 时，会使安全的功能与所耗成本相抵消，使系统毫无效益。这是社会所不期望的。

3. 安全效益函数

安全产出函数 $F(S)$ 与安全成本函数 $C(S)$ 之差就是安全效益，用安全效益函数 $E(S)$ 来表达：

$$E(S) = F(S) - C(S) \tag{11-5}$$

$E(S)$ 函数是用"差值法"来表达安全效益规律，也可以用"比值法"来反映安全效益规律。安全效益函数 $E(S)$ 曲线规律如图 11-5 所示。

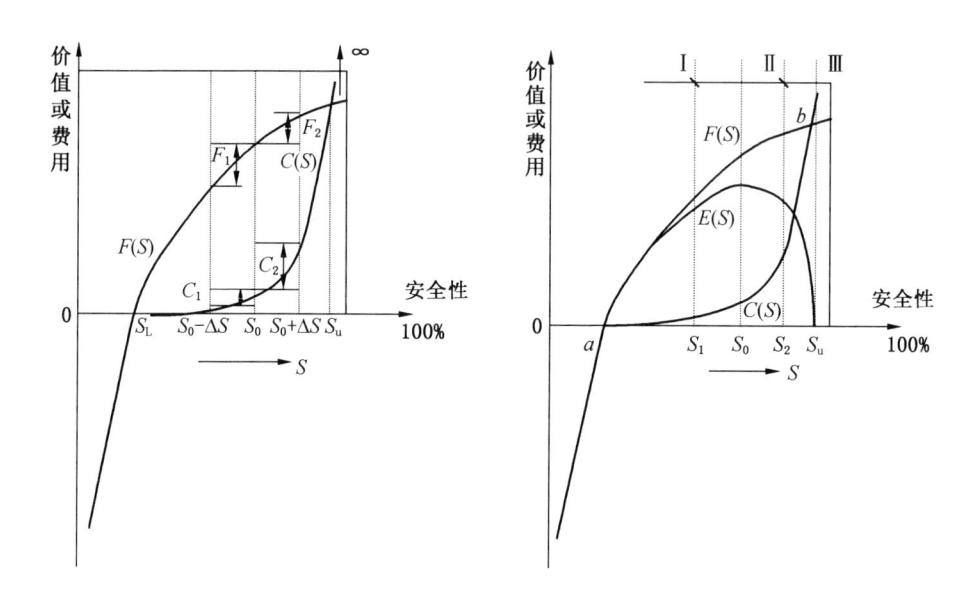

图 11-4　安全功能与成本函数　　　图 11-5　安全功能与效益函数

安全效益规律的揭示是安全经济学研究基本归宿。通过安全效益的分析，可以为安全经济的决策提供科学的理论依据。因此，应用安全效益规律的分析结论，可以进行安全工程的项目的优化和优选，可以对安全活动进行科学指导，实现安全性与经济性合理协调。

基于 $E(S)$ 函数的规律，可作出如下安全经济决策的基本分析：

(1) S_L 和 S_u 是安全经济规律的两个盈亏点，它们决定了系统安全程度或水平 S 的理论上下限，都是安全性与经济性的合理现象。但是，S_L 和 S_u 两个盈亏点的性质是不同的。

(2) 在 S_L 点处表明：安全投入少，事故损失大，安全增值小，是安全不作为点，反映重视安全不够，系统安全水平较低，风险水平较高，改善或发展的趋势是需要加强安全投入，提升系统安全性。

(3) 在 S_u 点处表明：安全投入大，事故损失少，安全增值大，是安全的不合理点，反映重视安全过度，与经济性和合理性不协调，虽然系统具有较高安全水平，风险水平较低，符合安全性原则，缺乏经济合理性，改善和发展的趋势是提高经济合理性。

(4) 在 S_0 点附近，$E(S)$ 取得最大值，也就是最佳安全效益。由于 S 从 $S_0 - \Delta S$ 增至 S_0 时，成本增值 C_1 大大小于功能增值 F_1，因而当 $S < S_0$ 时，提高 S 是值得的；当 S 从 S_0 增至 $S_0 + S$，成本 C_2 却数倍于产出的增值 F_2，因而 $S > S_0$ 后，增加 S 就显得不合理了。

11.1.3 安全效益规律

效益是现代社会中运用十分广泛的一个概念，它是价值概念的进一步发展。从词义上讲，价值是指事物的用途或积极作用，而效益则是泛指事物对社会的效果与利益。从经济学的角度看，效益是价值的实现，或价值的外在表现。

安全效益即安全价值，是指安全条件的实现，对社会（国家）、对集体（企业）、对个人所产生的效果和利益。其实质就是用尽量少的安全投资，提供尽可能多的符合全社会需要和人民要求的安全保障。

从表现形式层次上来考察安全效益，安全效益可分为宏观效益和微观效益，对国家、社会的安全作用和效果是安全的宏观效益，对企业和个人的安全作用和效果是安全的微观效益。就其性质来说，安全效益又可分为经济效益和非经济效益。无益消耗和经济损失的减轻，以及对经济生产的增值作用是安全经济效益；生命与健康、自然环境和社会环境的安全与安定，是安全非经济效益的体现。

安全非经济效益也就是安全社会效益，是指安全条件的实现，对国家和社会发展、企业或集体生产的稳定、家庭或个人的幸福所起的积极作用，是通过减少人员的伤亡、环境的污染和危害来体现的。

安全经济效益是安全效益的重要组成部分，是指通过安全投资实现的安全条件，在生产和生活过程中保障技术、环境及人员的能力和功能，并提高其潜能，为社会经济发展所带来的利益。

11.2 安全价值工程分析

11.2.1 安全价值工程的概念及内涵

安全价值工程方法是安全经济分析与决策中重要和实用的方法，对提高安全经济活动效果和质量有重要的意义和作用。

安全价值工程是一种运用价值工程的理论和方法，是依靠集体智慧和有组织的活动，通过对某措施进行安全功能分析，力图用最低安全寿命周期投资，实现必要的安全功能，从而提高安全价值的安全技术经济方法。

安全功能是指一项安全措施在某系统中所起的作用和所担负的职能。例如，传动带护栏的安全功能是阻隔人与传动带的接触，湿式作业的安全功能是除尘。安全功能的内涵是非常广泛的。

安全价值是安全功能与安全投入的比较，其表达式为

$$安全价值(V) = \frac{安全功能(F)}{安全投入(C)} \quad (11-6)$$

安全价值与安全功能成正比，与安全投入成反比。这种函数关系的建立，使得安全价值成了可以测定的量。

11.2.2 安全价值工程的内容

1. 着眼于降低安全寿命周期投资

任何一项安全措施，总要经过构思、设计、实施、使用，直到基本上丧失了必要的安全功能而需进行新的投资为止，这就是一个安全寿命周期，而在这一周期的每一个阶段所需费用就构成了安全寿命周期投资。安全寿命周期投资与安全功能的关系如图 11-6 所示。

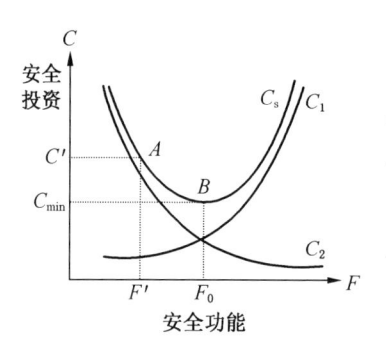

在图 11-6 中，安全寿命周期投资曲线的最低点所对应的点 F_0 为最适宜的安全功能。在 A、B 两点之间存在着一个安全投资可能降低的幅度和一个安全功能可能提高或改善的幅度 $F_0 \sim F'$。安全价值分析活动的目的，就是使安全寿命周期投资降到最低点，使功能达到最适宜水平 F_0。

C_s—安全寿命周期投资；
$C_s = C_1 + C_2$；C_1—设计制造投资；
C_2—使用投资；C'—目前投资

图 11-6 安全寿命周期投资与安全功能的关系

2. 以安全功能分析为核心

以安全功能分析为核心，是安全价值工程独特的研究方法。

3. 充分、可靠地实现必要安全功能

所谓必要安全功能就是为保证劳动者的安全和健康以及避免财产损失和环境危害，决策人对某项安全投资所要求达到的安全功能。与此无关的功能称为不必要功能。安全功能分析的目的也就是确保实现必要安全功能，消除不必要功能，从而降低安全投入、提高安全价值。

4. 依靠专家、群众、集体的智慧和组织的活动

安全价值工程中一个最基本的观点是"目的是一定的，而实现目的的手段是可以广泛选择的"。这就要求依靠集体智慧开展有组织的活动，广泛选择

方案,有计划、有步骤地实施。

11.2.3 安全价值工程的应用

根据价值 = $\frac{功能}{费用}$,即 $V = \frac{F}{C}$ 可知,要提高安全价值 V,可选择以下几种对策:

(1) 功能提高,成本下降。
(2) 成本不变,功能提高。
(3) 成本略有提高,功能有更大提高。
(4) 功能不变,成本降低。
(5) 功能略有下降,成本大幅度下降。

前三种情形是我们寻求提高安全价值的主要途径,后两种情形则只能在某些情况下使用。

安全价值工程的任务就是研究安全功能与安全投入的最佳匹配关系。图 11-7 中曲线①和曲线②相交的 A 点处,功能利润为零。从经济学的角度综合分析可知,B 点的安全功能利润最大。

安全价值工程可用于以下 11 个方面:①重大危险源和作业场所污染源的治理措施评价;②安全防护仪器及设备的选用;③改善作业环境技术工艺的设计和论证;④与基建、改建工程相配套的安全卫生设施评价和优选;⑤检测、监察仪器设备配备的优选论证;⑥事故的紧急处置方案的选择;⑦安全教育培训组织方案的选择;⑧指导安全科研项目方向的确定及经费的论证;⑨个体防护用品选购的指导;⑩日常安全管理费用预算的论证;⑪安全标准制定的技术经济论证依据。

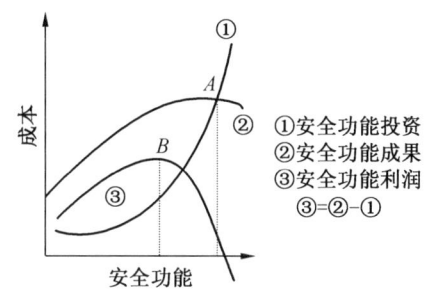

图 11-7 安全功能与投资匹配关系

11.3 安全成本分析

11.3.1 安全投入与成本

1. 安全成本概念

安全投入是指为了保障安全所投入的人力、物力、财力以及各种资源的总称,是企业在其自身生产经营和发展的全过程中,为控制危险因素,消除事故隐患或危险源,提高员工安全素质,加强安全管理,改善生产环境,维持和保障企业安全生产，所投入的各种资源总和。

在安全活动实践中，安全专职人员的配备、安全与健康技术措施的投入、安全设施维护保养及改造的投入、安全教育及培训的花费、个体劳动防护及保健费用、事故援救及预防、事故伤亡人员的救治花费等，都是安全投入。而事故导致的财产损失、劳动力的工作日损失、事故赔偿等，非目的性（提高安全活动效益的目的）的被动和无益的消费，也可称为被动的安全投入。

2. 安全投入分类

根据不同的目的和用途，安全投资有不同分类方法：

（1）按投资的作用划分，分为预防性投资和控制性投资。预防性投资包括安全措施费、防护用品费、保健费、安全奖金等超前预防性投入，控制性投资包括事故营救、职业病诊治、设备（或设施）修复等。

（2）按投资的时序划分，分为事前投资、事中投资和事后投资。事前投资指在事故发生前所进行的安全投入；事中投资指事故发生中的安全消费，如事故或灾害抢险、伤亡营救等事故发生中的投入费用；事后投资指事故发生后的处理、赔偿、治疗、修复等费用。

（3）按投资所形成的技术"产品"划分，分为硬件投资、软件投资。

（4）按安全工作的专业类型划分，分为安全技术投资、工业卫生技术投资、辅助设施投资、宣传教育投资（含奖励金）、防护用品投资、职业病诊治费、保健投资、事故处理费用、修复投资等。

11.3.2 安全投入-产出分析

长期以来，有相当一部分企业家或负责人认为：企业安全生产工作既不产出商品，又不产生效益，被称为"无效益""负效益"活动。因此，在人力、物力和财力的投入上抱消极被动态度，以致安全主体责任或保障措施得不到落实。安全管理机构设置和人员配备得不到落实，安全防护装置得不到及时配备，事故隐患得不到及时整改，事故应急能力得不到提高等。由此，不仅蒙受巨大的事故经济损失，或被追究事故责任，给企业的生产活动也带来严重影响。事实证明，要弄清安全生产工作是"负效益"还是"正效益"，首先要弄清安全生产工作投入与产出的关系。应用安全经济学成本分析理论，进行科学的投入-产出分析，就可以转变企业决策者或管理的安全认知，通过提高安全价值理性认知，从而转变安全工具理性。

无论在哪一个领域，人们总是期望投入能带来高的产出，在安全领域也是如此。安全产出一般分为增值产出和减损产出，但由于安全产出的潜在性和长期性等特点,可以直接表现出的是事故损失的减少。

影响安全投入产出的因素主要有两个:安全投入总量的大小和各项安全投入分配的合理程度。安全投入总量的大小视企业的规模和效益而定。一般来说,安全投入量大,安全水平就相对较高,即有较大的安全产出。但是各个企业的生产情况不同,优势和薄弱环节差异更大,所以用于安全的各分项投入没有统一的尺度。当安全投入总量一定时,各分项投入合理程度是安全产出大小的决定因素。

11.3.3 安全投入决策技术

科学合理的安全投入是提高安全经济效益的重要手段。为此,需要研究安全投入的决策技术方法。

1. 安全投资决策的博弈分析

假设市场上仅有两家竞争企业,两家企业的雇主和雇员均乐于建立安全的工作环境。两家企业同样面临两种选择:安全或不安全。这样就有四种组合形式,见表11-1。

表11-1 安全投资决策的博弈分析

公司1	公司2	
	安 全	非 安 全
安全	均安全,竞争力相当	公司1安全,但处于竞争劣势; 公司2非安全,但处于竞争优势
非安全	公司1非安全,但处于竞争优势; 公司2安全,但处于竞争劣势	均非安全,竞争力相当

如果劳资双方均选择安全,但是如果竞争更为紧逼时,由于担心经营失败或由于利润的诱惑,则会出现不同的情况。如果两公司独立决策,安全投资将减少。假设公司2选择符合或提高安全水准,公司1由于非安全(投入不足),则公司1表面上体现出获利。如果公司2选择非安全,公司1必然紧跟着选择非安全,否则将处于竞争劣势。换句话说,不管公司2作何选择,从公司1的个人利益来讲,应选择非安全。同理,公司2也会选择非安全。结果由于竞争的压力,将出现右下角的情况,即两公司均选择非安全。很显然,相对于左上角的情况,这是次优化选择。换句话说,全行业的良好工作环境,由于市场竞争的压力不得不让位,尽管安全的工作环境对双方都有好处。

2. 边际投资-效益分析理论

边际投资（或边际成本）指生产中安全度增加一个单位时安全投资的增量。进行边际投资分析，离不开边际效益的概念。边际效益则指生产中安全度增加一个单位时安全效果的增量。如果对安全效果无法作出全面的评价时，安全效果的增量可用事故损失的减少量来反映。

由于目前对于安全度不便用一个量表示，但考虑到安全投资与安全度呈正相关关系，即安全投资 $C \propto k \cdot s$；事故损失与安全度呈负相关，即 $L \propto k/s$，则得到 $C \propto k/L$，即安全投资与事故损失呈负相关关系。所以，可以用当安全度增加一个相同的量时，将安全投资的增加额与事故损失的减少额，近似地看作边际效益与边际损失，这样处理不影响进行最佳效益投资点的求解。

从投资与损失的增量函数关系可以作出边际投资 MC 与边际损失 ML 的关系，如图11-8所示。从而得到：安全度的边际投资随安全度的提高而上升；而安全度提高，带来的边际损失呈递减趋势；在低水平的安全度条件下，边际损失很高。当安全度较高时，如达到99%，此时边际损失很低，但边际投资正好相反。当处于最佳安全度 S_0 这个水平时，边际投资量等于边际损失量，意味着这时安全投资的增加量等于事故损失的减少量，此时安全效益反映在间接的效益和潜在的效益上（一般都大于直接的效益数倍）。如果安全度很低，提高安全度所获得的边际损失大于边际投资，说明减损的增量大于安全成本的增量，因此，改善劳动条件，提高安全度是必须而且值得的。如果安全度超过 S_0，那么提高安全度所花费的边际投资大于边际损失，如果所超过的数量在考虑了安全的间接效益和潜在效益后，还不能补偿时，这意味着安全的投资没有效益。通常是当安全度超过 S_0，安全的投资增量要大大超过损失的减少量，即安全的效益随超过的程度而下降，此时也可以理解为对事故的控制过于严格了。

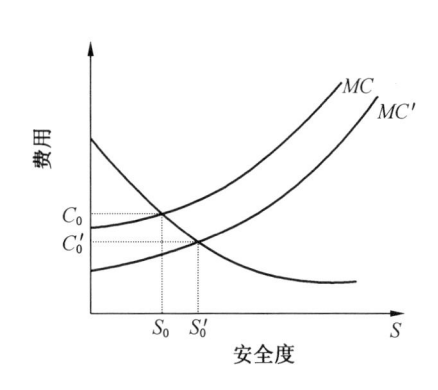

图11-8 边际损失曲线上移安全度增大

3. 安全投资决策程序

安全投资决策程序是指安全投资决策过程中要经过的几个阶段或步骤。一般来说，一个安全投资项目，它的决策程序可以划分为五个阶段，即安全投资项目立项阶段、可行性研究阶段、项目评估决策阶段、项目监测反馈阶段和项目后评价阶段。

(1) 安全投资项目立项阶段。这一阶段的实质就是确定安全投资目标。决策者（集体）通过对企业安全环境的分析与预测，发现和确定问题，针对问题的表现（其时间、空间和程度）、问题的性质（其迫切性、扩展性和严重性）、问题的原因，构想通过投资达到解决问题的目标。

(2) 可行性研究阶段。这一阶段实际上可以再分为信息处理和拟订方案两个方面。信息处理就是要弄清楚各方面的实际情况，广泛搜集整理有关文献资料，并进行科学的预测分析。在信息处理基础上，针对已确定的目标，提出若干个实现预定目标的备选方案。

(3) 项目评估决策。这一阶段主要是对第二阶段的投资方案进行综合性的评定和估算。进行项目评估必须先确定评价准则，然后对各个方案实现目标的可能性和各个方案的费用和效益作出客观的评价，提出方案的取舍意见。由决策者（集体）权衡、确定最终投资方案，并付诸实施。

(4) 项目监测和反馈阶段。安全投资项目进入建设实施阶段，在这一阶段需要对项目进行监测，若发现方案有问题，要及时进行信息反馈，对原有方案提出修正，使项目沿着预定的方向发展。

(5) 项目后评价阶段。安全投资项目建成投产运营一段时间后，在项目各方面情况较为明朗的情况下，对项目进行全面的分析评价，不断总结经验，提高决策水平。

4. 安全投资决策方法

安全投资决策需要解决两个要素：一是安全投资方向决策，二是安全投资数量决策。

(1) 安全投资方向决策。安全投资主要涉及五个方向重点，即安全技术措施投资、工业卫生或职业危害措施投资、安全教育投资、劳动保护用品投资和日常安全管理投资。确定安全投资方向的方法主要有专家打分法、灰色系统关联分析法等。

(2) 安全投资数量决策。从提高安全生产保障水平的角度上讲，安全投资数量和强度越大越好。但是企业作为一个以效益为目的的组织，为了自身的生存、发展，在考虑经济利润的同时，也需要处理好安全成本控制的问题。

安全投资决策是安全经济学研究的一个重要且有待于拓展的新领域，有许多问题有待于进一步探讨。从现实来看，这种研究是非常必要的，它可以为提高我国安全投资决策水平和安全管理水平，减少财产损失和人员伤亡，进一步提高安全生产保障能力和水平作出贡献，所以需要大力加强这方面的研究。

11.4 事故经济损失分析

11.4.1 事故经济损失分类

事故损失是指意外事件造成的生命或健康的丧失，物质或财产的毁坏，时间的损失，环境的破坏。

事故损失的分类可根据损失的不同属性来划分。

1. 直接损失与间接损失两类

根据事故损失与事故本身的关系，事故损失可分为事故直接损失和事故间接损失。

美国安全专家海因里希（H. W. Heinrich）和我国的有关标准《企业职工伤亡事故经济损失统计标准》（GB/T 6721—1986）都采用了这种分类方法，但其分类的口径有所差异。在国外，伤害的赔偿主要由保险公司承担，于是，海因里希损失计算方法把由保险公司支付的费用定义为直接经济损失，而把其他由企业承担的经济损失定义为间接经济损失。在我国，因事故造成人身伤亡及善后处理所支出的费用，以及被毁坏财产的价值规定为直接经济损失；因事故导致的产值减少、资源的破坏和受事故影响而造成的其他损失规定为间接经济损失。

事故直接损失指与事故事件直接相联系的、能用货币直接或间接定价的损失，包括事故直接经济损失和事故直接非经济损失。事故间接损失指与事故间接相联系的、能用货币直接或间接定价的损失，包括事故间接经济损失和事故间接非经济损失。

事故造成的总损失如同"冰山"一样，直接损失是暴露出来部分，而间接损失是潜伏于冰山下的部分。用于衡量事故直接损失与间接损失的比值规律，定义为直间倍比系数。

事故损失冰山理论如图 11-9 所示。

2. 经济损失（或价值损失）和非经济损失（或非价值损失）

根据经济测算属性，事件损失可分为经济损失和非经济损失。前者指可直接用货币测算的损失，后者不可直接用货币进行计量，只能通过间接的转换技术对其进行测算。事故的财产损失是经济损失，而人的生命、健康损害，环境的污染等都是事故的非经济损失方面。

财产损失包括固定资产损失和流动资产损失。

人身伤亡损失包括医疗费用（含护理费）、丧葬及抚恤费用、补助及救济

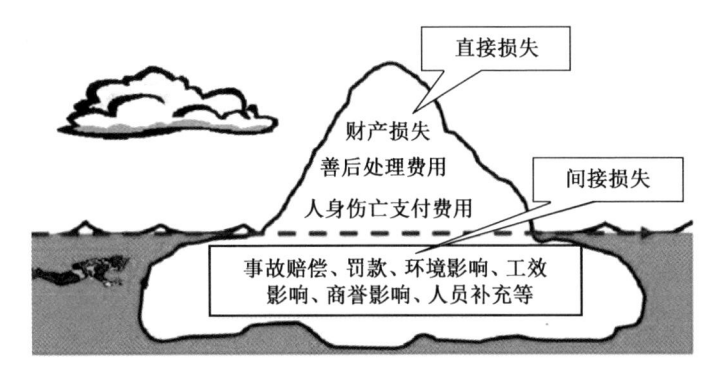

图 11-9 事故损失冰山理论图

费用和停工工资等。

善后处理损失包括处理事故的事务性费用、现场抢救费用、清理现场费用、事故罚款和赔偿费用。

事故间接经济损失指与事故间接相联系的、能用货币直接估价的损失。间接经济损失包括停产和减产损失价值、资源损失价值、处理环境污染的费用、补充新职工的培训费用以及其他损失费用。

事故直接非经济损失指与事故事件当时的、直接相联系的、不能用货币直接定价的损失,如事故导致的生命与健康、环境的毁坏等难以直接价值化的损失。

3. 个人损失、企业(集体)损失和国家损失

按损失的承担者,事故损失可分为个人损失、企业(集体)损失和国家损失。

个人损失包括因事故而带给个人身体、经济和精神三重痛苦,进而会造成心理障碍等损失。员工会更加关心造成伤残或死亡的个人损失发生的可能性,甚至会长期处于精神紧张状态,诱发其他问题的发生。伤亡员工虽然参加了企业的保险计划或个人事故险,但某种伤害可能导致不在保险范围内的经济损失。

企业的经济损失主要有管理损失、生产损失、工资损失等。管理损失包括管理人员和有关部门花在事故调查处理上的时间的工资费用,用于生产重组、生产恢复工作而花费的时间的工资费用。生产损失包括为弥补减产而多负担的支出(加班等),因未完成合同而支付的延期费等费用,受伤害工人返岗后能力下降或转轻度工作造成的工资损失,新替换的工人能力不足造成的工资损失,减产造成的工资损失(群体),停产、减产造成的利润损失。工资损失是

指即使有工伤保险，很多企业还是给予受伤害者工资补偿，或者支付其他的补助费用。

4. 当时损失、事后损失和未来损失

按损失的时间特性，事故损失可分为当时损失、事后损失、未来损失等。

当时损失是指事件当时造成的损失。

事后损失是指事件发生后随即伴随的损失，如事故处理、赔偿、停工和停产等损失。

未来损失是指事故发生后相隔一段时间才会显现出来的损失，如污染造成的危害、恢复生产和原有的技术功能所需的设备设施改造及人员培训费用等。

11.4.2 事故损失直间倍比系数

事故损失分为直接损失和间接损失两类。事故的直接损失指事故当时发生的、直接联系的、能用货币直接或间接估价的损失（即在企业的账簿上可以查询的损失）。其余与事故无直接联系，能以货币价值衡量的部分或损失为间接损失。将经济损失分为直接和间接两部分原因在于：只有直接经济损失是企业主可以从账面上看到的，它表明了事故多大程度上被反映出来。

1. 事故损失直间倍比系数值

事故直接损失与间接损失具有一定的比例规律，这一比值就是损失的直间倍比系数。不同国家针对不同行业的事故损失统计分析，得到了事故直间倍比系数的比值水平，见表 11-2。

表 11-2 国内外事故损失直间倍比系数

国家/研究者	基 准 年	事故损失直间倍比系数	说　　明
美国 Heinrich	1941	4	保险公司 5000 个案例
法国 Bouyeur	1949	4	1948 年法国数据
法国 Jacques	20 世纪 60 年代	4	法国化学工业
法国 Legras	1962	2.5	从产品售价、成本研究得出
法国 Letoublon	1979	1.6	针对伤害事故
挪威 Elka	1980	5.7	起重机械事故
法国 Bernard	1988	3	保险费用按赔偿额
法国 Bernard	1988	2	保险费用按分摊额
中国罗云	1998	1.2~23	国家课题全行业抽样调查分析
中国方东平等	2000	轻伤：0.4~0.5 死亡：3 左右	建筑行业 12 家企业发生的 29 起伤亡事故
英国 HSE（OU）	1993	8~36	因行业而异

2. 事故伤害损失直间倍比系数值

针对事故伤害人员的伤害程度，一般有表 11-3 所列的事故伤害损失直间倍比系数。反映的是事故个体不同伤害程度的直接和间接的经济负担水平。

表 11-3 各类伤害损失直间倍比系数

伤害程度	1	2	3	4	5
类型	死亡	重伤已残	重伤未残	轻伤住院	轻伤未住院
系数	1:10	1:8	1:6	1:4	1:2

3. 事故损失直间倍比系数的应用

研究事故损失直间倍比系数的一种应用就是分析计算事故总损失。即先计算出事故直接损失，再按直间倍比值水平，分析计算事故总损失。这样的计算过程是较为简便的，但如果直间倍比值取得不合理，会使估算结果误差较大。

由于目前我国的事故报告和统计制度中还没有严格要求对事故的损失进行全面的统计，也没有专业的人员来进行管理，因此，建立一种方便、快速的事故损失的估算方法，对于政府事故调查评估和企业进行事故损失评价和安全投资决策是有帮助的。

根据事故直接损失和间接损失的倍比系数的概念和理论，可以得到下面损失估算公式：

$$C_{总} = (1 + K) \times C_{直} \quad (11-7)$$

式中 $C_{总}$——事故总损失；

$C_{直}$——直接损失；

K——事故损失倍比系数，一般取 4，实际不同行业发生的事故 K 值会有所不同，在电力、通信、铁路交通等行业发生的事故 K 值往往会很大，甚至高达 100。

在估计伤亡事故的损失时，可以先统计易于计算的直接损失部分，再选定损失比。根据式（11-7），就可以估算出事故经济总损失。

11.4.3 事故经济损失计算

1. 《企业职工伤亡事故经济损失统计标准》（GB/T 6721—1986）计算方法

根据事故损失管理的需要，我国制定了《企业职工伤亡事故经济损失统计标准》（GB/T 6721—1986）。该标准将伤亡事故的经济损失分为直接经济损失和间接经济损失两部分。因事故造成人身伤亡的善后处理支出费用和毁坏财产的价值，是直接经济损失；因受事故影响而造成的产值减少、资源破坏等其他经济损失的价值，是间接经济损失。

（1）直接经济损失的统计范围：①人身伤亡后所支出的费用，包括医疗费用（含护理费用）、丧葬及抚恤费用、补助及救济费用、歇工工资；②善后处理费用，包括处理事故的事务性费用、现场抢救费用、清理现场费用、事故罚款和赔偿费用；③财产损失价值，包括固定资产损失价值、流动资产损失价值。

（2）间接经济损失的统计范围：①停产、减产损失价值；②工作损失价值；③资源损失价值；④处理环境污染的费用；⑤补充新职工的培训费用；⑥其他损失费用。

其中，工作损失价值计算公式为

$$V_\omega = D_1 \frac{M}{SD} \quad (11-8)$$

式中　V_ω——工作损失价值，万元；

　　　D_1——一起事故的总损失工作日数，死亡一名职工按6000个工作日计算，受伤职工视伤害情况按《企业职工伤亡事故分类》(GB/T 6441—1986)的附表确定，日；

　　　M——企业上年税利（税金加利润），万元；

　　　S——企业上年平均职工人数；

　　　D——企业上年法定工作日数，日。

此外，关于停产、减产损失价值，标准中规定："按事故发生之日起到恢复正常生产水平时止，计算其损失的价值。"

2. 理论计算方法

《企业职工伤亡事故经济损失统计标准》未考虑"无价损失"，据此，事故的总损失计算公式为

事故总损失 L = 事故经济损失 + 事故非经济损失 = 事故直接经济损失 A +
　　事故间接经济损失 B + 事故直接非经济损失 C +
　　事故间接非经济损失 D 　　　　　　　　　　　(11-9)

1）事故直接经济损失 A 的计算

（1）设备设施、工具等固定资产的损失 $L_{设}$，固定资产全部报废时 $L_{设}$ 为

$$L_{设} = 资产净值 - 残存价值$$

固定资产可修复时 $L_{设}$ 为

$$L_\text{设} = 修复费用 \times 修复后设备功能影响系数$$

（2）材料、产品等流动资产的物质损失 $L_\text{物}$ 为

$$L_\text{物} = W_1 + W_2 \qquad (11-10)$$

式中　W_1——原材料损失，按账面值减残值计算；

W_2——成品、半成品、在制品损失，按本期成本减去残值计算。

（3）资源（矿产、水源、土地、森林等）遭受破坏的价值损失 $L_\text{资}$ 为

$$L_\text{资} = 损失（破坏）量 \times 资源的市场价格 \qquad (11-11)$$

2）事故间接经济损失 B 的计算

（1）事故现场抢救与处理费用，根据实际开支统计。

（2）事故事务性开支，根据实际开支统计。

（3）人员伤亡的丧葬、抚恤、医疗及护理、补助及救济费用根据实际开支统计。其中，事故已处理结案，但未能结算的医疗费可按下式计算：

$$M = M_\text{b} + \frac{M_\text{b} D_\text{c}}{P} \qquad (11-12)$$

式中　M——被伤害职工的医疗费，万元；

M_b——事故结案日前的医疗费，万元；

P——事故发生之日至结案之日的天数，日；

D_c——延续医疗天数，即事故结案后还继续医治的时间，由企业劳资、安技、工会等部门按医生诊断意见确定，日。

3）事故直接非经济损失 C 的计算

（1）人的生命与健康的价值损失。健康的价值损失可用工作能力的影响性来估算，即

$$健康价值损失 = (1-K) \times d \times v \qquad (11-13)$$

式中　d——复工后至退休的劳动工日数，可用复工后的可工作年数 $\times 300$ 计；

K——健康的身体功能恢复系数，以小数计；

v——考虑了劳动工日价值增值的工作日价值。

（2）环境破坏的损失。按环境污染处理的花费及其未恢复的环境价值计算。

4）事故间接非经济损失 D 的计算

（1）工效影响。由于事故对职工心理造成了影响，导致工作效率降低。

$$工效影响损失 = 影响时间（日）\times 工作效率（产值/日）\times 影响系数$$

$$(11-14)$$

式中的影响系数根据涉及的职工人数和影响程度确定。

(2) 声誉损失。可用企业产品经营效益的下降量来估算，它包含产品质量下降和事故对产品销售的影响损失。

$$\text{声誉损失} = \text{原有的销售价值} \times \text{事故影响系数} \quad (11-15)$$

(3) 政治与社会安定的损失。这是一种潜在的损失，可用占事故的总经济损失比例（或占 D 部分的损失比例）来估算。

11.4.4 非价值因素的价值化技术

对于事故造成的损失和影响的评价，最具挑战性的研究就是非价值因素的价值化理论和方法，如生命价值、工效价值、商誉价值、环境价值等研究命题。

1. 生命价值的分析理论和方法

人是有尊严的，人的生命是无价的，然而，在解决和分析安全经济命题时，需要认识人的生命价值，如为了确定保险标的，为了制定事故伤害赔偿标准，为了论证安全工程的综合效益，对公共安全政策和环境保护政策等进行成本与效益分析，对政策收益进行量化评估，对社会资源进行合理分配等，都需要依据和考量人的生命价值。

目前，国内外对于生命价值评价的理论常常依据于人力资源学、劳动保护学、安全经济学、人寿保险经济学、社会保障学等，在方法上有人力资本法、安全成本法、余生年数法、法庭赔偿法、支付意愿法、生长生命年法等。显然，不同的方法对于不同的用途具有现实的意义。

我国曾用工作价值测算法和工作损失日测算法来测评人的生命价值。工作价值测算法是依据工作创造的价值来测定生命价值；工作损失日测算法是依据我国《企业职工伤亡事故经济损失统计标准》(GB/T 6721—1986) 将因工死亡一名职工按 6000 工作日计算工作损失价值，这实际上是计算被伤害职工为企业、社会少作出的贡献，是因工死亡职工生命经济价值的一种衡量方法。

2. 工效价值分析理论和方法

事故发生前后企业的工作效率会发生一定的变化，这里假设：无事故发生时，企业的工作效率是一个较为稳定的值；而有事故发生时，工作效率会有一个急剧下降而后又慢慢恢复的过程。假如事故发生前后的企业的工作效率分别为 $f_1(x)$、$f_2(x)$，如图 11-10 所示。

则在不考虑货币时间价值时，图 11-10 中阴影部分的面积即为事故的工效损失价值：

$$\Delta L = \int_{t_0}^{t_1} [f_1(t) - f_2(t)] \mathrm{d}t \quad (11-16)$$

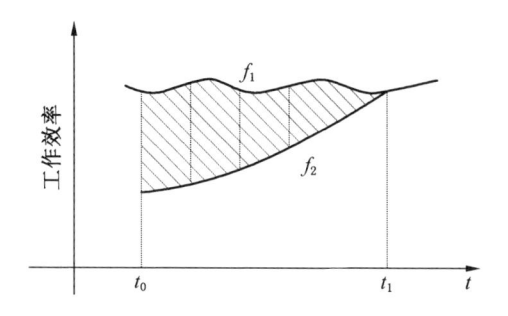

图 11-10　某企业在事故发生前后的工作效率损失情况

式中 ΔL 为企业在事故发生前后的工效损失值。对式（11-16）进行简化处理，假设 $f_1(x)$ 为一水平直线，$f_2(x)$ 为线性直线，即如图 11-11 所示。

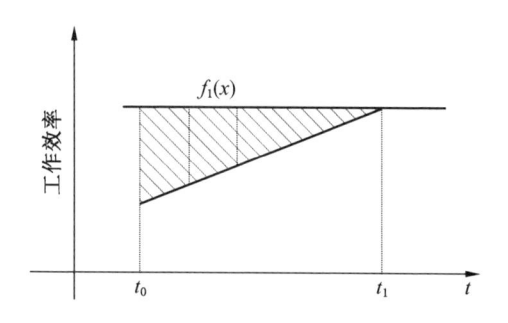

图 11-11　简化后的工效损失情况

则在不考虑货币时间价值时，图 11-11 中阴影部分的面积即为该企业的工效损失。

即式中 ΔL 为企业在事故发生前后的工效损失值：

$$\Delta L = [f_1(t_0) - f(t_1)]\frac{t_1 - t_0}{2} \quad (11-17)$$

若考虑货币的时间价值，式（11-17）可写为

$$\Delta L = \int_{t_0}^{t_1} [f_1(t) - f_2(t)] \frac{1}{(1+i)^{t_1-t_0}} dt \quad (11-18)$$

式中　ΔL——企业在事故发生前后的工效损失值；
　　　i——社会折现率。

3. 商誉的损失价值分析

商誉是指某企业由于各种有利条件,或历史悠久积累了丰富的从事本行业的经验,或产品质量优异,生产安全或组织得当、服务周到,以及生产经营效率较高等综合性因素,使企业在同行业中处于较为优越的地位,因而在客户中享有良好的信誉,从而具有获得超额收益的能力。安全生产与企业的商业信誉息息相关,企业的商业信誉离不开安全生产的保证,无法想象一个频频发生安全事故的企业能稳定地生产出质量优异的产品(服务),能不断得到客户的订单,能获得超额利润。

根据实际情况的不同,商誉的估价方法可分为超额收益法和割差法。

(1) 超额收益法。超额收益法将企业收益与按行业平均收益率计算的收益之间的差额(超额收益)的折现值确定企业商誉的评估值,即直接用企业超过行业平均收益的部分来对商誉进行估算。

$$商誉的价值 = \frac{企业年预期收益额 - 行业平均收益率 \times 企业各项单项资产之和}{商誉的本金化率}$$

$$= \frac{企业各项单项资产评估值之和 \times (被评估企业的预期收益率 - 行业平均收益率)}{商誉的本金化率}$$

$$(11-19)$$

(2) 割差法。割差法将企业整体评估价值与各单项可确指资产评估价值之和进行比较。当前者大于后者时,则可用此差值来计算企业的商誉价值。其计算公式为

$$商誉评估值 = 企业整体资产评估值 - 单项有形资产评估值之和 -$$
$$可确指无形资产评估值之和$$

11.5 安全经济效益分析

安全经济效益分析划分为安全微观经济效益分析和安全宏观经济效益分析。通过安全经济效益分析,为安全措施项目的优选以及科学的安全经济决策提供依据和指导。

11.5.1 安全微观经济效益分析

安全微观经济效益是指具体的一种安全活动、一个个体、一个项目、一个企业等小范围、小规模的安全活动效益。

1. 各类安全活动的经济效益分析

社会的安全活动或工作可分为五种类型:安全技术类、工业卫生类、辅助设施类、管理宣教类、防护用品类。从安全"减损效益"和"增值效益",可

将安全活动的效益方式分为四种：①降低事故发生率和损失严重度，从而减少事故本身的直接损失和赔偿损失；②降低伤亡人数或频率，从而减少工日停产损失；③通过创造良好的工作条件，提高劳动生产率，从而增加产值与利税；④通过安全、舒适的劳动和生存环境，满足人们对安全的特殊需求，实现良好的社会环境和气氛，从而创造社会效益。

对应上述不同安全活动类型及不同的效益方式，表11-4列出了各类安全活动可能产生的效益。

表11-4 各类安全活动的效益形式

投资类型	安全技术	工业卫生	辅助设施	宣传教育	防护用品
效果内容	①②③④	①②③④	③	①②④	①②③④

计算各类安全投资的经济效益，其总体思路可参照安全宏观效益的计算方法进行，只是具体把各种效果分别进行考核，再计入各类安全投资活动中。可以看出，①和②种安全效果是减损产出，③和④种效果是增值产出。

2. 项目的安全效益评价

一项安全工程项目的安全效益可由下式计算：

$$E = \frac{\int^h \{[L_1(t) - L_0(t)] + I(t)\} e^{it} dt}{\int^h [C_0 - C(t)] e^{it} dt} \tag{11-20}$$

式中　　E——一项安全工程项目的安全效益；

h——安全系统的寿命期，年；

$L_1(t)$——安全措施实施后的事故损失函数；

$L_0(t)$——安全措施实施前的事故损失函数；

$I(t)$——安全措施实施后的生产增值函数；

e^{it}——连续贴现函数；

t——系数服务时间；

i——贴现率（期内利息率）；

$C(t)$——安全工程项目的运行成本；

C_0——安全工程设施的建造投资（成本）。

11.5.2　安全宏观经济效益分析

安全经济效益的两种具体表现方式：

一是用"利益"的概念来表达安全经济效益,即有如下"比值法"公式:
$$\text{安全经济效益 } E = \text{安全产出量 } B / \text{安全投入量 } C \qquad (11-21)$$

二是用"利润"的概念来表达安全经济效益,从而得到下面"差值法"公式:
$$\text{安全经济效益 } E = \text{安全产出量 } B - \text{安全投入量 } C \qquad (11-22)$$

上面的两种形式都表明:

(1) 安全产出和安全投入两大经济要素具相互联系、相互制约的关系。安全经济效益是这两大经济因素的相互联系和相互制约的产物,没有它们就谈不上安全经济效益,因此,评价安全经济效益,这两大经济要素缺一不可。

(2) 用利益的概念所表达的安全经济效益,表明了每一单位劳动消耗所获得的符合社会需要的安全成果;安全经济效益与安全的劳动消耗之积,便是安全的成果,而当这项成果的价值大于它的劳动消耗时,这个乘积便是某项安全活动的全部经济效益。这种结果和经济效益的概念是完全一致的。

(3) 安全经济效益的数值越大,表明安全活动的成果量越大。所以,安全经济效益是评价安全活动总体的重要指标。

由此可看出,对安全经济效益的计量,其关键的问题是计算出安全的产出量。

$$\text{安全产出 } B = \text{减损产出 } B_1 + \text{增值产出 } B_2 \qquad (11-23)$$

这样,可以把安全的产出分为安全的减损产出和安全的增值产出两部分来考察。

$$\text{安全的减损产出 } B_1 = \sum \text{损失减少增量} = \text{前期(安全措施前)损失} - \text{后期(安全措施后)损失} \qquad (11-24)$$

$$\text{安全减损产出} = k_1 J_1 + k_2 J_2 + k_3 J_3 + k_4 J_4 = \sum k_i J_i \qquad (11-25)$$

式中 J_1——计算期内伤亡直接损失减少量,J_1 = 死亡减少量 + 受伤减少量(价值量);

J_2——计算期内职业病直接损失减少量(价值量);

J_3——计算期内事故财产直接损失减少量(价值量);

J_4——计算期危害事件直接损失减少量(价值量);

k_i——i 种损失的间接损失与直接损失比例倍数。

安全增值产出是安全对生产产值的正贡献,目前对安全的这一经济作用在定量方面探讨得还较少,其计算理论和方法还未有公认的结果。在此提出一种估算方法。这一方法是基于安全的技术功能保障与维护作用转为增值作用的思想，对这种作用在全部经济增长因素中所占的比重进行考察，从而确定其贡献率，最终换算出绝对的增值产出。将这种方法称为安全增值产出计算的贡献率法，即安全的增值产出计算公式为

$$\text{安全增值产出 } B_2 = \text{安全的生产贡献率} \times \text{生产总值} \quad (11-26)$$

可以看出，要求出安全增值产出 B_2，必先求出安全的生产贡献率。所以，一个关键的技术问题是安全的生产贡献率的确定。下面介绍三种确定安全的生产贡献率的方法。

(1) 根据投资比重来确定安全的生产贡献率，称作投资比重法。例如，安全投资占生产投资的比例，或安措经费占更新改造费的比例，以其占用比例系数，作为安全增值的贡献率系数取值的依据。

(2) 采用对安措经费比例系数放大的方法，来计算安全的生产贡献率。其思想是：更新改造作为扩大再生产和提高生产效率的手段，对生产的增长作用是可以进行测算的，可从更新改造活动的经济增长作用中根据安措经费所占的比例划分出安全贡献的份额，作为安全的增值量。由于安全投资不只是安措投资，因此还需要考虑其他方面的投资，其计算则是在更新费占用比例的基础上，根据其他安全投资的规模或数量，用一放大系数对更新改造费确定的系数进行适当的放大修正，作为安全总的贡献率。

(3) 采用统计学的方法实际统计测算安全的生产贡献率。即对事故的经济影响和安全促进经济发展的规律进行统计学的研究，在掌握其正作用和负作用本质特性的基础上，对其安全的增值贡献率作出确切的判断。这种方法必须建立在较为完善和全面的安全经济理论基础上，才可能进行。这是一种较为合理、科学的方法，但目前还未提出可操作的具体方法。

12 安全管理学

安全管理学是为了解决安全生产与公共安全领域的安全管理命题，应用一般管理学理论和方法，研究和揭示安全管理规律，实现安全管理活动的科学性、有效性的知识体系。

安全管理是社会公共管理的一个重要组成部分，它是以生产安全和公共安全为目的，进行有关生产、生活及社会发展活动的安全方针、决策、计划、组织、指挥、协调、控制等，合理有效地使用人力、财力、物力、时间和信息，为达到预定的事故灾害防范而进行的各种管理活动的总和。

12.1 安全管理学研究对象及内容

12.1.1 安全管理学基本概念

关于管理的概念，有各种不同的提法。最通行的是被称为"法国经营管理之父"的法约尔（Henri Fayol，1841—1925）所提出的，他认为管理就是"计划、组织、指挥、协调、控制"。管理就是管理者为了达到一定的目的，对管理对象进行的计划、组织、指挥、协调和控制的一系列活动。据此可得到安全管理这一概念，安全管理主要是组织实施企业安全管理规划、指导、检查和决策，同时，又是保证生产处于最佳安全状态的根本环节。

安全管理学的概念：安全管理学是研究安全管理科学规律、理论、方法论及其管理机制和措施的学科，是安全科学体系中重要的二级学科。其目的是通过科学的安全方针、决策、计划、组织、指挥、协调、控制等管理活动，合理有效地利用人力、财力、物力、时间和信息，从而达到预定的事故灾害防范和安全保障，实现国家安全、社会安全、公共安全、生产安全等目的。

12.1.2 安全管理学研究对象

安全管理学科研究对象是工业安全管理的规律、理论、策略和方法。具体包括国家安全立法、执法、监督、监察的理论和方法，各级政府安全的管理体制、机制和体系的科学构建，社会各类组织或企业的安全管理规范化、标准化、专业化、系统化的管理制度和管理程序，各行业生产过程危险危害因素和危险源的风险辨识、评价和控制的理论、对策及方法，企业生产安全事故灾害及职业健康影响的监测预警、预防管控、应急救援、调查处理等系统化管理和治理举措等。

安全管理的方法论综合地讲，有经验管理和科学管理之分。经验管理是从已发生事故和职业病例中吸取经验教训，从而改进和加强安全管理，防止同类事故职业健康事件再次发生的管理模式。以事故和职业危害事件为研究对象，在认识论上主要是经验论与事后型的安全观念，是建立在事故与灾难的经历上来认识安全工作，是一种逆式思路（从事故事件后果到致因），因而这种解决安全问题的模式亦称为事后型。其根本特征在于被动与滞后，是亡羊补牢的模式，突出表现为一种"头痛医头、脚痛医脚、就事论事"的对策方式，其管理方式的突出特征是：事后型、凭感性、靠直觉。科学管理是以人－机－环境－信息等要素构成的安全系统为研究对象，基于系统科学理论方法而形成现代的安全管理模式和体系，以安全系统为研究对象和研究目标，在认识论上主要是本质论与预防型的安全观念。科学的安全管理模型的主要特征是预防型、本质安全型，其管理的方式主要是规范化、标准化、程序化、系统化，体现以人为本、源头治理、风险预控、系统防范等特征。

安全管理学是一门综合性的系统科学。安全管理的对象是生产中一切人、物、环境的状态管理与控制，安全管理是一种动态管理。安全管理的基本观点如下：

（1）系统的观点。安全管理是一项综合性的管理工作，必须运用安全系统工程的理论和方法，开展全员、全方位、全过程的安全管理。

（2）预防的观点。安全管理必须以预防为主，除检查监督、严格把关外，必须认真落实各项安全措施，实行有效控制，把事故消灭在发生之前。

（3）强制的观点。安全生产的法律法规是安全管理工作的依据和保证。实践证明，安全将逐步走上法制的轨道。安全管理必须依法监管，用法律手段来约束人们的行为，使人们自觉遵章守法。

（4）科学的观点。安全生产必须遵从客观规律，安全管理也必须采用现代化的科学手段，和国际先进管理模式和管理体系接轨，实行有效的、超前预防和控制手段及方法。

安全工作的根本目的是保护广大职工的安全与健康，防止伤亡事故和职业危害，保护国家和集体的财产不受损失。为了实现这一目的，需要开展三方面的工作，即安全管理、安全技术、劳动卫生。而这三者之中，安全管理起着决定性的作用，其重要意义主要体现在以下方面：

（1）做好安全管理是防止伤亡事故和职业危害的根本对策。

(2) 做好安全管理是贯彻"安全第一、预防为主、综合治理"为主的基本保证。

(3) 安全技术和劳动卫生措施要靠有效的安全管理，才能发挥应有的作用。

(4) 在技术、经济力量薄弱的情况下，为了实现安全生产，更加需要突出安全管理的作用。

(5) 做好安全管理，有助于改进企业管理，全面推进企业各方面工作的进步，促进经济效益的提高。

12.1.3 安全管理学主要研究内容

安全管理学的研究内容包括安全管理学的理论基础、安全管理方法、事故管理、安全文化和安全法规等。

基于科学学的基本原理，安全管理学的研究内容和理论方法体系可概括地归纳于表12-1。

表12-1 基于科学学原理的安全管理学内容、层次、结构

学科层次	学科理论与方法特征	主要学科内容
工程技术	安全管理技术的方法与手段	安全法制、安全管理制度、安全管理体系、安全标准化管理方法、安全行政许可制度、安全监察技术、职业安全健康管理、安全基础管理方法、安全风险管理技术、安全管理模式等
技术科学	安全管理学的应用基础理论	安全法学、安全管理原理、安全管理理论、安全管理体制、安全管理机制、安全管理模型、安全行为科学、安全心理学等
基础科学	安全管理学的基础科学	法学、管理科学、系统科学、数学科学、经济学、行为科学等
哲学	安全管理的认识论和方法论	安全管理理念、科学管理观、事故预防观等

12.2 安全管理理论

12.2.1 安全管理理论的发展

安全管理理论经历了四个发展阶段，见表12-2。

第一阶段：在人类工业发展初期，发展了事故学理论，建立在事故致因分析理论基础上，是经验型的管理方式，这一阶段常常被称为传统安全管理

阶段。

第二阶段：在电气化时代，发展了危险理论，建立在危险分析理论基础上，具有超前预防型的管理特征，这一阶段提出了规范化、标准化管理，常常被称为科学管理的初级阶段。

第三阶段：在信息化时代，发展了风险理论，建立在风险控制理论基础上，具有系统化管理的特征，这一阶段提出了风险管理，是科学管理的高级阶段。

第四阶段：是人类现代和未来的不断追求，需要发展安全原理，以本质安全为管理目标，推进兴文化的人本安全和强科技的物本安全，实现安全管理的理想境界。

表12-2 安全管理理论的发展

发展阶段	理论基础	管理模式	核心策略	对策特征
低级阶段	事故理论	经验型	凭经验	感性，生理本能
初级阶段	危险理论	制度型	用法制	责任制，规范化标准化
中级阶段	风险理论	系统型	靠科学	理性，系统化科学化
高级阶段	安全原理	本质型	兴文化	文化力，人本物本原则

上述四个阶段管理理论对应四种管理模式：

（1）事故型管理模式：以事故为管理对象，管理的程式是事故发生－现场调查－分析原因－找出主要原因－理出整改措施－实施整改－效果评价和反馈，其特点是经验型，缺点是事后整改，成本高，不符合预防的原则。

（2）缺陷型管理模式：以缺陷或隐患为管理对象，管理的程式是查找隐患－分析成因－关键问题－提出整改方案－实施整改－效果评价，其特点是超前管理、预防型、标本兼治，缺点是系统全面有限、被动式、实时性差、从上而下，缺乏现场参与、无合理分级、复杂动态风险失控等。

（3）风险型管理模式：以风险为管理对象，管理的程式是进行风险全面辨识－风险科学分级评价－制定风险防范方案－风险实时预报－风险适时预警－风险及时预控－风险消除或削减－风险控制在可接受水平，其特点是风险管理类型全面、过程系统、现场主动参与、防范动态实时、科学分级、有效预警预控，其缺点是专业化程度高、应用难度大、需要不断改进。

（4）安全目标型管理模式：以安全系统为管理对象，全面的安全管理目标，管理的程式是制定安全目标－分解目标－管理方案设计－管理方案实施－适时评审－管理目标实现－管理目标优化，其特点是全面性、预防性、系统性、科学性的综合策略，缺点是成本高、技术性强，还处于探索阶段。

可以说，在不同层次安全管理理论的指导下，企业安全生产管理经历了两次大的飞跃，第一次是从经验管理到科学管理的飞跃，第二次是从科学管理到文化管理的飞跃。目前，我国的多数企业已经完成或正在进行着第一次飞跃，少数较为现代的企业在探索第二次飞跃。安全管理的发展重要表现在理论体系的完善和进步，图12－1给出了安全科学管理理论体系的主要内容。

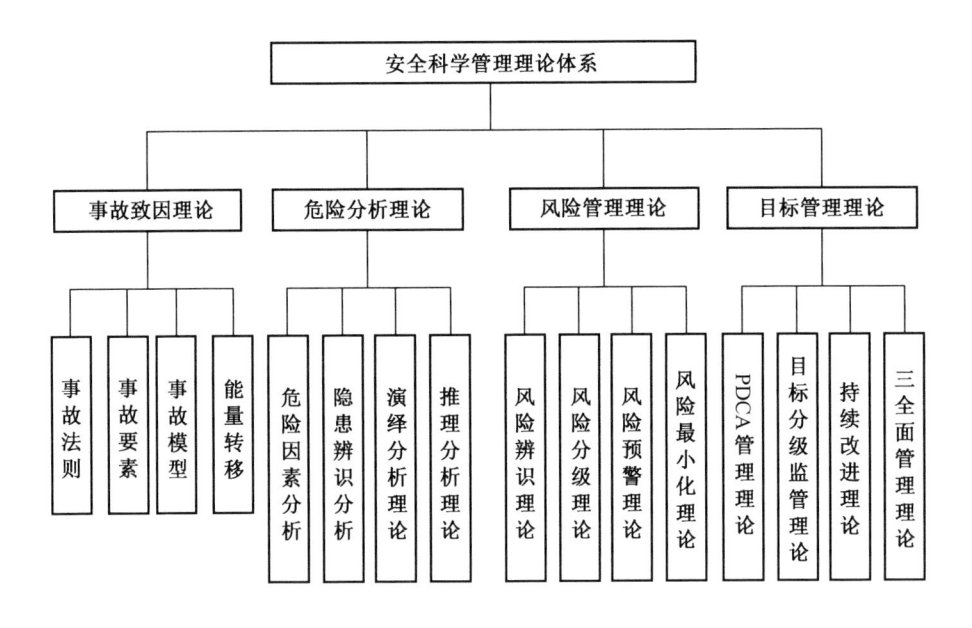

图12－1 安全科学管理理论体系

12.2.2 安全管理主要理论

在安全管理科学发展的过程中逐步形成了一些主流的理论。这些理论中较为成熟且被广泛认可的有事故致因理论、系统管理理论、风险管理理论等。

1. 事故致因理论

安全管理的基础是研究事故发生的原因和规律。经过多年的研究，学术界形成了多米诺骨牌理论、能量意外释放论、事故频发倾向论等事故致因理论。

2. 系统管理理论

系统管理理论要研究两个系统对象：一是事故系统，二是安全系统。事故系统涉及四个要素，通常称"4M"要素，即人（Men）、机（Machine）、环境（Medium）、管理（Management）。安全系统的要素是人（人的安全素质）、物（设备与环境的安全可靠性）、能量（生产过程能的安全作用）、信息（充分可靠的安全信息流）。

3. 风险管理理论

现代安全管理理论认为安全管理在日常工作中体现为对风险的管理。风险管理理论指出对风险的管理通过危险辨识、风险评价和风险控制三步骤完成。风险控制理论认为对风险的控制由消除、替代、技术、管理、个人防护用品五种方式组成，而且这五种方式的效果依次降低。

4. 事故管控理论

事故管控理论包括现代安全管控模式、事故管控对策理论、事故全生命周期管控理论、本质安全管理模式等。

5. 安全监管理论

安全监管理论包括安全监管模式（多方参与模式）、第三方监管理论、全生命周期监管理论、闭环监管理论、安全管理责任稀释理论等。

12.3 安全决策理论

12.3.1 安全决策概念

安全决策是通过系统以往、正在发生的事故进行分析的基础上，运用预测技术的手段，对系统未来事故变化规律作出合理判断的过程。

安全决策就是决定安全对策；科学安全决策是指人们针对特定的安全问题，运用科学的理论和方法，拟订各种安全行动方案，并从中作出满意的选择，以较好地达到安全目标的活动过程。现代安全管理中所讲的决策，指的就是科学安全决策。

12.3.2 安全决策的原则

1. 科学性原则

安全决策的科学性原则是指安全决策必须尊重客观规律，尊重科学，从实际出发，实事求是。安全决策是安全管理的首要职能，关系安全行动的成败，安全决策者应尽可能地避免、减少决策中的失误。做到这一点，只有按科学的原则办事，将安全决策建立在科学的基础上。

2. 系统性原则

在现代条件下，安全决策对象通常是一个多因素组成的有机系统。总系统可以分成若干个子系统，每个子系统又可分成若干个小子系统。每个系统都有它特定的目的和功能，各系统之间都有相关性。因此，系统性是企业安全生产管理决策的重要特点之一，系统思考是进行安全决策必须遵循的一条基本原则。

3. 经济性原则

安全决策的经济性原则通俗地讲就是节约原则。节约原则在这里包括两方面含义：一方面应使安全决策过程本身所花的费用最少；另一方面安全决策同其他安全管理活动一样，需要费用和成本，安全决策者必须考虑决策过程中的费用和成本。

4. 民主性原则

安全决策的民主性原则就是决策过程中要充分发扬民主，认真倾听不同意见，在民主讨论的基础上实行集体决策。民主性原则包括两方面内容：一方面是在安全决策过程中坚持群众路线，在职工群众中发扬民主，充分听取广大职工群众的意见，使安全决策成为接纳职工参与和反映职工利益的民主决策；另一方面是在安全决策过程中要坚持集体决策，实行严格的民主集中制。

5. 责任性原则

安全决策的责任性原则就是谁安全决策谁负责的原则，它包含两重含义：一方面是谁作安全决策，谁负责决策贯彻执行；另一方面作出安全决策是为了实施。安全决策的贯彻执行是决策全过程中不可缺少的一个阶段。

12.3.3 安全决策的步骤

1. 发现问题

发现问题是安全决策的起点，一切安全决策都是从问题开始的。问题就是安全决策对象存在的矛盾，通常指应该或可能达到的状况同现实状况之间存在的差距。它既包括业已存在的现实安全问题，也包括估计可能产生的未来的安全问题。安全决策能够准确、及时地抓住安全问题，并提出切实可行的，对实际安全问题针对性十分强的解决措施和办法，安全决策就会是正确的，有可能取得好的效果。反之，安全决策就不可能正确，就可能给安全工作带来损失。

2. 确定目标

目标的确定，直接决定着方案的拟订，影响到方案的选择和安全决策后的方案实施。目标一错，一错再错。为此，安全决策确定的目标必须具体明确，既不能含糊不清，也不能抽象空洞，否则方案的拟订和选择就会无所适从。

3. 拟订方案

安全决策的目标确定以后,接下来要做的工作是研究实现目标的途径和方法,也就是拟订方案。任何安全问题的解决都存在着多种可能途径,可以有多种方案。现代企业安全生产决策的一个重要特点就是要在多种方案中选择较好的方案,没有比较就没有鉴别。

4. 方案评估

方案评估就是对所拟订的各种备选方案,从理论上进行综合分析后对其加以评比估价,从而得出各备选方案的优劣利弊的结论。在企业安全决策中,拟订的多个方案会有相对的优劣之分,为此,要经过分析对比,权衡利弊,同时对方案进行设计改进。在评估方案时要对方案的限制因素、协调性、潜在问题等进行系统的分析。

5. 方案选优

方案选优是在对各个方案进行分析评估的基础上,从众多方案中选取一个较优的方案,即通常所说的拍板。在安全决策过程的几个步骤中,如果说前四个步骤是安全决策者领导有关专门人员一起做工作的话,那么最后一个步骤则主要是安全决策者的职责。前四个步骤需要安全决策者重视发挥职工的作用,重视发挥专业人员的作用,后一步骤则主要靠安全决策者运用决断理论,独立地完成拍板这一决策行动。

12.4 安全管理模式

从安全管理的范围、目的、对象等不同角度和需求,实践中形成了各种安全管理模式。模式是事物或过程系统化、规范化的体系,它能简洁、明确地反映事物或过程的规律、因素及其关系,是系统科学的重要方法。安全管理模式是反映系统化、规范化安全管理的一种体系和方式,具有动态、系统和功能化特征,对于改进企业安全管理具有现实意义和效果,因而得到普遍的推崇。安全管理模式一般应包含安全目标、原则、方法、过程和措施等要素。

12.4.1 宏观、综合的安全生产管理模式

1. 建立安全生产管理机制模式

"机制"一词来源于希腊文,开始是用于机构工程学,意指机械、机械装置、机械结构及其制动原理和运行规则等;后用于生物学、生理学、医学等,用于说明有机体的构造、功能和相互关系。管理机制从系统论的观点看,应是指管理系统的构成要素(主体)、管理要素(主体)间相互协调的作用方式以及运行规则。

2. 我国安全生产工作管理机制模式

2014年颁布实行和2021年修改的新版《安全生产法》都明确了我国安全生产工作机制是:"生产经营单位负责、职工参与、政府监管、行业自律、社会监督"的安全工作机制。首先明确了生产经营单位的主体责任,同时重要的是系统阐明了企业、员工、政府、行业、社会多方参与和协调共担的安全生产保障模式和机制。这一五方参与机制的功能和任务是:生产经营单位守法与尽责,职工参与与自律,政府引领与监管,行业协调与管理,社会督促与监督的机制,如图12-2所示。

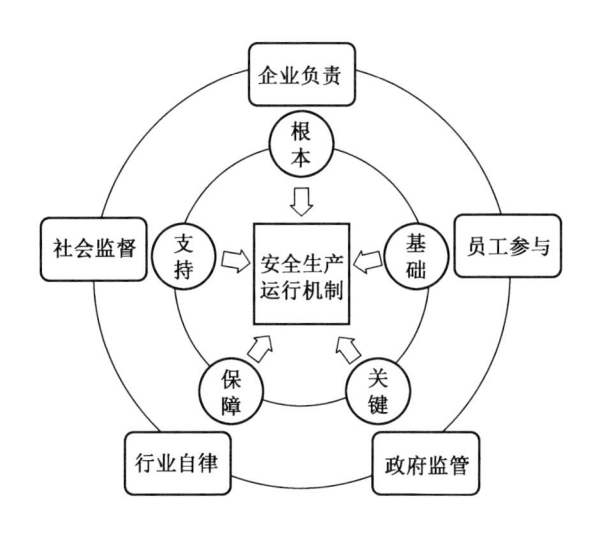

图12-2 安全生产工作五方参与机制结构

安全生产工作"五方机制"的主要内涵是:

（1）企业守法尽责是根本。生产经营单位是安全生产的责任主体,其依法尽责是安全生产保障的根本因素。新版《安全生产法》明确了安全生产的责任主体是生产经营单位,并在第二章明确负责人的安全生产责任。因此,发挥生产经营单位安全生产管理机构和安全生产管理人员作用作为一项重要内容,作出三个方面的重要规定:一是明确委托规定的机构提供安全生产技术、管理服务的,保证安全生产的责任仍然由本单位负责;二是明确生产经营单位的安全生产责任制的内容,规定生产经营单位应当建立相应的机制,加强对安全生产责任制落实情况的监督考核;三是明确生产经营单位的安全生产管理机构以及安全生产管理人员履行的七项职责。这无疑体现了企业在安全生产中负有责任主体的地位提升,也顺应国家宏观经济发展方式转变的改革方向,使企业扭转经济增长方式粗放的现状，弱化以经济利益为第一目标的思想，更加注重员工的生命安全与身体健康。

（2）全员参与自律是基础。员工既有权利，也有义务，生产经营单位的全员参与和自律是安全生产根基。"职工参与"在新版《安全生产法》中体现了职工的"话语权"，并且章名改为"从业人员的安全生产权利义务"，扩大了被派遣从业人员的权利与义务，并且赋予职工在行使安全生产权利时充分的法律依据，提高了职工参与安全生产的热情和能动性。

（3）政府引领监管是关键。各级政府的领导和相关部门的依法监管是实现安全发展战略的关键因素。在新版《安全生产法》中，强化"三管三必须"的要求，明确安全监管部门执法地位。同时扩大了政府部门的范围，国务院和县级以上地方人民政府应当建立健全安全生产工作协调机制，进行协同、联动的综合监管。明确乡镇人民政府以及街道办事处、开发区管理机构安全生产职责，同时，针对性地解决各地经济技术开发区、工业园区的安全监管体制不顺、监管人员配备不足、事故隐患集中、事故多发等突出问题，强化安全生产基础。

（4）行业协调监管是保障。生产行业主管部门主导生产"全过程"协调和行业的专业管制，是实现安全生产的重要保障。在新版《安全生产法》中统称为负有安全生产监督管理职责的部门，强化了行业的监管责任与地位。要求在各自职责范围内对相关的安全生产工作实施监督管理，并且各级安全生产监督管理部门和其他负有安全生产监督管理职责的部门作为执法部门，依法开展安全生产行政执法工作，对生产经营单位执行法律法规、国家标准或者行业标准的情况进行监督检查。

（5）社会督促监督是支持。社会各方的督促与监督，是安全生产的重要支持。在新版《安全生产法》中强调了增强全社会的安全生产意识，其检举和监督的权利和义务，全社会无论单位还是个人，乃至新闻媒体、社区组织等，都应参与到安全生产的监督工作中来。充分调动全社会的资源，为安全生产的发展提供有力的支撑和保障。

12.4.2　企业安全管理模式

基于安全管理科学的基本理论，企业安全管理具有四种模式：经验型管理模式、制度型管理模式、系统型管理模式、本质型管理模式。

1. 经验型安全管理模式

在人类工业发展初期，发展了事故学理论，建立在事故致因分析理论基础上，是经验型的管理方式，这一阶段常常被称为安全管理理论的低级阶段，对策特征是感性和生理本能。经验型安全管理模式也称为事故型管理模式，是一种被动的管理模式，以事故为管理对象，在事故或灾难发生后进行亡羊补牢，以避免同类事故再发生的一种管理方式。这种模式遵循如下技术步骤，如图 12-3 所示。

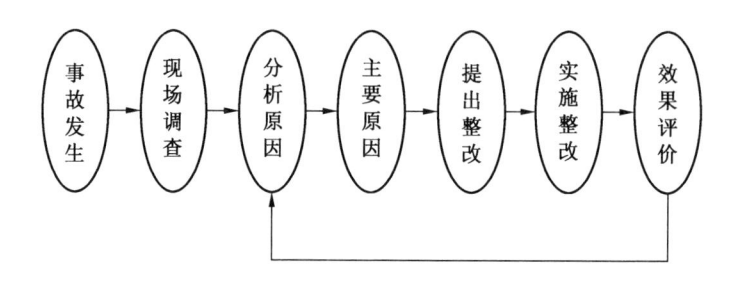

图 12-3　经验型安全管理模型

2. 制度型安全管理模式

在工业化中期时代，发展了技术危险学理论，制度型安全管理模式建立在技术系统危险性分析理论的基础上，以缺陷、隐患、不符合为管理对象，具有超前预防型的管理特征，这一阶段提出了规范化、标准化管理，常常被称为科学管理的初级阶段。这种模式遵循如下技术步骤，如图 12-4 所示。

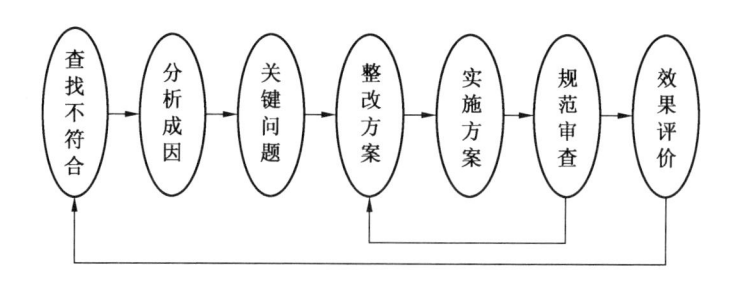

图 12-4　缺陷型安全管理模型

3. 系统型安全管理模式

在后工业化时代，发展了风险学理论，系统型安全管理模式建立在风险控制理论的基础上，以系统风险因素为管理对象，具有系统化管理的特征，这一阶段提出的风险辨识、风险评价、风险管控，具有定量性、分级分类管控的特点，应用了预测、预警、预控的方法技术，是安全生产科学管理的中级阶段。这种模式遵循如下技术步骤，如图 12-5 所示。

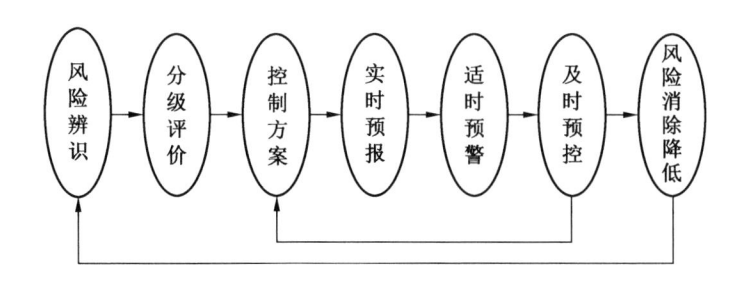

图 12-5 系统型安全管理模型

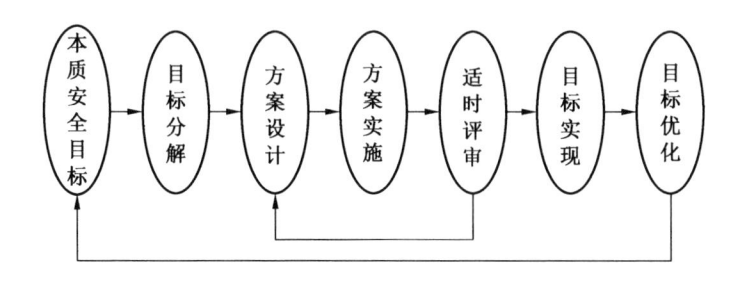

4. 本质型安全管理模式

本质型安全管理模式也称为预防型管理模式，是一种主动、积极预防事故或灾难发生的管理方式。本质型安全管理模式以本质安全目标为管理对象，其关键技术步骤是：提出安全目标→分析存在的问题→找出主要问题→制定实施方案→落实方案→评价及目标优化→新的本质安全目标，如图 12-6 所示。本质型安全管理模式的特点是全面性、预防性、系统性、科学性的综合策略，缺点是成本高、技术性强，还处于探索阶段。

图 12-6 本质型安全管理模型

随着安全软科学的发展，安全管理的作用和效果不断加强和演化。现代安全管理将逐步实现：变传统的纵向单因素安全管理为现代的横向综合安全管理，变事故管理为现代的事件分析与隐患管理（变事后型为预防型），变被动的安全管理对象为现代的安全管理动力，变静态安全管理为现代的安全动态管理，变过去只顾生产效益的安全辅助管理为现代的效益、环境、安全与健康的综合效果的管理，变被动、辅助、滞后的安全管理程式为现代主动、本质、超前的安全管理程式，变外迫型安全指标管理为内激型安全目标管理（变次要因素为核心事业）。

12.5 安全管理体系

12.5.1 职业健康安全管理体系（OHSMS）

在相关的 OHSMS 标准中，包括一些国家的《职业健康安全管理体系标准》以及我国的《石油天然气工业健康、安全与环境管理体系》《石油地震队健康、安全与环境管理规范》《石油钻井健康、安全与环境管理体系指南》等，尽管其内容表述存在着一定差异，但其核心内容都是体现着系统安全的基本思想，管理体系的各个要素都围绕着管理方针与目标、管理过程与模式、危险源的辨识、风险评价、风险控制、管理评审等展开。国家经贸委颁布的《职业安全健康管理体系审核规范》(2001 年) 和国家标准局发布的《职业健康安全管理体系要求及使用指南》(GB/T 45001—2020/ISO 45001：2018）都充分利用了科学管理的精髓，吸收了国内外相关标准的长处。

《职业健康安全管理体系要求及使用指南》主要包括三个部分：第一部分，范围，对标准的意义、适用范围和目的作了概要性陈述；第二部分，术语和定义，对涉及的主要术语进行了定义；第三部分，OHSMS 要素，这一部分是 OHSMS 试行标准的核心内容。表 12-3 列出了 OHSMS 要素的条目。

表 12-3 OHSMS 要素

一级要素	二级要素
一般要求	—
职业安全健康方针	—
计划	危害辨识、危险评价和危险控制计划，法律及法规要求目标，职业安全健康管理方案
实施与运行	机构和职责，培训、意识和能力，协商与交流，文件，文件和资料控制，运行控制，应急预案与响应
检查与纠正措施	绩效测量和监测，事故、事件、不符合、纠正与预防措施，记录和记录管理，审核
管理评审	—

OHSMS 的基本思想是实现体系持续改进,通过周而复始地进行"计划、实施、监测、评审"活动,使体系功能不断加强。它要求组织在实施 OHSMS 时始终保持持续改进意识,结合自身管理状况对体系进行不断修正和完善,最终实现预防和控制事故、职业病及其他损失事件的目的。

一个企业或组织的职业安全健康方针体现了组织开展职业安全健康管理的基本原则,它体现了组织实现风险控制的总体职业安全健康目标。

危险源辨识、风险评价和风险控制策划,是企业或组织通过职业健康安全管理体系的运行,实行风险控制的开端。组织应遵守的职业安全健康法律法规及其他要求,为组织开展职业安全健康管理、实现良好的职业安全健康绩效指明了基本行为准则。职业安全健康目标旨在实现它的管理方案,是企业降低其职业安全健康风险,实现职业安全健康绩效持续改进的途径和保证。

明确企业或组织内部管理机构和成员的职业安全健康职责,是组织成功运行职业健康安全管理体系的根本保证。搞好职业安全健康工作,需要组织内部全体人员具备充分的意识和能力,而这种意识和能力需要适当的教育、培训和经历来获得及判定。组织保持与内部员工和相关方的职业安全健康信息交流,是确保职业健康安全管理体系持续适用性、充分性和有效性的重要方面。对职业健康安全管理体系实行必要的文件化及对文件进行控制,也是保证体系有效运行的必要条件。对组织存在的危险源所带来的风险,除通过目标、管理方案进行持续改进外,还要通过文件化的运行控制程序或应急准备与响应程序来进行控制,以保证组织全面的风险控制和取得良好的职业安全健康绩效。

OHSMS 的特征是系统性特征、先进性特征、动态性特征、预防性特征、全过程控制特征。

OHSMS 的运行特点是:体系实施的起点是领导的承诺和重视,体系实施的核心是持续改进,体系实施的重点是作业风险防范,体系实施的准绳是法律法规、标准和相关要求,体系实施的关键是过程控制,体系实施的依据是程序化、文件化管理。

12.5.2 HSE 管理体系

HSE 是健康、安全、环境管理模式的简称,起源于以壳牌石油公司为代表的国际石油行业。为了有效地推动我国石油天然气工业的职业健康安全管理体系工作,使健康、安全、环境的管理模式符合国际通行的惯例,提高石油工业生产与健康、安全、环境管理水平,提高国内石油企业在国际上的竞争能力,我国于 1997 年 6 月 27 日颁布了《石油天然气工业健康、安全与环境管理体系》(SY/T 6276—1997),使 HSE 管理模式在我国石油天然气行业得到推广,同时也对我国各行业的工业安全管理产生影响。HSE管理模式是一项关于企业内部职业健康安全管理体系的建立、实施与审核的通用性管理模式，主要用于各种组织通过经常化和规范化的管理活动实现健康、安全与环境管理的目标，目的在于指导、组织、建立和维护一个符合要求的职业健康安全管理体系，再通过不断的评价、评审和体系审核活动，推动这个体系的有效运行，达到职业健康安全管理水平不断提高的目的。

HSE管理体系既是组织建立和维护职业健康安全管理体系的指南，又是进行职业健康安全管理体系审核的规范及标准，见表12-4。

表12-4 HSE管理体系的要素

一级要素	二级要素
领导和承诺	—
方针和战略目标	—
组织机构、资源和文件	组织结构和职责，管理代表，资源，能力，承包方，信息交流，文件及其控制
评价和风险管理	危害和影响的确定，建立判别准则，评价，建立说明危害和影响的文件，具体目标和表现准则，风险削减措施
规划（策划）	总则，设施的完整性，程序和工作指南，变更管理，应急反应计划
实施和监测	活动和任务，监测，记录，不符合及纠正措施，事故报告，事故调查处理文件
审核和评审	审核，评审

12.6 安全管理方法论

安全管理方法是为了实现既定的安全管理目标而采取的各种管理措施、活动、技术方式、程序、手段的总称。安全管理方法可应用于政府安监部门的安全监管活动，以及企业生产经营过程的安全管理，对安全保障和事故防范发挥重要的作用。

在安全生产管理实践中，一般从管理作用原理的角度，将安全管理方法体系划分为政治的、行政的、法制的、经济的、科学的、文化的安全管理方法等六个方面。

1. 政治的安全管理方法

政治是指上层建筑领域中各种权力主体维护自身利益的特定行为以及由此结成的特定关系。政治对社会生活各个方面都有重大影响和作用。安全生产事关人民群众生命财产安全，事关改革开放、经济发展和社会稳定大局，事关党和政府形象和声誉。只有将安全生产提高到政治的高度，才能从根本上保障各项安全管理活动顺利有效开展。政治的安全管理方法有党纪处分制度、业绩考核制度、安全一票否决制、职工代表制、民主监督制、社会监督制、荣誉资格否定制等。

2. 行政的安全管理方法

行政的安全管理方法是传统有效的安全管理方法，无论是在计划经济时代还是在市场经济体制时代都发挥着重要的作用。这类方法在国家行政部门企事业单位等组织都普遍得到应用。行政的安全管理方法主要有安全生产责任制、安全委员会制度、行政许可制、行政处罚制度、行政督办制度、安全培训制、审核验收制、安全检查制、"三同时""五同时""三同步"、事故"四不放过"原则、事故责任倒查制、事故责任追究制、定期检测检验制、安全变更制、安全评审制、风险分级管理制等。

3. 法制的安全管理方法

法制的安全管理是国际普遍应用而非常有效的安全管理手段，我国自20世纪90年代颁布《矿山安全法》以来，安全法制手段在诸多高危行业得到了加强和普及。利用法制手段的安全管理，主要对企业安全生产的建设、实施、组织，以及目标、过程、结果等进行安全的监察与监督管理。《安全生产法》规定我国安全生产的监督方式主要有工会民主监督、社会舆论监督、公众举报监督、社区报告监督四种；《劳动法》《女职工劳动保护规定》《女职工禁忌劳动范围的规定》《女职工保健工作规定》等法规明确规定了对女职工和未成年工实行特殊保护的制度。法制的安全管理方法还有劳动工时制度、职业卫生监护制高危行业论证制、人员资格认证制等。

4. 经济的安全管理方法

经济的安全管理方法是通过经济的手段对单位组织或人员进行的行为管理，在计划经济时代没有应用价值，在市场经济时代得到广泛的应用。经济的安全管理方法主要有：安全投入强制制度，社会保险与商业保险相结合的制度，安全措施经济可行性论证制度，合理应用安全经济机制，进行安全项目经济技术的可行性论证，推行企业安全设施、设备的专门折旧机制等。经济的安全管理方法还有融资联动制、土地联动制、经济奖惩制、安全风险补偿制、安全抵押金制、工资挂钩制等。

5. 科学的安全管理方法

相对于事后型安全管理方法，科学的安全管理方法是建立在系统科学、管理科学、安全科学的原理理论方法基础上的，具有预防性、主动性、目标性、系统性等特点，已成为当今安全管理实践的主流模式。科学的安全管理方法有职业健康安全管理体系（OHSMS）、企业安全生产标准化、"双重预防"机制、重大危险源分类分级监管、风险预警管理法、风险分级匹配管理法、无隐患管理法、安全目标管理法等。

6. 文化的安全管理方法

文化管理是安全管理的最高境界，是基于人性化、情感化、意识流的"软管理"，是安全管理的高层次管理方法。文化的安全管理方法就是通过文化的方法方式，以全员安全素质的强化为管理目标，以组织决策层、管理层和执行层为管理对象，通过教化的管理手段，实行对人员思想认知、安全意识、安全观念、安全行为的全面安全管理方法。其主要的手段有：安全文化"四个一工程"、亲情式安全管理法、人性化安全管理方法、事故心理测评与干预、安全心理指数测评、全员参与式安全管理法、安全"三基"建设、"三能四标五化"班组安全管理模式、安全诚信制度、安全激励制度等。

13 风险管理学

在公共安全和安全生产领域，风险管理是指一个组织或企业对安全风险的识别、分析、评价、监测、预警、控制等一系列的管理活动。风险管理学是研究安全风险的辨识分析、分析评估、预警预控，以及防范化解的理论与方法技术的科学。目前，我国推进的职业健康安全管理体系和安全生产标准化规范，风险管理是最重要的基本核心要素。风险预控机制已经在安全生产、公共安全和应急管理工作中得到普遍的应用。

13.1 风险管理基本原理

13.1.1 风险管理基本概念

1. 风险的概念

生产和生活中充满了来自自然和人为（技术）的风险（Risk）。安全风险是指安全不期望事件概率（Probability）与其可能后果严重程度（Severity）的结合。

对于风险的定义有多种：

定义一：不确定性对目标的影响（Effect of uncertainty on objectives）。

来源：ISO 31000—2018 风险管理 导则。

定义二：不确定性的影响（Effect of uncertainty）。

来源：ISO 45001：2018 职业健康安全管理体系 要求及使用指导。

定义三：危险事件发生或暴露的可能性及其导致的伤害或疾病的严重程度的组合 [Combination of the likelihood of occurrence of a hazardous event or exposure(s) and the severity of injury or ill health that can be caused by the event or exposure(s)]。

来源：BS OHSAS 18001：2007 职业健康安全管理体系 要求。

在安全生产领域，风险可表述为生产安全事故、职业危害事件等不期望事件发生的概率及其可能导致的后果的组合，是描述系统安全程度或危险程度的客观量。风险 R 具有概率和后果的二重性，风险可用不期望事件发生概率 p 和事件后果严重程度 l 的函数来表示，即

$$R = f(p, l) \tag{13-1}$$

式中　p——不期望事件或事故发生的可能性（发生的概率）；

　　　l——可能发生事故后果的严重性。

事故发生的可能性 p 涉及"4M"要素，即人因（Men）——人的不安全行为，物因（Machine）——物的不安全状态，环境因素（Medium）——环境的不良状态，管理因素（Management）——管理的欠缺。因此有

$$概率函数\ p = f(人因, 物因, 环境因素, 管理因素) \tag{13-2}$$

可能事故的后果严重性 l 涉及时态因素、客观的危险性因素（能量程度、损害对象规模等）、环境条件（区位及现场环境）、应急能力等。因此有

$$事故后果严重度函数\ l = f(时机, 危险, 环境, 应急) \tag{13-3}$$

式中　时机——事故发生的时间点及时间持续过程；

　　　危险性——系统中危险的大小，由系统中含有的能量、规模决定；

　　　环境——事故发生时所处的环境状态或位置；

　　　应急——发生事故后应急的条件及能力。

在实际的风险分析工作中，有时人们主要关心事故所造成的损害（损失及危害）后果，并把这种不确定的损害的期望值叫做风险，这可谓狭义的风险，即当 $p = 1$ 时，风险 R 可写为

$$R = E(l) \tag{13-4}$$

同理，当 $l = 1$ 时，风险 R 是事件 X 的概率，则有

$$R = p(X) \tag{13-5}$$

2. 危险

危险是指某一系统、产品或设备或操作的内部和外部的一种潜在的状态，其发生可能造成人员伤害、职业病、财产损失、作业环境破坏的状态。危险的特征在于其危险可能性的大小与安全条件和概率有关。危险因素是指可能造成人员伤害、职业病、财产损失、作业环境破坏的因素。危险因素来自机械、电子、化工等技术系统。

危险的定义是可能产生潜在伤害或损失的征兆。它是风险的前提，没有危险就无所谓风险。危险是客观存在的，无法改变，而风险却在很大程度上随着人们的意志而改变，亦即按照人们的意志可以改变危险出现或事故发生的概率，和一旦出现危险由于改进防范措施从而改变损失的程度。

3. 隐患

定义一：可导致事故发生的人的不安全行为、物的不安全状态及管理上的缺陷。

来源:《职业安全卫生术语》(GB/T 15236—1994)。

定义二：企业的设备、设施、厂房、环境等方面存在的能够造成人身伤害的各种潜在的危险因素。

来源：《现代劳动关系词典》。

定义三：劳动场所、设备及设施的不安全状态，人的不安全行为和管理上的缺陷。

来源：1995 年，劳动部出台的《重大事故隐患管理规定》。

定义四：生产经营单位违反安全生产法律法规、规章、标准、规程和安全生产管理制度的规定，或者因其他因素在生产经营活动中存在可能导致事故发生的物的危险状态、人的不安全行为和管理上的缺陷。

来源：2007 年，国家安全生产监督管理总局颁布的《安全生产事故隐患排查治理暂行规定》。

隐患与风险、危险源与事故（及其后果）的关系如图 13-1 所示。

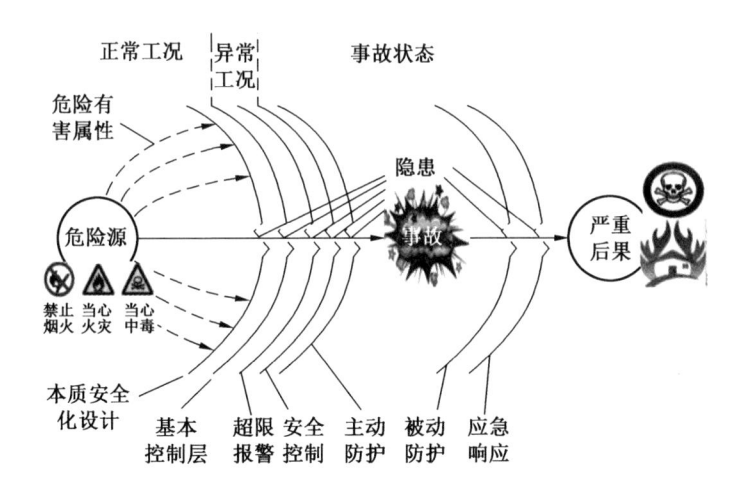

图 13-1　隐患与危险、危险源与事故（及其后果）的关系

4. 风险与危险

在通常情况下，风险的概念往往与危险或冒险的概念相联系。危险是与安全相对立的一种事故潜在状态，人们有时用风险来描述与从事某项活动相联系的危险的可能性，即风险与危险的可能性有关，它表示某事件产生事故灾害的概率。事件由潜在危险状态转化为伤害或损失的事故往往需要一定的激发条

件，风险与激发事件的频率、强度以及持续时间的概率有关。

严格地讲，风险与危险是两个不同的概念。危险只是意味着一种现在的或潜在的不希望事件状态，危险出现时会引起不幸事故。风险用于描述未来的随机事件，它不仅意味着不希望事件状态的存在，更意味着不希望事件转化为事故的渠道和可能性。因此，有时虽然有危险存在，但并不一定要冒此风险。我们可以做到客观危险性很大，但实际承受的风险较小。因此，我们不惧怕危险，而要敬畏风险，追求"高危低风险"的状态。

5. 风险管理

风险管理是一种以最低成本获得最大安全保障的高层次综合管理工作，用以分析和处理由各种不确定性因素而引起的各种问题，降低风险的不利影响程度。

风险管理对风险进行一系列的识别、估计和评价后，通过合理使用各种管理方法、技术手段对项目潜在风险采取具有针对性的控制措施，尽量优化风险事件可能引发的有利结果，同时妥善处理风险事件所导致的不利后果，争取以最小的成本，安全、可靠地实现项目总目标。在风险管理的整个过程中，风险管理不是分配给项目管理的孤立的项目活动，而是健全的工程项目管理过程中的一个方面。

13.1.2 风险管理的基本内容

1. 风险管理的要素

风险管理包括风险分析、风险评价和风险控制，简称风险管理基础三要素。

1) 风险分析

风险分析就是研究风险发生的可能性及其他所产生的后果和损失。现代管理对复杂系统未来功能的分析能力日益提高，使得风险预测成为可能，并且采取合适的防范措施可以把风险降低到可接受的水平。风险分析应该成为系统安全的重要组成部分，它既是系统安全的补充，又与系统安全有所区别，风险分析比系统安全的范围或许要稍广一些。

（1）风险由以下要素构成：

① 风险原因。在人们有目的的活动过程中，由于存在或然性、不确定性，或因多种方案存在的差异性而导致活动结果的不确定性，因此，不确定性和各种方案的差异性是风险形成的原因。不确定性包括物的不确定性如设备故障，以及人的不确定性如不安全行为。

② 风险事件。风险事件是风险原因综合作用的结果，是产生损失的原因。

根据损失产生的原因不同,企业所面临的风险事件分为生产事故风险(技术风险)、自然灾害风险、企业社会意外事故、企业风险与法律、企业市场风险等。

③ 风险损失。风险损失是由风险事件所导致的、非故意的和非预期的收益减少。风险损失包括直接损伤(包括财产损失和生命损失)和间接损失。

(2) 风险分析包括以下主要内容:

① 危险辨识。主要分析和研究哪里(什么技术、什么作业、什么位置)有危险,后果(形式、种类)如何,有哪些参数特征。

② 风险分级。确定风险水平和程度多大(风险分级),一要确定风险导致事故的概率,即风险可能性;二要确定风险导致的后果程度大小,确定风险的严重性。随着风险分级评价理论和方法的发展,风险分级提出了风险的敏感性的概念,即风险导致事故灾害发生的时间、空间及系统敏感性问题。

2) 风险评价

风险评价是分析和研究风险的边际值应是多少,风险—效益—成本分析结果怎样,如何处理和对待风险。

因为事故及其损失的性质是复杂的,所以风险评价的逻辑关系也是复杂的。

风险评价逻辑模型至少有五个因素:基本事件(低级的原始事件),初始事件(对系统正常功能的偏离,如评价铁路运输风险时,列车出轨就是初始事件之一),后果(初始事件发生的瞬时结果),损失(描述死亡、伤害及环境破坏等的财产损失),费用(损失的价值)。

结合故障树分析,低级的原始事件可看作故障树中的基本事件,而初始事件则相当于故障树的一组顶上事件。对风险评价来说,必须考虑系统可能发生的一组顶上事件和总损失。

设每暴露单位费用为 Ct_n,其概率为 $P(Ct_n)$,n 为损失类型,则每暴露单位的平均损失可用下式计算:

$$E(Ct_p) = \sum_n P(Ct_n) Ct_n \qquad (13-6)$$

总的风险可通过估算求所有暴露单位损失的期望值而获得,即

$$风险 = \sum_n E(Ct_p) \qquad (13-7)$$

从理论上讲,由式(13-7)即可计算出系统风险精确期望值。但一般这种计算相当困难,有时甚至是不可能的。而且风险的期望值也并非表示风险的最好形式,可以寻求更好的且简便易行的风险表示形式。

3）风险控制

在风险分析和风险评价的基础上，就可作出风险决策，即风险控制。对于风险分析研究，其目的一般分为两类：一是主动地创造风险环境和状态，如现代工业社会就有风险产业、风险投资、风险基金之类的活动；二是对客观存在的风险作出正确的分析判断，以求控制、减弱乃至消除其影响和作用。显然，从系统安全和事故预防的角度讲，我们所分析研究的是后一种风险。

工业风险管控是指企业通过识别风险、衡量风险、分析风险，从而有效控制风险，用最经济的方法来综合处理风险，以实现最佳安全生产保障的科学管理方法。对此，定义需要说明以下几点：

（1）所讲的风险不局限于静态风险，还包括动态风险。研究风险管理是以静态风险和动态风险为对象的全面风险管理。

（2）风险管理的基本内容、方法和程序是共同构成风险管理的重要方面。

（3）风险管理应考虑成本和效益的影响，要从最经济的角度来处理风险管理，在主客观条件允许的情况下，选择最低成本、最佳效益的方法，制定风险管控策略和选择最合理方案和方法。

2. 风险管控的模式

风险管控可分为静态管控模式和动态管控模式。

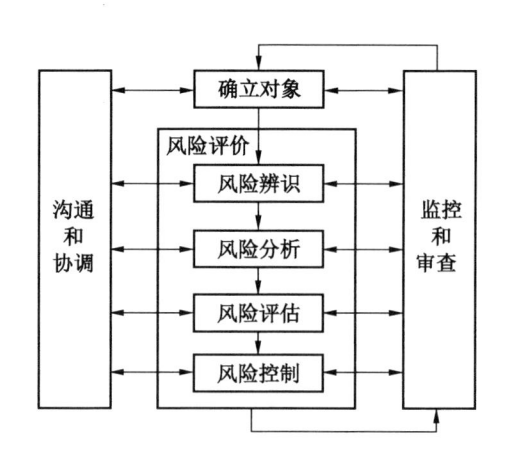

1）风险静态管控模式

风险静态管控模式的基本流程如图 13-2 所示。

图 13-2　风险静态管控模式的基本流程

其中，风险静态管控模式的关键环节是风险评价。风险评价包括风险辨识、风险分析、风险评估等过程。风险辨识是指识别危险源或危险因素，并确定其特性的过程；风险分析是指对风险因素或风险分析对象可能导致的事故概率及其后果严重程度进行分析；风险评估是指在对风险进行定量或半定量基础上对风险的速度或水平进行分级，并确认风险的合标性、可容许性、可承受性、可接受性。

2）风险动态管控模式

风险动态管控是指针对现实风险的管理和控制，风险动态管控模式的关键是建立对事故灾害风险的"三预"（预报、预警、预控）的管理体系和管控机制。风险控制就是在风险分析和评价的基础上，采取相应措施和方法，将风险水平或程度降低到期望或可接受的水平。风险动态管控的"三预"风险预警预控机制的关键技术，是风险预警预控的模式精髓。"三预"理论的基本内容是：现场现实风险实时预测预报，安全专业部门风险适时预警预告，相关部门（单位）、人员风险及时预防预控。

（1）预测预报。预测预报也称报警，是指对风险状况变化趋势的预测以及风险状态的实时报告，需要全员参与，是风险预警、预控的必要前提和基础。

（2）预警预告。预警预告是指根据实时的风险状况预测、风险状态预报或历史报警记录统计分析，对风险状态、趋势的预先警示及警告，一般是专业人员根据上述信息作出的专业化预警。风险预警预告是风险预控的必要根据。

（3）预防预控。预防预控是指针对预警预告信息所作出的风险预先性防控措施（包括技术措施、管理措施等）。根据预控的执行主体不同，整个"三预"过程的核心都基于前期风险管理工作的成果，即为风险预警预控管理的关键技术。

13.2 风险分析理论

13.2.1 风险分析基本概念

根据风险的定义，可导出风险分析的主要内容。所谓风险分析，就是在特定的系统中进行危险辨识、概率分析、后果分析的全过程，如图13-3所示。

危险辨识：在特定的系统中，确定危险并定义其特征的过程。

概率分析：分析特定危险因素（危险源）导致事故（事件）发生的频率或概率。

后果分析：分析特定危险在环境因素下可能导致的各种事故后果及其可能

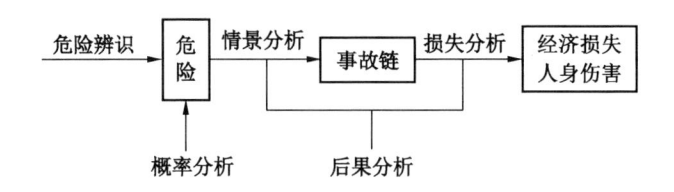

图 13 – 3　风险分析程序及内容

造成的损失，包括情景分析和损失分析。

情景分析：分析特定危险在环境因素下可能导致的各种事故后果。

损失分析：分析特定后果对其他事物的影响，并进一步得出其对某一部分的利益造成的损失，并进行定量化。

概率分析和后果分析合称风险评估或评价。

通过风险分析，得到特定系统中所有危险因素（危险源）的风险评估值。在此基础上，需要根据相应的风险标准，判断系统的风险水平或程度是否可被接受，是否需要采取进一步的安全措施降低风险，这就是风险评价的作用。风险分析和风险评价合称为风险评估。

在风险评估的基础上，采取措施和对策降低风险的过程，就是风险控制（对策）。而风险管控是指包括风险评估和风险控制的全过程，它是一个以最低成本最大限度地降低系统风险的动态过程。

风险管控的内容及相互关系如图 13 – 4 所示，它是风险分析、风险评价和风险控制的整体。

13.2.2　风险定性分析方法

风险定性分析方法包括安全检查表分析法、风险矩阵分析法等。

1. 安全检查表分析法

安全检查表分析法是在对危险源系统进行充分分析的基础上，分成若干个单元或层次，列出所有的危险因素，确定检查项目，然后编制成表，按此表进行检查，检查表中的回答一般都是"是/否"。这种方法的突出优点是简单明了，现场操作人员和管理人员都易于理解与使用。编制表格的控制指标主要是根据有关标准、规范、法律条款，控制措施主要根据专家的经验。缺点是只能进行定性的分析。

2. 风险矩阵分析法

风险矩阵分析法是在项目管理过程中识别风险（风险集）重要性的一种

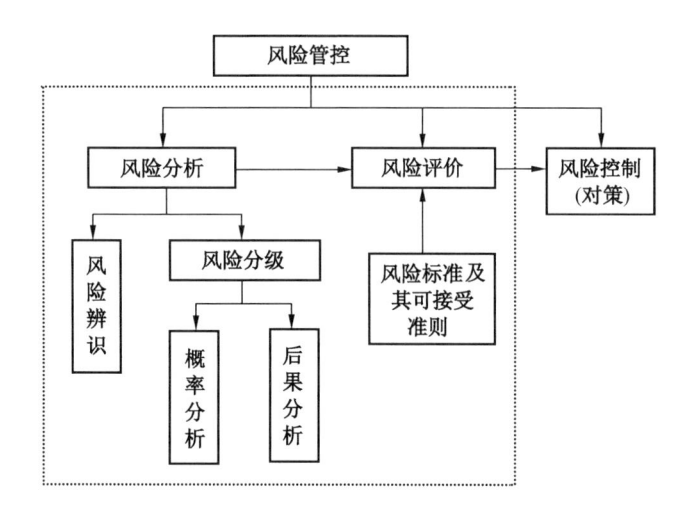

图 13-4　风险管控流程及内容

结构性方法，并且还是对项目风险（风险集）潜在影响进行评估的一套方法论。我国将风险矩阵的理论引入了安全评价，并用于安全等级的划分，见表13-1。

表 13-1　设备单体风险评价分级模型方案

后果严重度 L					概率（可能性）P				
等级	后果定义：特种设备可能发生事故造成的人员伤亡、经济损失、环境危害、社会影响等后果影响的严重程度				级别	1	2	3	4
^	^	^	^	^	技术因素	可能性较小	可能性一般	可能性较大	可能性特大
^	^	^	^	^	管理因素	^	^	^	^
^	^	^	^	^	操作运行	^	^	^	^
^	人员伤亡	财产损失	环境危害	社会影响	概率定义：影响设备事故发生可能性相关的因素或变量	^	^	^	^
1	一般	一般	一般	一般	^	1×1	1×2	1×3	1×4
2	较大	较大	较重	较重	^	2×1	2×2	2×3	2×4
3	重大	重大	严重	严重	^	3×1	3×2	3×3	3×4
4	特大	特大	特大	特大	^	4×1	4×2	4×3	4×4

3. 预先危险性分析（PHA）

预先危险性分析（Preliminary Hazard Analysis，PHA）是在设计、施工、生产等活动之前，预先对系统可能存在的危险的类别、事故出现的条件以及导致的后果，进行概略地分析，从而避免采用不安全的技术路线，使用危险性物质、工艺和设备，防止由于考虑不周而造成的损失。

预先危险性分析方法的突出优点有：

（1）由于系统开发时就作危险性分析，从而使得关键和薄弱环节得到加强，使得设计更加合理，系统更加紧固。

（2）在产品加工时采取更加有针对性的控制措施，使得危险部位的质量得到有效控制，最大限度地降低因产品质量造成危险的可能性和严重度。

（3）通过预先危险性分析，对于实际不能完全控制的风险，还可以提出消除危险或将其减少到可接受水平的安全措施或替代方案。

预先危险性分析是一种应用范围较广的定性评价方法。它需要由具有丰富知识和实践经验的工程技术人员、操作人员和安全管理人员经过分析、讨论实施。必要时，可以设计相关检查表，指明查找危险性的范围。危险性查出后，按照其严重性进行分级，分级的标准列于表13-2中。

表13-2 危险性的分级

分级	说　　明
1级	安全的
2级	临界的，处于事故的边缘状态，暂时还不会造成人员伤亡或系统损坏，应予以排除或采取控制措施
3级	危险状态，会造成人员伤亡或系统破坏，要立即采取措施
4级	破坏性的，会造成灾难事故，必须予以排除

4. 故障模式及影响分析（FMEA）

故障模式及影响分析（Failure Modes and Effects Analysis，FMEA）在风险评价中占重要位置，是一种非常有用的方法，主要用于预防失效。但在试验、测试和使用中又是一种有效的诊断工具。欧洲联合体ISO9004质量标准中，将它作为保证产品设计和制造质量的有效工具。它如果与失效后果严重程度分析联合起来，应用范围更广泛。

故障模式及影响分析和致命度分析是安全系统工程中重要的分析方法之一。它是由可靠性工程发展起来的，主要分析系统、产品的可靠性和安全性。它采用系统分割的概念，根据实际需要分析的水平，把系统分割成子系统或进一步分割成元件。然后逐个分析元件可能发生的故障和故障呈现的状态（故障模式），进一步分析故障类型对子系统以至整个系统产生的影响，最后采取措施加以解决。

在系统进行初步分析后，对于其中特别严重，甚至会造成死亡或重大财物损失的故障类型，则可以单独拿出来进行详细分析，这种方法叫致命度分析。它是故障模式及影响分析的扩展，分析量化。

这种分析方法的特点是从元件的故障开始逐次分析其原因、影响及应采取的对策措施。故障模式及影响分析可用在整个系统的任何一级（从航天飞机到设备的零部件），常用于分析某些复杂的关键设备。

13.2.3 风险定量分析方法

1. 参数定量法

基于风险的状态参数进行风险程度或水平的定量分析，见下式：

$$MR = (\boldsymbol{P}(p_{ij}) \cdot \boldsymbol{M}(m_{ij})^T) \cdot (\boldsymbol{L}(l_{kq}) \cdot \boldsymbol{N}(n_{kq})^T) \cdot (\boldsymbol{S}(s_{ru}) \cdot \boldsymbol{A}(a_{ru})^T)$$

(13-8)

式中　$\boldsymbol{P}(p_{ij})$——可能性安全状态参数矩阵；

$\boldsymbol{L}(l_{kq})$——严重性安全状态参数矩阵；

$\boldsymbol{S}(s_{ru})$——敏感性安全状态参数矩阵；

$\boldsymbol{M}(m_{ij})$——可能性安全状态参数权重系数矩阵；

$\boldsymbol{N}(n_{kq})$——严重性安全状态参数权重系数矩阵；

$\boldsymbol{A}(a_{ru})$——敏感性安全状态参数权重系数矩阵。

2. 指标定量法

基于风险数学模型，设计概率指标和严重度指标，根据指标定量水平确定风险水平。如对于设备设施或危险源（点）风险水平可用"评点法"进行风险分级评价，定量模型见下式：

$$C_S = i\sqrt{C_1 \cdot C_2 \cdots C_i} \quad (13-9)$$

或

$$C_S = C_1 + C_2 + \cdots + C_i \quad (13-10)$$

式中的指标定量见表13-3。

根据表13-3中五项评点因素的取值，得出风险综合评点 C_S 定量值，从而确定风险水平。

表 13 - 3 风险分级评价 - 评点法

评点因素	内容	点数
风险后果程度 C_1	造成生命财产损失	5.0
	造成相当程度的损失	3.0
	元件功能有损失	1.0
	无功能损失	0.5
对系统的影响程度 C_2	对系统造成两处以上重大影响	2.0
	对系统造成一处以上重大影响	1.0
	对系统无过大影响	0.5
发生可能性（概率）C_3	很可能发生	1.5
	偶然发生	1.0
	不易发生	0.7
防止故障的难易程度 C_4	不能防止	1.3
	能够防止	1.0
	易于防止	0.7
是否新设计的系统 C_5	内容相当新的设计	1.2
	内容和过去相类似的设计	1.0
	内容和过去同样的设计	0.8

3. 致命度分析（CA）

对于特别危险的故障模式，如故障等级等于Ⅰ级的故障模式有可能导致人员伤亡或系统损坏，因此对这类元件要特别注意，可采用致命度分析（CA）方法进一步分析。

美国汽车工程师学会（SAE）把故障致命度分成表 13 - 4 中的四个等级。

致命度分析一般都和故障模式影响分析合用。使用下式计算出致命度指数 C_r，它表示元件运行 10^6 h（次）发生故障的次数。

表13-4 致命度等级与内容

等级	内容	等级	内容
I	有可能丧失生命的危险	Ⅲ	涉及运行推迟和损失的危险
Ⅱ	有可能使系统损坏的危险	Ⅳ	造成计划外维修的可能

$$C_r = \sum_{i=1}^{n}(10^6 \alpha \beta k_A k_E \lambda_G t) \quad (13-11)$$

式中 C_r——致命度指数，表示相应系统元件每100万次或100万件产品中运行造成系统故障的次数；

n——元件的致命性故障模式总数，$n=1,2,\cdots,j$；

j——致命性故障模式的第 j 个序号；

λ_G——元件单位时间或周期的故障率；

k_A——元件 λ_G 的测定与实际运行条件强度修正系数；

k_E——元件 λ_G 的测定与实际行动条件环境修正系数；

t——完成一项任务，元件运行的小时数或周期数；

α——致命性故障模式与故障模式比，即中致命性故障模式所占比例；

β——致命性故障模式发生并产生实际影响的条件概率。

定量分析方法包括预先危险性分析（PHA）、因果分析（FTA-ETA）、致命度分析（CA）之外，还包括故障模式及影响分析（FMEA）、故障树分析（FTA）、可操作性研究（OS）、危险可操作性研究（HAZOP）、事件树分析（ETA）等。

13.3 风险评估理论

13.3.1 风险评价原理

1. 相关原理

生产技术系统结构的特征和事故的因果关系是相关原理的基础。相关是两种或多种客观现象之间的依存关系。相关分析是对因变量和自变量的依存关系密切程度的分析。通过相关分析，人们透过错综复杂的现象，测定其相关程度，提示其内在联系。系统危险性通常不能通过试验进行分析，但可以利用事故发展过程中的相关性进行评价。系统与子系统、系统与要素、要素与要素之间都存在着相互制约、相互联系的相关关系。只有通过相关分析，才能找出它们之间的相关关系，正确地建立相关数学模型，进而对系统危险性作出客观、正确的评价。

系统的合理结构可用以下两式来表示：
$$E = \max F(X,R,C) \quad (13-12)$$
$$Sopt = \max\{S \mid E\} \quad (13-13)$$

式中　X——系统组成要素集；

　　　R——系统组成要素的相关关系集；

　　　C——系统组成要素的相关关系的分布形式；

　　　F——X、R、C 的结合效果函数；

　　　S——系统结构的各个阶层。

对于系统危险性评价来说，就是寻求 X、R、C 的最合理结合形式，即具有最优结合效果 E 的系统结构形式及在条件下保证安全的最佳系统。

相关原理对于深入研究评价对象与相关事物的关系、对评价对象所处环境进行全面分析具有指导意义，它是因果评价方法的基础。

2. 类推原理

类推评价是指已知两个不同事件间的相互联系规律，则可利用先导事件的发展规律来评价迟发事件的发展趋势。其前提条件是寻找类似事件。如果两种事件基本相似时，就可以揭示两种事件的其他相似性，并认为两种事件是相似的。如果一种事件发生时经常伴随着另一种事件，则可认为这两种事件之间存在着某些联系，即相似关系。

3. 概率推断原理

系统事故的发生是一个随机事件，任何随机事件的发生都有着特定的规律，其发生概率是一客观存在的定值。所以，可以用概率来预测现在和未来系统发生事故的可能性大小，以此来评价系统的危险性。

13.3.2 风险评价程序

风险评价程序流程如图 13-5 所示。

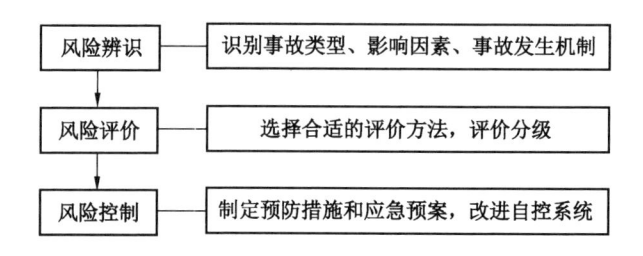

图 13-5　风险评价程序流程

风险评价各步骤的主要内容为准备阶段,资料收集,危险、有害因素辨识与分析,确定评价方法,定性、定量评价,安全对策措施及建议,安全评价结论。

13.3.3 风险评价方法概述

1. 定性评价方法

定性评价方法主要是根据经验和判断对生产系统的工艺、设备、环境、人员、管理等方面的状况进行定性的评价。例如,安全检查表、预先危险性分析、失效模式和后果分析、危险可操作性研究、事件树分析法、故障树分析法、人的可靠性分析方法等都属于此类。这类方法在企业安全管理工作中被广泛使用,主要是因为其简单、便于操作,评价过程及结果直观。但是这类方法含有相当高的主观和经验成分,带有一定的局限性,对系统危险性的描述缺乏深度。

2. 半定量评价法

半定量评价法包括概率风险评价方法(LEC)、打分的检查表法、MES 法等。这种方法大都建立在实际经验的基础上,合理打分,根据最后的分值或概率风险与严重度的乘积进行分级。由于其可操作性强且还能依据分值有一个明确的级别,因而也广泛用于地质、冶金、电力等领域。

3. 定量评价方法

定量评价方法是根据一定的算法和规则,对生产过程中的各因素及相互作用的关系进行赋值,从而算出一个确定值的方法。若规则明确、算法合理,且无难以确定的因素,则此方法的精度较高且不同类型评价对象间有一定的可比性。

美国道(DOW)化学公司的火灾、爆炸指数法,英国帝国化学公司蒙德工厂的蒙德评价法,日本的六阶段风险评价方法,我国的化工厂危险程度分级方法和易燃易爆、有毒危险源评价方法均属此类。

13.3.4 风险评价基本方法

1. 矩阵法

矩阵法主要是将定性或半定量的后果分级与可能程度相结合,以此来评估风险程度的方法。其中,将风险影响程度量化为五个区间:轻微的、较小的、较大的、重大的、特大的,分别对应着对人、物、环境、社会信誉的不同程度的严重度,见表 13-5、表 13-6。

通过风险矩阵 $R = L \times P$,将风险等级划分为四个等级,分别对应着 D、C、B、A;红、橙、黄、蓝,相应地,风险评价预测出的不同的风险等级,会采取不同的有针对性的管控措施。风险 $R = f(L, P)$ 评价等级划分标准见表 13-7。

表13-5 风险严重度（L）分级标准

严重度等级	描述	严重度标准说明			
		对人的影响	对物的影响	对环境的影响	对社会信誉影响
1	轻微的	轻微	轻微	极小	轻微
2	较小的	较小	较小	轻度	有限
3	较大的	大的	局部	局部	巨大
4	重大的	一人死亡/全部失能伤残	严重	严重	国内
5	特大的	多人死亡	重大	国内广泛	国际

表13-6 风险可能性（P）分级标准

可能性等级	描述	概率说明
a	不可能发生	近10年内国内及其他行业未发生
b	几乎不发生	近10年公司未发生
c	偶尔发生	近10年内公司发生多次
d	可能发生	近5年内公司发生多次
e	经常发生	每年公司现场发生多次

表13-7 风险 $R=f(L,P)$ 评价等级划分标准

严重度等级	可能性等级				
	1 轻微	2 较小	3 较大	4 重大	5 特大
a 不可能发生	A	A	A	B	B
b 几乎不发生	A	A	B	B	C
c 偶尔发生	A	B	B	C	D
d 可能发生	A	B	C	C	D
e 经常发生	B	C	C	D	D

2. 评点法

评点法较为简单，划分精确，一般适合于完整而复杂的系统，如对于设备设施或危险源（点）风险水平可用评点法进行风险分级评价，定量模型见下式：

或
$$C_S = i\sqrt{C_1 \cdot C_2 \cdots C_i}$$
$$C_S = C_1 + C_2 + \cdots + C_i \qquad (13-14)$$

此方法从五个方面考虑风险的程度，并通过求积来综合风险因素的程度，式中的指标定量见表 13-3。

风险等级 R 依据 C 值划分，见表 13-8。

表 13-8 评点数与风险等级 R 的对照表

评点数 C_S	风险等级 R	评点数 C_S	风险等级 R
$C_S > 7$	D（红）	$0.2 \leqslant C_S \leqslant 1$	B（黄）
$1 < C_S \leqslant 7$	C（橙）	$C_S < 0.2$	A（蓝）

3. LEC 法

LEC 法是一种评价在具有潜在危险性环境中作业时的危险性半定量评价方法。L 为发生事故的可能性大小，E 为人体暴露在这种危险环境中的频繁程度，C 为一旦发生事故会造成的损失后果，其危险性的总值由 $D = LEC$ 表示。

危险等级划分如图 6-7 所示。

13.4 风险管理理论

13.4.1 RBS/M - 基于风险的监管模式

RBS/M 的科学依据如图 13-6 所示。

RBS/M - 基于风险的监管方法是一种建立在风险分析和评价基础上，对各种风险源进行分类、分级的监管方法。该方法可以提高安全监管的效率和科学精准水平，即实现同样的监管力度获得较好的监管效果或效能，或达到同样的监管效果/效能，节省监管成本或投入（时间成本、监管频度、监管力度等）。

13.4.2 基于风险分级的匹配监管原理

1. 概念和理论内涵

基于风险分级的匹配监管原理是指依据安全管控的对象风险因素的风险水

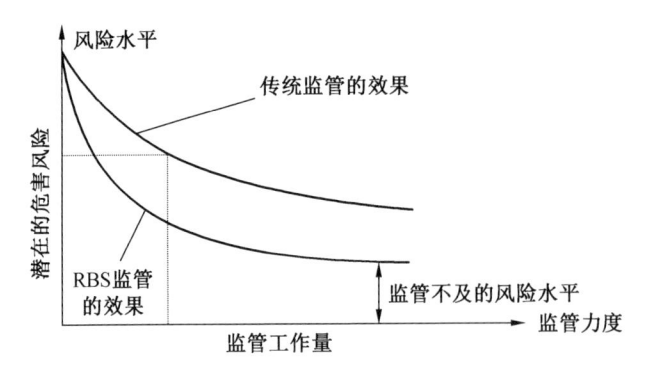

图 13-6 RBS 的科学依据

平或等级，实施相适应或匹配的分类分级监管的思想、模式和方法体系。遵循基于安全风险分级的监管原理和原则，能实现安全生产监管资源利用的最大化、监管效能的最优化，使安全生产监管工作合理、科学、高效。

基于风险分级的"匹配管理原理"要求实现科学、合理的管理状态，即应以相应级别的风险对象实行相应级别的管理措施，如高级别风险的管理对象实施高级别的管理措施，如此分级类推。而两种偏差状态是不可取的，如高级别风险实施了低级别的管理策略，这是不允许的；如果低级别的风险对象实施了高级别的管理措施，这种状态可接受但是不合理。表 13-9 给出了风险管理匹配原理的科学化、合理化的管控策略。

表 13-9 基于风险分级的安全监管匹配原理

风险分级	风险分级预控措施	风险分级监管或预控匹配规律			
		高	中	较低	低
Ⅰ（高）	不可接受风险：不许可、停止、终止；启动高级别预控，全面行动，直至风险消除或降低后恢复	合理可接受	不合理不可接受	不合理不可接受	不合理不可接受
Ⅱ（中）	不期望风险：全面限制；启动中级别预控，局部行动；高强度监管；在风险降低后许可	不合理可接受	合理可接受	不合理不可接受	不合理不可接受

表 13-9（续）

风险分级	风险分级预控措施	风险分级监管或预控匹配规律			
		高	中	较低	低
Ⅲ（较低）	有限接受风险：部分限制；低级别预控，选择性行动；较高强度监管；在控制保障措施下许可	不合理可接受	不合理可接受	合理可接受	不合理不可接受
Ⅳ（低）	可接受风险：常规监管，常规预控，企业自控，在警惕和关注条件下许可	不合理可接受	不合理可接受	不合理可接受	合理可接受

2. 理论应用

基于风险分级管控原理的应用方法一般采取四个风险级别，分别为Ⅰ级、Ⅱ级、Ⅲ级和Ⅳ级预警，对应的预警颜色分别用红色、橙色、黄色和蓝色的安全色标准表征；相应安全监管措施也分为四个防控级别，分别为高级预控、中级预控、较低级预控和低级预控，对应的预控颜色同样分别用红色、橙色、黄色和蓝色的安全色表征。风险分级管控的"匹配原理"可见表 13-9，其中会产生三种监管效能状态。

1）"欠监管"状态（监管效能不足）

当风险防控措施等级低于风险预警等级时，这种状态属于"管控不足"的效能状态。例如，对于Ⅰ级的风险预警等级，当采用低于其对应预控级别的中、较低或低级的风险防控措施时，企业所投入的风险控制资源有限，达不到有效控制风险的绩效，此时企业生产的安全性不能保证。因此，这种匹配情况在理论上不合理，实际情况也不能接受，故匹配的结果为"不合理、不可接受"。

2）"过监管"状态（监管效能低下）

当风险防控措施等级高于风险预警等级时，这种状态属于"管控过度"的效能状态。例如，对于Ⅱ级、Ⅲ级或Ⅳ级的风险预警等级，如果采用高于其对应的监管级别的高级风险防控措施，理论上能够有效地控制风险，企业生产的安全性能够得到保证，这种效能状态在理论上"可接受"，但造成了企业监管资源的过量投入及浪费。即从实际情况来看，这种"不合理"的监管状态属于"不合理、可接受"，其效能是低下的。

3）"匹配监管"状态（监管效能合理）

当风险防控措施等级对应于风险预警等级时，这种状态属于"当量控制"

的情况。例如，对于Ⅰ级的风险预警等级，如果采用对应于其预警等级的高级风险防控措施，理论上能够有效地控制风险，企业生产的安全性能够得到保证。这种匹配情况在理论上"可接受"，而且，此时企业资源的投入量为"当量值"，属于"恰好足以有效控制风险"的状态，即从实际情况来看，这种匹配的监管状态是科学、合理的。因此，只有当采取匹配于风险预警等级的相应级别的风险防控措施时，才能够达到企业安全监管资源或投入与安全绩效的最优匹配，此时的监管效能是"合理、可接受"。科学的监管模式期望推行这种模式，这也是最优的安全监控或控管方式。

企业对于各类风险因素或事故隐患实施基于风险的分级管控，是一种科学、高效的管理方式。企业基于风险分级实施分层管控的模式如图13-7所示。

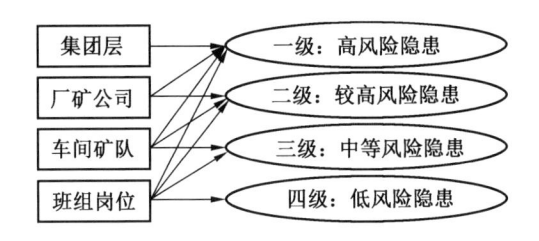

图13-7　企业基于风险分级实施分层管控的模式

13.4.3　宏观安全风险管控理论

1. 概念及理论内涵

宏观安全风险是指从较大时间尺度和空间范围来度量的系统性、综合性、社会性安全风险，是现代社会生产、生活过程涉及的风险源可能导致的不安全事件或事故灾害发生可能性、后果严重性与危害敏感性的组合。

认知宏观安全风险，需要相对微观或中观安全风险来认识。微观安全风险是对于设备设施是以材料为研究对象，主要基于物理和化学的风险分析研究，主要应用于设计、制造环节；对于企业主要是针对人员或行为、作业环节或过程的风险分析研究，主要对现实、动态的风险进行管控。中观安全风险对于设备设施以结构和设备单体为研究分析对象，主要基于力学和统计学的风险分析研究，应用于安装、检验等环节；对企业中观安全风险对工程、岗位、作业进行风险分析研究，并基于时间阶段进行风险管控。

宏观安全风险显然在时间尺度和空间尺度层面要宏大一些，并且在风险类型涉及面要更为广泛。宏观安全风险要反映自然风险与社会风险、个体风险与群体风险的综合特性，可表现为生命风险、健康风险、环境风险、信息风险、经济风险、法律风险、政策风险、稳定风险、发展风险等形态。

2. 理论应用

宏观安全风险的研究范畴涉及多种对象类型，如人的生命安全风险、财产资源安全风险、环境安全风险、社会安全风险等；针对较大时间尺度，如风险过程、周期、时段，过去、现实、未来；覆盖多维空间范围，如以点（作业岗位、生活活动等）、线（电力、交通、能源等生命线）、面（场地、园区、社区等）、体（人造系统-设备设施、自然系统-山体水体等）为分析体系；影响多个行业领域，如个体、企业、行业、地区、家庭、社会等。

图 13-8 给出了以移动式危险源作为分析对象的宏观安全风险概念模型（系统模型）。

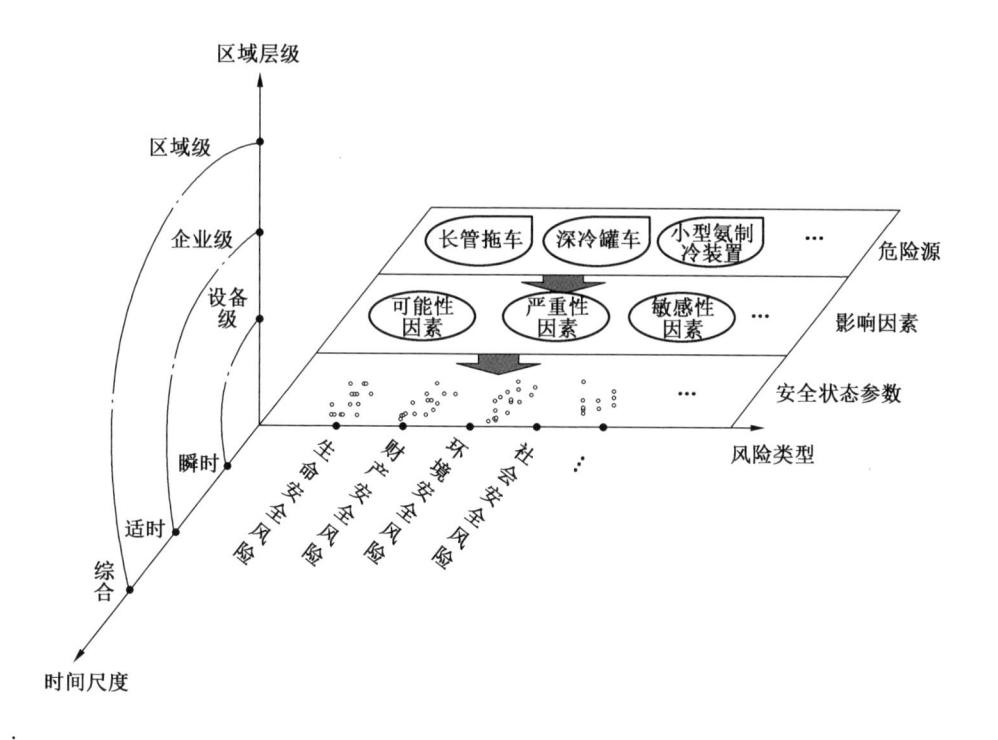

图 13-8 移动式危险源宏观安全风险概念模型

13.4.4 安全绩效 KPI 理论

1. 概念及理内涵

KPI（Key Performance Indicators）含义是关键绩效指标，安全绩效 KPI 理论是应用 KPI 理论指导安全生产绩效或效能测评的理论和方法。

传统的安全生产考核常用事故指标的方法，是一种经验型、事后型的管理方式。为了提高安全生产科学管理的水平，需要转变以事故指标为考核标准的事后管理方式，实现对安全生产的过程管理、科学管理、精细管理和超前管控，因此，提出了安全生产绩效或效能的评价方式。

KPI 理论和方法是一种科学、实用、有效的绩效考核工具，是通过对组织内部某一流程的输入端、输出端的关键参数进行设置、取样、计算、分析，衡量流程绩效的一种目标式量化管理指标，是把企业的战略目标分解为可运作的远景目标的工具，是企业绩效管理系统的基础。它结合了目标管理和量化考核的思想，通过对目标层层分解的方法使得各级目标（包括团队目标和个人目标）不会偏离组织战略目标，可以很好地衡量团队绩效以及团队中个体的贡献，起到很好的价值评价和行为导向的作用。该方法的核心是从众多的绩效考评指标体系中提取重要性和关键性指标。

2. 理论应用

KPI 理论要求符合科学管理的"二八原理"，这是意大利经济学家帕累托提出的，也称为"冰山原理"，是指"重要的少数"与"琐碎的多数"的简称。帕累托认为：在任何特定的群体中，重要的因子通常只占少数，而不重要的因子则常占多数。只要控制重要的少数，即能控制全局。反映在数量比例上，大体就是 2∶8，在一个企业的价值创造中，就存在着"20/80"的规律，即 20% 的骨干员工创造企业 80% 的价值。而对每一个员工来说，80% 的工作任务是由 20% 的关键行为完成的。那么对于组织（如政府安监部门或企业公司）的安全绩效来说，同样符合这个规律，即 80% 的安全监察绩效是由政府 20% 的关键行为实现的。因此，只要抓住政府 20% 的关键行为，对之进行分析和衡量，也就抓住了绩效评估的重心。

KPI 理论的应用需要遵循 SMART 原则：

关键绩效指标的设立原则是所谓 SMART 原则，即绩效测评指标体系中每一个指标的选取要遵从如下五条基本准则：

S(Specific) 原则：指标是明确具体的，即各关键绩效指标要明确描述出员工与上级在每一工作职责下所需完成的行动方案。

M(Measurable) 原则：指标是可衡量的，即各关键绩效指标应尽可能地量化，要有定量数据，比如数量、质量、时间等，从而可以客观地衡量。

A(Attainable) 原则：指标是可达成或可实现的，一是任务量适度、合理，并且是在上下级之间协商一致同意的前提下，在员工可控制的范围之内下达的任务目标；二是必须是"要经过一定努力"才可实现，而不能仅仅是以前目标的重复。

R(Relevant) 原则：指标是关键职责的相关性，一是上级目标必须在下级目标之前制定，上下级目标保持一致性，避免目标重复或断层；二是员工的 KPI 目标需与所在团队尤其是与个人的主要工作职责相联系。

T(Time-bound) 原则：指标是有时间限制的，没有时限要求的目标几乎跟没有制定目标没什么区别。

13.5 风险防控方法

13.5.1 风险预报技术方法

1. 风险预报技术方法概念

风险预报按技术特征可划分为自动预报、人工预报；按组织层级，可划分为作业现场预报、部门专业预报。

（1）生产作业现场风险预报。①现场监控技术自动预报，生产现场 PCS 层的 DCS、PLC、FCS 或 SCADA 系统依据实时监控数据，超过阈值自动报警。②现场作业人员人工预报，现场作业人员发现危险后主动报告上级部门。可事先确定工作职能。

（2）部门风险预报。职能部门（如生产运行处、机动设备处、科技信息处等）具有一定的风险预报职能，依据获得的危险信息，向相关部门和人员及时发布风险专业预报。

（3）安全风险预警管理信息系统平台自动预报。安全风险预警管理信息系统平台通过后台程序设定，实现自动预报功能。

2. 风险预报的模式及流程

为确保风险预报工作有序开展，可建立如图 13-9 所示的风险预报工作流程。

（1）技术自动型预报，包括现场监控技术自动预报、安全风险预警管理信息平台自动预报。

（2）管理人工型预报，包括现场作业人员人工预报、各级部门单位风险预报。

13.5.2 风险预警技术方法

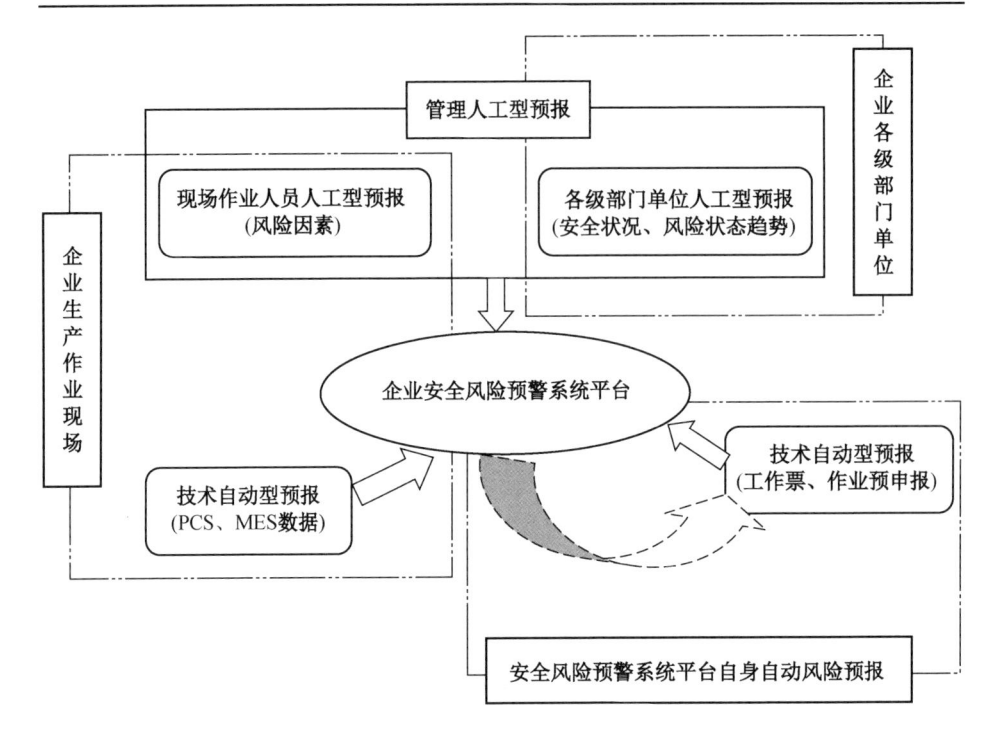

图 13-9 风险预报工作流程

1. 安全风险预警理论

(1) 安全风险预警"三预"理论。安全风险预警"三预"理论是风险预警预控的关键理论，其运行机制如图 13-10 所示。

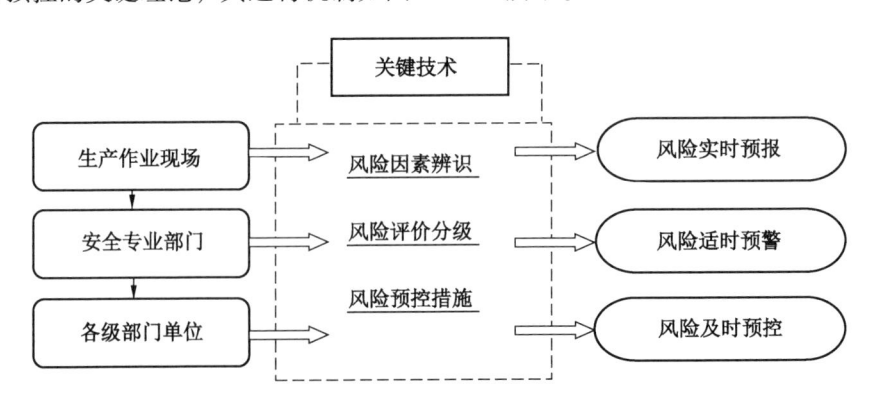

图 13-10 安全风险预警"三预"理论运行机制

风险预报实施方法及特征描述见表 13-10。

表 13-10 风险预报实施方法及特征描述

分类	预报方法	特征描述							
^	^	应用管理对象	功能作用	报警方式	运作方式	预报状态	实施部门	预报类型	预报周期
自动型	现场监控技术自动预报	设施设备工艺流程	关键部位、关键点及重要工艺参数自动预报	专项报警（声、光）	自下而上	动态/实时	作业现场	技术自动型	短周期/实时
^	信息管理系统自动预报	设施设备工艺流程作业岗位	安全风险预警管理平台自动风险预报	专项报警（闪烁、弹出提示框）	自上而下	动态/静态	系统自身	技术自动型	中等周期/长周期
人工型	现场作业人员人工预报	设施设备工艺流程作业岗位	各装置系统、各类管理对象所有风险因素人工预报	专项报警（闪烁、滚动、文字提示）	自下而上	动态/实时	作业现场	管理人工型	短周期/中等周期
^	部门管理人员专业预报	设施设备工艺流程作业岗位	各级部门单位根据各种需求进行风险专业预报	专项报警（闪烁、弹出提示框）	自上而下	动态/静态	各级部门	管理人工型	随机

（2）安全风险预警管理的"六警"技术。安全风险预警管理的基本内容包括辨识警兆、探寻警源、报告警情、确定警级、发布警戒、排除警患等"六警"。

2. 风险预控原则及方法论

1）风险预控实施原则（"匹配"原则）

基于安全风险预警"三预"理论的风险预控是指各级部门单位针对安全专业部门发布的具体风险预警信息，按照风险预警等级，根据各自的安全风险预警预控职责，采取有效控制风险的防控措施，包括具体的技术措施及管理措施等。各级部门单位是根据各预警信息进行直接的风险预控管理、协调以及宏观决策的必要环节，也是整个风险预警体系中，进行风险预控统筹组织管理最主要的部门机构。在"三预"理论模式中，各级部门单位风险及时预控是安全风险预警体系的最后环节，必须保证采取风险控制措施的及时性以及风险防控的有效性。

2）风险预控实施的方法论

安全风险预控是指安全生产各级部门单位针对安全专业部门发布的预警信息所作出的相应防控级别的风险预控措施。依据上述安全风险预控实施的"匹配"原则，结合安全生产各级部门单位的实际情况，我们提出了安全风险预控实施的"技术+管理"的方法论，从预控的手段及措施类型的角度阐述了各级部门单位风险预控的模式及方法。

安全风险预控实施的"技术+管理"的方法论的主要内容如下：

（1）"技术"型：指采取一定的技术手段措施来实施安全风险预控。从预控的方法论层面来看，技术型预控方式主要包括系统自动调节预控、安全及冗余预控。

（2）"管理"型：指通过管理手段措施来实施安全风险预控。从预控的方法论层面来看，管理型预控方式主要包括定期/随机检查预控、风险动态分级预控、隐患项目预控、作业预审报预控、作业过程预控。

3. 风险预警方法与技术

1）风险预警方法分类

依据安全风险预警的"多元"原则和"实时+周期+随机"原则，可分为生产数据监控预警、统计分析－状态趋势专项预警、预警要素专项预警。按预警内容，可划分为环境异常状态预警、隐患项目状态预警、关键工序作业预警、风险因素状态预警、风险类型－频率预警、风险级别－频率预警、责任/关注分析预警、风险部位分析预警、预警级别分析预警、管理对象分析预警以及风险属性分析预警。按技术特征，可划分为人工预警、自动预警。按执行主体，可划分为作业现场安全风险预警、部门安全风险预警、信息平台自动预警。

2）安全风险预警实施流程

图13-11列出了某系统安全风险预警实施流程。

13.5.3 风险预控技术方法

1. 作业现场安全风险预控技术方法

作业现场主要具有系统自动调节预控、安全及冗余预控和作业过程预控等风险预控方法。

（1）技术系统：系统自动调节预控，由企业生产作业现场的技术自动监控系统进行生产工艺运行状态风险的自动预控；主要应用于生产作业现场PCS生产自动控制；其功能作用主要为对生产工艺数据的自动监测、对超过警戒阈值的状态参数进行实时自动调节预控。

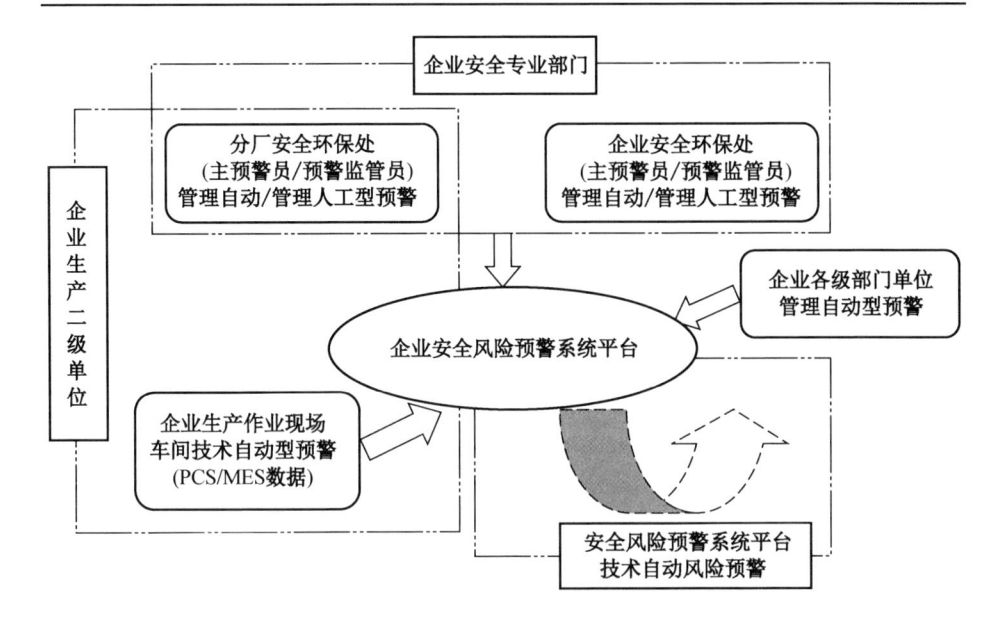

图 13-11 某系统安全风险预警实施流程

（2）装置系统：安全及冗余预控，由企业生产作业现场的装置安全设施或冗余设计系统进行装置设备、生产工艺运行状态或操作岗位风险的自动预控；主要应用于生产作业现场安全装置或冗余设计系统的生产自动控制；其功能作用主要为通过对装置设备、生产工艺运行状态或操作岗位风险的及时预控，起到自动保护的作用。

（3）主预控员：车间主操/主岗，副操/副岗或安全技术员，在安全风险预控过程中承担直接操作执行现场作业过程风险预控的职能；对各项常规及特殊作业要求，按照操作规程或作业规定进行直接作业操作，同时接受副预控员的监督和管理。

（4）副预控员：车间工艺/设备副主任，班长，工艺技术员或设备技术员，在安全风险预控过程中承担预控辅助和协同主预控员进行现场作业过程风险预控的职能；通过安全风险预警管理信息平台或通过现场方式，按照操作规程或作业规定，对生产作业现场车间主操/主岗，副操/副岗或安全技术员的各项常规及特殊作业过程进行实时监管预控，起到量化操作、步步确认的预控作用。

2. 安全专业部门安全风险预控技术方法

工业企业安全专业部门包括企业安全机构以及企业生产二级单位的安全机构，作为企业安全风险预警体系风险预控的主要监督部门，承担着预控监督员的角色，具有监督管理企业所有安全风险预控执行状况的职能。其风险预控技术方法主要有：

（1）定期/随机检查预控。安全专业部门通过安全风险预警管理信息平台，或通过现场检查对生产作业现场的安全生产各项工作进行定期或随机的监督检查型预控。

（2）作业预审报预控。安全专业部门通过安全风险预警管理信息平台的自动统计预警功能，对生产作业现场的关键工序作业预审报情况进行及时预控。主要应用于对企业日常关键工序作业的常规预控，其功能作用主要为通过对生产作业现场待执行的关键工序作业情况的掌握，提前采取措施，有效预控作业风险。

3. 风险预控模式及流程

安全风险预控实施流程如图 13 - 12 所示。

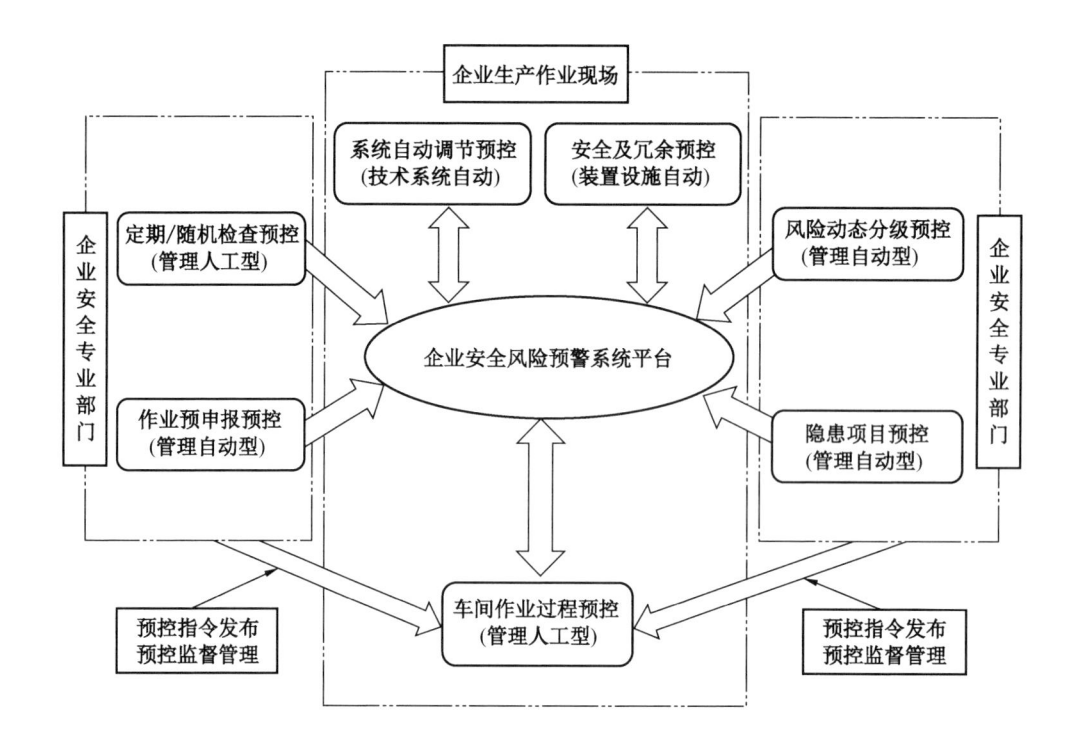

图 13 - 12　安全风险预控实施流程

（1）技术自动型预控，主要包括企业生产作业现场的系统自动调节预控和安全及冗余预控。

（2）管理自动型预控，主要包括企业安全专业部门、企业各级部门单位。

（3）管理人工型预控，主要包括车间作业现场、企业安全专业部门。

14 应急管理学

应急管理学是研究应急管理的科学规律和突发事件应对的理论、策略和方法科学。应急管理以预防或减少突发事件及其后果为目标，其本质是管理事故灾害的要素及其演化作用过程。应急管理的核心是获得突发事件应对的关键管理因素和管控目标，掌握应急管理的科学方法和关键技术，把握应急管理措施实施的精准时机和合理的力度。

14.1 应急管理理论

14.1.1 应急管理战略

1. 事故应急"战略-系统"模式

1）概念及理论内涵

应急战略思维是指立足于战略高度，从战略管理的需要出发，观察事故应急命题、分析事故应急规律和解决事故应急问题的思想、心理活动形式。应急系统思想，可以界定为基于系统理念、系统科学和系统工程的理论与方法，思考事故应急管理、解决事故应急问题的高级心理活动形式。

事故应急"战略-系统"方法是以战略-战略管理、系统-系统科学和系统工程概念框架和理论模型为基础，基于对事故应急战略思维的使命感、全局性、竞争性和规划性四个维度，以及系统思想的整体性、关联性、结构化和动态化四个维度的思维方式和分析方法。事故应急"战略-系统"模式包含五项基本原则，即战略导向、整体推进、上下联动、横向协作和竞争发展的原则。

2）理论应用

以战略思维、系统思想、科学原理、法律规范、历史经验为基础，应用战略理论和模型原理，可以设计出事故应急的"战略-系统"综合模型，其基本结构内容包括：一项方针、三大使命、六个维度、十大关键元素。通过构建"战略-系统"模型，建立战略思维、应用系统思想、完善公共安全事故应急体系、强化体系运行功效，从而提升应急体系的管理质量，全面提高社会或企业的事故应急能力。

公共安全事故应急"战略-系统"模型如图14-1所示，其内容包括：

一项方针：常备不懈、及时有效、科学应对；

三大使命：生命第一、健康至上、环保优先；

六个维度：领导与执行、规划与策略、运行与系统、资源与技术、结构与流程、文化与培训。

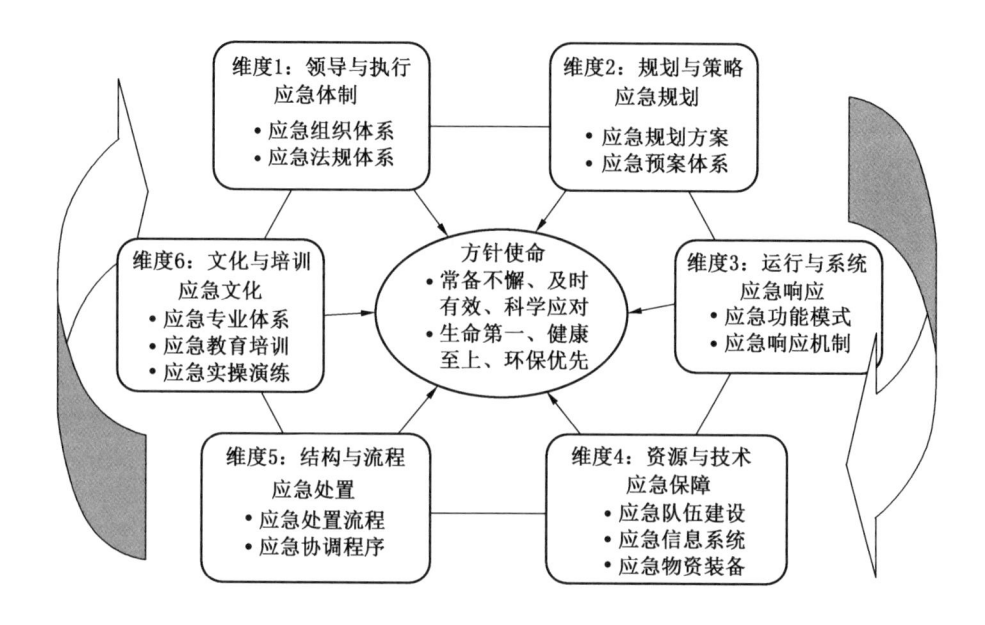

图14-1 公共安全事故应急"战略-系统"模型

基于上述事故应急"战略-系统"模型，可设计出表14-1所示的公共安全事故应急维度及能力体系要素。即基于六个战略维度，提出应急六大应急能力建设目标，二十大应急体系建设。

（1）应急决策能力：应急组织体系、应急管制体系、应急信息体系。

（2）应急规制能力：应急法规体系、应急标准体系、应急评估体系。

（3）应急响应能力：应急报告体系、应急预案体系、应急演练体系。

（4）应急保障能力：应急队伍体系、应急物资体系、应急装备体系、应急保险体系。

（5）应急处置能力：应急指挥体系、应急救援体系、应急医疗体系、应急救助体系。

（6）应急发展能力：应急科研体系、应急教培体系、应急交流体系。

表 14 – 1　公共安全事故应急"战略 – 系统"维度及能力体系要素

序号	战略维度	应急能力	应 急 体 系 要 素
1	领导与执行	应急决策能力	应急组织体系、应急管制体系、应急信息体系
2	规划与策略	应急规制能力	应急法规体系、应急标准体系、应急评估体系
3	运行与系统	应急响应能力	应急报告体系、应急预案体系、应急演练体系
4	资源与技术	应急保障能力	应急队伍体系、应急物资体系、应急装备体系、应急保险体系
5	结构与流程	应急处置能力	应急指挥体系、应急救援体系、应急医疗体系、应急救助体系
6	文化与培训	应急发展能力	应急科研体系、应急教培体系、应急交流体系

2. 应急管理"一案三制"模型

1）概念及理论内涵

应急管理"一案三制"模型中，"一案"指国家突发公共事件应急预案体系，"三制"分别为应急管理体制、应急管理机制、应急管理法制。这四个维度共同组成了国家应急管理体系。

（1）"一案三制"是基于四个维度的一个综合体系：体制是基础，机制是关键，法制是保障，预案是前提，它们具有各自不同的内涵特征和功能定位，是应急管理体系不可分割的核心要素。在现阶段我国应急管理体系建设遵循体制优先的基本思路，在理顺应急管理体制的基础上完善相关工作流程和制度规范。

（2）应急预案是指针对可能发生的突发事件为保证迅速、有序、有效地开展应急与救援行动、降低人员伤亡和经济损失而预先制定的有关计划或方案。应急预案的制定、修订、培训演练以及与现代信息科技的有效融合是现代应急管理的基础与优化方向。

（3）应急管理体制是指在党中央、国务院的统一领导下坚持分级管理、分级响应、条块结合、属地管理为主的原则。建立健全集中统一、坚强有力的指挥机构；发挥我们的政治优势和组织优势，形成强大的社会动员体系。建立健全以事发地党委和政府为主、有关部门和相关地区协调配合的领导责任制。国务院应急办，各省、各部门、地方应急办相继成立。基本结构包括决策机构、执行机构、行动机构、顾问团队和专家小组等。角色定位包括政府部门、非政府组织、营利组织、社会公众和国际力量等。

(4) 应急管理机制是指建立健全社会预警体系，形成统一指挥、功能齐全、反应灵敏、协调有序、运转高效的应急机制。

(5) 应急管理法制是指依法行政努力使突发公共事件的应急处置逐步走向规范化、制度化和法制化轨道。并注意通过对实践的总结促进法律法规和规章的不断完善。

"一案三制"是基于四个方面的综合体系，如图14-2所示，它们具有不同的内涵属性和功能特征。其中，应急管理体制是基础，应急管理机制是关键，应急管理法制是保障，应急预案是前提，它们共同构成了应急管理体系不可分割的核心要素。作为应急管理体系的四个子系统，"一案三制"体现了应急管理的基本工作模式。

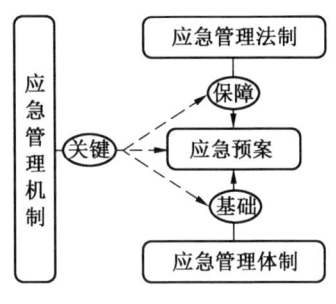

图14-2 应急管理"一案三制"模型

2）理论应用

(1) 创建应急预案体系。政府、单位（企业）、社会组织等在应急管理工作中的首要任务便是建立健全合适的应急预案体系。应急预案可以分为三种类型和五个层次，其中，三种类型包括综合预案、专项预案和现场预案，五个层次或级别包括：Ⅰ级（企业级）应急预案、Ⅱ级（县、市/社区级）应急预案、Ⅲ级（地区/市级）应急预案、Ⅳ级（省级）应急预案、Ⅴ级（国家级）应急预案。对事故后果可能超越省、自治区、直辖市边界以及列为国家级重大事故隐患、重大危险源的设施或场所，应制定国家级应急预案。

(2) 健全应急管理体制。应完善应急管理部门与相关人员的配备，明确职责与职能，全过程负责应急管理工作的有序进行。

(3) 优化应急管理机制。建立科学高效的应急管理机制，强化预防与应急准备、监测预警、应急决策与处置、信息发布与舆论引导、社会动员、善后恢复与重建、调查评估、应急保障等全方位应急工作的职能协调与匹配。

(4) 完善应急法规标准。在《突发事件应对法》的基础上，不断推进与应急体系配套的相关法规、标准、规章、制度等的编制与修订，提高法规标准的完备性与落地性，实现应急管理中的人、事、物、职、责、权等运行有法可依。

3. 危机管理"4R"模型

1）概念及理论内涵

危机管理"4R"模型是指危机管理由减少（Reduction）、预备（Readiness)、反应（Response）、恢复（Recovery）四个阶段组成。

危机管理"4R"模型是一种基于过程关键环节的循环管理模式，四个阶段之间具有紧密的逻辑关系。首先，减少是危机管理与防范应对的基本策略；其次，在最大限度减少后的残余危机需要对其应急工作开展相应准备；再次，当危机发生时进行科学、及时、有效的反应与处置，将损失程度尽可能控制到最小；最后，当危机事件结束后需开展相应的恢复措施从而修复或消除危机带来的损害。

"4R"模型理论由美国危机管理专家罗伯特·希斯（Robrt Heath）在《危机管理》一书中率先提出，其运行模型如图 14-3 所示。

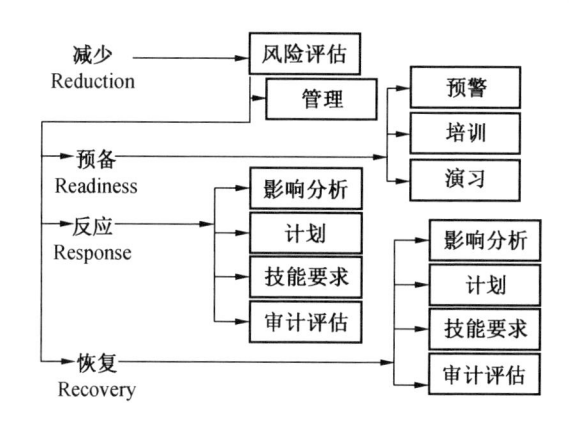

图 14-3 危机管理"4R"模型

2) 理论应用

政府、社会和企业管理者需要主动将危机工作任务按"4R"模式划分为四类。

（1）深化风险防控。尽力减少危机情境的攻击力和影响力，如进行预先的风险辨识、风险评估、风险预防控。

（2）固化应急能力。做好处理危机情况的准备，如进行危机预警、危机培训、预案演习等。

（3）优化救援行动。尽力应对已发生的危机，如在事件响应中进行启动预案、影响分析、严重度控制等。

（4）强化事后处置。力求从危机中恢复，如后果影响分析、恢复计划、恢复建设等。

4. 应急管理生命周期理论

1）概念及理论内涵

根据危机的发展周期，突发事件应急管理生命周期可以分为以下几个过程阶段：危机预警及准备阶段、识别危机阶段、隔离危机阶段、管理危机阶段和善后处理阶段，如图 14-4 所示。

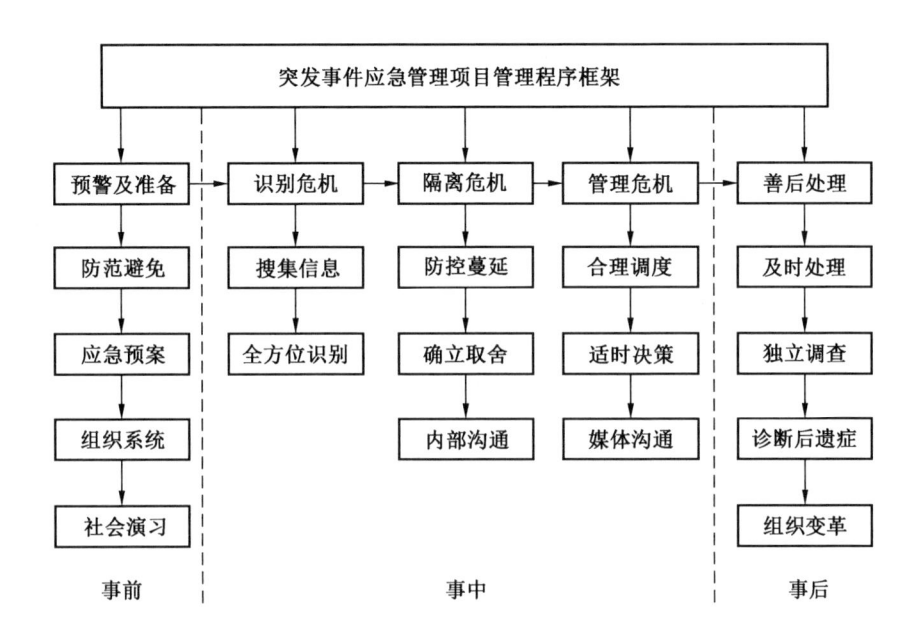

图 14-4　突发事件应急管理生命周期理论模型

应急管理生命周期理论是从突发事件的事前、事中、事后的时间范畴进行针对性的阶段划分方式。

（1）危机预警及准备阶段的目的在于有效预防和避免危机的发生。

（2）识别危机阶段中，监测系统或信息监测处理系统是否能够辨识出危机潜伏期的各种症状是识别危机的关键。

（3）隔离危机阶段要求应急管理组织有效控制突发事态的蔓延，防止事态进一步升级。

（4）管理危机阶段要求采取适当的决策模式并进行有效的媒体沟通，稳定事态，防止紧急状态再次升级。

（5）善后处理阶段要求在危机管理阶段结束后，从危机处理过程中总结分析经验教训，提出改进意见。

2）理论应用

根据事故应急管理生命周期理论，组织或单位应该做好如下三个阶段的工作：

（1）事前充分预备。突发事件发生之前，需要进行应急的充分合理准备工作和事件监测预警。

（2）事中科学应对。当突发事件发生时，首先要进行科学的事件及其风险识别与评估，然后根据事件的各种表现形式及特征对事件产生的各种影响进行分析整理，对事件未来的发展趋势进行预测，并根据分析的结果对突发事件进行分类分级，启动应急管理系统进行程序化处理。政府及相关部门根据已获取的突发事件信息进行有效反应，通过对事件的分析和对核心问题的重点应对，采取包括调动应急物资以紧急救援设备、相关人力资源等一系列应急资源以实现救援的连续性、实时性、动态性和高效性。

（3）事后合理处置。突发事件结束后，需对事件遗留问题进行妥善及时的处理，并对事件进行系统的调查与研究，为同类事件的预防控制与应急救援提供合理的优化对策。

5. 事故应急能力建设模型

1）概念及理论内涵

事故应急能力是指预防和应对突发事件的能力。事故应急能力不仅包括政府、企业、社会组织各自的应急管理、应急响应、应急处置能力，还包括家庭和个人预防和应对突发事件的能力。

根据国情和借鉴国内外经验，事故应急能力主要包括：

（1）应急认知能力，包括应急意识、应急知识、危险及其发生可能性，危险中人、财、物的易损性程度等的辨识能力等。

（2）信息处理能力，包括事故信息报告，以及应急响应需要的制度、标准、技术、资源、专家、设施、社区、人员等相关信息。

（3）监测预警能力，是对可能发生或正在发生的突发事件进行处理时所具备的应对能力，包括编制应急预案、建立监测预警制度，进行隐患排查和监测、配置相应的设施和工具。

（4）应急处置能力，是应对突发事件的核心能力，包括应急快速反应，应急决策，应急指挥、控制、协调，应急队伍的实战技能等。

（5）应急保障能力，包括应急设施建设、应急装备工具储备、应急物资储备、资金支持、避难场所设置等。

(6) 公众反应能力，包括居民个人对灾害的防御能力和自救、互救技能，居民家庭应急准备情况等。

(7) 社会疏导能力，指突发事件将要发生或发生过程中组织相关区域群众有序转移到避难场所或其他安全地带的能力。

(8) 应急动员能力，包括组织社区内机关、企事业单位、社会组织、居民捐款捐物和提供技术支持，开展应急宣传教育和演练，为受到伤害的居民提供必要的基本生活条件、心理干预等能力。

事故应急能力建设模型如图14-5所示。

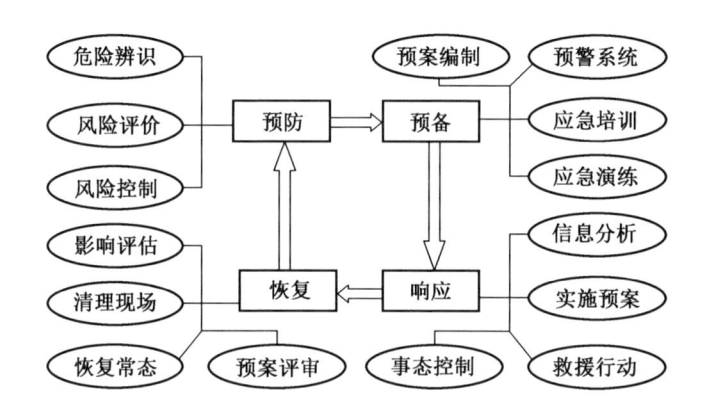

图14-5 事故应急能力建设模型

2) 理论应用

事故应急能力建设应遵循应急能力模型中的两层要素内容开展。

(1) 事前防范能力。在预防过程中，应充分利用建立完善的对象风险管控工作及模式，消除、减缓、控制事故发生的可能性与后果水平，实现事前的减灾目的。

(2) 事前准备能力。在预备过程中，针对事故灾害的风险水平，搭建预测预警预报系统与平台对目标进行动态化的监测与预警，编制各类事故灾害的应急救援预案，并组织人员开展有效的培训与演练。

(3) 事中响应能力。在响应过程中，应强化事故信息的分析与沟通，提高预案启动的准确合理性以及行动过程中人、物、管理协调机制等各方面的配合，使事故与损失得到最大限度的控制。

(4) 事后处置能力。在恢复阶段，需要完善对事故遗留问题处置与解决的能力，并能够对事故及救援过程中暴露出的优势与不足进行科学认知与总结，为未来的事故预防与应急救援提供科学的经验指导。

根据事故应急能力建设的模式，指导企业或政府构建表 14-2 列出的应急能力建设体系表。

表 14-2 企业生产安全事故应急能力的建设体系表

阶段	建 设 目 标	建 设 子 系 统
预防	1. 确立主动式应急理念； 2. 全面辨识事故风险； 3. 合理评价风险水平； 4. 建立应急基础保障	1. 应急法规系统； 2. 应急组织系统； 3. 应急管理系统； 4. 应急队伍系统； 5. 应急科技系统； 6. 应急预警系统
预备	1. 制定系统全面的应急预案； 2. 充分准备事故应急所需资源； 3. 实施事故应急能力建设； 4. 提高事故应急响应效能	1. 应急预案系统； 2. 应急物资系统； 3. 应急培训系统； 4. 应急演练系统； 5. 舆情监测系统； 6. 应急信息系统
响应	1. 及时启动应急预案； 2. 有效实施应急预案； 3. 降低生命、财产和环境损失； 4. 有利于事故灾后恢复	1. 应急报告系统； 2. 应急指挥系统； 3. 应急救援系统； 4. 应急通报系统
恢复	1. 企业和社会事故影响最小化； 2. 有效吸取事故教训； 3. 具备事后重建能力； 4. 反馈应急管理能力信息； 5. 促进应急保障体系完善	1. 应急救助系统； 2. 应急医疗系统； 3. 应急评估系统； 4. 应急保险系统

6. 事故应急系统工程模型

1）概念及理论内涵

事故应急系统工程模型是基于系统科学的理论与思想建立的事故应急管理系统结构模型，包含应急主体、应急机制、应急要素、应急能力、应急管制等系统要素。

事故应急系统工程模型中的各系统要素具体含义如下：

四个应急主体：政府、单位（企业）、社会、公众。

四方应急机制：政府指挥协调、单位主体应对、社会能动参与、公众有效响应。

六大应急要素：应急策划、应急管制、应急响应、应急能力、应急处置、应急文化。

四种应急能力：事故预防能力、应急预备能力、应急响应能力、应急恢复能力。

四环应急管制：策划管制、实施管制、检查管制、改进管制。

2）理论应用

应用系统科学的霍尔模型理论，事故应急系统工程模型如图14-6所示。

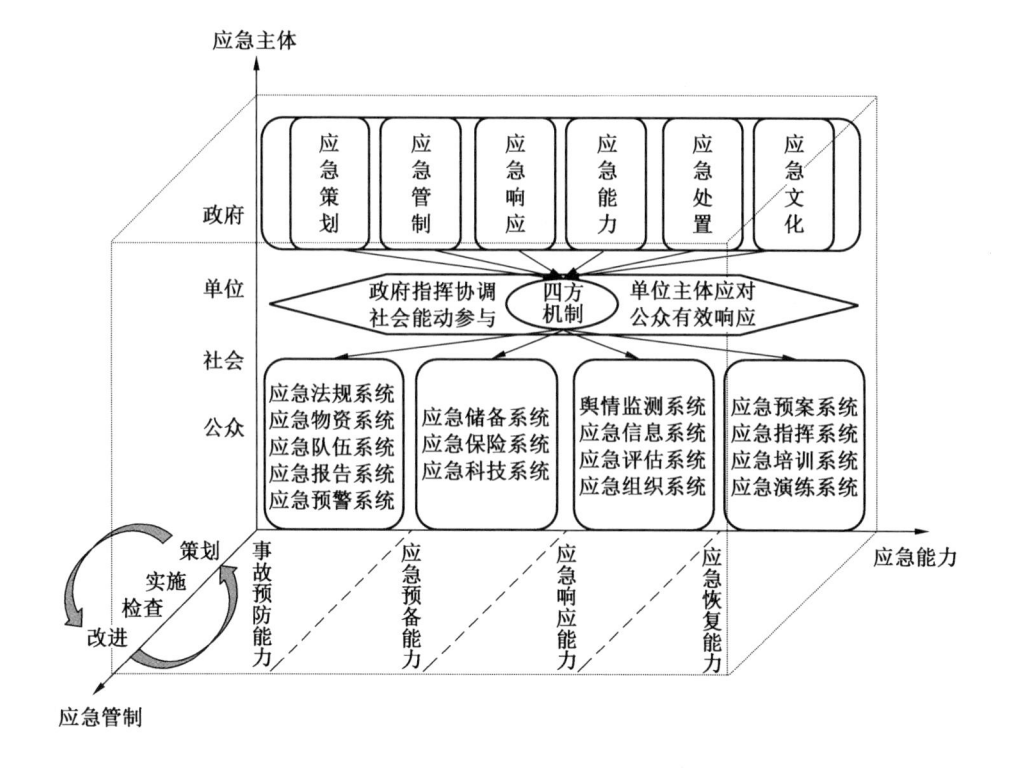

图14-6 事故应急系统工程模型

事故应急系统工程模型是在应急四方机制的原则下，将应急系统按照应急主体、应急管制、应急能力等要素分割成具有不同功能目标的子系统，如适于事故预防工作目标的应急法规系统、应急物资系统、应急队伍系统、应急报告系统、应急预警系统等，适于应急预备工作目标的应急储备系统、应急保险系统、应急科技系统等，适于应急响应工作目标的舆情监测系统、应急信息系统、应急评估系统、应急组织系统等，适于应急救援与恢复工作目标的应急预案系统、应急指挥系统、应急培训系统、应急演练系统等。

14.1.2 应急管理模式

1. 事故应急管制机制运行模式

1）概念及理论内涵

事故应急管制机制运行模式是指"政府指挥协调、单位主体应对、社会能动参与、公众有效响应"的四方运行机制。

事故应急管制机制运行模式是基于"战略-系统"原则，充分协调特设安全应急体系各方主体而构建的运行机制模式。其中，各方机制分别包含平时与战时两种不同的时间维度属性，即平时的应急管理基础性、常态性、周期性的主体功能与目标，战时的针对性、及时性、有效性的主体功能与目标。

2）理论应用

如图14-7所示，事故应急救援行动的运行机制，要体现"统一指挥、分级响应、属地管理和广泛动员"的四项原则，直接指导应急救援行动过程中的人员、物质、环境（现场），使各类要素的功能充分发挥和应急响应系统高效有序运行。

在宏观与微观应急救援体系建设中，事故应急管制机制运行模式可以系统明确政府、单位（企业）、社会、公众等相关主体在应急管理中的功能、目的与作用，使应急管理工作与国家体制机制相契合、与应急管理原则相匹配、与应急管理目标相对应、与应急管理各项工作职能相协调。

2. 基于事故风险分级的应急管制策略

1）概念及理论内涵

基于事故风险分级的应急管制策略是指不同类型突发事故事件的不同风险水平所采取的针对性应急管制策略。科学、合理的分类分级式应急管制策略，是实现事故应急有效性的重要方法论。根据自然灾害、事故灾难、社会治安及公共卫生四大类突发事件，设计分级应急管制策略及其技术。

2）理论应用

事故应急的分级原理要以基于风险的原理进行，即应用RBS理论和技术，确定各大类应急管制对象的应急响应主体与应对责任主体，将各类应急预案按照从高到低不同风险等级，由对应管制部门进行分类分级策略进行管制和组织。基于风险的分类分级应急管制策略见表14-3。

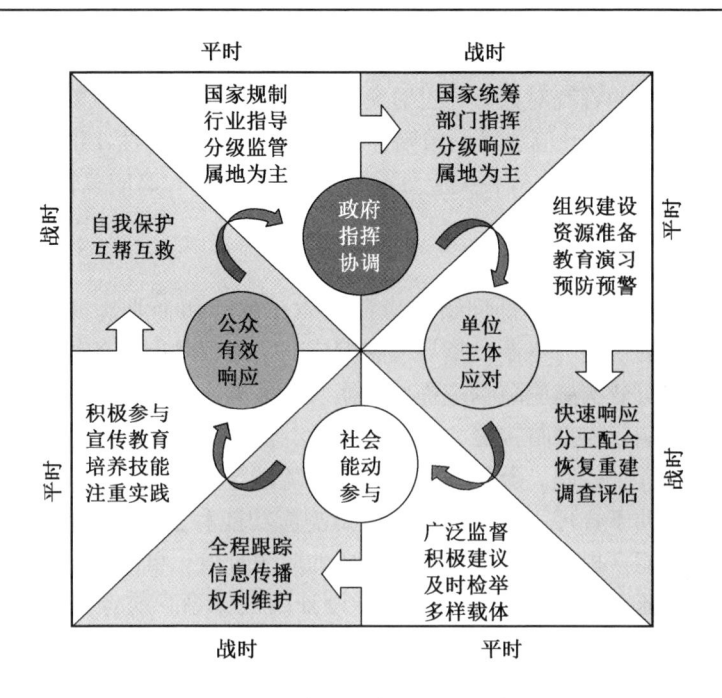

图 14-7 事故应急能力建设模型

表 14-3 基于风险评价的特设安全事故分类（分级）应急监管策略

应急对象	自然灾害			事故灾难			社会安全			公共卫生		
事故类型	地震、滑坡、泥石流、台风、海啸等			矿难、空难、火灾、交通事故等			刑事案件、恐怖袭击、突发事件等			重大疾病疫情、食品药品中毒等		
风险等级	高→低			高→低			高→低			高→低		
事故分级	Ⅰ级	Ⅱ级	Ⅲ级	Ⅰ级	Ⅱ级	Ⅲ级	Ⅰ级	Ⅱ级	Ⅲ级	Ⅰ级	Ⅱ级	Ⅲ级
监管策略	A级策略	B级策略	C级策略	A级策略	B级策略	C级策略	A级策略	B级策略	C级策略	A级策略	B级策略	C级策略
策略内涵	加强响应	较强响应	一般响应	加强响应	较强响应	一般响应	加强响应	较强响应	一般响应	加强响应	较强响应	一般响应

政府与企业可以根据其面临的潜在突发事件，按其类型进行事前与事中两大过程的事前风险评估与事中风险评估，掌握各类事故事件在不同阶段的风险

等级,从而制定与实施相应风险级别的应急监管、预防、准备、响应、救援、恢复等不同强度的管制对策。通过对突发事故事件采取基于风险分类分级的管控与应急,既能够提升应急管制策略体系的系统性与针对性,也可以实现应急管理中人力、物力、财力等各类应急资源的科学配置,提高应急管理效能水平。

3. 事故应急响应模式

1) 概念及理论内涵

事故应急响应模型是面向事故应急主体(政府和企业),揭示应急流程、应急组织功能的规制与机制,指导应急响应的实施及功能任务的分配及协调模式,为落实和有效实施应急响应提供方案及对策方法。

事故应急响应模型将接警、响应、救援、恢复和应急结束等过程规律系统化,对应急指挥、控制、警报、通信、人群疏散与安置、医疗、现场管制等任务协调化,有助于合理、科学地设置应急响应功能和实施运行应急响应程序,对保障应急效能,提高应急效果具有重要的应用价值。事故应急响应模式包括事故应急响应流程和事故应急响应功能设计两大体系。前者揭示应急响应流程,是纵向的层次逻辑;后者揭示应急响应功能设置,是横向的任务逻辑。

2) 理论应用

事故应急响应程序主要包括警情与响应级别的确定、应急启动、救援行动、应急恢复和应急结束五大步骤,其中涉及诸多技术环节和要素。

实施应急响应需要多部门、多专业的参与,如何组织好各部门有效地配合实施应急响应,完成响应流程的目标,是最终决定应急成败的关键因素之一。因此,应急响应模式要解决应急响应任务的设置和安排。一般应用应急响应预案中包含的应急功能的数量和类型,主要取决于所针对的潜在重大事故危险的类型,以及应急的组织方式和运行机制等具体情况。表14-4描述了应急功能及其相关应急部门或机构的功能关系。

表14-4 突发事件应急响应功能矩阵表

应急功能	消防部门	公安部门	医疗部门	应急中心	新闻办	广播电视	…
警报	S	S		R		S	
疏散	S	R	S	S		S	
消防与抢险	R	S		S			
…							

注:R—负责机构;S—支持机构。

14.2 应急管理体制、机制及法制

14.2.1 应急管理体制

适应于不同时期经济社会发展的需要，我国应急管理体制演变经历了几个大的阶段。从新中国成立到改革开放前，我国应急管理主要是分部门应对各类自然灾害和传染性疾病，应急管理主要由民政、水利、地震、劳动保护、卫生等部门分工负责。改革开放后，随着经济社会快速发展，生产安全事故进入高发期，公共安全形势发生很大变化，逐步形成了议事协调机构承担突发事件组织协调处置的体制机制。2003 年取得抗击"非典"胜利后，建立了统一领导、综合协调、分类管理、分级负责、属地管理的应急管理体制。2018 年，整合优化应急力量和资源，组建了应急管理部，整合了分散在多个部门的十多项自然灾害、安全生产突发事件应急管理职能，形成了统一指挥、专常兼备、反应灵敏、上下联动的应急管理体制，对综合协调、整合力量、更加高效地应对各类突发事件发挥了重要作用，展现了中国特色大国应急管理的体制优势。

14.2.2 应急管理机制

长期以来，我国构建了上下各部门协调联动的应急管理机制。

上下协调联动，主要指应急管理的纵向关系，是不同层级主体间的配合协调联系。按照分级负责、属地管理的原则，一般性突发事件由地方各级政府负责，中央有关职能部门代表中央统一响应支援。发生特别重大灾害时，中央有关部门作为指挥部，协助中央指定的负责同志组织应急处置工作。左右协调联动，主要指应急管理的横向关系，是不同主体之间的协调联动。各成员单位、各行业主管部门按照各自职责分工，发挥各自专业优势，共同承担、认真履行突发事件应急处置职责。主要负责防灾减灾救灾、安全生产的应急管理部成立以来，已与 32 家单位建立了会商研判和协同响应机制，与中央军委联合参谋部建立了军地应急救援联动机制。其他负责突发事件应急管理的部门，也要注重建立有关协调联动机制，切实提升应急管理能力。

同时，应急管理部成立后，我国逐渐注重应急管理的全流程管理，强调风险的源头治理和危机的全过程管理，特别是针对以前应急管理流程被人为切割、不同部门分担流程上各个环节的现状，进行综合性的流程设计，提高应急管理的前瞻性。另外，该阶段开始重视应急管理保障体系建设，加强了基础设施、救援物资、信息等应急资源的优化管理和统筹调度，并整合了应急救援力量，构建了由财政资金、金融资金、保险资金和捐赠资金共同组成的财力投入保障体系现代化的应急管理机制，强调突发事件应急管理的上下左右协调联动。

14.2.3 应急管理法制

为增强应急管理法律的完整性、可操作性、统一性，全国人大正式启动了《突发事件应对法》修改工作。

在防灾减灾救灾领域，《防洪法》《森林法》《消防法》《气象灾害防御条例》《地震安全性评价管理条例》等防灾减灾救灾领域专项法规已完成修订，自然灾害防治立法工作正在推进。

在安全生产领域，相关立法工作取得了重要进展，完成《安全生产法》修订，出台了《生产安全事故应急条例》《消防救援衔条例》等一批法规制度，启动了危险化学品安全法、应急救援队伍管理法、煤矿安全条例等法律法规的调研起草工作。

在公共卫生领域，初步建立起公共卫生法律保障框架，出台《传染病防治法》《基本医疗卫生与健康促进法》《生物安全法》《动物防疫法》《进出境动植物检疫法》《核安全法》《建设工程抗震管理条例》等，推动出台《海洋灾害防御条例》等。

积极推进应急管理标准制修订工作，注重通过立法形式，强化应急管理全过程标准化，集中报批发布一批应急管理国家标准和行业标准，应急管理标准化取得显著成绩。

14.3 应急管理方法

14.3.1 突发事件应急管理方法研究

1. 运筹学/管理科学的研究方法

应急管理中有关资源布局和调配、人员疏散技术与模型等问题主要采用了运筹学/管理科学的研究方法。

Green 和 Kolesar（2004）对 30 多年来在《Management Science》上发表的有关应急管理领域运筹学模型和应用进行了回顾，阐述了这些原始模型在何种程度上影响应急反应的决策，讨论了由于恐怖主义的出现而引发的应急管理新情景下运筹学建模和应用的潜在方向。Altay 和 Green（2006）系统回顾了运筹学与管理科学在灾害运作管理中的相关研究，通过关键概念的定义清楚界定了研究范围，介绍了研究的过程，对已有的 109 篇文献按文献作者的国籍、发表时间、所应用的方法、研究内容所属的运作阶段、灾害的种类和研究的贡献进行了分类统计，并用图表详细介绍了不同运作阶段和灾种的论文研究情况，同时依据 Denizel 的分类标准也进行了统计，根据统计结果分析了研究现状，最后从 Multi-agent 研究、方法论、技术、运作的阶段和基础设施设计等方面提出了未来潜在的研究方向。这两篇文章对运筹学/管理科学角度的应急管理研究进行了很好的总结和提炼。从目前的研究来看，运筹学领域有关应急管理的研究最为充分翔实，但对多主体、多层次应急资源的合理调配和协调等问题的研究仍较为缺乏。

2. 基于博弈论的研究方法

严格来讲，博弈论是运筹学中的一部分，但经过多年的发展，博弈论已经发展出自身的方法和体系。同时，随着博弈论研究的深入，其在应急管理研究中的地位也已突显。对突发事件应急管理的博弈研究主要是应急管理的主体和客体，以及应急管理不同层级主体之间的博弈分析。突发事件应急管理过程是一个不完全信息的动态博弈过程。其中，局中人是"危机管理者"和"危机事件"；"危机事件"的策略空间就是其状态空间，"危机管理者"的策略空间则是其方案空间；支付函数是成本最小化下的最优方案。整个博弈过程便是如何调用方案空间中的方案应对突发事件的不确定性发展的状态。计雷等(2006)描述了动态博弈网络技术在应急管理中的应用，并描述了应急管理动态博弈问题的三个主要特征，即突发事件是动态演变的；关于事件发展的信息是从模糊到清晰，从不完全到完全；在不完全信息下所制定的方案要能够便于在信息完全时刻下的及时调整。将突发事件和突发事件管理者之间的关系表述为完全信息动态博弈过程存在缺陷，原因在于所有突发事件状态和方案都是可以穷尽的，但现实的问题是我们无法预料突发事件的所有状态空间，因此对应的方案集合也是无法穷尽的。同时，对应方案的收益函数也存在不确定性。因此，基于不完全信息动态博弈过程的研究将会是该领域的热点。同时，突发事件应急管理存在不同层级主体之间的博弈，采用委托代理关系分析应急组织体系构建中的博弈也是主要研究方向。

3. 复杂系统理论的研究方法

复杂系统研究是当前系统科学的主要研究方向之一，也是应急管理系统研究中采用较多的方法。复杂适应系统是一类代表性的复杂系统，基本思想是：系统的复杂性起源于个体的适应性，系统中的个体在与环境和其他个体的交流中不断进行着演化学习，并且根据学到的经验改变自身的结构和行为方式，在整体上突现出新的结构、现象和更复杂的行为（李振龙，2003）。Janssen(1998)用复杂适应系统的研究工具来模拟微观层面的行为，并得出了基于宏观模型的确定性参数值，将其应用于对控制疟疾行为效率的评价，以及全球气候变化情形的模型构建。复杂系统的信息不同于一般传统决策分析中的信息。例如，复杂系统通常会呈现对特定假设的极度敏感，通常有很强的不确定性，决策的利益相关者没有有关系统的模型和系统的输入参数，或者对模型和参数无法达成一致的意见。在这种强不确定性情况下，传统决策分析工具无法应用或者无法表达决策制订者的目标。而基于情景的计划可以帮助人们认识到，未来并不是对过去的归纳总结，并且可以帮助人们达成一致意见。但情景方法无法提供量化的决策分析，并对给出的政策选择作出排序（Lempert，2002）。计算机支持推理结合了数量分析和情境分析，可以在高度不确定的情况下给出可能模型集合，从而更好地模拟未来的状况。使用者可以在这些模型中通过计算机可视化和搜寻进行选区。基于 Agent 的模型是将社会看成多个自主互动代理人演化系统的计算研究，是从复杂适应性系统角度对社会体系问题进行研究的工具（Janssen，2005），也是目前应急管理中最为常见的应用方法。

4. 基于模拟仿真的研究方法

对突发事件起因的研究涉及对意外情况的建模和仿真。"意外建模"被《技术评论》杂志视为 2008 年十大新兴技术之一（Anonymous，2008）。微软研究中心适应性系统和互动组的主管 Horvitz 认为使用"意外建模"技术，融合大量数据，人类心理学和机器学习可以帮助人类管理意外事件。目前有关"意外建模"的研究方法多数出现在计算机人工智能研究方面。案例库的建立是应急管理中经验研究的重要部分。由于单纯的案例库并不能完全应对现代复杂突发事件，因此基于模拟仿真技术的研究方法在应急管理中得到了广泛应用。

14.3.2　面向群体性突发公共事件的应急管理决策机制

面向群体性突发公共事件的应急管理决策支持系统需要先依据群体性突发公共事件的严重程度，对相应的应急管理任务进行分级，分析多种应急管理类型的信息采集、多方通信、资源调度计算、应急决策等关键功能，从图形用户界面、信息管理通用模块、通信通用模块、核心应急管理算法等多个层面，进行相应的子系统边界划分和功能定位，从而完成应急管理决策支持系统的设计与开发。

在实际运行中，应急管理决策支持系统是以大规模应急管理数据库为基础，以现场多源的事件态势数据、多方救援力量实力数据、应急管理历史数据中隐藏的线索为有用知识，并结合专家或决策者的主观经验，以基于多属性匹配、证据推理、规则推理和模型分析等方法为手段，为政府决策者提供快速高效、切实可用、较为优化、动态调整的群体性突发公共事件应急管理决策支持。

图 14-8 所示的群体性突发公共事件应急管理系统主要是提供政府决策

者、一般应急人员、多方救援力量的综合化应急系统，其数据支撑基础是通过城市物联网、其他应急系统、智能交通设施、城市监控等获得实时的城市现场信息，通过构建的应急管理数据库，调用事先实现的应急决策、知识发现、数据挖掘、证据推理、动态演化等算法，为政府决策者、一般应急人员、多方救援力量共同完成面向大规模群体性突发公共事件的多方多类型应急救援与危机处置任务提供平台支持。

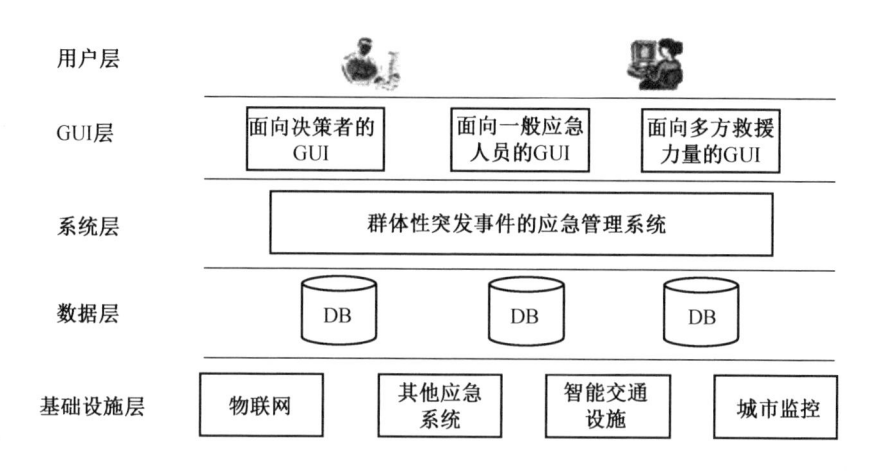

图 14-8　群体性突发公共事件应急管理系统

14.3.3　基于多属性匹配模型的应急管理决策方法

所谓多级联动应急管理主要是指同一目标指引下的多级别、多区域政府管理部门的协同调度与应急管理，需要在态势观测能力、危机救援能力、消防安保和暴力管控能力等方面进行有效协同，以实现对群体性突发公共事件的全方位、高效率应急管理，其主要任务如图 14-9 所示。从群体性突发公共事件发展过程的视角，多级联动应急管理需要开展多级联动预防演练、多级联动预警监控、多级联动应急管理、多级联动综合管控以及多级联动全局恢复等具体任务，应该调用多级多部门甚至社会救援力量中的信息资源、技术资源、人力资源、物力资源以及设备资源，完成对群体性突发公共事件全过程的态势观测、危机救援、消防安保和暴力管控等任务。从事件防扩散化管理的视角，多级联动应急管理则需要开展多级联动防辐射性扩散、多级联动防链式扩散、多级联动防循环式扩散以及多级联动防迁移式扩散等具体任务，通过多方多类型资源的统一决策、协同部署、优化方位的应急管理任务。

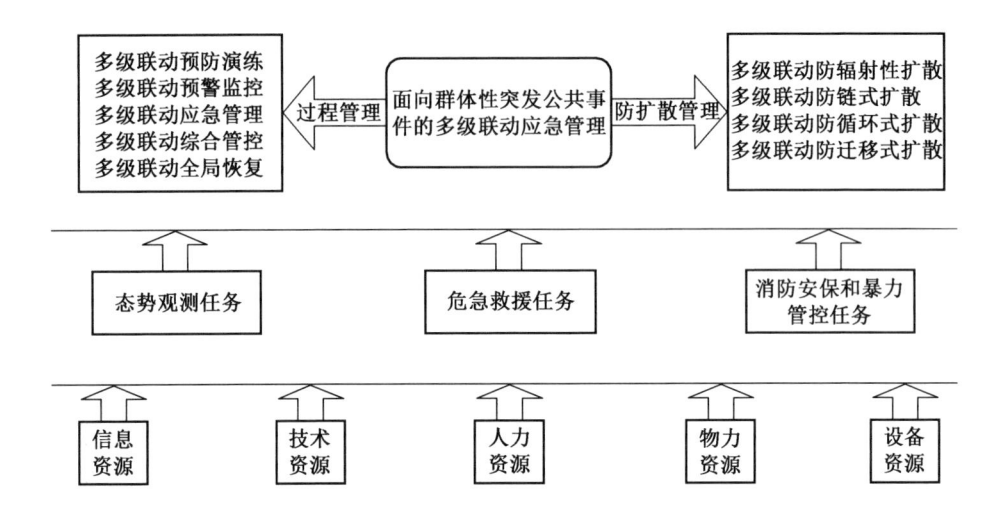

图 14-9　多级联动应急管理的主要任务

14.3.4　应急能力评价方法

1. 定性方法

定性方法包括访谈法。访谈，就是研究性交谈，是以口头形式，根据被询问者的答复搜集客观的、不带偏见的事实材料，以准确地说明样本所要代表的总体的一种方式。尤其是在研究比较复杂的问题时需要向不同类型的人了解不同类型的材料。

访谈法的特点是：方便简单，容易获得较可靠的数据资料，但需要人力、物力等资源，因而样本量受到一定限制。

2. 定性与定量相结合的方法

1) 层次分析法

层次分析法是根据具体问题的实质和决策要求达到的目标，把问题划分为不同的组成要素，并按照各要素之间的相互影响及隶属关系将各因素按照不同的层次组合在一起，形成一个多层次的分析结构模型，从而把最低层和最高层的相对重要权值或者相对优劣顺序排列出来，供决策者参考使用。层次分析法的基本步骤如下：

（1）建立层次结构模型。

（2）将问题中的各个要素划分为不同的层次结构，以框架结构说明各层次之间的从属关系。

(3) 构造判断矩阵,通过专家打分把某一层中的要素和与它高一层次要素之间的相对重要程度用矩阵表示出来。

(4) 对层次分析的结果进行检验,如果有误差,还需对判断矩阵的元素取值进行调整,重新进行运算。

层次分析法的特点是:能够反映指标体系层次之间的关系,具有系统性,所需定量信息较少,简洁实用,但不能反映指标之间相互复杂的作用关系,定性成分较多时会影响评价结果的准确性。

2) 网络分析法

网络分析法(the Analytic Network Process,ANP)是层次分析法的扩展,是针对元素(元素集)之间具有相互作用和反馈的决策问题。在一定程度上解决了 AHP 中被认为元素(元素集)之间相互独立的弊端,从而使决策问题更加贴近实际,结构关系更加灵活、更加客观合理有效,结构也更加复杂。

ANP 进行决策时,首先通过分析元素的特征来划分元素集;其次构建网络分析结构模型;再次对每个元素集内部元素相对与各个元素进行两两比较判断,构建判断矩阵,再由特征值法求出元素集内部各个元素的权重向量,进而整合构造出超矩阵;最后由于超矩阵不满足列随机特性,需要对各个元素集进行两两判断比较,所得的权重与超矩阵结合得出加权超矩阵,再由 AHP 判断权重的方法求出各个元素最终的优势度权重。

3) TOPSIS 法

TOPSIS(Technique for Order Preference by Similarity to an Ideal Solution)是一种典型的多目标决策方法,也被称为逼近理想解法。该模型由 Hwang 和 Yoon 提出,1994 年之后开始被应用到多目标决策领域。TOPSIS 模型的思想是对多个评价对象分别与正理想方案和负理想方案的距离进行计算,再根据与正、负理想方案的距离,分别得出各方案的相对接近度,比较接近度的大小,并排序找出最佳方案。这里所指的最佳方案指的是与正理想方案距离最近、与负理想方案距离最远的方案。

TOPSIS 法的特点是:可对已有的备选方案进行优先顺序的排列,常用于最优方案的选择,但规范决策矩阵的计算复杂,权重的确定主观性大,不能体现各方案与正负理想解的接近程度。

4) BP 神经网络法

BP(Back Propagation)神经网络是一种按误差逆传播算法训练的多层前馈网络,其学习过程由信息的正向传递与误差的反向传播组成。正向传播时,输入信息经隐含层逐层计算传向输出层,如果输出层没有得到期望的输出,则进行反向传播；反向传播是将输出误差通过隐含层向输入层逐层反传来修改各层神经元的权值，直至达到期望目标。

BP 神经网络法的特点是：非线性映射，具有一定的容错性，并可以自学习、自适应的同时不断将所学成果应用于新环境，但网络的权值会因为一些原因而导致失败，比如因收敛于局部极小点、收敛速度较慢等。

15 安全信息学

15.1 基本理论

15.1.1 安全信息的概念

《现代汉语词典》将"信息"(Information)定义为：音信；消息；信息论中指用符号传送的报道，报道的内容是接受符号者预先不知道的。《牛津英语词典》将"信息"定义为：通过各种方式可以被传递、传播、传达、感受的，以声音、图像、文件所表征，并与某些特定事实、主题或事件相联系的消息、情报、知识都可统称为信息。控制论奠基人 N. 维纳认为：信息是人们在适应客观世界，并使这种适应被客观世界感受的过程中与客观世界进行交换的内容的名称。"信息论之父"香农(Shannon)认为：信息是消息或信号中的内容和意义，消息或信号是信息的载体；通信的本质在于传输信息，最简单的通信系统包括信源、信道和信宿三个部分。他指出，信息的功能是表征信源的不定度；换句话说，信息是指能够用来消除不确定性的东西。

安全信息是安全系统涉及的人、事、物、环境等因素存在及运动规律的总和，是与实现安全目标相关的信息的统称。依据获知的物的本质安全程度、人的安全素质、对安全管理工作的重视程度、安全教育与安全检查的效果、安全法规的执行和安全技术装备使用的情况，以及生产实践中存在的隐患、发生事故的情况等各类安全信息，人们加强安全管理，消除隐患，改进安全生产状况，达到预防、控制事故的目的。

从应用的角度，安全信息可划分为安全状态信息、安全活动信息、安全指令性信息、应急管理信息等。

15.1.2 安全信息的传递模型

1. 香农的通信系统模型

安全信息传递过程遵循普遍的通信系统模型，图 15-1 所示为著名的"香农模型"，说明了通信系统的结构、诸因素的作用与功能。

1）信源

信源即信息的来源，或称为信息的生成源，有时也叫信息本原。任何事物

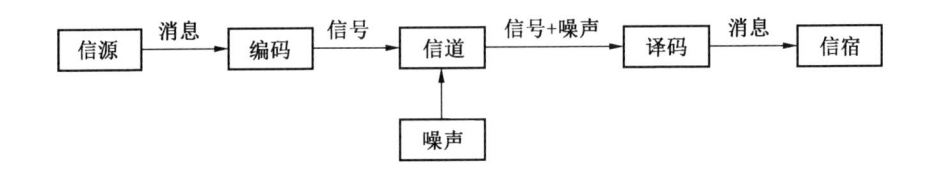

```
信源 →消息→ 编码 →信号→ 信道 →信号+噪声→ 译码 →消息→ 信宿
                              ↑
                             噪声
```

图 15-1　香农模型

都可发出信息，因此，任何事物都可能成为信源。信源发出信息时，一般都要以一种符号（图像、文字）或信号（语言、电磁波、声波、光波）等表现出来，通过各种物质介质和载体，以各种形式传递出去。

2）编码与译码

编码是基于传递方式的要求，把信息由一种信号形式转换成另一种信号形式。编码就是按照一定规则将符号排列成为一定序列，编码过程就是符号编排过程。编码过程分两个部分：信源编码和信道编码。信源编码即把信源输出的原始符号序列，用某种给定的符号编排成为其他事物所接收和理解的最佳符号序列。由于传输工具不同，这种信号序列可能是不同的信号序列，如光信号序列、电信号序列、声音信号序列等。信道编码是通过信道编码器和译码器提高信道可靠性的操作技术，分为编码和译码两个过程。

3）信道

信息传递必然要有传输路线，即传输道路，这种信息传递所经过的空间路线，就叫做信道。信道是信息流通系统的干线，是通信系统的重要组成部分。信道从理论上讲，它不只是担负信息的传输任务，还具有一定的储存作用。

信道容量是一个关键问题，指信道在单位时间内可以传输多少信息，也即以最大速率传输的信息量问题。信道容量与信道储存信息量的能力成正比。因此，通信技术总是向着传输速度快、传输数量大、传输功能高的方向发展。例如，第五代移动通信技术（5th Generation Mobile Communication Technology，5G）就具有高速率、低时延和大连接的特点，是新一代宽带移动通信技术，5G 通信设施是实现人、机、物互联的网络基础设施。

研究信道还有一个问题，那就是信道的方向性问题。信道除按传输工具不同分为有线信道、无线信道外，还根据方向性分为单路单向、单路双向、多路单向、多路双向和多路多向的网络状的信道等。

4）信宿

信宿一般是指信息的接收者。信宿可以是人，也可以是物，其中也包括机器。信宿接收信息是通过自己的感受器。收音机、电视机的信息感受器是天线，人的信息感受器就是眼、鼻、耳、口、手、足和皮肤等感觉器官。

5）噪声与干扰

噪声与干扰统称为噪声。噪声指由于技术故障或技术不完善造成的干扰并使得发出信号与接收信号之间出现的信息失真。减少噪声、排除干扰的措施主要有两类：提高编码的可靠性及信道抗干扰能力，通过滤波技术消除噪声。当前，以高速度、数字化、宽频带、多媒体化、智能化和网络化为特点的现代信息传播技术，已经可以将信息失真减小到最低程度。

2. 信息的度量方法

香农提出用信息熵度量信息的品质。

$$H_s = \sum_{i=1}^{n} p_i I_e = \sum_{i=1}^{n} p_i \log_2 p_i \qquad (15-1)$$

式中　H_s——信息熵；

　　　p_i——信息出现的概率；

　　　I_e——自信息量，bit；

　　　n——信息数量。

信息熵衡量了信息的不确定程度。信息熵越大，说明信息的不确定程度越大；信息熵越小，说明信息的不确定程度越小。

香农进一步提出并严格证明了在被高斯白噪声干扰的信道中，最大信息传送速率的计算公式：

$$C = W \log_2 \left(1 + \frac{S}{N}\right) \qquad (15-2)$$

式中　C——最大信息传送速率；

　　　W——信道带宽，Hz；

　　　S——信道内所传信号的平均功率，W；

　　　N——信道内部的高斯噪声功率，W。

该式说明信息传送速率与信道带宽成正比。如今利用5G网络，信息可以以毫秒级别时延的速度高速传送，人们几乎感受不到时滞，为各种实时应用提供了可靠的技术支撑。

15.2　安全大数据

15.2.1　迈入安全大数据时代

1. 安全大数据的概念

1998年，美国学者约翰·马西（John Mashey）指出，随着数据量的快速增长，必将出现数据难理解、难获取、难处理和难组织四个难题，这就是大数据（Big Data）。2012 年，牛津大学教授维克托·迈尔-舍恩伯格（Viktor Mayer-Schnberger）指出，数据分析将从"随机采样""精确求解"和"强调因果"的传统模式演变为大数据时代的"全体数据""近似求解"和"只看关联不问因果"的新模式。近些年随着物联网、移动互联网、工业互联网、云计算、平板电脑、智能手机等信息技术的广泛应用，安全生产领域也迈入了"安全大数据"时代。

安全大数据具有"5V"特点：Volume（大量）、Variety（多样）、Veracity（真实性）、Value（低价值密度）、Velocity（高速）。如何有效管理和利用安全大数据，迅速作出安全状态的精准预判和预控是安全领域的新挑战。

2. 安全大数据的产生过程及其价值链

图 15-2 显示了一个通用的大数据产生过程及其价值链。大数据的角色包括数据接收者、数据消费者、系统协调者、大数据应用提供者、大数据框架提供者等，他们通过信息技术处理数据的各种功能组件，例如储存、计算、批处理、交互、索引等，实施数据的收藏、批处理、分析、可视化、访问等数据的加工、管理活动，从而实现数据的消费和应用，给诸多角色创造价值和收益。如今，产业数字化已是大势所趋，工业互联网、物联网、云计算、5G 技术等新技术使人们能够掌握工业生产系统、交通运输系统、管道输送系统等大型复杂系统的实时状态，基于这些安全大数据，有可能实现生产系统、交通运输系统等各类活动的动态风险监测、预警与预控，从而最大程度地保障生产、生活安全。

15.2.2 安全大数据的分类

1. 按安全领域划分

按安全领域划分，安全大数据可分为安全生产大数据、应急管理大数据、交通安全大数据和公共安全大数据等。

（1）安全生产大数据。包括生产系统中的人、机、环、管理等诸要素的数量、质量、分布特性、相互联系等，生产系统的规划、计划、设计、开发、制造、安装、运行、更新、使用、维修、报废等全生命周期的各要素的信息等。以数字、文字、图像、图形和影像等不同形式表示定性、定量、定时的属性，并用可视化的手段全面地表示这些要素的属性特征。

（2）应急管理大数据。包括预防与准备、监测与预警、救援与处置、事后恢复与重建各个阶段的应急指挥、救援队伍、应急预案、应急物资装备、应急培训演练、事故灾难处置救援等一系列活动的信息和数据，还包括气象、环境、交通等等一系列影响应急救援处置的信息和数据。

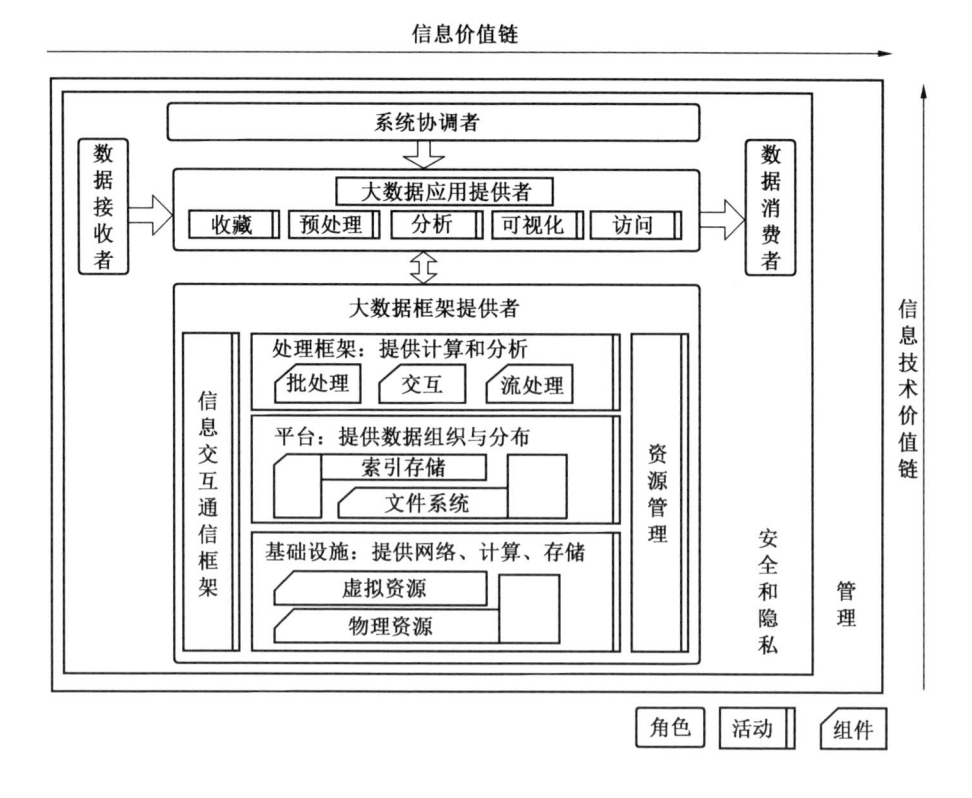

图 15-2 大数据产生过程及其价值链

（3）交通安全大数据。道路、铁路、水路、航空等交通运输系统极其复杂，其安全不仅取决于交通系统本身，还与旅客、货物、天气、路况、航道等一系列不确定因素相关。在交通领域，航班往返一次能产生数据达到 TB（1TB = 1024GB）级别，列车、水陆路运输产生的各种视频、文本类数据，每年保存的数据也达到数十 PB（1PB = 1024TB）。

（4）公共安全大数据。随着智慧城市、平安城市的建设，城市的公共安全监控数据庞大，一个大城市布设的监控摄像头达几十万个，仅视频数据每天采集量达到 PB 级，每年保存的视频监控数据量在数百 PB 级。

2. 按数据存储形式划分

按存储形式划分，安全大数据可分为结构化数据、非结构化数据、半结构化数据及准结构化数据。

（1）结构化数据。结构化数据通常指的是行数据，可用二维表结构来逻辑表达和实现，主要存储在关系型数据库中。结构化数据先有结构再有数据，结构一般不变。一般在数据库中存储数据前需要事先定义数据并创建索引，这使得访问和过滤数据变得非常简单。因此，结构化数据最容易处理。

（2）非结构化数据。相对于结构化数据而言，不方便用数据库二维逻辑表来表现的数据即称为非结构化数据。非结构化数据没有标准格式，为非纯文本类数据，存储在非结构数据库中，包括所有格式的办公文档、文本、图片、XML、HTML、各类报表、图像、音频、视频信息等。非结构化数据一般无法直接进行商业智能分析，这是由于非结构化数据无法直接存储到数据库表中，也无法被程序直接使用或使用数据库进行分析。二进制图片文件就是非结构化数据的一个典型例子。

（3）半结构化数据。半结构化数据介于结构化数据和非结构化数据之间，格式较为规范，一般都是纯文本数据，包括日志数据、XML、JSON等格式的数据。半结构化数据一般是自描述的，数据的结构和内容混在一起，没有明显的区分。数据模型主要为树和图的形式。

（4）准结构化数据。准结构化数据是具有不规则数据格式的文本数据，通过使用工具可使之格式化。例如，准结构化数据包含数据值和格式不一致的网站点击数据。

如前所述，基于物联网、移动互联网、工业互联网、云计算、平板电脑、智能手机等的广泛应用，人们可将各类安全信息以安全大数据的形式进行采集、储存、加工、分析、模拟、反馈等，从而实现动态监测检测、精准预报预警、适时预控管制、及时应急处置，更好地实现安全水平。

15.2.3 大数据安全

随着大数据时代的到来，"数据将成为像石油一样宝贵的资源"成为新的共识。在这种背景下，数据安全自然是最关注的话题之一。

1. 威胁数据安全的主要因素

（1）数据信息存储介质的损坏。在物理介质层次上对存储和传输的信息进行安全保护，是信息安全的基本保障。物理安全隐患大致包括下述三个方面：

① 自然灾害（如地震、火灾、洪水、雷电等）、物理损坏（如硬盘损坏、设备使用到期、外力损坏等）和设备故障（如停电断电、电磁干扰等）。

② 电磁辐射、信息泄露、痕迹泄露（如口令、密钥等保管不善）。

③ 操作失误（如删除文件、格式化硬盘、线路拆除）、意外疏漏等。

（2）无意失误。例如，网络管理员安全配置不当造成安全漏洞，用户安全意识不强、口令选择不慎，用户将自己的账号随意转借他人或与别人共享等，都将对网络信息安全带来威胁。由于操作失误，使用者可能误删除系统的重要文件，或者修改影响系统运行的参数，以及没有按照规定要求或操作不当导致的系统停机，别有用心的人将利用这些无意的失误，从他人获取不该他获取的信息。

（3）恶意攻击。恶意攻击是计算机网络所面临的最大威胁，网络战中敌方的攻击和计算机犯罪就属于这一类，恶意攻击者俗称黑客。恶意攻击以各种方式有选择地破坏信息的有效性和完整性，或者截获、窃取、破译以获得重要机密信息。黑客通过网络传播计算机病毒，实现信息窃取、破坏计算机系统等。国际上已发生多起银行系统、成品油管道系统、通信系统等被"黑"的事件，造成重大损失。这些恶性事件警示大数据时代新的脆弱性，是生产安全、公共安全的新挑战。

（4）电源故障。数据中心的数据储存在硬盘或存储设备上，本质上是一个机电设备，一个瞬间过载电功率就能损坏硬盘或存储设备上的数据。此外近年国内外发生多起大数据中心火灾事故，其中供电系统故障是主要原因。

（5）磁干扰。遵循电磁效应原理，储存在电子元件中的数据受到强磁场干扰后，可能造成数据破坏。

2. 大数据存在的不安全因素

（1）大数据成为网络攻击的显著目标。大数据的特点是数据规模大，达到 PB 级，而且复杂，并存在更敏感的数据，吸引了更多的潜在攻击者。数据的大量汇集，致使黑客成功攻击一次就可获得更多数据，因此，降低了黑客的进攻成本，增加了收益效率。

（2）大数据加大了隐私泄露风险。

① 数据集中存储增加了泄露风险。

② 一些敏感数据的所有权和使用权并没有明确界定，很多大数据的分析都没有考虑到其中涉及的个体隐私问题。

（3）大数据威胁现有的存储和安防措施。大数据集中存储的后果是导致多种类型数据存储在一起，安全管理不合规格。大数据的大小也影响到安全控制措施的正确运行。安全防护手段的更新升级速度跟不上数据量非线性增长的速度，暴露了大数据安全防护的漏洞。

（4）大数据技术成为黑客的攻击手段。在利用大数据挖掘和大数据分析等大数据技术获取价值的同时，黑客也在利用这些大数据技术发起攻击。黑客最大限度地收集更多有用信息，如社交网络、邮件、微博、电子商务、电话和家庭住址等信息，大数据分析使黑客的攻击更加精准，大数据也为黑客发起攻击提供了更多机会。

(5) 大数据成为可持续攻击的载体。传统的检测是基于单个时间点进行的基于威胁特征的实时匹配检测，而可持续攻击是一个实施过程，无法被实时检测。此外，大数据的价值密度低，使得安全分析工具很难聚焦在价值点上，黑客可以将攻击隐藏在大数据中，对安全服务提供商的分析制造了很大困难。黑客设置的任何一个误导安全目标信息提取和检索的攻击，都将导致安全监测偏离方向。

3. 数据安全技术

数据安全技术包括数据本身的安全、数据防护的安全和数据处理与存储的安全等方面。

(1) 数据本身的安全。数据本身的安全是指采用密码算法对数据进行主动保护，如数据保密、数据完整性、双向身份认证等。数据本身的安全必须基于可靠的加密算法与安全体系，主要有对称算法与公开密钥密码体系两种。

(2) 数据防护的安全。数据防护的安全主要是采用现代信息存储手段对数据进行主动防护，如通过磁盘阵列、数据备份、异地容灾等手段保证数据的安全。

(3) 数据处理与存储的安全。数据处理的安全是指为有效地防止数据在录入、处理、统计或打印中由于硬件故障、断电、死机、人为的误操作、程序缺陷、病毒或黑客等造成的数据库损坏或数据丢失现象而采取的建立或采用的技术和管理的安全保护措施，通过这些措施来保护计算机硬件、软件和数据不因偶然和恶意的原因遭到破坏、更改和泄露。数据存储的安全是指应用物理、技术和管理控制来保护存储系统和基础设施及存储在其中的数据。存储安全专注于保护数据（及其存储基础设施），防止未经授权的泄露、修改或破坏，同时确保授权用户的可用性。

15.3 安全信息系统应用

15.3.1 安全生产领域

1. "金安"工程

"金安"工程全称为"国家安全生产信息系统"，是国务院信息化领导小组办公室列办的国家信息化"金"字号工程，是国家安全生产"十一五"规划中的重大建设项目之一，也是国家电子政务重点工程项目。"金安"工程一期项目应用系统覆盖国家安监总局、省安监局和省煤监局范围，包括重点监管企业基本情况数据库、调度与统计数据库等十大数据库，如图15-3所示。

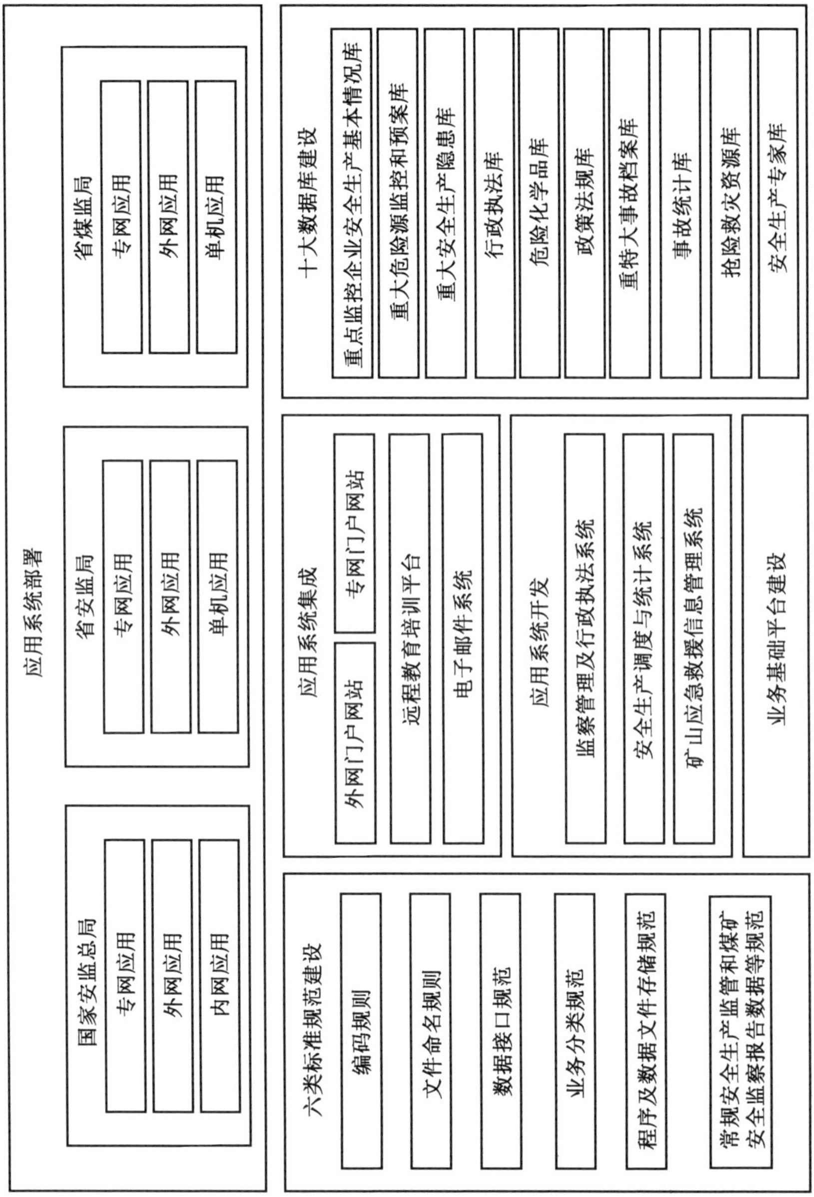

15 安全信息学

应用系统部署

国家安监总局：专网应用、外网应用、内网应用

省安监局：专网应用、外网应用、单机应用

省煤监局：专网应用、外网应用、单机应用

十大数据库建设

- 重点监控企业安全生产基本情况库
- 重大危险源监控和预案库
- 重大安全生产隐患库
- 行政执法库
- 危险化学品库
- 政策法规库
- 重特大事故档案库
- 事故统计库
- 抢险救灾资源库
- 安全生产专家库

应用系统集成

- 外网门户网站
- 专网门户网站
- 远程教育培训平台
- 电子邮件系统

应用系统开发

- 监察管理及行政执法系统
- 安全生产调度与统计系统
- 矿山应急救援信息管理系统

业务基础平台建设

六类标准规范建设

- 编码规则
- 文件命名规则
- 数据接口规范
- 业务分类规范
- 程序及数据文件存储规范
- 常规安全生产监管和煤矿安全监察报告数据等规范

图 15－3 "金安工程"系统

应用系统和数据库的核心业务是安全生产监督管理及行政执法、安全生产调度与统计及矿山应急救援信息管理。系统建设可使各部门获得最新、最完整和稳定可靠的信息,为提高安全生产监管监察系统的信息采集、处理和加工能力,实现安全生产监管、监察和行政执法工作的信息化提供支撑服务。

(1) 数据库建设。"金安"工程一期数据库建设主要包括重点监控企业安全生产基本情况数据库、重大危险源和预案数据库、重大安全生产隐患数据库、危险化学品监管数据库、政策法规数据库、重特大事故档案数据库、安全生产专家及安全评价中介机构数据库、抢险救灾资源数据库、调度与统计数据库、行政执法数据库十大数据库。

(2) 国家安全生产信息系统。在应用系统建设方面,"金安"工程一期覆盖安全生产领域的安全生产监管、煤矿安全监察以及矿山应急救援指挥的业务系统。图15-4显示了国家安全生产信息系统功能模块。

国家安全生产信息系统

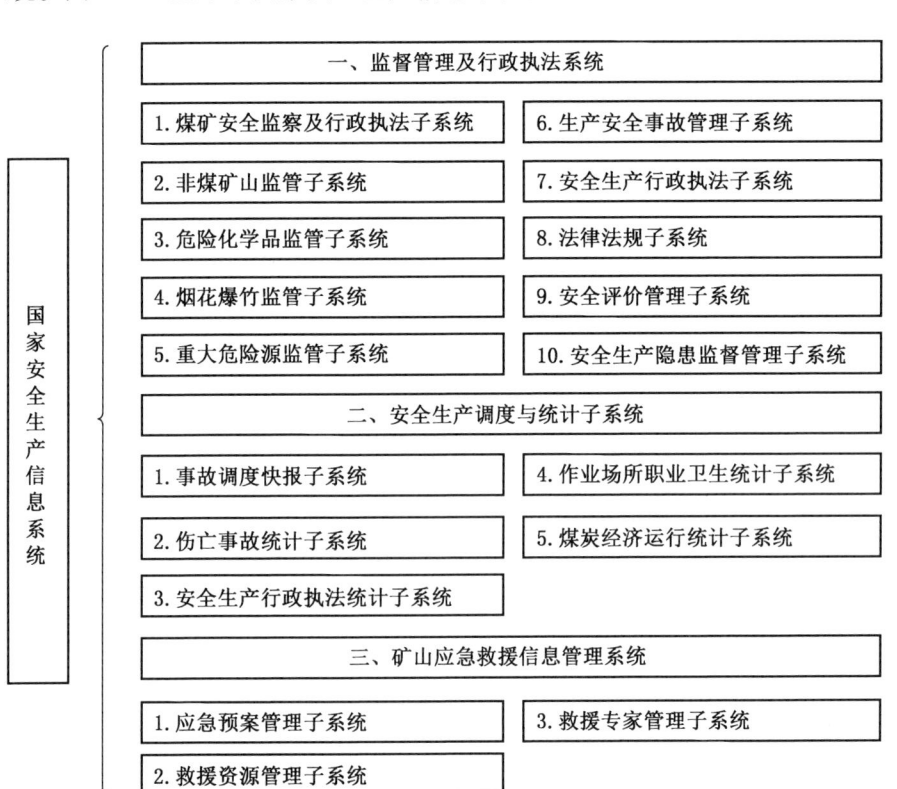

一、监督管理及行政执法系统
- 1. 煤矿安全监察及行政执法子系统
- 2. 非煤矿山监管子系统
- 3. 危险化学品监管子系统
- 4. 烟花爆竹监管子系统
- 5. 重大危险源监管子系统
- 6. 生产安全事故管理子系统
- 7. 安全生产行政执法子系统
- 8. 法律法规子系统
- 9. 安全评价管理子系统
- 10. 安全生产隐患监督管理子系统

二、安全生产调度与统计子系统
- 1. 事故调度快报子系统
- 2. 伤亡事故统计子系统
- 3. 安全生产行政执法统计子系统
- 4. 作业场所职业卫生统计子系统
- 5. 煤炭经济运行统计子系统

三、矿山应急救援信息管理系统
- 1. 应急预案管理子系统
- 2. 救援资源管理子系统
- 3. 救援专家管理子系统

图15-4 国家安全生产信息系统

2. 国家危险化学品安全生产风险监测预警系统

国家危险化学品安全生产风险监测预警系统是在重大危险源信息系统的基础上新建设的。截至 2022 年 9 月，在危险化学品行业，已实现重大危险源企业 44 万个互联网监测点位数据，持续加强危险化学品重大危险源安全风险线上管控。图 15-5 显示了危险化学品安全生产风险监测预警系统的架构和功能。

通过接入企业实时监测数据和视频监控数据，同时依托危险化学品登记管理系统，危险化学品 GIS 应用系统等基础数据，通过信息化智能化手段，实现动态预警、风险分布、在线巡查、安全承诺等功能，为综合分析、风险防范、风险态势动态研判、事故应急提供支持。系统建成运行以来，危险化学品重大危险源的安全管理装上了"千里眼"和"顺风耳"。

3. 煤矿安全风险监测预警系统

煤矿安全风险监测预警系统以远程煤矿安全实时监测监控为主，集安全信息采集、采掘位置动态跟踪、隐患警告、事故报警、安全监管、安全调度等功能为一体的计算机信息网络系统，能够将现有不同时期、不同种类、不同技术的安全生产监测监控系统和新建的系统整合在统一的平台上，使从企业的生产环节到政府的监督管理机构都能及时得到安全生产的信息，协助将安全生产监督管理工作落到实处。系统拥有强大的用户管理功能、网络数据实时传送良好的兼容性、方便的可扩展性等众多优点。图 15-6 显示了煤矿安全风险监测预警系统拓扑结构。

15.3.2 应急救援领域

应急指挥系统处理管理应急大数据，为应急决策作支撑。一般应急指挥系统具备接报、出警、调度、会商、预案管理等功能。依托应急指挥系统，政府或企事业单位可实现灾情信息全面汇聚、反应灵敏、专题分析研判、信息上传下达、协同联动、高效调度、科学决策的应急指挥机制，全面保障应急救援指挥作战。图 15-7 显示了常见应急指挥系统架构图。

应急指挥系统是实现"统一指挥、专常兼备、反应灵敏、上下联动、平战结合"应急管理体制的技术支撑，综合运用移动互联网、物联网、云计算等先进技术，统一集中管理感知数据，智能化处理海量信息，实现安全生产要素实时监控、事故隐患智能分析、智慧安全管理、应急协同指挥、培训教育考核一体化应急管理模式。

15.3.3 智慧交通系统

智慧交通是指依靠互联网、大数据、物联网及人工智能等多种信息技术汇

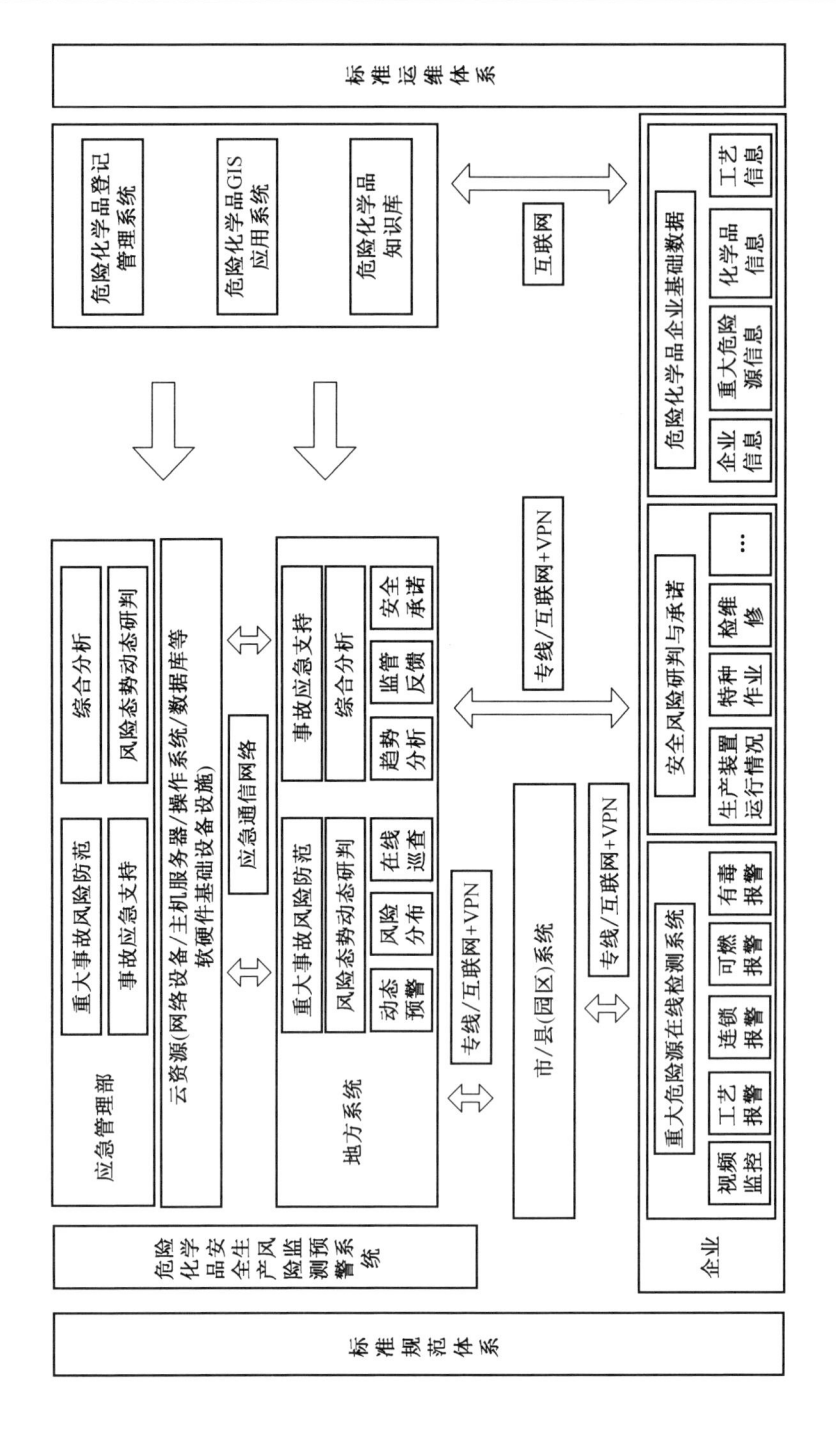

图 15-5 国家危险化学品安全生产风险监测预警系统

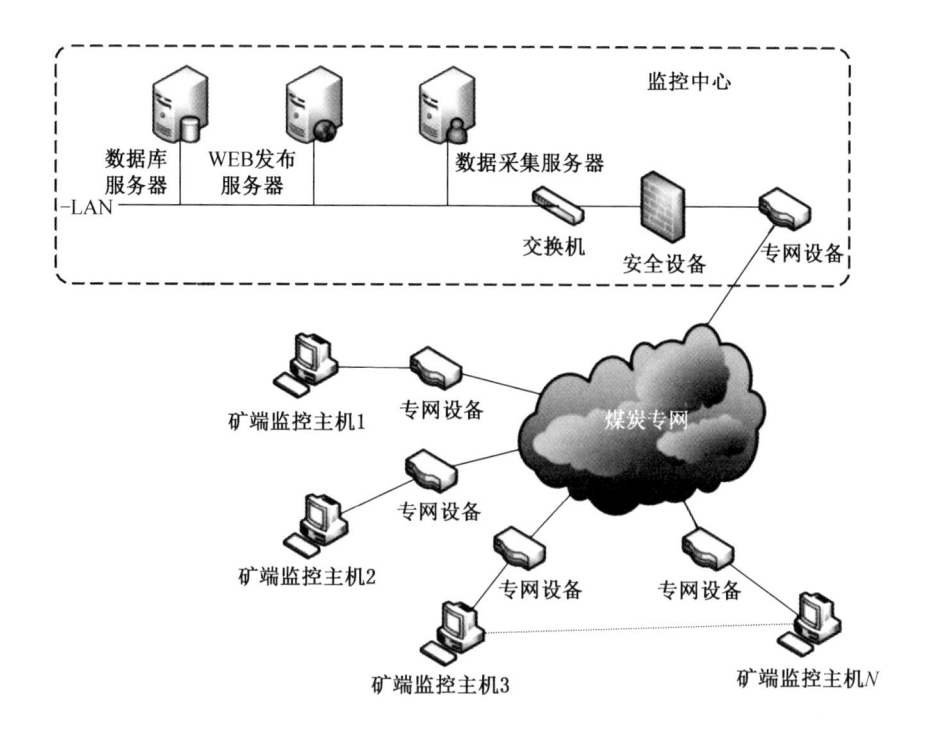

图 15-6　煤矿安全风险监测预警系统拓扑结构

集交通信息,经过实时的信息分析与处理后,最终形成的高效、安全的交通运输服务体系。智慧交通主要涵盖智慧出行、智慧装备、智慧物流、智慧管理和智慧路网五大方面。

常见的智慧交通系统的总体框架体系如图 15-8 所示,可以概括为"五层三体系"。"五层"分为基础设施层、数据融合层、应用支撑层、应用系统层和门户层,"三体系"分别是标准规范体系、信息安全体系及管理制度体系。

15.3.4　公共安全领域

1. "天网工程"

为满足城市治安防控和城市管理需要,我国 2005 年启动了后来称为"天网工程"的视频监控网建设。视频监控系统由 GIS 地图、图像采集、传输、控制、显示和控制软件等设备组成,对固定区域进行实时监控和信息记录。截至 2019 年,我国已完成世界上最大视频监控网"中国天网"的建设。

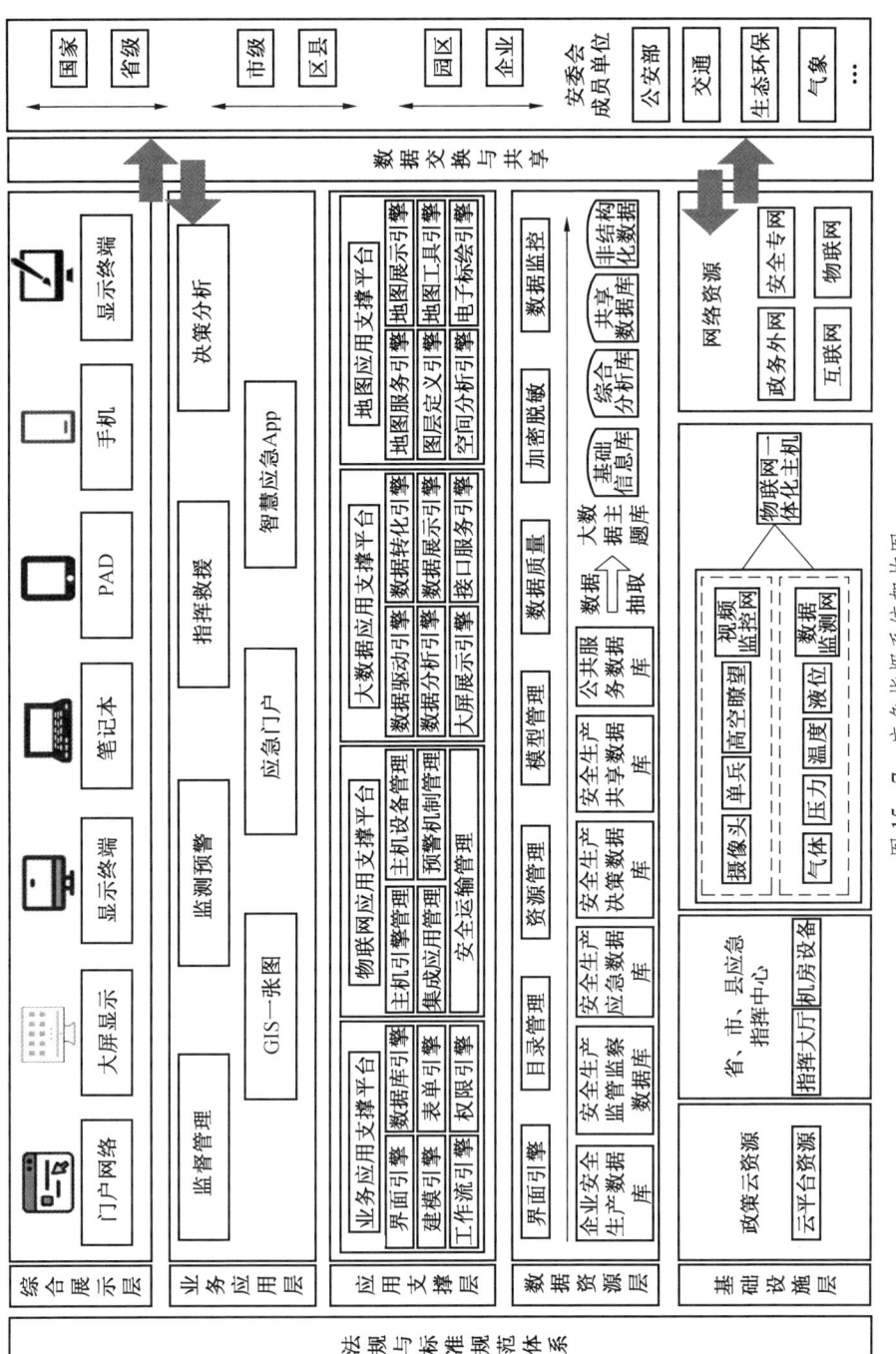

图 15-7 应急指挥系统架构图

15　安全信息学

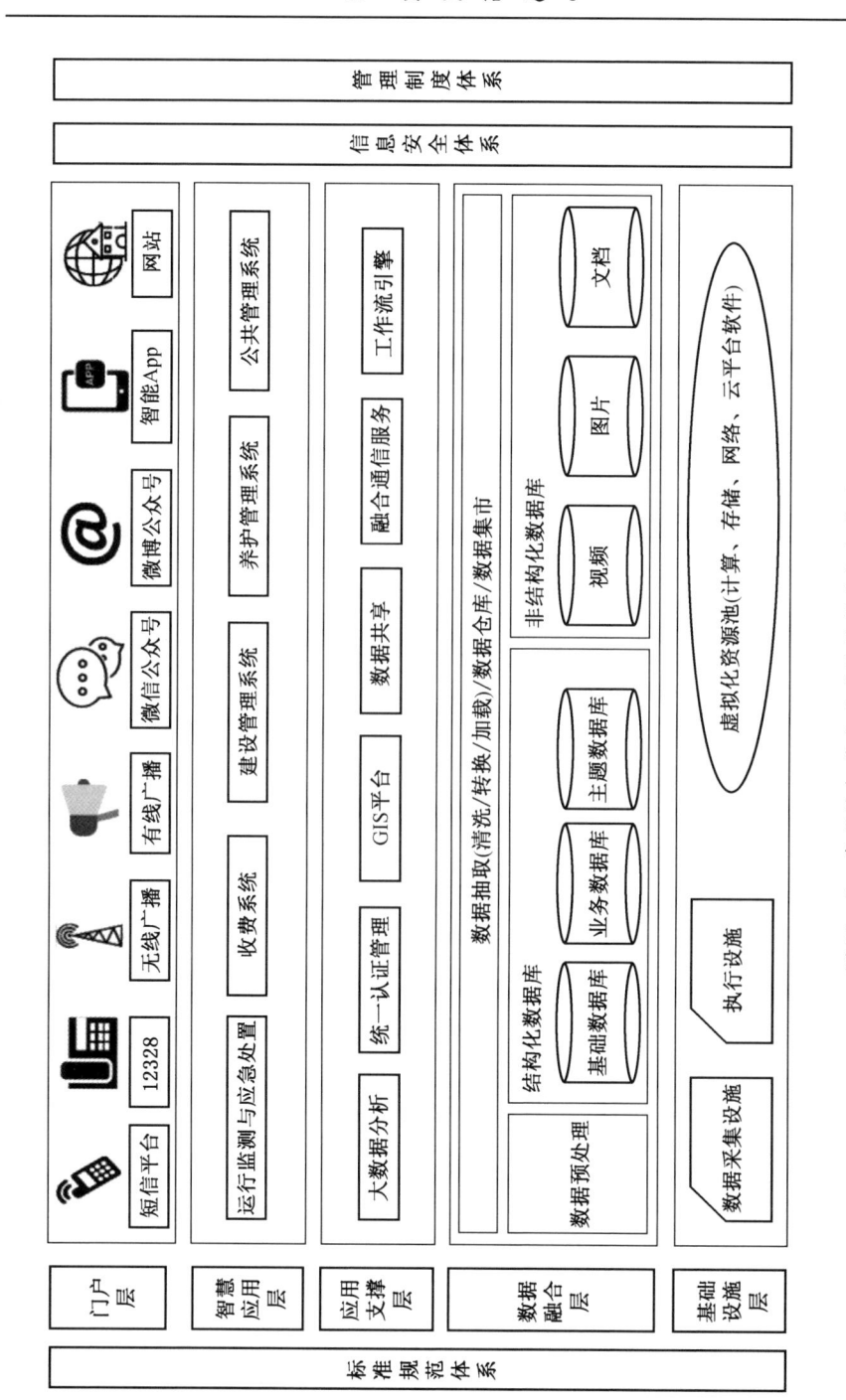

图 15-8　常见的智慧交通系统的总体框架体系

"天网工程"通过在交通要道、治安卡口、公共聚集场所、宾馆、学校、医院以及治安复杂场所安装视频监控设备，利用视频专网、互联网、移动等网络，把一定区域内所有视频监控点图像传播到监控中心——"天网工程"管理平台，对刑事案件、治安案件、交通违章、城管违章等图像信息分类，为强化城市综合管理、预防打击犯罪和突发性治安灾害事故提供可靠的影像资料。

"天网工程"的实战表现为公安机关通过监控平台，可以对城市各街道辖区的主要道路、重点单位、热点部位进行24小时监控，可有效消除治安隐患，使发现、抓捕街面现行犯罪的水平得到提高。现在"天网监控系统"是"科技强警"的标志性工程，也是平安城市和智慧城市建设的重要组成部分。目前，道路监控、交通监控、铁路沿线视频监控也纳入"天网监控"系统，为实现交通安全、公共安全提供了强有力支撑。

2. "平安城市管理系统"

"平安城市管理系统"是由技防系统、物防系统、人防系统和管理系统四个系统相互配合相互作用来完成安全防范的综合体，主要包括入侵报警系统、视频监控系统、出入口控制系统、电子巡更系统、停车场管理系统、防爆安全检查系统。针对不同目标群体，可提供报警、视频、联动等多种组合方式。将110/119/122报警指挥调度、GPS车辆反劫防盗、远程可视图像传输、远程智能电话报警及地理信息系统（GIS）等有机地链结在一起，实现火灾发生实时联动报警、犯罪现场远程可视化及定位监控、同步指挥调度，从而有效实现信息高速化，实现城市安防从事后控制向事前预防转变，提升城市的安全程度和人民生活的舒适程度。

3. "雪亮工程"

"雪亮工程"启动于2016年，是将村、县、乡综合整治中心作为指挥平台，通过与网络技术、信息技术结合，运用公共安全视频、互联网监控设备开展群众治安防控工作的一项国家工程。随着5G时代的到来，"雪亮工程"未来将通过持续不断的产品创新、技术开发，有效地融入平安乡村建设中，逐步构建出城乡统筹、打防管控一体化、网上网下融合发展的全新乡村治安防控体系，为农村发展提供全新的安全保障。

"雪亮工程"感知层通过高清摄像头、电警、卡口、探针和其他物联网感知设备，采集现场的视频、图片、MAC地址和RFID信息等数据，实现对监控区域的实时监测和数据采集，并按照标准的数据格式传输到数据平台，从而完成数据的汇聚和积累。接入、传输层实现对终端复杂多样设备的接入和数据的传输。感知层的设备既涉及多种物联网终端，同时终端设备又涉及不同厂商、不同品牌，因此接入传输需要能实现把不同品牌、不同设备接入汇聚到平台，实现平台对设备的统一管理和数据的接入；同时又要实现各种部门、各种网络的对接，并保障数据传输的安全性。如在不同网络之间，将通过边界、网闸、防火墙等系统进行安全隔离；视频云中心基于云 OS 技术构建，对底层计算、存储和网络资源进行资源池化，实现数据的互联互通和数据的共享。视频云中心接收的数据主要以视频、图片等非结构化数据为主，具有海量、实时的特点，因此，通过云服务中心既能满足海量数据存储的需要，也能根据不同属性来对这些资源池进行管理和调度，并满足 HA 和 QOS 能力。大数据服务层通过联机分析、数据挖掘、搜索引擎和多媒体检索等技术，实现对人、车和车牌等的相关研判和分析。

·

附录 安全软科学工程应用项目方案

安全软科学具有广泛的工程应用价值，可以为国家与政府的安全决策、安全立法、执法和监管等工作，企业的安全治理、安全管理、风险管控、事故防范、应急管理等业务，城市、社区、组织的安全战略规划、安全系统设计、安全文化建设等方面，提供理论指导、方法支持、政策咨询、对策优化，发挥专业化、科学化服务作用。下面是我们团队长期探索实践的项目方案，供安全软科学工作者参考。

附录1 安全责任体系建设类项目方案

1. 企业安全生产责任体系构建

关键技术方法：企业安全生产责任合规性比较研究，构建企业安全生产责任体系三维霍尔模型（主体维、对象维、机制维），编制企业安全责任制度建设规范，细化企业部门及人员安全责任清单，设计企业安全责任运行机制。

应用咨询内容：明确企业安全生产法律职责，设计企业安全生产责任体系架构；厘清企业决策层、管理层、执行层三个层级全员安全责任；在所划分层级的基础上，编制安全生产责任清单，规划并推动企业安全生产主体责任落地工程建设。

2. 企业管理部门及人员岗位责任绩效测评考核规范

关键技术方法：企业"三管三必须"管理部门安全责任规范化，企业"党政同责"管理人员安全责任规范化，企业管理部门及人员安全责任权重设计，企业安全生产责任标准编制（企标）。

应用咨询内容：针对企业管理部门，建立安全生产责任绩效考核体系，明确责任归属，厘清各部门的安全生产责任相关度；编制《企业安全管理责任绩效测评考核规范》和《企业安全管理责任绩效奖惩制度》等。

3. 企业全员安全责任 KPI 量表设计

关键技术方法：企业安全生产责任体系优化技术，企业全员安全生产 KPI

量表设计。

应用咨询内容：企业安全生产责任清单梳理，全员安全责任 KPI 量表清单编制，企业各层级（集团层、地区公司层、公司层、部门层、班组层等）安全责任绩效指标体系构建等。

4. 企业安全责任体绩效测评信息系统开发

关键技术方法：计算机信息系统软件编制，移动端 App 小程序开发。

应用咨询内容：企业安全管理责任绩效综合测评功能，全员安全责任绩效 KPI 测评功能，企业安全责任制考核评价统计分析功能等。

5. 校园安全保障责任体系设计

关键技术方法：全方位加强校园安全防范，全面排查整改校园事故隐患，并做好重点领域防控。划定"责任田"，严格实行治安综合治理责任制和责任追究制，把目标考核结果作为业绩评定、选拔任用等依据。

应用咨询内容：校园安全风险因素清单、校园事故隐患认定清单、校园管理部门及岗位安全责任优化汇编、安全发展重点建设工程、运行保障制度。

6. 社区安全管理责任体系设计

关键技术方法：构建社区安全发展责任体系，强化社区消防、安全生产意识，落实社区消防、安全生产责任，为社区和社会创造一个安全稳定的发展环境。

应用咨询内容：安全社区总体规划、责任体系建设方法及建设模式、主要任务及建设内容、监管类重点工程、体系运行保障。

7. 政府安全监管部门责任体系构建

关键技术方法：构建政府安全监管部门责任体系，明确各级政府安全生产监督管理部门的城市安全发展职责，充分发挥其协调和指导作用。

应用咨询内容：政府安全监管部门监管责任落实总体要求、责任体系建设方法及建设模式、主要任务及建设内容、监管类重点工程、责任体系运行保障。

8. 政府部门安全责任绩效 KPI 量表设计

关键技术方法：依据法律法规和政府职能，编制政府各部门责任清单，设计各级政府、各类监管部门的安全监管绩效 KPI 量表，为年度考核或阶段性评价提供科学的效能评价工具和方法。

应用咨询内容：四大类政府部门（综合监管、行业监管、行业管理及其他部门）的责任优化结构、安全生产关键绩效指标（KPI）构成要素、指标设计原则、指标设计依据、测评量表、考核制度及考核办法等，内容涵盖各层级、各类型政府部门绩效考核工具。

9. 政府人员岗位安全绩效 KPI 量表设计

关键技术方法：依据政府人员岗位"三定方案"(定机构、定职能、定编制)，设计各级政府人员岗位的安全监管绩效测量 KPI 量表，为上级政府部门对人员岗位的年度考核提供科学合理依据。

应用咨询内容：政府各层级岗位人员安全生产责任优化、岗位人员安全生产关键绩效指标（KPI）构成要素、指标设计原则、指标设计依据、测评量表、考核制度及考核办法，内容全面涵盖不同岗位绩效测评工具。

附录2 安全法制体系建设类项目方案

10. 行（企）业安全生产标准数据库

关键技术方法：根据需要，通过标题、文号和全文检索，及时查询国家、地方（及企业）发布的行（企）业安全生产相关标准性文件。

应用咨询内容：行（企）业安全生产标准数据库收录与各行（企）业安全生产相关的标准性文件。

11. 行（企）业安全生产标准化建设指南

关键技术方法：落实企业安全生产主体责任，强化企业安全生产基础工作的长效运行机制，为政府实施安全生产分类指导和分级监管提供依据。

应用咨询内容：行（企）业安全生产标准化综述、建设原则、评定标准体系、建设流程、评审管理、通用条款释义。

12. 城市安全生产监管执法手册

关键技术方法：加强安全监管执法规范化建设，进一步统一执法程序，规范执法行为，保障城市安全生产监督管理部门依法履行职责。

应用咨询内容：城市安全监管执法形象图腾标志，安全生产监管执法手册一般规定，执法信息来源，现场检查，行政处罚，行政强制，行政许可，案件移送，行政复议、诉讼和国家赔偿，文书制作和案件归档。

13. 安全生产与职业健康一体化监管执法工作实施方案

关键技术方法：加快推进一体化监管执法工作，完善职业健康监管体制机制，实现同类事项综合执法，避免对企业的重复执法、多头监管。

应用咨询内容：指导思想和总体目标、主要任务（实施执法检查一体化，"三同时"监管一体化，标准化建设一体化，目标责任考核一体化）、工作措施、工作要求。

14. 城市安全生产执法检查方案

关键技术方法：摸清城市安全生产工作的基本状况和存在的主要问题，督促和支持政府依法行政。

应用咨询内容：执法检查的指导思想和目的，执法检查的主要内容和重点，执法检查的方法、组织分工、主体责任、实施步骤。

15. 城市安全发展法律法规数据库

关键技术方法：根据需要，通过标题、文号和全文检索，及时查询国家及地方发布的安全生产相关法律法规及规范性文件。

应用咨询内容：城市安全发展法律法规数据库收录与城市安全发展相关的法律、行政法规、司法解释、部委规章、地方及行业规范性文件。

16. 城市安全发展行政执法规范化体系建设方案

关键技术方法：推进城市安全发展行政执法监察规范化建设，确保安全生产形势持续稳定明显好转。

应用咨询内容：建设目标，建设过程，关键环节，建设主要内容（安全生产执法监察规范化体系建设，执法监察队伍的规范化建设，执法监察能力的规范化建设，执法监察行为的规范化建设，执法监察机制的规范化建设）。

17. 城市安全发展行政执法监督实施办法

关键技术方法：督促安全生产监督管理部门依法履行职责、严格规范公正文明执法，及时发现和纠正安全生产监管执法工作中存在的问题。

应用咨询内容：总则，城市安全发展行政执法监督内容、监督程序和责任。

18. 城市安全发展执法检查队伍建设方案

关键技术方法：优化城市安全发展执法检查队伍组织机构，推进执法检查专门队伍正规化、专业化、职业化。

应用咨询内容：指导思想，基本原则，建设目标，领导小组，机构配置，建设任务和培养措施，职责分工，保障措施，实施步骤。

附录3 安全科技支撑体系建设类项目方案

19. 城市安全生产数据中心

关键技术方法：统一管理、整合利用城市公共安全与企业安全信息资源，建立数据规范、资源丰富、应用共享的城市安全生产数据中心。

应用咨询内容：城市安全基本信息库、企业安全信息库、公共安全信息库、安全法规政策库、行业专项数据库、监管数据库、数据应用历史记录库等。

20. 城市安全科技支撑服务平台

关键技术方法：促进安全科技交流与技术研发，提供安全科技咨询认证服务，提高安全技术检验检测质量效率，推动安全科技成果应用推广，普及宣传城市安全科技。

应用咨询内容：科研管理子平台，科技资源子平台，咨询认证子平台，检测检验子平台，宣传推广子平台。

21. 城市安全科技成果转移转化平台

关键技术方法：加强产学研政企的科研合作，推动高等院校、科研机构安全科技成果与政府、企业需求对接，促进安全科技成果应用推广、标准制定与产业化开发。

应用咨询内容：安全科技成果转化数据库，产学研政企合作平台，技术产权交易平台。

22. 城市公共安全管理物联网

关键技术方法：通过物联网实时监控设备运转状态，形成智慧的物联网环境，智能辨识与预警风险和隐患。

应用咨询内容：道路交通、公共场所、公共设施监控物联网、移动应用平台等。

23. 城市安全专家库

关键技术方法：整合城市专家人才资源，实现城市专家资源共享。

应用咨询内容：专家信息港，安全技术、安全咨询、应急管理等专项专家库。

附录4　安全文化宣传体系建设类项目方案

24. 企业安全文化建设规划或纲要编创

关键技术方法：作为指导企业发展和推进安全文化的规划和蓝图，在生产建设实践过程中，使企业员工逐步形成统一的安全思维定式、安全思想作风、安全价值观念、安全共同习惯和安全行为准则。

应用咨询内容：发展宏观战略和方针的确立，宏观发展目标设计定位，微观发展目标体系设计（定量），安全文化建设主要任务，重点建设工程或方案，建设保障措施等。

25. 安全文化示范企业创建方案

关键技术方法：按照国家"安全文化示范企业评价标准"推进示范企业建设。

应用咨询内容：进行初始水平评价，指导达标改进方案，编写持续推进报告。

26. 企业安全文化 SCIS 系统（形象标志与方案）

关键技术方法：设计企业安全文化形象标志，提供具有视觉冲击和震撼的可视化技术系统方案。

应用咨询内容：形象标志、视觉形式、图案方案、文字内容、载体技术系统等。

27. 企业安全文化测评技术及软件系统开发

关键技术方法：针对企业行业特点，开发符合企业内部安全文化推进的测评技术及工具，为企业内部测评下级单位安全文化现状提供技术方法。

应用咨询内容：企业安全文化指标体系，测评工具，测评软件。

28. 企业安全文化核心理念落地工程

关键技术方法：使员工对企业核心理念充分认识、达成共识，在观念上认同，在行为上自觉，使企业的核心理念在企业每一个部门和岗位落地生根。

应用咨询内容：从决策层、管理层、执行层三个层面，编创面向数十种对象的核心理念具体标准和要求。

29. 企业班组（车间）安全文化建设方案

关键技术方法：指导企业基层班组（车间）开展安全文化建设活动，营造班组（车间）良好安全氛围。

应用咨询内容：按内容、目的、形式、技术可分为集体性方案 20 余种，个体性方案 10 余种。

30. 班组长安全文化手册编创

关键技术方法：编创适合于班组长层级的安全文化手册，指导企业基层安全文化建设实践。

应用咨询内容：根据企业需求编创。

31. 企业员工安全文化（HSE）手册创编

关键技术方法：对外作为企业安全文化形象工程，对内成为员工先进安全文化的引领和智力支持。

应用咨询内容：形象图腾标志、核心理念、核心价值观、理念体系、发展战略、建设目标、行为文化、制度文化、物态文化（CIS）等。

32. 城市安全文化品牌及形象识别系统设计（SCIS 系统）

关键技术方法：以具有视觉冲击和震撼的可视化特征，为宣传城市安全文化品牌、营造城市安全文化氛围设计可视化标识和标志。

应用咨询内容：形象标志、视觉形式、图案方案、文字内涵、载体技术系统等。

33. 城市市民安全文化手册编制

关键技术方法：在城市全体市民中宣传城市安全文化品牌、营造安全文化氛围。

应用咨询内容：城市安全文化形象图腾标志、城市安全核心理念和理念体系、城市安全发展战略和发展愿景、城市安全建设目标、公民行为准则等。

34. 城市社区（学校）安全文化手册编制

关键技术方法：针对城市社区（校园）的安全文化手册，打造城市社区（校园）安全文化，提升城市社区居民（校园师生）的安全文化素质。

应用咨询内容：社区（校园）安全核心理念、安全理念体系、安全发展规划、安全发展愿景、安全建设目标、社区居民（教职工、学生）行为准则等。

35. 城市政府安监文化守则（手册）

关键技术方法：针对政府安全监管人员的安全文化守则（手册），打造政府安监文化，提升政府监管人员安全文化素质。

应用咨询内容：安全监管理念、安全监管人共识、安全监管准则、安全监管职责、安全监管服务等。

附录5　安全教育培训体系建设类项目方案

36. 企业安全培训方案课程课件设计创编

关键技术方法：结合行业特点，为企业提供系统有效的安全培训教材、教案、PPT课件、案例警示。

应用咨询内容：按专业、对象、作业岗位等划分、设计课程体系，或具体根据企业需求设计内容。

37. 企业安全教育培训试题库建设

关键技术方法：为企业员工安全教育培训的考核编制试题。

应用咨询内容：根据企业需求编制。

38. 企业班组周期案例学习系统开发

关键技术方法：为企业内部员工交流和学习安全生产知识提供平台及支持。

应用咨询内容：生产周期的工作总结、员工生产反馈报告、信息交流平台。

39. 企业班组长培训及考核系统开发

关键技术方法：为企业班组长提高安全生产知识和意识提供方法和平台。

应用咨询内容：班组管理、员工行为准则、班组长安全水平评价指标。

40. 公司承包商入厂培训系统开发

关键技术方法：为企业基层员工的生产操作提供技术方法，为企业内部安全教育监督提供方法支持。

应用咨询内容：企业基层安全生产操作规范、培训工具。

41. 政府人员安全教育培训系统开发

关键技术方法：为政府人员提供有效的安全培训方案和方法，作为评优考核、促进改进的依据。

应用咨询内容：政府人员安全教育指标体系、安全行为准则、测评工具、测评软件。

42. 政府对接企业安全教育培训系统开发

关键技术方法：对企业管理层、执行层进行安全教育培训，全面提高企业的安全生产水平。

应用咨询内容：政策方针、政府指导意见、企业教育培训手册、培训软件。

43. 城市社区安全教育手册与安全警句创编

关键技术方法：编制社区安全教育手册与安全警句，为社区安全宣传工作提供基础支撑，提高城市社区居民的安全意识，规范社区居民的行为，让社区安全观念深入人心。

应用咨询内容：城市社区安全行为准则、公民行为准则、社区安全核心理念和建设目标，社区安全理念、社区安全观念体系。

44. 城市校园师生安全教育手册编撰

关键技术方法：编制校园师生安全教育手册，提高在校师生的公共安全意识，规范校内师生的行为。

应用咨询内容：教职工行为规范、校园安全管理责任、学生行为准则等。

45. 城市校园教师安全教育测评及交流系统开发

关键技术方法：建立校园教师安全教育测评及交流系统，为教师间相互交流学习提供平台。

应用咨询内容：教师安全教育测量指标、教育培训软件。

46. 城市校园师生安全应急能力培训系统开发

关键技术方法：全面培养在校师生的安全危机意识，提高师生的危机应对能力。

应用咨询内容：应急技能、校园公共安全预警机制、互动软件。

附录6　安全风险预控及事故隐患体系建设项目方案

47. 行（企）业安全风险因素基础数据库建设

关键技术方法：风险辨识、分析、分级方法，点-设备设施、线-工艺流程、面-作业岗位、体-环境条件四种风险因素数据库结构，固有风险分级评价方法，各类风险预警预控措施。

应用咨询内容：行（企）业各专业板块的"点线面体"安全风险因素数据库开发，为企业安全风险预控提供技术基础。

48. 行（企）业事故隐患认定标准数据库建设及重大隐患认定清单编制

关键技术方法：行业法规标准收集，国家行业重大隐患认定标准梳理，人、机、环、管隐患数据库结构设计，事故隐患查治主体责任、相关责任确认。

应用咨询内容：行（企）业各专业板块的"人、机、环、管"事故隐患标准数据库开发，行（企）业重大隐患认定清单编制，为企业实施隐患查治提供技术基础。

49. 企业安全生产现实风险评价方法设计及预警预控模式构建

关键技术方法：运用风险辨识、分析、分级评价方法，设计出适用于企业、能够快速准确地对企业安全生产现实风险作出评价的模型。

应用咨询内容：企业安全生产风险评价指标体系设计、模型设计、预警等级划分、风险评价模型实现。

50. 企业突发事件安全风险分析及预警系统开发

关键技术方法：运用风险辨识、分析、分级评价方法，对企业突发事件风险进行分析，弥补防范措施的不足。

应用咨询内容：企业有可能发生的突发事件清单，各类突发事件应急预案，风险预警历史库，系统说明书、程序系统的基本处理流程和组织结构、模块划分、功能分配、接口设计、运行设计、数据结构设计等。

51. 企业危险源预控及应急信息系统（软件）

关键技术方法：对企业各种危险源进行分析、判断、预测，采取控制措施；应急信息系统能促进企业不同部门、不同层次之间的信息共享、交流和整合，提高资源利用效率。

应用咨询内容：企业存在的危险源以及控制措施清单，制定应急救援管理制度、应急信息系统说明书、程序系统的基本处理流程和组织结构、模块划分、功能分配、接口设计、运行设计、数据结构设计等。

52. 煤矿风险预控体系建设及信息化系统开发

1）煤矿风险预警技术和信息系统软件

关键技术方法：运用煤矿风险预警技术，设计风险预警机制，有效地减少煤矿危险事件的发生。开发信息系统软件，使得对煤矿业安全生产的评价更加客观、科学、规范。

应用咨询内容：煤矿风险识别技术、评价方法、煤矿安全风险预警技术、信息系统软件。

2）煤矿高危作业岗位员工风险预控体系

关键技术方法：通过对煤矿高危作业岗位进行风险辨识、风险评估，制定最合适的风险管理措施。

应用咨询内容：危险源辨识、风险辨识、风险评估、风险预控、员工不安全行为管理等。

53. 金属矿山安全风险预控体系建设

关键技术方法：构建全面覆盖、全程管控、高效协同的金属矿山安全风险预控体系，进而达到降低风险、消除风险，杜绝和减少各种隐患和生产安全事故发生的目的。

应用咨询内容：金属矿山安全风险管控、事故查治基础数据库（电子），专业事故隐患辨识模板及查治数据结构，金属矿山风险评价分级方法指南，金属矿山风险管控机制和事故隐患查治机制实施办法等。

54. 城市工业安全风险源辨识规范及基础数据库建设

关键技术方法：通过制定工业安全风险源辨识标准，有效控制事故和人身伤害的发生以减少国家、社会和企业损失，并让从业人员明白在安全生产管理中所要重点关注的对象，起到全面预先防范的作用。

应用咨询内容：工业安全风险源辨识标准、数据库，风险源监控技术措施和组织措施，风险源管理制度。

55. 城市工业安全风险源评价分级方法及标准

关键技术方法：对工业风险源评价分级后进行城市区域划分，并据此对城市用地布局及市域城镇体系规划提出防范措施与优化建议。

应用咨询内容：确定风险源因子、风险发生概率、风险产生的影响范围和程度，及减少风险与危害发生所产生的管理成本；建立评价指标体系；选评价方法；构建区域安全风险模型；行业安全发展主体责任落实；安全等级

"层次叠加"数据建立；重大危险源发生事故后的区域性环境评价和环境保护等。

56. 城市工业安全风险预控实施指南编撰

关键技术方法：编制城市工业安全风险预控体系实施指南，指导工业安全风险预防控制体系建立健全工作，坚决遏制重特大事故，确保人民群众生命财产安全。

应用咨询内容：建立健全工业安全生产领域风险评估工作制度和标准体系，形成科学、规范、系统、动态的工业安全风险预防控制体系。

57. 城市公共安全风险源辨识方法及基础数据库建设

关键技术方法：风险辨识方法、风险分析方法、风险分级评价方法、风险预报预警技术方法、风险预控工具方法等，为相关部门提供风险管理关键技术支撑，以达到控制减少甚至消除城市事故灾害的目的。

应用咨询内容："八重"风险源（点）辨识及其基础数据库开发：①重大风险工业危险源：危险化学品、矿山行业，如油库、加油站、危险化学品装置园区、采空区、尾矿库、滑坡等；②重大风险城市基础设施：城管部门－供气、供电、地下管廊等；③重大风险人员密集场所：景区、旅游－公园、景区、商务区、娱乐场所等；④重大风险建设工程项目：城建部门－建筑工程施工现场；⑤重大风险交通区段单元：交通运输－高铁、公路、码头港口等；⑥重大风险城市公共活动：城管部门－大型晚会、大规模集会、大型庆典活动等；⑦重大风险季节时段：全行业－火灾风险、气象风险等；⑧重大火灾风险区域单元：全行业－危险区、居民区、景区、场所等。

58. 城市公共安全风险源评价分级方法及规范

关键技术方法：对各种突发事件案例进行数据挖掘，公共安全风险源分类，风险源特征识别，公共安全风险源形成、发展、衰退和演化规律研究，建立行业安全指标体系，选取评价方法，确定评价标准、AHP、熵权法、模糊综合评价、行业协会督导制度、公共安全宣传教育、应急管理等。

应用咨询内容：城市各类固有（静态）风险分级评价方法设计，城市典型事故现实风险（动态）分级评价方法设计，编制城市安全风险分级防控实施办法。对城市建设、维护和运作提出参考意见，实现城市的本质安全化；增强社会公众的城市公共安全意识，强化管理者应对城市公共安全事件的能力。

59. 城市区域、行业宏观安全风险分级方法设计及管控规范编撰

关键技术方法：针对城市区域、行业，运用风险辨识、风险分析、风险分级评价、风险预报预警技术、风险预控工具等方法论，编撰安全风险预控规

范，以此推进安全生产监管科学合理，提升安全生产工作的有效性，优化安全生产管理资源配置。

应用咨询内容：对城市区域、行业设立一个通用的、现实的、基础的安全风险预控规范。

60. 城市公共安全风险预控实施指南编制

关键技术方法：编制城市公共安全风险预控体系实施指南，指导公共安全风险预防控制体系建立健全工作，坚决遏制重特大事故，确保人民群众生命财产安全。

应用咨询内容：基本建立健全公共安全领域风险评估工作制度和标准体系，形成科学、规范、系统、动态的公共安全风险预防控制体系。

61. 城市典型行业重大风险辨识清单设计编制

关键技术方法：设计典型行业重大风险辨识清单，供相关企业参考使用。

应用咨询内容：全面识别企业所有可能存在的安全风险，确定其存在的部位、类型以及可能造成的后果。

62. 城市典型行业重大风险评估认定标准设计编制

关键技术方法：运用风险辨识、风险分析、风险分级评价等方法论，制定典型行业重大风险评估认定标准，为城市行业规划和空间安排提供思路，更加科学地保证行业的平稳发展和城市居民的安全。

应用咨询内容：典型行业重大事件评估及数据挖掘，风险源区域划分，建立企业、行业、区域等风险源排查清单，建立行业安全指标，选取评估方法、行业重大风险源汇总表等。

63. 城市典型行业现实安全风险分级预警模型及方法设计

关键技术方法：针对设备运行使用过程，基于事故发生可能性和可能造成的影响或后果，对其安全风险水平进行预先分析、判断，进行分级预警，以实现对设备进行适时的危机或危险状态提前信息报警。

应用咨询内容：运用安全系统工程原理和方法，对系统中存在的风险因素进行辨识与分析，判断系统发生事故的可能性及其严重程度，通过风险评价来实现对风险的分级，从而为风险预警提供科学依据。

64. 城市危险化学品安全风险预控实施指南编撰

关键技术方法：对危险化学品企业进行安全风险预控管理，坚决遏制重特大事故，确保人民群众生命财产安全。

应用咨询内容：建立健全危险化学品企业应建立安全风险预控管理体系。安全风险预控管理体系包括管理计划、风险及隐患管理、员工不安全行为管理、生产系统安全要素管理、综合管理、保障管理、检查审核与评审。

65. 城市旅游（商务）安全风险预控实施指南编撰

关键技术方法：提供有针对性的改善措施和建议，便于城市发布旅游风险信息，帮助旅游者提高安全警惕。

应用咨询内容：建立城市旅游安全风险管理机制，包括旅游安全风险预警监测机制和旅游企业、从业人员安全管理机制。

66. 城市重点区域及设施安全风险评查方法设计及预控实施办法编撰

关键技术方法：对城市公园景区、城建工程、城管系统、码头港口系统进行安全风险预控管理，坚决遏制重特大事故，确保人民群众生命财产安全。

应用咨询内容：建立城市旅游安全风险管理机制、公园景区、城建工程、城管系统、码头港口系统的安全风险预控管理体系。安全风险预控管理体系包括管理计划、风险及隐患管理、人员不安全行为管理、公园景区安全要素管理、综合管理、保障管理、检查审核与评审。

67. 交通运输系统安全风险预控实施指南编制

关键技术方法：对交通运输过程（主要对高速公路安全风险）进行安全风险预控管理，坚决遏制重特大事故，确保人民群众生命财产安全。

应用咨询内容：建立健全交通运输系统的安全风险预控管理体系。安全风险预控管理体系包括管理方针、风险预控管理、保障管理、从业人员不安全行为管理、运输载具不安全要素管理、环境不安全要素管理、综合管理、检查审核与评审。

68. 高速公路安全风险预控体系构建及信息系统开发

关键技术方法：积极引导全员参与，开展全过程、各环节控制，以预防高速公路事故发生，提高安全生产管理水平，保证高速公路运输及周边生产经营活动的顺利进行。

应用咨询内容：高速公路安全风险分级地图、高速事故应急脆弱性分级分布地图、高速公路的沿途高风险点实施实时预警模式及标准、高速公路危险化学品运输车辆、客运车辆重大风险点警示卡、高速危险化学品运输车辆实时风险预警系统（软件）、高速公路安全风险管控手册与实施指南、高速公路风险管控手册。

附录7　企业安全生产"三基"体系建设类项目方案

69. 企业安全管理体系标准实施指南

关键技术方法：指导企业构建安全管理体系，将安全生产管理的组织机构、职责、做法、程序、过程和资源等要素有机地结合成一个整体。

应用咨询内容：详细解读企业安全管理体系标准要求，使企业全面理解安全管理体系的定义与内涵、运行机制等，编制实施指南，具体指导企业安全管理体系建设落地。

70. 企业安全达标建设与评价指导书

关键技术方法：提供各企业安全生产标准化建设内容、程序、方法及评审要点。

应用咨询内容：企业安全生产标准化法律法规、建设流程、建设内容、建设实践、达标评审、达标监管、达标信息化等。

71. 本质安全型班组建设实施方案

关键技术方法：面向基层班组，建立健全一套动态的人、机、环境、制度和谐统一的本质安全管理体系。

应用咨询内容：编制实施方案，从"人、物（装备、设施、原材料等）、系统（工作环境）"等维度出发，指导本质安全型班组建设。

72. 基层班组人员安全素质提升工程平台

关键技术方法：使基层员工能够自觉遵守安全操作规范，实现岗位员工工作规格化、标准化。

应用咨询内容：基层职工教育建设工程平台，基层班组人员安全文化体系及安全绩效体系。

73. 基层现场"6S"管理标准设计

关键技术方法：开展"6S"现场管理，营造良好的生产环境。

应用咨询内容：对生产环境实施"整理（SEIRI）、整顿（SEITON）、清扫（SEISO）、清洁（SEIKETSU）、素养（SHITSUKE）、安全（SECURITY）"的"6S"现场安全管理，设计具体实施标准。

74. 作业现场"三点控制"工程

关键技术方法：对作业场所的危险单元进行辨识，了解其规律，对生产现场的"危险点、危害点、事故多发点"挂牌，实施分级控制和分级管理。

应用咨询内容："危险点、危害点、事故多发点"的辨识分类；管理控制，编制应急预案，巡检制度，加强教培；现场控制，设立监控措施，保持作业现场安全环境；及时改善危险单元环境，消除或者减少其危险性。

75. 岗位安全"三法三卡"

关键技术方法：针对具体岗位、具体人员、具体危险因子设计的易于携带和参阅的一套岗位安全工具。

应用咨询内容："三法"：一套现场班组岗位安全、健康、环境保障方法体系。"三卡"：针对不同作业岗位或工种识别各类危险有害因素，设计危险、危害、安全检查信息卡。

附录8 安全生产监督监察体系建设类项目方案

76. 企业分类分级监管体系构建

关键技术方法：基于风险管理理论方法，构建系统的企业分类、分级标准、方法和制度，实现政府对企业的分类分级监管。

应用咨询内容：构建企业的分类体系、设计基于风险的企业分级方法和标准、编制企业分类分级监管制度、开发针对企业的分类分级监管信息系统。

77. 企业现场作业安全监察验收卡设计

关键技术方法：结合企业实际情况，建立企业现场作业安全监察验收卡。

应用咨询内容：针对每一项作业，建立不同作业项目的安全监察验收卡以及相应的环境安全健康验收卡。

附录9 应急救援体系构建类项目方案

78. 政府、行业、企业事故应急预案数据库

关键技术方法：设计编制适合各级政府、各类监管部门自有的事故应急预案，形成政府事故应急预案数据库；设计编制适合各个行业的事故应急预案，形成行业事故应急预案数据库；设计编制适合各个企业的事故应急预案，形成企业事故应急预案数据库。

应用咨询内容：各级政府编制的事故应急预案和各类监管部门编制的应急预案，适合各行业特点的应急预案，适合各企业特点的事故应急预案。

79. 事故应急演练脚本编制及演练系统开发

1）事故应急演练脚本

关键技术方法：通过假设的突发事件，检查政府、行业、企业事故应急救援预案是否科学、完善，检验各部门在事故应急救援中履行职责和协同配合发挥作用情况，并进行有效的改进。

应用咨询内容：演练目的、组织机构及职责、演练内容、安全注意事项、假设事故情景等要素。

2）事故桌面应急演练系统

关键技术方法：使各级应急部门、组织和个人明确和熟悉应急预案中所规定的职责和程序。

应用咨询内容：参演人员利用地图、沙盘、流程图、计算机模拟、视频会议等辅助手段，针对事先假定的演练情景，讨论和推演应急决策及现场处置。

3）事故情景仿真系统

关键技术方法：基于虚拟现实技术，进行典型事故模拟、应急救援及安全培训等。

应用咨询内容：事故情景仿真系统。

80. 企业、家庭、校园、社区事故应急卡设计

关键技术方法：设计编制适合企业各个岗位、家庭、校园、社区的事故应急卡。

应用咨询内容：企业、家庭、校园、社区事故应急卡。

81. 行业应急队伍建设

关键技术方法：组织各重点行业领域建设应急队伍，在发生行业突发事件时，由市应急办统一调度，及时参与抢险救援。

应用咨询内容：行业应急队伍包括各领域的高级工程师、高技能人才及普通工人，并配备专业工具和机械设备。

82. 应急救援知识宣传手册编制

关键技术方法：在全社会广泛普及应急知识，使公众掌握必要的安全知识和自救、互救技能。

应用咨询内容：宣传手册包括基础准备、紧急避险与自救、灾后心理辅导、恢复重建等几个章节。

附录10 安全信息化体系建设类项目方案

83. 重大危险源监控平台

关键技术方法：构建重大危险源监控平台，实现对重大危险源动态信息管理和地理信息管理，对生产经营单位的信息管理，对事故应急救援的相关信息管理，对重大危险源企业的动态、实时监控管理等。

应用咨询内容：重大危险源分布平面图、安全评估报告、安全管理制度、安全管理与监控实施方案、监控检查表、控制系统。

84."智慧安监"信息化平台

关键技术方法：构建"智慧安监"信息化平台，实现安全生产信息监管的重点覆盖；提高安全生产监管决策分析和应急指挥能力。

应用咨询内容：该系统包括安全生产综合监管服务平台、安委会协同工作平台、基础设施平台、应急救援指挥平台、公共服务平台和安全生产门户网站

平台等，包括办公自动化及安全规范业务管理系统，领导决策支持与分析系统，安全生产状况普查系统，危险化学品管理系统，非煤矿山安全管理系统，烟花爆竹安全管理系统，冶金工贸重点行业安全管理系统，重大危险源监督管理系统，安全生产诚信体系管理系统，安全生产行政执法系统，安全生产隐患排查治理系统，安全生产行政许可系统，安全生产视频会议系统，安委会协同工作平台系统，劳保用品生产经营管理系统，安全生产标准化及安全文化示范企业管理系统，职业卫生管理系统，GIS 地理信息及网格化管理系统，安全宣传教育培训考核综合管理系统，安全中介机构管理系统，安全生产应急救援指挥系统，安全生产目标及效能考核系统，风险预测预警管理系统，生产安全事故管理系统等 40 多个模块子系统。

85. 城市安全生产综合监管信息化平台

关键技术方法：建立与城市经济社会发展相适应的现代化、智能化的安全生产综合监管信息平台。

应用咨询内容：重大危险源信息，隐患排查治理、安全生产法律法规和标准，应急资源和处置预案以及事故案例等多项内容的数据库，事故隐患自查自报系统平台、安全生产执法监察系统平台、安全生产网格化管理系统平台。

86. 基于物联网的起重机械风险管理平台（App 版）

关键技术方法：将物联网与风险管理相结合，通过多种装置与技术，实时采集各类所需信息，实现对超重机械的风险智能化感知、识别和管理。

应用咨询内容：具有针对不同种类大型超重机械的隐患报告、风险分级、风险预警、风险管控等功能。

87. 政府安全监管绩效测评诊断系统开发

关键技术方法：对各级政府安全监管效能进行测评诊断，以促进安全监管的效能。

应用咨询内容：针对政府相关安全监管部门的安全监管绩效进行测评、诊断和分析。

88. 企业安全生产风险预警系统

关键技术方法：对企业安全生产风险进行分级预警。

应用咨询内容：开发实现电力、电厂、石油钻井、石油炼化、石油码头安全风险预警等系统软件平台。

89. 安全生产物联网动态监管系统（软件）

关键技术方法：通过各级物联网动态监管平台，使各级安监局分别接入各归属企业，实现安全生产数据的上下流通。

应用咨询内容：介绍关键技术，提出系统框架，进行总体设计，并对各级子系统的功能及结构进行相应阐述。

90. 安全生产监管执法信息化系统

关键技术方法：通过安全生产监管执法信息化系统，实现检索查询即时便捷、归纳分析系统科学，实现来源可查、去向可追、责任可究、规律可循。

应用咨询内容：程序系统的基本处理流程和组织结构、模块划分、功能分配、接口设计、运行设计、数据结构设计以及子系统的功能及结构。

91. 企业安全文化测评系统开发

关键技术方法：企业安全文化指标体系构建，指标权重、指标标化设计、指标分级测评工具开发，安全文化综合评价模型设计及诊断分析技术。

应用咨询内容：开发企业安全文化测评系统，如各行业综合版本、煤矿版、石油化工版、电力版等。

92. 信息化产业培育工程

关键技术方法：打造安全生产领域信息产业，规范信息产业发展，有效开展信息化成果转化和推广应用，并以信息技术为支撑，形成服务于安全生产领域的高级信息产业。

应用咨询内容：制定安全生产信息化标准规范，建设安全生产信息化成果转化平台，建立示范企业。

93. 安全生产三维模拟仿真软件应用工程

关键技术方法：提供给各安全部门不同的人员角色间进行网络化协同应急处置模拟演练的仿真平台。

应用咨询内容：交互式虚拟现实仿真系统、AnyLogic 仿真软件、FLUENT 仿真软件、Vensim 动态模拟软件。

附录11　安全综合效能测评类项目方案

94. 企业安全综合、文化、管理效能测评方法与技术

1）企业安全综合效能测评方法及技术

关键技术方法：推行企业安全生产综合效能测评。

应用咨询内容：各级企业安全综合效能评价由同级安全管理部门进行组织（如地市级企业安全综合效能评价由地市级应急局进行组织），应用平衡计分卡法将企业的战略目的逐层分解，转化成为各种具体的、互相平衡的效能评价指标体系，并且能够对这些指标实现周期性的考核，进而为企业战略目标的实现打下坚实可靠的执行基础。

2）企业安全文化效能测评方法及技术

关键技术方法：推行企业安全文化效能测评。

应用咨询内容：企业安全文化效能评价由同级安全管理部门进行组织，对企业安全文化现状进行整体评估，分析评估结果，并与以往评估结果进行纵向比较确定初期指标。在指标初步确定之后，运用德尔菲法的思路进行安全文化评估指标设计的修改，最终确定具体的评价指标。

3）企业安全管理效能测评方法及技术

关键技术方法：推行企业安全管理效能测评。

应用咨询内容：企业安全管理效能评价由同级安全管理部门进行组织，对企业安全管理现状进行整体评估，分析评估结果，并与以往评估结果进行纵向比较确定初期指标。在指标初步确定之后，运用德尔菲法的思路进行安全管理评估指标设计的修改，最终确定具体的评价指标。

95. 社区（学校）安全综合、文化、管理效能测评方法及技术

关键技术方法：推行社区（学校）安全综合效能测评，推行社区（学校）安全文化效能测评，推行社区（学校）安全管理效能测评。

应用咨询内容：社区（学校）安全综合、文化、管理效能评价由同级安全管理部门进行组织，参照效能评价指标体系，采取分组的形式对相应社区（学校）通过听汇报、查资料、检查现场、反馈情况等形式进行考核。

96. 城市公共安全效能评价软件系统

关键技术方法：基于城市安全发展监管效能的四个方向，给出优、良、中、差四个等级。

应用咨询内容：形象标志、图案方案、文字内涵、载体技术系统等。

97. 城市安全发展绩效考核标准

关键技术方法：加大各级领导干部政绩业绩考核中城市、企业、社区、学校安全发展的权重和考核力度，严格实行城市安全发展"一票否决"。

应用咨询内容：把城市、企业、社区、学校安全发展考核控制指标纳入经济社会发展考核评价指标体系，制定完善安全发展奖惩制度，严格安全发展目标责任考核。

98. 城市安全效能测评方法及技术

关键技术方法：引入国际先进的综合绩效测评技术方法，开发适于各级政府（地市级、区县级、乡镇级）的城市安全发展效能测评系统。

应用咨询内容：依据测评对象整体战略确认、制定测评对象各年度目标，分解为测评对象效能评价指标体系四个维度目标，再将各维度的分解目标转化

为该维度的关键效能指标，各级城市安全发展效能测评由上一级政府的安全部门统一组织考核，如地市级城市安全发展效能测评由省市级安全部门统一组织考核。

附录12　安全发展城市建设项目方案

99. 城市安全发展规划类项目

关键技术方法：以先进的本质安全理论为指导，基于城市"三度空间"（物理空间、社会空间、信息空间）构建城市安全发展体系及实施方案。

应用咨询内容：针对生产安全、公共安全、社区安全、校园安全、交通安全、消防安全等领域，编制设计可行报告、理论指南、模式体系、中长期（三年、五年）规划及年度实施方案等。

100. 安全发展示范城市创建方案

关键技术方法：应用城市安全发展的"系统-战略"模型，依据国家安全发展示范城市评价标准，设计安全发展型城市的创建方案。

应用咨询内容：需求分析、政策背景、法律依据、指导思想、理论基础、创建目标、创建任务、重点工程、保障措施、自评报告、申请报告等内容。

101. 城市安全诊断及发展规划设计

关键技术方法：应用城市韧性理论和SWOT势态分析模型，基于城市脆弱性指标，对城市安全发展进行分阶段定性、定量分析诊断，进行分目标的总体规划设计，为推进城市安全治理体系和治理能力现代化提供战略指导。

应用咨询内容：诊断城市安全发展现状，分析问题，提出对策；结合城市行业经济、社会人文特点，提出总体发展思路、发展创建内容、重点任务目标、重点工程规划、实施步骤和推进方案、主要对策及保障措施等内容。

102. 城市安全发展重点工程方案设计

关键技术方法：针对城市的特点及需求，提出城市安全发展的重点工程，并根据项目的技术特征，提出建设性的分阶段总体规划和年度方案。

应用咨询内容：重点工程可行性论证报告、工程建设目标、工程评价指标、主要功能性能、技术方案、实施方案等。

103. 城市安全发展目标体系设计

关键技术方法：针对国家与城市安全生产现状和生产形势，借鉴发达国家经验，从宏观和微观两个层面，设计系统、全面、定性与定量相结合的城市安全发展目标框架体系。

应用咨询内容："12223"框架体系，即一个战略工作方向、两个时间进程阶段、两种发展目标层面、两类指标类型、三个指标体系。

104. 城市安全发展指标体系设计

关键技术方法：针对城市整体安全发展的现状和形势，设计政府行政层面的系统、定量的城市安全发展指标体系。

应用咨询内容：设计目的、设计思路、设计原则，市级、县级、乡级政府安全发展指标体系。

105. 城市公共安全指标体系设计

关键技术方法：针对城市公共安全的现状和形势，借鉴发达国家成功模式，设计社会层面的系统、定量的城市公共安全指标体系。

应用咨询内容：设计目的、设计思路、设计原则、城市消防、交通、社区、食品与卫生、公共场所、生命线安全指标体系等。

106. 城市安全发展考核指标体系及考核办法

关键技术方法：针对城市安全发展的现状，设计政府行政、社会、行业三个层面的安全发展考核指标体系，编写城市安全发展评估实施办法。

应用咨询内容：设计安全发展型城市和相关行业领域安全发展指标体系，编制城市安全发展评估实施办法（评估对象、评估内容、评估程序与细则、评估结果运用等）。

参 考 文 献

[1] 井上威恭. 最新安全科学［M］. 冯翼，译. 南京：江苏科学技术出版社，1988.
[2] 牛清义. 事故学浅说［M］. 北京：群众出版社，1987.
[3] A. 库尔曼. 安全科学导论［M］. 赵云胜，魏伴云，罗云，等译. 武汉：中国地质大学出版社，1991.
[4] 何学秋. 安全工程学［M］. 徐州：中国矿业大学出版社，2000.
[5] 金龙哲，杨继星. 安全学原理［M］. 北京：冶金工业出版社，2010.
[6] 吴超. 安全科学方法学［M］. 北京：中国劳动社会保障出版社，2011.
[7] 隋鹏程，陈宝智，隋旭. 安全原理［M］. 北京：化学工业出版社，2005.
[8] 罗云，裴晶晶，许铭，等. 我国安全软科学的发展历史、现状与未来趋势［J］. 中国安全科学学报，2022，32（1）：1–11.
[9] 吴宗之. 基于本质安全的工业事故风险管理方法研究［J］. 中国工程科学，2009（5）：46–49.
[10] 孙华山. 安全生产风险管理［M］. 北京：化学工业出版社，2006.
[11] 刘潜. 安全科学和学科的创立与实践［M］. 北京：化学工业出版社，2010.
[12] 张景林. 安全学［M］. 北京：化学工业出版社，2009.
[13] 吴宗之，高进东，魏利军. 危险评价方法及其应用［M］. 北京：冶金工业出版社，2001.
[14] 蒋军成. 事故调查及分析技术［M］. 北京：化学工业出版社，2004.
[15] 陈宝智. 系统安全评价与预测［M］. 2版. 北京：冶金工业出版社，2011.
[16] 张兴容，李世嘉. 安全科学原理［M］. 北京：中国劳动社会保障出版社，2004.
[17]《安全科学技术百科全书》编委会. 安全科学技术百科全书［M］. 北京：中国劳动社会保障出版社，2003.
[18] 罗云，等. 安全学［M］. 北京：科学出版社，2015.
[19] 罗云，等. 安全科学导论［M］. 北京：中国标准出版社，2013.
[20] 罗云，等. 特种设备风险管理［M］. 北京：中国质检出版社，2013.
[21] 罗云，等. 注册安全工程师手册［M］. 2版. 北京：化学工业出版社，2013.
[22] 罗云，等. 现代安全管理［M］. 3版. 北京：化学工业出版社，2016.
[23] 罗云，等. 企业安全管理诊断与优化技术［M］. 3版. 北京：化学工业出版社，2016.
[24] 罗云，等. 风险分析与安全评价［M］. 北京：化学工业出版社，2009.
[25] 罗云. 安全经济学［M］. 3版. 北京：化学工业出版社，2017.
[26] 罗云，许铭，等. 公共安全科学公理与定理的分析探讨［J］. 中国公共安全·学术版，2012（3）.
[27] 罗云，黄西菲. 安全生产科学管理的发展与趋势探讨［J］. 中国安全生产科学技术，

2016 (10).
- [28] 黄毅. 要在机制创新上下功夫 [J]. 现代职业安全, 2001 (8).
- [29] 施卫祖. 事故责任追究与安全监督管理 [M]. 北京：煤炭工业出版社, 2002.
- [30] 陈宝智, 王金波. 安全管理 [M]. 天津：天津大学出版社, 1999.
- [31] 周世宁, 林柏泉, 沈斐敏. 安全科学与工程导论 [M]. 徐州：中国矿业大学出版社, 2005.
- [32] 吴宗之. 中国安全科学技术发展回顾与展望 [J]. 中国安全科学学报, 2000 (10).
- [33] 吴超. 安全科学原理及其结构体系研究 [J]. 中国安全科学学报, 2012, 22 (11): 3-10.
- [34] 傅贵, 张江石, 许素睿. 论安全科学技术学科体系的结构和内涵 [J]. 中国工程科学, 2004, 6 (8): 12-16.
- [35] 许铭, 吴宗之, 罗云. 安全生产领域安全技术公理 [J]. 中国安全科学学报, 2015, 25 (1): 1-6.
- [36] 胡双启. 安全科学研究方法论 [J]. 中国安全科学学报, 2003, 13 (9): 1-4.
- [37] 谢正文, 周波, 李薇. 安全管理基础 [M]. 北京：国防工业出版社, 2010.
- [38] 颜烨. 安全社会学 [M]. 北京：中国社会出版社, 2007.
- [39] 刘双跃. 安全评价 [M]. 北京：冶金工业出版社, 2010.
- [40] 国家安全生产监督管理总局. 安全评价 [M]. 3版. 北京：煤炭工业出版社, 2005.
- [41] 于殿宝, 廉理, 王春霞. 事故与灾害预兆现象和理论研究 [J]. 中国安全科学学报, 2009, 10.
- [42] 中国安全生产协会注册安全工程师工作委员会, 中国安全生产科学研究院. 安全生产管理知识 [M]. 北京：中国大百科全书出版社, 2011.
- [43] 计雷, 池宏, 陈安, 等. 突发事件应急管理 [M]. 北京：高等教育出版社, 2006.
- [44] 樊运晓, 罗云. 系统安全工程 [M]. 北京：化学工业出版社, 2009.
- [45] 《安全科学技术词典》编委会编. 安全科学技术词典 [M]. 北京：中国劳动出版社, 1991.
- [46] 黄玥诚, 罗云, 等. 安全生产标准化运行机制建模及优化研究 [J]. 中国安全科学学报, 2013 (4).
- [47] 段欣, 罗云, 曾珠, 等. 特种设备社会风险可接受准则研究 [J]. 安全与环境学报, 2013 (6).
- [48] 范瑞娜, 罗云, 史凯, 等. 锅检机构绩效测评指标体系构建及优化 [J]. 中国安全科学学报, 2013 (9).
- [49] 罗云, 黄玥诚. Conceive of modeling on operation mechanism of public safety standardization [C]. proceedings of The 31st International System Safety Conference, 2013.
- [50] 曾珠, 罗云, 田硕. The study on the accident causation rule of macroscopic accidents in China [C]. proceedings of The 31st International System Safety Conference, 2013.

[51] 罗云,杨芳,范瑞娜,等. 特种设备检验机构 BSC 绩效模型及要素分析[J]. 工业安全与环保,2014(2).
[52] 罗云,徐丽丽,崔文,等. 承压类特种设备典型事故现实风险分级评价方法研究[J]. 安全与环境工程,2014(2).
[53] 王新杰,罗云,段欣,等. 承压类特种设备使用过程风险分级方法研究[J]. 工业安全与环保,2014(4).
[54] 崔文,罗云,曾珠,等. 机电类特种设备典型事故风险分级预警预控方法研究[J]. 工业安全与环保,2014(5).
[55] 冯杰,罗云,等. 特种设备安全监管宏观指标增速可接受水平研究[J]. 中国安全科学学报,2013,23(5):120-125.
[56] 崔庆玲,罗云,等. 基于灰色理论的特种设备安全事故预测研究[J]. 中国安全生产科学技术,2013(5).
[57] 冯杰,罗云,曾珠,等. 特种设备安全绩效与安全监管能力相关性研究[J]. 中国安全科学学报,2012(2).
[58] 罗云,等. 急需提升政府科学监管的水平和效能[J]. 中国安全生产,2008(10).
[59] 罗云,等. 消防安全风险预警机制理论与方法探讨[C]. 中国云南消防改革与发展论坛,2009.
[60] 罗云,等. 王家岭矿难经济损失分析[J]. 中国安全生产,2010(7).
[61] 罗云,等. 探索落实企业安全生产主体责任的有效途径[J]. 现代职业安全,2011(1).
[62] 罗云. 安全工程专业人才普适性调查分析[J]. 安全,2010(6).
[63] NANCY G, LEVESON. Applying systems thinking to analyze and learn from events[J]. Safety Science,2011(49):55-64.
[64] Encyclopedia Britannica Online, Safety. Encyclopedia Britannica,2009.
[65] 美国安全工程师学会(ASSE). 英汉安全专业术语词典[M].《英汉安全专业术语词典》翻译组,译. 北京:中国标准出版社,1987.
[66] 国家安全生产监督管理局政策法规司. 安全文化新论[M]. 北京:煤炭工业出版社,2002.
[67] 罗云,黄毅. 中国安全生产发展战略—论安全生产保障五要素[M]. 北京:化学工业出版社,2005.
[68] 罗云. 防范来自技术的风险[M]. 济南:山东画报出版社,2001.
[69] 罗云,等. 安全生产成本管理[M]. 北京:煤炭出版社,2007.
[70] 罗云,等. 安全生产指标管理[M]. 北京:煤炭出版社,2007.
[71] 罗云,等. 落实企业安全生产主体责任[M]. 北京:煤炭工业出版社,2011.
[72] 罗云,等,安全行为科学[M]. 北京:北京航空航天大学出版社,2012.
[73] 罗云,等. 员工安全行为管理[M]. 2版. 北京:化学工业出版社,2017.

[74] 罗云,等. 安全生产系统战略 [M]. 北京:化学工业出版社,2014.
[75] 罗云. 安全生产与经济发展关系研究 [C]. 中国国际安全生产论坛论文集,国家安全生产监督管理局,国家劳工组织,2002.
[76] 罗云,等. 安全生产绩效测评—理论 方法 范例 [M]. 北京:煤炭工业出版社,2011.
[77] 罗云,等. 科学构建小康社会安全指标体系 [N]. 安全生产报,2003-03-01 (7).
[78] 徐德蜀. 中国安全文化建设—研究与探索 [M]. 成都:四川科学技术出版社,1994.
[79] 罗云,等. 企业安全文化建设-实操 创新 优化 [M]. 2版. 北京:煤炭工业出版社,2013.
[80] 罗云. 安全经济学导论 [M]. 北京:经济科学出版社,1993.
[81] ISO 31000,风险管理—原则与指南 [S].
[82] LUO YUN, ZHANG YING. Implementing scientific and effective supervision by application of RBS/M theory and method [C]. Beijing, PEOPLES R CHINA:9th International Symposium on Safety Science and Technology (ISSST),2015:126-133.
[83] 国家安全生产监督管理局政策法规司. 安全文化论文集 [M]. 北京:中国工人出版社,2002.
[84] 罗云. 面向二十一世纪我国安全投资政策的思考 [C]. 21世纪研讨会论文集,1996.
[85] 罗云. 我国安全生产十大问题及对策 [C]. 全国安全生产管理、法规研讨会论文集,1994.
[86] 罗云. ISO安全卫生新标准及其应对 [N]. 安全生产报,1996-08-02.
[87] 罗云. 试论安全科学原理 [J]. 上海劳动保护科技,1998 (2).
[88] 罗云. 安全文化的基石—安全原理 [J]. 科技潮,1998 (3).
[89] 罗云. 人类安全哲学及其进步 [J]. 科技潮,1997 (5).
[90] 罗云. 安全科学原理的体系及发展趋势探讨 [J]. 兵工安全技术,1998 (4).
[91] 罗云. 安全文化若干理论问题的探讨 [C]. 安全文化研讨论文集. 北京:中国工人出版社,2002.
[92] CHARLES JEFFRESS. United States safety legislation [C]. China Safety Work Forum,2001.
[93] FERRY T. Home safety [M]. Career Press,1994.
[94] HUSSIA A H. Progressing towards a new safety culture in Malaysia [J]. Asian-Pacific Newsletter on Occupational Health and safety,1994 (2).
[95] DAVID PIERCE F. Rethinking safety rules and enforcement [J]. Professional Safety,1996 (10).
[96] HSE (OU). The costs of accidents at work [M]. HSE Books 1997.
[97] FAISAL KBAN I, ABBASI S A. The world's worst industrial accident of the 1990s - what

happened and what might have been: A quantitive study [J]. Process Safety Progress, 1999, 118 (3).

[98] YASUO OTSUBO. Human safety—question and answer for human error [J]. Journal of Coal and safety, 1995 (7).

[99] HE XUEQIU. General law of safety science—rbeological safety theory [C]. Proceedings of The Second Asia—pacific Workshop on Coal Mine Safety, Tokyo, Japan, 1993.

[100] ANDSEONI D. The cost of occupational accidents. International Labour office, Accident Prevention. A Workers' Education Manual.

[101] KAVIANIAN, H R, WENTZ JR C A. Occupational and environmental safety engineering and management [M]. New York: Van Nostrand Reinhold, 1990.

[102] PATRICK J, COLEMAN. The role of total mining experience on mining injuries and illnesses in the United States [C]. 中国国际安全生产论坛论文集, 2002 (10): 331 - 336.

[103] MCROBERTS S. Risk management of product safety [J]. Product Safety Engineering, 2005: 65 - 71.

[104] The costs to Britain of workplace accidents and work related ill health in 1995/1996 [M]. HSE Books, 1999.

[105] 吴宗之. OHSMS 职业安全健康管理体系试行标准应用指南. 国家职业安全健康管理体系认证(北京), 1999.

[106] 解增武, 罗云. 国内外职业安全健康立法及监督体制对比分析 [N]. 安全生产报, 1996 - 10 - 25.

[107] 国家安全科学技术研究中心. 中国安全生产监管体制研究报告 [R]. 2003.

[108] 邸妍. 英国安全卫生委员会2001至2004年战略计划 [J]. 邸妍, 译. 现代职业安全, 2001 (11).

[109] 中国劳动保护科学技术学会. 安全工程师专业培训教材—安全生产法律基础与应用 [M]. 北京: 海洋出版社, 2001.

[110] 罗云. 二十一世纪安全管理科学展望 [J]. 中国安全科学学报, 2002 (3).

[111] TAKALA J. Safe work for the world and related challenges [C]. 中国安全生产论坛文集, 2002.

[112] 周炯亮, 李鸿光, ALISON MARGARY. 涉外工业职业安全卫生指南 [M]. 广州: 广东科技出版社, 1997.

[113] 徐德蜀, 等. 中国企业安全文化活动指南 [M]. 北京: 气象出版社, 1996.

[114] 罗云, 等. 安全文化百问百答—理论·方法·应用 [M]. 北京: 北京理工大学出版社, 1995.

[115] 王伯金. 企业安全教育三部曲 [N]. 安全导报, 1996 - 04 - 24.

[116] 王月风. 安全宣传教育手册 [M]. 北京: 中国劳动出版社, 1993.

［117］李鸿光. 安全管理：香港的经验［M］. 北京：中国劳动出版社，1995.
［118］姚建，张骥，徐景德. 安全科学与工程学科类专业发展浅析［J］. 华北科技学院学报，2015.
［119］吴大明. 国外安全工程学科（专业）高等教育发展现状［J］. 中国安全生产，2017（5）.
［120］罗云. 企业安全文化建设［M］. 3 版. 北京：煤炭工业出版社，2018.
［121］裴文田. 企业安全文化建设理论与实践［M］. 北京：红旗出版社，2014.
［122］李峰. 安全生产双重预防机制建设工作探讨［J］. 中国安全生产，2018.
［123］崔政斌，等. 世界 500 强企业安全管理理念［M］. 北京：化学工业出版社，2015.
［124］郝贵，等. 煤矿安全风险预控管理体系［M］. 北京：煤炭工业出版社，2012.
［125］傅贵. 安全管理学—事故预防的行为控制方法［M］. 北京：科学出版社，2013.